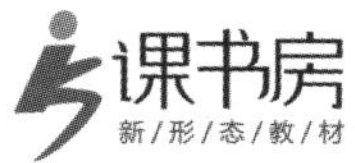

高等院校基础课教材 · 数学类

课书房

新/形/态/教/材

高等数学（经管类）

Gaodeng Shuxue（Jingguan Lei）

主　编　庞　娜

副主编　李国平　高丽霞

重庆大学出版社

内容提要

本书适用于独立院校应用型人才培养中的高等数学教学.全书共10章,内容包括函数、极限与连续、导数与微分、微分中值定理与导数的应用、不定积分、定积分、多元函数微分学、二重积分及其应用、微分方程与差分方程初步、无穷级数等.

本书根据目前应用型本科经济管理类专业学生实际情况和教学现状,本着"以应用为目的,必需、够用为度"的教学原则,对教学内容、要求、篇幅做了适度调整.在保证数学内容的系统性和完整性的基础上,适当降低了某些内容的理论深度,更加突出对微积分中有重要应用背景的概念、方法和实例的介绍.本书深入浅出,注重实际,通俗易懂,注重培养学生解决实际问题的能力和知识的拓广.各院校可根据课程设置的情况决定教材内容的取舍,以便于教师使用.

本书可作为应用型高等学校(新升本院校、地方本科高等院校)本科经济与管理等非数学专业的"高等数学"或"微积分"课程的教材使用,也可作为部分专科的同类课程教材使用.

图书在版编目(CIP)数据

高等数学:经管类/庞娜主编.--重庆:重庆大学出版社,2022.9

ISBN 978-7-5689-2772-7

Ⅰ.①高… Ⅱ.①庞… Ⅲ.①高等数学—高等学校—教材 Ⅳ.①O13

中国版本图书馆 CIP 数据核字(2021)第181636号

高等数学(经管类)

主 编 庞 娜

副主编 李国平 高丽霞

策划编辑:鲁 黎

责任编辑:姜 凤 版式设计:鲁 黎

责任校对:谢 芳 责任印制:张 策

*

重庆大学出版社出版发行

出版人:饶帮华

社址:重庆市沙坪坝区大学城西路21号

邮编:401331

电话:(023) 88617190 88617185(中小学)

传真:(023) 88617186 88617166

网址:http://www.cqup.com.cn

邮箱:fxk@cqup.com.cn(营销中心)

全国新华书店经销

重庆长虹印务有限公司印刷

*

开本:787mm×1092mm 1/16 印张:17.75 字数:446千

2022年9月第1版 2022年9月第1次印刷

印数:1—2 000

ISBN 978-7-5689-2772-7 定价:48.00元

前 言

我国高等教育进入“大众化教育阶段”以后，高等教育在培养目标和教学要求等方面已呈现出多层次、多元化的新情况.因此，如何根据不同层次高等院校的不同要求，编写出不同层次和要求的教材，是广大教师亟待完成的一项重要任务！为了适应国家的教育教学改革，符合应用型高等学校本科层次的教学要求，更好地培养经济、管理等应用型人才，提高学生解决实际问题的能力，以保证理论够用，注重应用、彰显特色为基本原则，参照国家有关教育部门所规定教学内容的广度和深度，在我们多年从事高等教育特别是应用型高等学校教育教学实践的基础上，为专业服务和以应用为目的，编写了本教材.

本书是为应用型高等学校本科经济管理类专业学生编写的高等数学教材，编者在吸收国内同类教材的优点基础上，结合多年的教学经验，确立教材编写以“因材施教，学以致用”为指导思想；贯彻“以应用为目的，以必需、够用为度”的教学原则；突出“基本概念、基本理论、基本计算方法”的教学要求.

本书的编写力求有利于教师组织教学，有利于学生掌握课程的基本知识内容，使教师易讲易教，学生易懂易学.在编写中适当降低了某些内容的理论深度，更加突出对微积分中有重要应用背景的概念、方法和实例的介绍，加强基本技能的训练，培养数学思维和方法，提高应用数学知识解决实际问题的能力.

本书在编写中妥善处理了学科的系统性和完整性与达到基本教学要求之间的关系，基础知识掌握与应用能力提高的关系，加强基础的教与学和兼顾素质教育的关系.

本书以“保证理论基础、注重应用、彰显特色”为基本原则，内容少而精，简化定理、性质的证明，对纯数学的定义、构造性的证明、技巧性强的数学计算或作几何直观解释，或作淡化、省略处理.

本书由庞娜担任主编，李国平、高丽霞担任副主编，全书共10章，其中，第1—4章由庞娜编写；第5—7章由高丽霞编写；第8—10章由李国平编写.

学院和教务处的领导对本书的出版给予了极大的关注和支持；出版社的领导和编辑们对本书的编辑和出版给予了具体的指导和帮助，编者对此表示衷心的感谢.

由于编者水平有限，书中难免存在疏漏之处，在此诚挚地希望得到同行和读者批评指正，以使本书在教学实践中不断完善.

编　者

2022年5月

目录

第 1 章 函 数

函数是现代数学的基本概念之一，是高等数学的主要研究对象.函数反映了现实世界中量与量之间的依存关系.在初等数学中已经学习过函数的相关知识，本章将对函数的概念进行系统复习和必要补充，并介绍常用经济函数及应用，为今后的学习打下坚实的基础.

1.1 函 数

1.1.1 集合的概念

集合是数学中的一个最基本的概念，它在现代数学和工程技术中有着非常重要的作用.一般地，具有某种特定性质的事物的总体称为**集合**，简称**集**.组成这个集合的事物称为该集合的**元素**.例如，某大学一年级经管系的学生的全体组成一个集合，其中每一名学生为该集合的一个元素；自然数的全体组成自然数集合，每个自然数是它的元素；等等.

通常用大写的英文字母 $A,B,C,\cdots$ 表示集合；用小写的英文字母 $a,b,c,\cdots$ 表示集合的元素.若 a 是集合 A 的元素，则称 a 属于 A，记作 $a\in A$；否则称 a 不属于 A，记作 $a\notin A$（或 $a\ \overline{\in} A$）.

含有有限个元素的集合称为**有限集**；由无限个元素组成的集合称为**无限集**；不含任何元素的集合称为**空集**，用$\varnothing$表示.例如，某大学一年级经管系学生的全体组成的集合是有限集；全体实数组成的集合是无限集；方程 $x^2+1=0$ 的实根组成的集合是空集.

集合的表示方法主要有**列举法**和**描述法**.

列举法是将集合的元素一一列举出来，写在一个花括号内.例如，所有正整数组成的集合可以表示为 $N=\{1,2,\cdots,n,\cdots\}$.

描述法是指明集合元素所具有的性质，即将具有某种性质特征的元素 x 所组成的集合 A，记作

$$A=\{x\mid x\text{ 具有某种性质特征}\}.$$

例如，正整数集 N 也可表示成

$$N=\{n\mid n=1,2,3,\cdots\};$$

所有实数的集合可表示成

$$R=\{x\mid x\text{ 为实数}\}.$$

又如,由方程 $x^2-3x+2=0$ 的根构成的集合,可记为

$$M=\{x\mid x^2-3x+2=0\}.$$

而集合

$$A=\{(x,y)\mid x^2+y^2=1,x,y\text{ 为实数}\}$$

表示 xOy 平面单位圆周上点的集合.

设 A,B 是两个集合,若 A 的每个元素都是 B 的元素,则称 A 是 B 的**子集**,记作 $A\subseteq B$(或 $B\supseteq A$),读作 A 被 B 包含(或 B 包含 A);若 $A\subseteq B$,且有元素 $a\in B$,但 $a\notin A$,则说 A 是 B 的**真子集**,记作 $A\subset B$.例如,全体自然数的集合是全体整数集合的真子集.

注:规定空集为任何集合的子集,即对任何集 A,$\phi\subseteq A$.

若 $A\subseteq B$,且 $A\supseteq B$,则称集 A 与 B **相等**,记作 $A=B$.例如,设 $A=\{1,2\}$,$B=\{x\mid x^2-3x+2=0\}$,则 $A=B$.

由属于 A 或属于 B 的所有元素组成的集称为 A 与 B 的**并集**,记作 $A\cup B$,即

$$A\cup B=\{x\mid x\in A\text{ 或 }x\in B\}.$$

由同时属于 A 与 B 的元素组成的集称为 A 与 B 的**交集**,记作 $A\cap B$,即

$$A\cap B=\{x\mid x\in A\text{ 且 }x\in B\}.$$

由属于 A 但不属于 B 的元素组成的集称为 A 与 B 的**差集**,记作 $A\backslash B$,即

$$A\backslash B=\{x\mid x\in A\text{ 但 }x\notin B\}.$$

两个集合的并集、交集、差集如图 1.1 所示阴影部分.

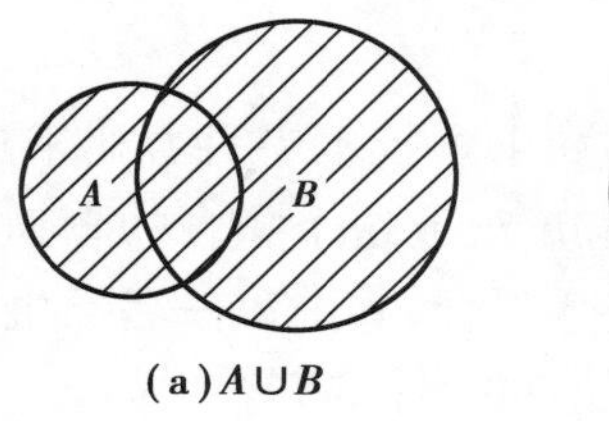

(a)$A\cup B$

(b)$A\cap B$

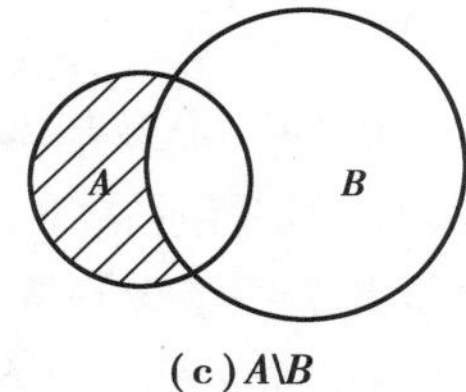

(c)$A\backslash B$

图 1.1

在研究某个问题时,如果所考虑的一切集都是某个集 X 的子集,则称 X 为基本集或全集. X 中的任何集 A 关于 X 的差集 $X\backslash A$ 常简称为 A 的**补集**(或**余集**),记作 C_XA.

以后用到的集合主要是数集,即元素都是数的集合.如果没有特别声明,以后提到的数都是实数.

1.1.2 区间与邻域

区间是用得较多的一类数集.设 a 和 b 都是实数,且 $a<b$,则数集

$$\{x\mid a<x<b\}$$

称为**开区间**,记作(a,b),即

$$(a,b)=\{x\mid a<x<b\}.$$

a 和 b 称为开区间(a,b)的**端点**,这里 $a\notin(a,b)$, $b\notin(a,b)$.

数集$\{x\mid a\leqslant x\leqslant b\}$称为**闭区间**.记作$[a,b]$,即

$$[a,b]=\{x\mid a\leqslant x\leqslant b\}.$$

a 和 b 也称为闭区间 $[a,b]$ 的端点，这里 $a\in[a,b]$，$b\in[a,b]$.

数集

$$[a,b)=\{x\mid a\leqslant x<b\} \text{ 和 } (a,b]=\{x\mid a<x\leqslant b\}$$

称为**半开半闭区间**.

以上这些区间都称为**有限区间**.数 $b-a$ 称为**区间的长度**.此外还有**无限区间**：

$$(-\infty,+\infty)=\{x\mid -\infty<x<+\infty\}=R,$$
$$(-\infty,b]=\{x\mid -\infty<x\leqslant b\},$$
$$(-\infty,b)=\{x\mid -\infty<x<b\},$$
$$[a,+\infty)=\{x\mid a\leqslant x<+\infty\},$$
$$(a,+\infty)=\{x\mid a<x<+\infty\},$$
$$\vdots$$

这里记号“$-\infty$”与“$+\infty$”分别表示“负无穷大”与“正无穷大”.

邻域是常用的一类数集，也是一个经常用到的概念.

设 a 是一个给定的实数，δ 是某一正数，称数集：

$$\{x\mid a-\delta<x<a+\delta\}$$

为点 a 的 δ **邻域**，记作 $U(a,\delta)$.称点 a 为该**邻域的中心**，δ 为该**邻域的半径**，如图 1.2 所示.

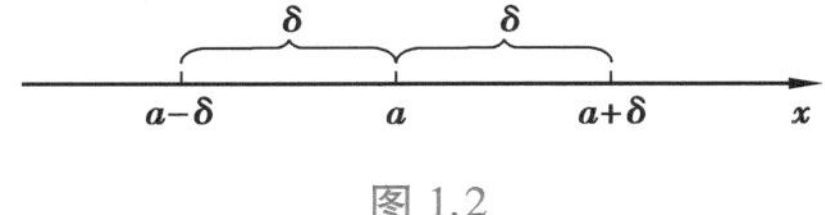

图 1.2

注：邻域 $U(a,\delta)$ 也就是开区间 $(a-\delta,a+\delta)$，这个开区间以点 a 为中心，长度为 2δ.

若把邻域 $U(a,\delta)$ 的中心去掉，所得到的邻域称为点 a 的**去心 δ 邻域**，记作 $\mathring{U}(a,\delta)$，即

$$\mathring{U}(a,\delta)=\{x\mid 0<|x-a|<\delta\}.$$

注：不等式 $0<|x-a|$ 意味着 $x\neq a$，即 $\mathring{U}(x_a,\delta)=U(a,\delta)\setminus\{a\}$.

1.1.3　函数的概念

现实世界中有各种各样的量，如几何中的长度、面积、体积和经济学中的产量、成本、利润等.在某个过程中，保持不变的量称为**常量**，取不同值的量称为**变量**.如圆周率 π 是常量，一天中的气温是变量.

一般地，在一个问题中往往同时有几个变量在变化着，而且这些变量并非孤立在变，而是相互联系、相互制约的.这种相互依赖关系刻画了客观世界中事物变化的内在规律，函数就是描述变量间相互依赖关系的一种数学模型.

定义　设 x 和 y 是两个变量，D 是一个给定的非空数集，如果对于每个数 $x\in D$，变量 y 按照一定法则总有确定的数值和它对应，则称 y 是 x 的**函数**，记作 $y=f(x)$，数集 D 叫作这个函数的**定义域**，记为 $D(f)$，x 叫作**自变量**，y 叫作**因变量**.

对 $x_0\in D$，按照对应法则 f，总有确定的值 y_0[记为 $f(x_0)$]与之对应，称 $f(x_0)$ 为函数在点 x_0 处的**函数值**，因变量与自变量的这种相依关系通常称为**函数关系**.

当自变量 x 遍取 D 的所有数值时，对应的函数值 $f(x)$ 的全体组成的集合称为函数 f 的**值域**，记为 $R(f)$，即

$$R(f)=\{y\mid y=f(x),x\in D\}.$$

注:函数概念的两个基本要素是定义域和对应法则.

定义域表示使函数有意义的范围,即自变量的取值范围.在实际问题中,可根据函数的实际意义来确定.例如,圆的面积关于半径的函数 $A=\pi r^2$ 的定义域是$(0,+\infty)$.在理论研究中,若函数关系由数学公式给出,函数的定义域就是使数学表达式有意义的自变量 x 的所有值构成的数集.例如,如果不考虑实际意义,则函数 $A=\pi r^2$ 的定义域是$(-\infty,+\infty)$.

对应法则是函数的具体表现,即两个变量之间只要存在对应关系,那么它们之间就具有函数关系.例如,气温曲线给出了气温随时间变化的对应关系;三角函数表列出了角度与三角函数值的对应关系.因此,气温曲线和三角函数表所表示的都是函数关系.这种用曲线和列表给出函数的方法分别称为**图示法**和**列表法**.而在理论研究中所遇到的函数多数由数学公式给出,称为**公式法**.例如,初等数学中所学过的幂函数、指数函数、对数函数、三角函数都是用公式法表示的函数.

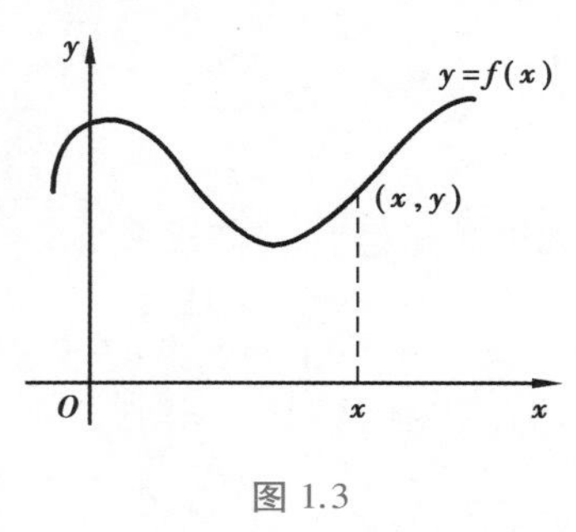

图 1.3

从几何上看,在平面直角坐标系中,点集

$$\{(x,y)\mid y=f(x),x\in D(f)\}$$

称为函数 $y=f(x)$ 的**图像**,如图 1.3 所示.函数 $y=f(x)$ 的图像通常是一条曲线,$y=f(x)$ 也称为这条曲线的方程.这样,函数的一些特性常常可借助于几何直观地发现;相反,一些几何问题,有时也可借助于函数进行理论探讨.

现列举一些关于函数的具体例子.

例 1 求函数 $y=\sqrt{9-x^2}+\dfrac{1}{\sqrt{x-1}}$的定义域.

解 要使数学表达式有意义,x 必须满足

$$\begin{cases}9-x^2\geqslant 0,\\ x-1>0,\end{cases}\quad 即\quad \begin{cases}|x|\leqslant 3,\\ x>1.\end{cases}$$

由此有

$$1<x\leqslant 3,$$

因此函数的定义域为$(1,3]$.

由函数概念的两个基本要素可知,一个函数由定义域 D 和对应法则 f 唯一确定,因此,如果两个函数的定义域和对应法则相同,则称这两个**函数相同**(或**相等**).

例 2 判断下列函数是否相同,并说明理由.

(1)$y=x$ 与 $y=\dfrac{x^2}{x}$;

(2)$y=x$ 与 $y=\sqrt{x^2}$;

(3)$y=1$ 与 $y=\sin^2x+\cos^2x$;

(4)$y=2x+1$ 与 $x=2y+1$.

解 (1)不相同,因为 $y=x$ 的定义域是$(-\infty,+\infty)$,而 $y=\dfrac{x^2}{x}$的定义域是 $x\neq 0$,即$(-\infty,0)\cup(0,+\infty)$.

(2)不相同,虽然 $y=x$ 与 $y=\sqrt{x^2}$ 的定义域都是$(-\infty,+\infty)$,但对应法则不同,$y=\sqrt{x^2}=|x|$.

(3)相同.虽然这两个函数的表现形式不同,但它们的定义域$(-\infty,+\infty)$与对应法则均相同,所以这两个函数相同.

(4)相同.虽然它们的自变量与因变量所用的字母不同,但其定义域$(-\infty,+\infty)$和对应法则均相同,所以这两个函数相同.

例3　设函数$f(x)=x^3-3x+5$,求$f(1)$,$f(x^2)$.

解　因为$f(x)$的对应规则为:$(\quad)^3-3(\quad)+5$,所以

$$f(1)=1^3-3\times1+5=3,$$

$$f(x^2)=(x^2)^3-3(x^2)+5=x^6-3x^2+5.$$

例4　已知$f(x+1)=x^2-x+1$,求$f(x)$.

解　令$x+1=t$.则$x=t-1$,从而

$$f(t)=(t-1)^2-(t-1)+1=t^2-3t+3,$$

所以

$$f(x)=x^2-3x+3.$$

例5　设函数$f(x)=\begin{cases}2\sqrt{x}, & 0\leqslant x\leqslant1,\\ 1+x, & x>1.\end{cases}$求函数的定义域和$f(0.01)$,$f(4)$.

解　由$0\leqslant x\leqslant1$,$x>1$可知函数的定义域为$[0,+\infty)$,

$$f(0.01)=2\sqrt{0.01}=0.2,\quad f(4)=1+4=5.$$

注:例5表明一个函数在其定义域的不同子集上要用不同的表达式来表示对应法则,称这种函数为**分段函数**.

需要指出的是,分段函数是一个函数由两个或两个以上的式子表示,不能将分段函数当作几个函数.并注意求分段函数的函数值时,要先判断自变量所属的范围.下面给出一些常用的分段函数.

例6　绝对值函数

$$y=|x|=\begin{cases}x, & x\geqslant0,\\ -x, & x<0.\end{cases}$$

的定义域$D(f)=(-\infty,+\infty)$,值域$R(f)=[0,+\infty)$,如图1.4所示.

例7　符号函数

$$y=\operatorname{sgn}x=\begin{cases}-1, & x<0,\\ 0, & x=0,\\ 1, & x>0.\end{cases}$$

的定义域$D(f)=(-\infty,+\infty)$,值域$R(f)=\{-1,0,1\}$,如图1.5所示.

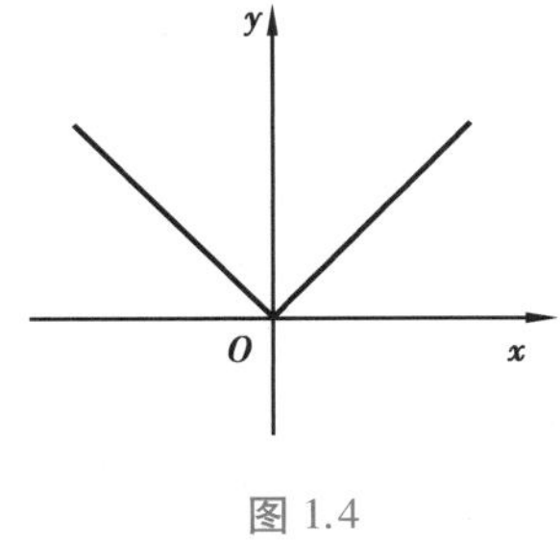

图1.4

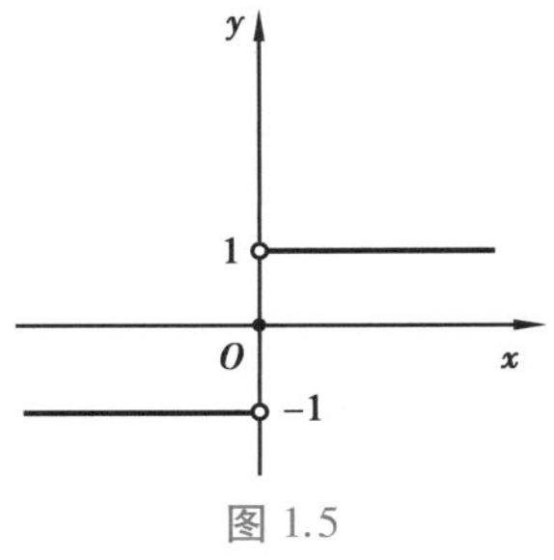

图1.5

例 8 最大取整函数 $y=[x]$,其中$[x]$表示不超过 x 的最大整数.例如,$[-3.14]=-4$,$[0]=0$,$[\sqrt{2}]=1$,$[\pi]=3$ 等.函数 $y=[x]$的定义域 $D(f)=(-\infty,+\infty)$,值域 $R(f)=\{整数\}$.一般地,$y=[x]=n$,$n<x\leqslant n+1$,$n=0,\pm1,\pm2,\cdots$,如图 1.6 所示.

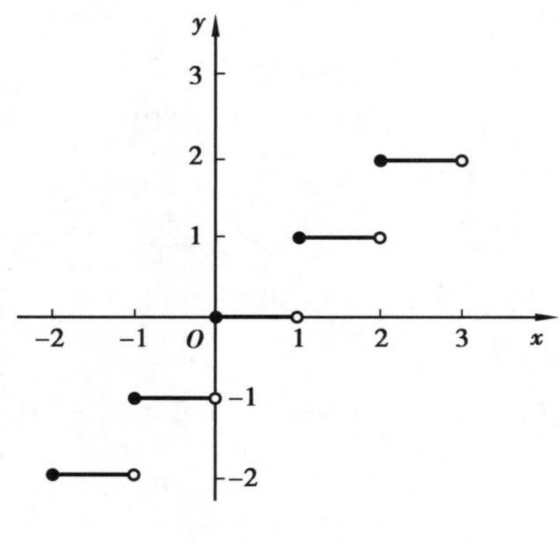

图 1.6

习题 1.1

1.求下列函数的定义域.

(1)$y=\dfrac{x}{\sqrt{x^2-4}}$;　　(2)$y=\dfrac{1}{1-x^2}+\sqrt{x+2}$;

(3)$y=\dfrac{4x}{x^2-5x+6}$;　　(4)$y=\lg(2-x)+\sqrt{3+2x-x^2}$.

2.判断下列各组函数是否相同?

(1)$y_1=\dfrac{x^2-4}{x-2}$,$y_2=x+2$;　　(2)$y_1=\lg x^2$,$y_2=2\lg x$;

(3)$y=\sin(2x+1)$,$u=\sin(2t+1)$;　　(4)$f(x)=1$, $g(x)=\sin^2x+\cos^2x$.

3.若$f(x)=x^2-3x+2$,求$f(1)$,$f(x-1)$.

4.设$f(x)=\begin{cases}x-1, & -2\leqslant x<0,\\ x+1, & 0\leqslant x\leqslant 2,\end{cases}$ 求$f(-1)$,$f(0)$,$f(1)$,$f(x-1)$.

1.2　函数的几种特性

1.2.1　函数的奇偶性

定义 1 设函数 $y=f(x)$的定义域 D 关于原点对称,如果对于任一 $x\in D$,恒有

$$f(-x)=-f(x),$$

则称$f(x)$为**奇函数**;如果对于任意 $x\in D$,恒有

$$f(-x)=f(x),$$

则称$f(x)$为**偶函数**.

例如，$y=x^3$ 在$(-\infty,+\infty)$上是奇函数，$y=\cos x$ 在$(-\infty,+\infty)$上是偶函数；而 $y=x^3+x$ 在$(-\infty,+\infty)$上既不是奇函数也不是偶函数，这样的函数称为**非奇非偶函数**.

注：在平面直角坐标系中，奇函数的图形关于原点中心对称（图 1.7）；偶函数的图形关于 y 轴对称（图 1.8）.

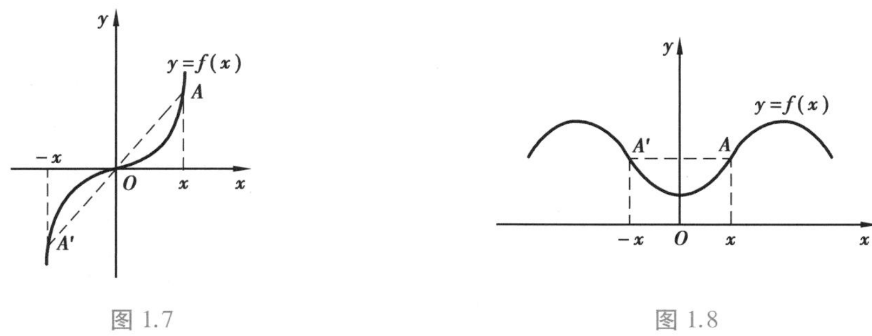

图 1.7　　图 1.8

例 1　判断函数 $f(x)=x\sin\dfrac{1}{x}$的奇偶性.

解　因为$f(x)$的定义域为$(-\infty,0)\cup(0,+\infty)$，它关于原点对称，又因为

$$f(-x)=(-x)\sin\left(\frac{1}{-x}\right)=x\sin\frac{1}{x}=f(x),$$

所以$f(x)=x\sin\left(\dfrac{1}{x}\right)$是偶函数.

例 2　讨论函数$f(x)=\log(x+\sqrt{1+x^2})$的奇偶性.

解　函数$f(x)=\log(x+\sqrt{1+x^2})$的定义域是$(-\infty,+\infty)$关于原点对称，又因为

$$\begin{aligned}f(-x)&=\log(-x+\sqrt{1+x^2})\\&=\log\left(\frac{1}{x+\sqrt{1+x^2}}\right)\\&=-\log(x+\sqrt{1+x^2})\\&=-f(x).\end{aligned}$$

所以$f(x)$是$(-\infty,+\infty)$上的奇函数.

1.2.2　函数的单调性

定义 2　设函数$f(x)$的定义域为 D，区间 $I\subseteq D$，如果对于区间 I 内的任意两点 x_1,x_2，当 $x_1<x_2$ 时，有

$$f(x_1)<f(x_2),$$

则称函数$f(x)$在 I 上**单调增加**（图 1.9），此时，区间 I 称为**单调增加区间**；如果对于区间 I 内的任意两点 x_1,x_2，当 $x_1<x_2$ 时，有

$$f(x_1)>f(x_2),$$

则称函数$f(x)$在 I 上**单调减少**（图 1.10），此时，区间 I 称为**单调减少区间**.单调增加和单调减少的函数统称为**单调函数**.单调增加区间和单调减少区间统称为**单调区间**.

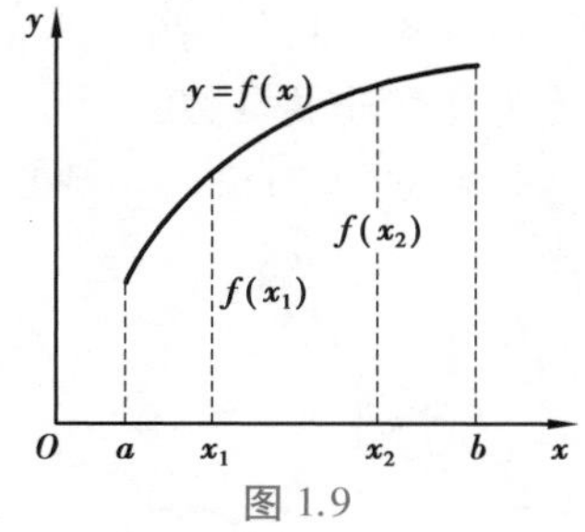

图 1.9

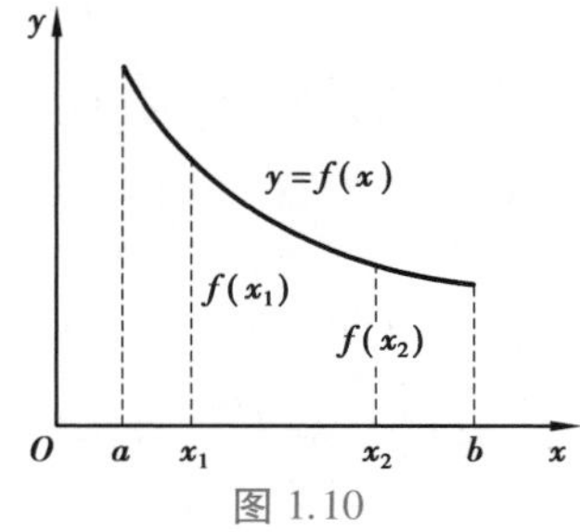

图 1.10

例如,$y=\dfrac{1}{x}$是$(-\infty,0)$上的单调减少函数,也是$(0,+\infty)$上的单调减少函数,但不能说$y=\dfrac{1}{x}$是$(-\infty,+\infty)$上的单调减少函数;$y=x^2$在$(-\infty,+\infty)$不是单调函数,但$y=x^2$在$(-\infty,0]$上是单调减少函数,在$[0,+\infty)$上是单调增加函数.

例 3 证明函数$y=\dfrac{x}{1+x}$在$(-1,+\infty)$内是单调增加的函数.

证 在$(-1,+\infty)$内任取两点x_1,x_2,且$x_1<x_2$,则

$$f(x_1)-f(x_2)=\frac{x_1}{1+x_1}-\frac{x_2}{1+x_2}=\frac{x_1-x_2}{(1+x_1)(1+x_2)}$$

因为x_1,x_2是$(-1,+\infty)$内任意两点,所以$1+x_1>0,1+x_2>0$;又因为$x_1-x_2<0$,所以$f(x_1)-f(x_2)<0$,即$f(x_1)<f(x_2)$.因此$f(x)=\dfrac{x}{1+x}$在$(-1,+\infty)$内是单调增加的.

1.2.3 函数的周期性

定义 3 设函数$f(x)$的定义域为D,若存在一个非负常数T,使得对于任意$x\in D$,必有$x\pm T\in D$,并且使

$$f(x\pm T)=f(x),$$

则称$f(x)$为**周期函数**,其中T称为函数$f(x)$的**周期**.

显然,若T是周期函数$f(x)$的周期,则$kT(k=1,2,\cdots)$也是函数$f(x)$的周期,通常所说的周期函数的周期是指它的**最小正周期**.

例如,$y=\sin x$,$y=\cos x$都是以2π为周期的周期函数,函数$y=\tan x$是以π为周期的周期函数.

1.2.4 函数的有界性

定义 4 设函数$y=f(x)$的定义域为D,区间$I\subseteq D$,如果存在一个正数M,使得对于任一$x\in I$,都有

$$|f(x)|\leqslant M,$$

则称函数$f(x)$在I上**有界**,也称$f(x)$是区间I上的**有界函数**.否则,称$f(x)$在区间I上**无界**,也称$f(x)$为区间I上的**无界函数**.

例如,函数$y=\sin x$,对任意$x\in(-\infty,+\infty)$时,都有不等式$|\sin x|\leqslant 1$成立,所以$y=\sin x$

是$(-\infty,+\infty)$上的有界函数.

注:函数的有界性与 x 取值的区间 I 有关.例如,函数 $y=\dfrac{1}{x}$在区间$(0,1)$上是无界的,但它在区间$[1,+\infty)$上有界.

例4　证明函数 $y=\dfrac{x}{x^2+1}$在$(-\infty,+\infty)$上是有界的.

证　因为$(1-|x|)^2\geqslant 0$,所以$|1+x^2|\geqslant 2|x|$,故

$$|f(x)|=\left|\frac{x}{x^2+1}\right|=\frac{2|x|}{2|1+x^2|}\leqslant\frac{1}{2}.$$

对一切 $x\in(-\infty,+\infty)$都成立.因此函数 $y=\dfrac{x}{x^2+1}$在$(-\infty,+\infty)$上是有界的.

习题1.2

1.指出下列函数中哪些是奇函数,哪些是偶函数,哪些是非奇非偶函数?

(1)$f(x)=x^3\cos x$;　　(2)$y=\dfrac{e^x+e^{-x}}{2}$;

(3)$y=\sin x+\cos x$;　　(4)$f(x)=\sin x+e^x-e^{-x}$.

2.设下列函数的定义域均为$(-a,a)$.证明:

(1)两个奇函数的和仍为奇函数,两个偶函数的和仍为偶函数;

(2)两个奇函数的积是偶函数,一奇一偶函数的乘积为奇函数;

(3)任一函数都可表示为一个奇函数与一个偶函数的和.

3.证明函数 $y=\dfrac{x}{1+x}$在$(0,+\infty)$内是单调增加的函数.

1.3　反函数、复合函数

1.3.1　反函数

函数关系的实质就是从定量分析的角度来描述变量之间的相互依赖关系.但在研究过程中,哪个量作为自变量,哪个量作为因变量(函数)是由具体问题来决定的.

例如,在商品销售时,已知某种商品的价格 P 和销量 x,销售收入为 y,当销量已知要求销售收入时,可根据关系式

$$y=xP$$

得到.这时,函数关系中,y 是 x 的函数;反过来,如果已知销售收入,要求相应的销售量,则可从 $y=xP$ 得到关系式

$$x=\frac{y}{P},$$

这时,x 是 y 的函数,称函数 $x=\dfrac{y}{P}$是函数 $y=xP$ 的反函数.

定义 1　设函数 $y=f(x)$ 的定义域为 $D(f)$，值域为 $R(f)$. 如果对于每一个 $y\in R(f)$，都有唯一的 $x\in D(f)$ 满足 $f(x)=y$，将 y 与 x 对应，则所确定的以 y 为自变量的函数 $x=\varphi(y)$ 叫作函数 $y=f(x)$ 的**反函数**. 记作 $x=f^{-1}(y)$，$y\in R(f)$. 相对反函数而言，原来的函数称为**直接函数**.

显然，反函数 $x=f^{-1}(y)$ 的定义域正好是直接函数 $y=f(x)$ 的值域，反函数 $x=f^{-1}(y)$ 的值域正好是直接函数 $y=f(x)$ 的定义域.

由于函数只与定义域和对应法则有关，而与自变量和因变量用什么字母表示无关，且习惯上常用字母 x 表示自变量，用字母 y 表示因变量，这样 $y=f(x)$ 的反函数通常写为 $y=f^{-1}(x)$.

在平面坐标系中，函数 $y=f(x)$ 的图形与其反函数 $y=f^{-1}(x)$ 的图形关于直线 $y=x$ 对称（图 1.11）. 这是因为互为反函数的两个函数的因变量与自变量互换的缘故，若 (a,b) 是 $y=f(x)$ 的图形上的一点，则 (b,a) 就是 $y=f^{-1}(x)$ 的图形上的点，而 xOy 平面上点 (a,b) 与点 (b,a) 关于直线 $y=x$ 对称.

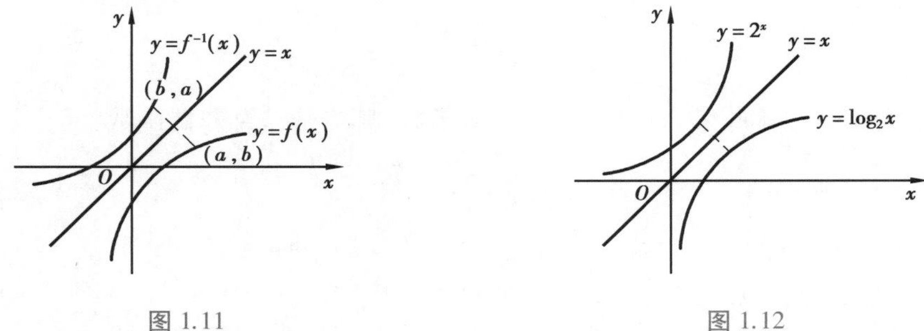

图 1.11　　　　图 1.12

利用这一特性，由函数 $y=f(x)$ 的图形就很容易作出它的反函数 $y=f^{-1}(x)$ 的图形. 例如，$y=2^x$ 与 $y=\log_2 x$ 互为反函数，它们的图形如图 1.12 所示.

值得注意的是，并不是所有函数都存在反函数，例如，函数 $y=x^2$ 的定义域为 $(-\infty,+\infty)$，值域为 $(-\infty,+\infty)$，但对于每一个 $y\in(0,+\infty)$，有两个 x 值即 $x_1=\sqrt{y}$ 和 $x_2=-\sqrt{y}$ 与之对应，因此 x 不是 y 的函数，从而 $y=x^2$ 不存在反函数. 下面直接给出反函数存在定理.

定理(反函数存在定理)　单调函数 $y=f(x)$ 必存在单调的反函数 $y=f^{-1}(x)$，且具有相同的单调性.

例如，函数 $y=x^2$ 在 $(-\infty,0]$ 单调递减，其反函数 $y=-\sqrt{x}$ 在 $(-\infty,0]$ 也单调递减；$y=x^2$ 在 $[0,+\infty)$ 单调递增，其反函数 $y=\sqrt{x}$ 在 $[0,+\infty)$ 也单调递增.

求反函数的一般步骤为：由方程 $y=f(x)$ 解出 $x=f^{-1}(y)$，再将 x 与 y 对换，即得所求的反函数为 $y=f^{1}(x)$.

例 1　求函数 $y=2x-3$ 的反函数.

解　由 $y=2x-3$ 得 $x=\dfrac{y+3}{2}$，故所求反函数为 $y=\dfrac{x+3}{2}$.

例 2　求函数 $y=\dfrac{2^x}{2^x+1}$ 的反函数.

解　由 $y=\dfrac{2^x}{2^x+1}$ 得 $2^x=\dfrac{y}{1-y}$，故 $x=\log_2\dfrac{y}{1-y}$，即得所求的反函数为

$$y=\log_2\frac{x}{1-x}\quad(0<x<1).$$

1.3.2　复合函数

定义2　设函数 $y=f(u)$ 的定义域为 $D(f)$，值域为 $R(f)$；而函数 $u=g(x)$ 的定义域为 $D(g)$，值域为 $R(g)$，如果 $D(f)\cap R(g)\neq\varnothing$，则称函数 $y=f(g(x))$，$x\in D(g)$ 为由函数 $y=f(u)$ 和 $u=g(x)$ 复合而成的**复合函数**，其中 u 称为**中间变量**，$y=f(u)$ 称为**外层函数**，$u=g(x)$ 称为**内层函数**.

例如，由 $y=\sqrt{u}$，$u=x+1$ 可以构成复合函数 $y=\sqrt{x+1}$，为了使 u 的值域包含在 $y=\sqrt{u}$ 的定义域 $[0,+\infty)$ 内，必须有 $x\in[-1,+\infty)$，所以复合函数 $y=\sqrt{x+1}$ 的定义域应为 $[-1,+\infty)$. 又如复合函数 $y=\cos(1+x^2)$ 是由函数 $y=\cos u$，$u=1+x^2$ 复合而成的.

注：构成复合函数必须满足外层函数的定义域和内层函数的值域的交集非空.

复合函数也可以由两个以上的函数复合而成. 例如，函数 $y=(\ln 5x)^2$ 是由 $y=u^2$，$u=\ln v$，$v=5x$ 复合而成的，其中 u 和 v 都是中间变量.

例3　写出下列函数的复合函数.

(1) $y=u^2$，$u=\cos x$；

(2) $y=\cos u$，$u=x^2$.

解　(1) 将 $u=\cos x$ 代入 $y=u^2$ 得所求复合函数为 $y=\cos^2 x$，其定义域为 $(-\infty,+\infty)$；

(2) 将 $u=x^2$ 代入 $y=\cos u$ 得所求复合函数为 $y=\cos x^2$，其定义域为 $(-\infty,+\infty)$.

注：并非任意两个函数都能复合. 例如，$y=\sqrt{u-2}$，$u=\sin x$ 就不能复合，请您想想原因何在？

例4　指出下列复合函数的复合过程.

(1) $y=\sqrt{1+x^2}$；

(2) $y=\sqrt{\sin x^2}$；

(3) $y=2^{\tan 2x}$.

解　(1) $y=\sqrt{1+x^2}$ 由 $y=\sqrt{u}$，$u=1+x^2$ 复合而成；

(2) $y=\sqrt{\sin x^2}$ 由 $y=\sqrt{u}$，$u=\sin v$，$v=x^2$ 复合而成；

(3) $y=2^{\tan 2x}$ 由 $y=2^u$，$u=\tan v$，$v=2x$ 复合而成.

习题 1.3

1. 求下列函数的反函数.

(1) $y=\dfrac{1-x}{1+x}$；　　(2) $y=2^{3x+1}$；

(3) $y=\dfrac{2^x}{2^x+1}$；　　(4) $y=\dfrac{10^x+10^{-x}}{10^x-10^{-x}}+1$.

2. 指出下列复合函数的复合过程.

(1) $y=2^{\sin x}$；　　(2) $y=\lg(x^2+1)$；

(3) $y=\sqrt{\cos(x^2-1)}$.

3. 设 $f(x)=\dfrac{x}{x-1}$　$(x\neq 1)$，求 $f(f(x))$.

4.设函数 $f(x)=\begin{cases}x+2, & x<-1,\\ -x, & |x|\leqslant 1,\\ x-2, & x>1,\end{cases}$ 求 $f(2x+1)$.

1.4 基本初等函数、初等函数

1.4.1 基本初等函数

幂函数、指数函数、对数函数、三角函数、反三角函数统称为**基本初等函数**,它们是研究各种函数的基础.为了读者学习的方便,下面再对这几类函数作简单介绍.

1)幂函数

我们已经知道的一些函数 $y=x$,$y=x^2$,$y=x^{\frac{1}{2}}$, $y=x^{-1}$ 的共同特点是:指数是一个常量,底数是自变量.

定义 1 函数

$$y=x^{\alpha}\quad(\alpha\text{ 是常数})$$

称为**幂函数**.

幂函数 $y=x^{\alpha}$ 的定义域随 α 的不同而异,但无论 α 为何值,函数在 $(0,+\infty)$ 内总是有定义的.

当 $\alpha>0$ 时,$y=x^{\alpha}$ 在 $[0,+\infty)$ 上是单调增加的,其图像过点(0,0)及点(1,1),图 1.13 列出了 $\alpha=\dfrac{1}{2}$,$\alpha=1$,$\alpha=2$ 时幂函数在第一象限的图像.

当 $\alpha<0$ 时,$y=x^{\alpha}$ 在 $(0,+\infty)$ 上是单调减少的,其图像通过点(1,1),图 1.14 列出了 $\alpha=-\dfrac{1}{2}$,$\alpha=-1$,$\alpha=-2$ 时幂函数在第一象限的图像.

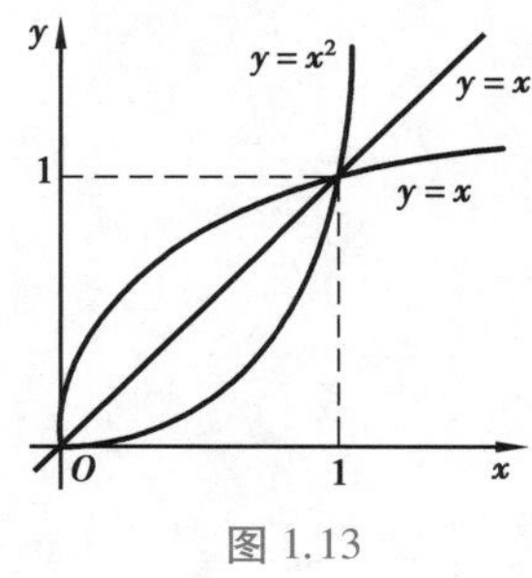

图 1.13

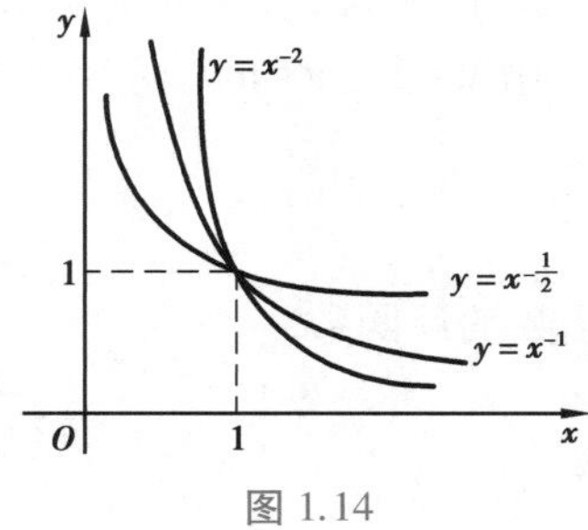

图 1.14

2)指数函数

定义 2 函数 $y=a^x$ (a 是常数且 $a>0,a\neq 1$)称为**指数函数**.

指数函数 $y=a^x$ 的定义域是 $(-\infty,+\infty)$,图像通过点(0,1), 因为 $a>0$,所以无论 x 取什么值,都有 $a^x>0$,于是指数函数 $y=a^x$ 的图像总在 x 轴的上方.

当 $a>1$ 时, $y=a^x$ 是单调增加的;当 $0<a<1$ 时, $y=a^x$ 是单调减少的,如图 1.15 所示.

以常数 e=2.718 281 82…为底的指数函数

$$y = e^x$$

是科技和经济中常用的指数函数.

3)对数函数

定义3　指数函数 $y=a^x$ 的反函数,记作

$$y = \log_a x \quad (a\text{ 是常数且 } a > 0, a \neq 1),$$

称为**对数函数**.

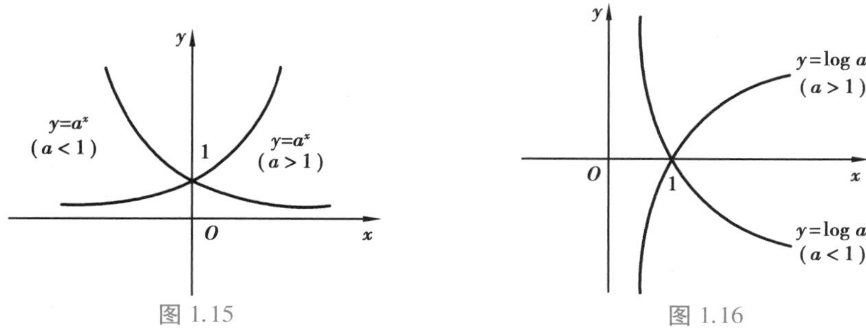

图1.15　　图1.16

对数函数 $y=\log_a x$ 的定义域为 $(0,+\infty)$,图像过点(1,0).当 $a>1$ 时,$y=\log_a x$ 单调增加;当 $0<a<1$ 时,$y=\log_a x$ 单调减少,如图1.16所示.

中学学过的常用对数函数 $y=\lg x$ 是以10为底的对数函数.在科技和经济中,常用以e为底的对数函数

$$y = \log_e x,$$

称为**自然对数函数**,简记作

$$y = \ln x.$$

4)三角函数

常用的三角函数有:

正弦函数 $y=\sin x, D(f)=(-\infty,+\infty), R(f)=[-1,1]$,有界函数,奇函数,$T=2\pi$,函数图像如图1.17所示,称其图像为正弦曲线.

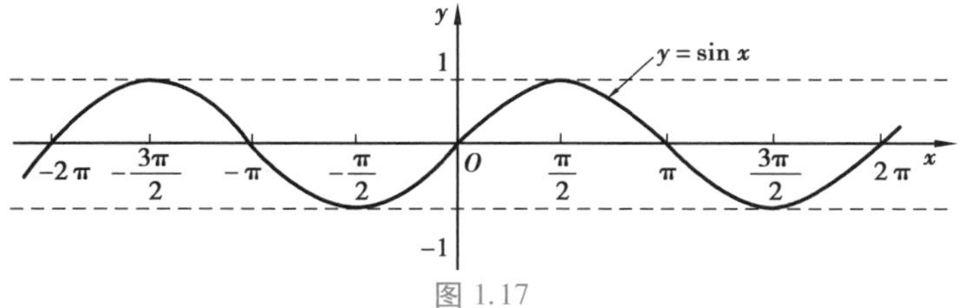

图1.17

余弦函数 $y=\cos x, D(f)=(-\infty,+\infty), R(f)=[-1,1]$,有界函数,偶函数,$T=2\pi$,函数图像如图1.18所示,称其图像为余弦曲线.

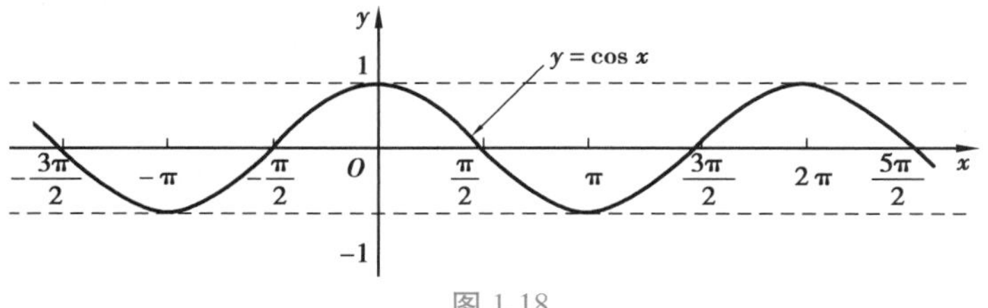

图1.18

正切函数 $y=\tan x, D(f)=\{x \mid x\in R$ 且 $x\neq k\pi+\dfrac{\pi}{2}, k$ 为整数$\}$,无界函数,奇函数,$T=\pi$,函数图像如图 1.19 所示,称其图像为正切曲线.

余切函数 $y=\cot x, D(f)=\{x \mid x\in R$ 且 $x\neq k\pi, k$ 为整数$\}$,无界函数,奇函数,$T=\pi$,函数图像如图 1.20 所示,称其图像为余切曲线.

其中自变量以弧度作单位来表示.

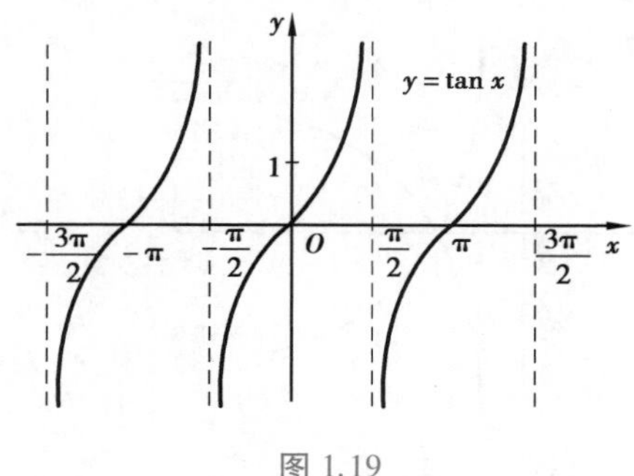

图 1.19

图 1.20

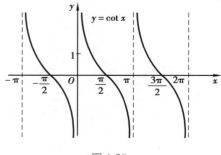

另外,常用的三角函数还有**正割函数** $y=\sec x$;**余割函数** $y=\csc x$.

它们都是以 2π 为周期的周期函数,且

$$\sec x=\frac{1}{\cos x};\csc x=\frac{1}{\sin x}.$$

5)反三角函数

常用的反三角函数有:

反正弦函数 $y=\arcsin x, D(f)=[-1,1], R(f)=\left[-\dfrac{\pi}{2},\dfrac{\pi}{2}\right]$,函数图像如图 1.21 中的实线部分所示.

反余弦函数 $y=\arccos x, D(f)=[-1,1], R(f)=[0,\pi]$,函数图像如图 1.22 中的实线部分所示.

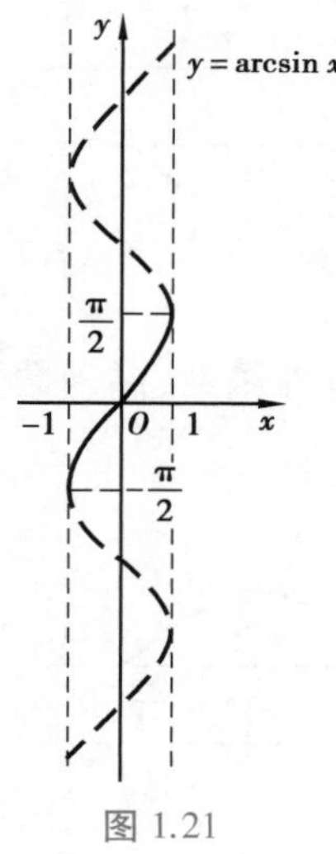

图 1.21

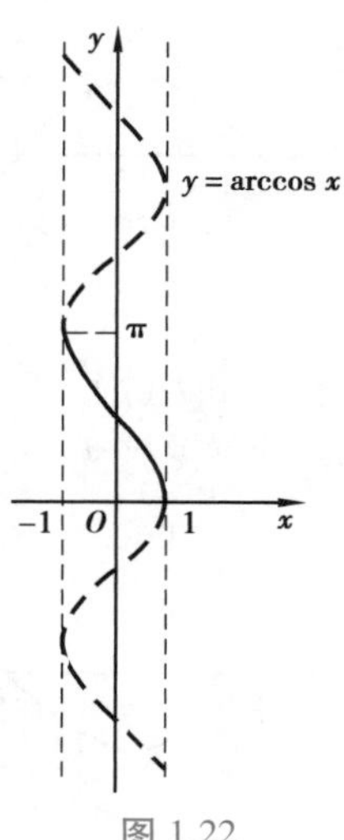

图 1.22

反正切函数 $y=\arctan x$, $D(f)=(-\infty,+\infty)$, $R(f)=\left(-\frac{\pi}{2},\frac{\pi}{2}\right)$，函数图像如图 1.23 中的实线部分所示.

反余切函数 $y=\operatorname{arccot} x$, $D(f)=(-\infty,+\infty)$, $R(f)=(0,\pi)$，函数图像如图 1.24 中的实线部分所示.

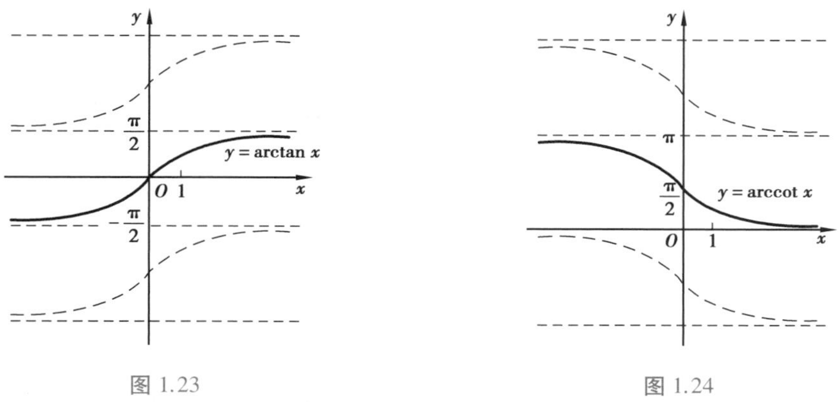

图 1.23　　图 1.24

它们分别称为三角函数 $y=\sin x$, $y=\cos x$, $y=\tan x$ 和 $y=\cot x$ 的反函数.

例 1　求下列函数的定义域.

(1) $y=\arcsin(2x-3)$；　　(2) $f(x)=\ln(x^2-1)+\arccos\frac{x-1}{3}$.

解　(1)由 $-1\leqslant 2x-3\leqslant 1$ 解得 $1\leqslant x\leqslant 2$，所以 $y=\arcsin(2x-3)$ 的定义域为 $[1,2]$.

(2)要使 $f(x)$ 有意义，显然 x 要满足：

$$\begin{cases}x^2-1>0\\ -1\leqslant\dfrac{x-1}{3}\leqslant 1\end{cases}，即 \begin{cases}x<-1 \text{ 或 } x>1\\ -2\leqslant x\leqslant 4\end{cases}，$$

所以 $f(x)$ 的定义域为 $D(f)=[-2,-1)\cup(1,4]$.

1.4.2　初等函数

由常数和基本初等函数经过有限次四则运算和有限次复合而构成，并能用一个式子表示的函数，称为**初等函数**.

例如，$y=x^2+\sqrt{\frac{1+\sin x}{1-\sin x}}$，$y=3xe^{\sqrt{1-x^2}}+2$ 等都是初等函数.而分段函数

$$f(x)=\begin{cases}x+3, & x\geqslant 0,\\ x^2, & x<0\end{cases}$$

不是初等函数，因为它在定义域内不能用一个式子表示.但分段函数

$$f(x)=\begin{cases}x, & x\geqslant 0,\\ -x, & x<0\end{cases}$$

是初等函数，因为它是绝对值函数，可以看成由 $y=\sqrt{u}$, $u=x^2$ 复合而成.

注：一般由常数和基本初等函数经过四则运算后所成的函数称为**简单函数**，而一个复合

函数可以分解成若干个简单函数，由此也可找到中间变量.

例 2 指出下列函数是由哪些简单函数复合而成的.

(1) $y=(\sin 5x)^3$； (2) $y=\ln(1+\sqrt{1+x^2})$；

(3) $y=\arctan(\sin e^{4x})$； (4) $y=e^{\arctan x^2}$.

解 (1) $y=(\sin 5x)^3$ 是由 $y=u^3, u=\sin v, v=5x$ 复合而成的；

(2) $y=\ln(1+\sqrt{1+x^2})$ 是由 $y=\ln u, u=1+\sqrt{v}, v=1+x^2$ 复合而成的；

(3) $y=\arctan(\sin e^{4x})$ 是由 $y=\arctan u, u=\sin v, v=e^w, w=4x$ 复合而成的；

(4) $y=e^{\arctan x^2}$ 是由 $y=e^u, u=\arctan v, v=x^2$ 复合而成的.

习题 1.4

1. 求下列函数的定义域.

(1) $y=\arccos(3x-2)$； (2) $y=3\arccos(x-1)$；

(3) $f(x)=\ln(x+1)+\arcsin\dfrac{2x-1}{3}$； (4) $f(x)=\arcsin\sqrt{\dfrac{x-1}{x+1}}$.

2. 将下列函数分解成简单函数的复合.

(1) $y=\ln\ln\ln x$； (2) $y=\sqrt{\ln\cos^2 x}$；

(3) $y=e^{\arctan x^3}$； (4) $y=\cos^2\ln(3+\sqrt{1+x^2})$.

1.5 常用经济函数及其应用

在经济分析中，经常需要用数学方法解决实际问题，其做法是先建立变量之间的函数关系，即构建该问题的数学模型，然后分析模型(函数)的特性.本节将介绍几种常用的经济函数及其应用.

1.5.1 需求函数、供给函数与市场均衡

1) 需求函数

需求函数是指在某一特定时期内，市场上某种商品的各种可能的购买量和决定这些购买量的诸因素之间的数量关系.

假定其他因素(如消费者的货币收入、偏好和相关商品的价格等)不变，则决定某种商品需求量的因素就是这种商品的**价格**.此时，需求函数表示的就是商品需求量和价格这两个经济量之间的数量关系

$$Q=f_{\mathrm{d}}(P).$$

其中，Q 表示需求量，P 表示价格.

一般来说，当商品提价时，需求量会减少；当商品降价时，需求量就会增加.因此，需求函数为单调减少函数.

在理想情况下，商品的生产应该既满足市场需要又不造成积压，这时需求多少就销售多少，销售多少就生产多少，即产量等于销售量，也等于需求量，它们有时用记号 x 表示，有时也

用记号 Q 表示.

需求函数的反函数 $P=f_{\mathrm{d}}^{-1}(Q)$ 称为**价格函数**,习惯上将价格函数也统称为需求函数.

2)供给函数

供给函数是指在某一特定时期内,市场上某种商品的各种可能的供给量和决定这些供给量的诸因素之间的数量关系.若 Q 表示供给量,P 表示价格,则供给函数为

$$Q=f_{\mathrm{s}}(P).$$

一般来说,当商品价格提高时,商品的供给量将会相应增加.因此,供给函数是关于价格的单调增加函数.

3)市场均衡

对于一种商品而言,如果需求量等于供给量,则这种商品就达到了**市场均衡**.以线性需求函数和线性供给函数为例,令

$$Q_{\mathrm{d}}=Q_{\mathrm{s}},$$
$$aP+b=cP+d,$$

有

$$P=\frac{d-b}{a-c}\equiv P_0.$$

这个价格 P_0 称为该商品的**市场均衡价格**,如图 1.25 所示.

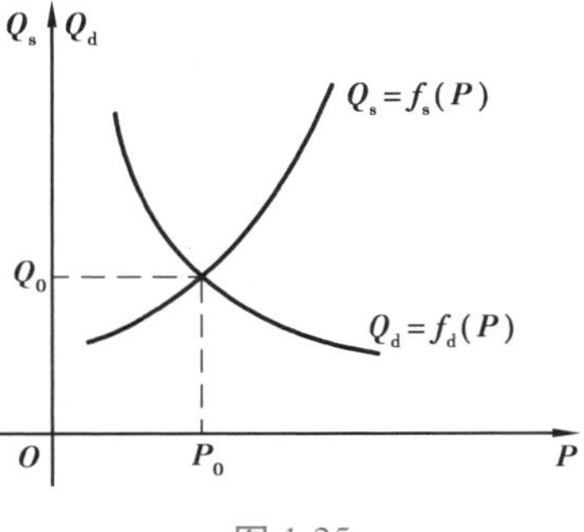

图 1.25

市场均衡价格就是需求函数和供给函数两条直线的交点的横坐标.当市场价格高于均衡价格时,将出现**供过于求**的现象;当市场价格低于均衡价格时,将出现**供不应求**的现象.当市场均衡时有

$$Q_{\mathrm{d}}=Q_{\mathrm{s}}=Q_0,$$

称 Q_0 为**市场均衡数量**.

根据市场的不同情况,需求函数与供给函数还有二次函数、多项式函数与指数函数等.但其基本规律是相同的,都可找到相应的**市场均衡点**(P_0,Q_0).

例 1 设某商品的需求函数和供给函数分别为

$$Q_{\mathrm{d}}=170-4P,Q_{\mathrm{s}}=16P-10,$$

求该商品的市场均衡价格和市场均衡数量.

解 由均衡条件 $Q_{\mathrm{d}}=Q_{\mathrm{s}}$ 得

$$170-4P=16P-10,$$

即 $20P=180$.因此,市场均衡价格为 $P_0=9$.

市场均衡数量为

$$Q_0=16P_0-10=134.$$

例 2 某批发商每次以 150 元/件的价格将 500 件衣服批发给零售商,在这个基础上零售商每次多进 100 件衣服,则批发价相应降低 2 元,批发商最大批发量为每次 1 000 件,试将衣服批发价格表示为批发量的函数,并求零售商每次进 900 件衣服时的批发价格.

解 由题意可以看出所求函数的定义域为[500,1 000].已知每次多进 100 件,价格减少 2 元,设每次进衣服 x 件,则每次批发价减少$\frac{2}{100}(x-500)$元/件,于是所求函数为

$$P=150-\frac{2}{100}(x-500)=150-\frac{2x-1\ 000}{100}=160-\frac{x}{50}.$$

当 $x=900$ 时，$P=\left(160-\frac{900}{50}\right)$ 元/件 = 142 元/件. 即零售商每次进 900 件衣服时的批发价格为 142 元/件.

1.5.2　成本函数、收入函数与利润函数

1) 成本函数

产品成本是以货币形式表现的企业生产和销售产品的全部费用支出，**成本函数**表示费用总额与产量(或销售量)之间的依赖关系，产品成本可分为**固定成本**和**变动成本**两个部分. 所谓固定成本，是指在一定时期内不随产量变化的那部分成本，如厂房及设备折旧费、保险费等. 所谓变动成本，是指随产量变化而变化的那部分成本，如材料费、燃料费、提成费等. 一般地，以货币计值的(总)成本 C 是产量 x 的函数，即

$$C=C(x)\quad (x\geqslant 0)$$

称其为**成本函数**. 当产量 $x=0$ 时，对应的成本函数值 $C(0)$ 就是产品的固定成本值.

成本函数是单调增加函数，其图像称为**成本曲线**.

在讨论总成本的基础上，还要进一步讨论均摊在单位产量上的成本，均摊在单位产量上的成本称为**平均单位成本**，设 $C(x)$ 为成本函数，称

$$\overline{C}=\frac{C(x)}{x}\quad (x>0)$$

为**平均单位成本函数**或**平均成本函数**.

2) 收入函数与利润函数

销售某种产品的收入 R 等于产品的单位价格 P 乘以销售量 x，即 $R=P\cdot x$，称其为**收入函数**.

而销售利润 L 等于收入 R 减去成本 C，即 $L=R-C$，称其为**利润函数**.

当 $L=R-C>0$ 时，生产者盈利；

当 $L=R-C<0$ 时，生产者亏损；

当 $L=R-C=0$ 时，生产者盈亏平衡，使 $L(x)=0$ 的点 x_0 称为**盈亏平衡点**(又称为**保本点**).

例 3　某产品总成本 C 万元为年产量 x t 的函数

$$C=C(x)=a+bx^2,$$

其中 a,b 为待定常数. 已知固定成本为 400 万元，且当年产量 $x=100$ t 时，总成本 $C=500$ 万元，试将平均单位成本 $\overline{C}$ 表示为年产量 x 的函数.

解　由于总成本 $C=C(x)=a+bx^2$，从而当产量 $x=0$ 时的总成本 $C(0)=a$，说明常数项 a 为固定成本，因此确定常数

$$a=400.$$

再将已知条件：$x=100$ 时，$C=500$ 代入总成本 C 的表达式中，得

$$500=400+b\cdot 100^2.$$

从而确定常数

$$b=\frac{1}{100},$$

于是得到总成本函数表达式

$$C=C(x)=400+\frac{x^2}{100}.$$

所以平均单位成本

$$\overline{C}=\overline{C}(x)=\frac{C(x)}{x}=\frac{400}{x}+\frac{x}{100}\quad(x>0).$$

例 4　某厂每年生产 Q 台某商品的平均单位成本为

$$\overline{C}=\overline{C}(Q)=\left(Q+6+\frac{20}{Q}\right)\text{ 万元／台},$$

商品销售价格 $P=30$ 万元/台，试将每年商品全部销售后获得总利润 L 表示为年产量 Q 的函数.

解　每年生产 Q 台产品，以价格 $P=30$ 万元/台销售，获得总收入为

$$R=R(Q)=PQ=30Q,$$

又生产 Q 台商品的总成本为

$$\begin{aligned}C=C(Q)&=Q\overline{C}(Q)=Q\left(Q+6+\frac{20}{Q}\right)\\&=Q^2+6Q+20.\end{aligned}$$

所以总利润为

$$\begin{aligned}L=L(Q)&=R(Q)-C(Q)\\&=30Q-(Q^2+6Q+20)\\&=-Q^2+24Q-20\quad(Q>0).\end{aligned}$$

例 5　某产品总成本 C 元为日产量 x(单位:kg)的函数

$$C=C(x)=\frac{1}{9}x^2+6x+100,$$

产品销售价格为 P 元/kg，它与产量 x(单位:kg)的关系为

$$P=P(x)=46-\frac{1}{3}x.$$

(1)试将平均单位成本表示为日产量 x 的函数;

(2)试将每日产品全部销售后获得的总利润 L 表示为日产量 x 的函数.

解　(1)平均单位成本

$$\overline{C}=\overline{C}(x)=\frac{C(x)}{x}=\frac{1}{9}x+6+\frac{100}{x}\quad(x>0).$$

(2)生产 x kg 产品，以价格 P 元/kg 销售，获得的总收入为

$$\begin{aligned}R=R(x)=xP(x)&=x\left(46-\frac{1}{3}x\right)\\&=-\frac{1}{3}x^2+46x.\end{aligned}$$

又已知生产 x kg 产品的总成本为

$$C=C(x)=\frac{1}{9}x^2+6x+100,$$

所以总利润

$$\begin{aligned}L=L(x)&=R(x)-C(x)\\&=\left(-\frac{1}{3}x^2+46x\right)-\left(\frac{1}{9}x^2+6x+100\right)\\&=-\frac{4}{9}x^2+40x-100.\end{aligned}$$

由于产量 $x>0$,又由于销售价格 $P>0$,即 $46-\frac{1}{3}x>0$,得到 $x<138$,因而函数的定义域为 $0<x<138$.

例 6 已知某商品的成本函数与收入函数分别为

$$C=12+3x+x^2, R=11x,$$

其中 x 表示产量销量,试求该商品的盈亏平衡点,并说明盈亏情况.

解 由 $L=0$ 和已知条件得

$$11x=12+3x+x^2, x^2-8x+12=0.$$

从而得到两个盈亏平衡点分别为 $x_1=2, x_2=6$.由利润函数

$$L(x)=R(x)-C(x)=11x-(12+3x+x^2)=8x-12-x^2=(x-2)(6-x)$$

易知,当 $x<2$ 时亏损,当 $2<x<6$ 时盈利,而当 $x>6$ 时又转为亏损.

习题 1.5

1.某种商品的供给函数和需求函数分别为

$$Q_d=25P-10, Q_s=200-5P,$$

求该商品的市场均衡价格和市场均衡数量.

2.某批发商每次以 160 元/台的价格将 500 台电扇批发给零售商,在这个基础上零售商每次多进 100 台电扇,则批发价相应降低 2 元,批发商最大批发量为每次 1 000 台,试将电扇批发价格表示为批发量的函数,并求零售商每次进 800 台电扇时的批发价格.

3.某工厂生产某产品,每日最多生产 200 单位.它的日固定成本为 150 元,生产一个单位产品的可变成本为 16 元.求该厂日总成本函数及平均成本函数.

4.已知某厂生产一个单位产品时,可变成本为 15 元,每天的固定成本为 2 000 元,如这种产品出厂价为 20 元,求

(1)利润函数;

(2)若要不亏本,该厂每天至少生产多少单位这种产品.

5.某企业生产一种新产品,在定价时不单是根据生产成本而定,还要请各销售单位来出价,即他们愿意以什么价格来购买.根据调查得出需求函数为 $x=-900P+45\ 000$.该企业生产该产品的固定成本是 270 000 元,而单位产品的变动成本为 10 元.

(1)求利润函数;

(2)为获得最大利润,出厂价格应为多少?

6.已知某产品的成本函数与收入函数分别为

$$C = 5 - 4x + x^2, R = 2x,$$

其中 x 表示产量,试求该商品的盈亏平衡点,并说明盈亏情况.

复习题 1

1.下列函数不相等的是( ).

A.$f(x)=\sqrt[3]{x^3}, g(x)=x$; B.$f(x)=\sqrt{x^2}, g(x)=|x|$;

C.$y=\sin^2(3x+1), u=\sin^2(3t+1)$; D.$f(x)=\dfrac{x^2-1}{x-1}, g(x)=x+1$.

2.求下列函数的定义域.

(1)$y=\sqrt{2-x}+\arccos\dfrac{1}{x}$; (2)$y=\sqrt{x+3}+\dfrac{1}{\ln(1-x)}$;

(3)$y=\dfrac{\ln(x^2+2x-3)}{\sqrt{x^2-4}}$.

3.函数 $y=\begin{cases}\sin\dfrac{1}{x}, & x\neq 0,\\ 0, & x=0\end{cases}$ 的定义域为____________,值域为____________.

4.设 $f(x)=\begin{cases}1, & -1\leqslant x\leqslant 0,\\ x+1, & 0\leqslant x\leqslant 2\end{cases}$,则 $f(x-1)=$____________.

5.判断下列函数的奇偶性.

(1)$f(x)=\sqrt{1-x}+\sqrt{1+x}$; (2)$y=e^{2x}-e^{-2x}+\sin x$.

6.判断下列函数在定义域内的有界性及单调性.

(1)$y=\dfrac{x}{1+x^2}$; (2)$y=x+\ln x$.

7.下列函数是由哪些简单函数复合而成的?

(1)$y=(1+x^3)^{\frac{1}{2}}$; (2)$y=\dfrac{1}{1+\arctan 5x}$.

8.设 $f(x)$ 定义在 $(-\infty,+\infty)$ 上,证明:

(1)$f(x)+f(-x)$ 为偶函数; (2)$f(x)-f(-x)$ 为奇函数.

第1章参考答案

第 2 章
极限与连续

极限概念是微积分的理论基础,极限方法是微积分的基本分析方法.因此,掌握好极限方法是学好微积分的关键.连续是函数的一个重要性态.本章将介绍极限与连续的基本知识和基本方法.

2.1 极限的概念

2.1.1 数列极限的定义

定义 1 **数列**是定义在自然数集 $\mathbf{N}$ 上的函数,记为 $x_n=f(n)(n=1,2,3,\cdots)$.由于全体自然数可以排成一列,因此数列就是按顺序排列的一串数:

$$x_1,x_2,x_3,\cdots,x_n,\cdots$$

可以简记为 $\{x_n\}$.数列中的每个数称为数列的**项**,其中 x_n 称为数列的**一般项**或**通项**.

下面让我们考察当 n 无限增大时(记为 $n\to\infty$,符号"→"读作"趋向于"),一般项 x_n 的变化趋势.

观察下列数列:

(1) $2,4,6,\cdots,2n,\cdots$

(2) $2,2,2,\cdots,2,\cdots$

(3) $\frac{1}{2},\frac{1}{4},\frac{1}{8},\frac{1}{16},\cdots,\frac{1}{2^n},\cdots$

(4) $2,\frac{1}{2},\frac{4}{3},\frac{3}{4},\cdots,\frac{n+(-1)^{n-1}}{n},\cdots$

容易看出,数列(1)的项随 n 增大时,其值越来越大,且无限增大;数列(2)的各项值均相同.

为了清楚起见,将数列(3)和数列(4)的各项用数轴上的对应点 $x_1,x_2,\cdots$表示,如图 2.1(a)、(b)所示.

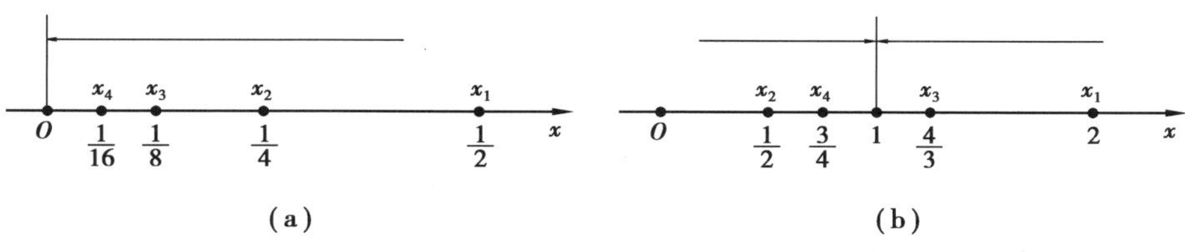

图 2.1

由图 2.1 可知,当 n 无限增大时,数列$\left\{\frac{1}{2^n}\right\}$在数轴上的对应点从原点的右侧无限接近于 0;数列$\left\{\frac{n+(-1)^{n-1}}{n}\right\}$在数轴上的对应点从 $x=1$ 的两侧无限接近于 1.一般地,可以给出如下定义:

定义 2　对于数列$\{x_n\}$,如果当 n 无限增大时,一般项 x_n 的值无限接近于一个确定的常数 A,则称 A 为数列$\{x_n\}$当 n 趋向于无穷大时的**极限**,记为

$$\lim_{n\to\infty}x_n=A,\text{或者 } x_n\to A(n\to\infty).$$

此时,也称数列$\{x_n\}$**收敛**于 A,而称$\{x_n\}$为**收敛数列**.如果数列的极限不存在,则称其为**发散数列**.

例如,数列$\left\{\frac{1}{2^n}\right\}$,$\left\{\frac{n+(-1)^{n-1}}{n}\right\}$是收敛数列,且

$$\lim_{n\to\infty}\frac{1}{2^n}=0,\lim_{n\to\infty}\frac{n+(-1)^{n-1}}{n}=1.$$

而$\left\{\frac{1+(-1)^n}{2}\right\}$,$\{2n\}$是发散数列.

下面给出几个常用数列的极限:

(1) $\lim\limits_{n\to\infty}C=C$　(C 为常数).

(2) $\lim\limits_{n\to\infty}\frac{1}{n^\alpha}=0$　($\alpha>0$).

(3) $\lim\limits_{n\to\infty}q^n=0$　($|q|<1$).

2.1.2　函数的极限

数列作为一种特殊的函数,即定义在正整数集合上的函数.研究其极限时,自变量的变化趋势只有一种状态,即自变量 $n\to+\infty$.现在研究一般函数的极限.根据自变量不同的变化趋势,函数的极限分两类讨论:

1) $x\to\infty$ 时函数的极限

对于一般函数 $y=f(x)$ 而言,当自变量无限增大时,函数值无限接近于一个常数的情形与数列极限类似,所不同的是,自变量的变化可以是连续的.

$x\to\infty$ 是指 $|x|$ 无限增大,它包含两个方面:一是 $x>0$ 且 $|x|$ 无限增大(记作 $x\to+\infty$);二是 $x<0$ 且 $|x|$ 无限增大(记作 $x\to-\infty$).

例 1 设函数$f(x)=\dfrac{1}{x}(x\neq 0)$,如图 2.2 所示,讨论当$x\to\infty$时,函数$f(x)$的变化趋势.从$f(x)=\dfrac{1}{x}$的图形可以观察到,当$x\to\infty$时,函数$f(x)=\dfrac{1}{x}$无限接近于常数 0.这时我们称$x\to\infty$时,函数$f(x)$的极限为 0.

定义 3 设函数$f(x)$当$|x|$大于某一正数时有定义,如果在$|x|$无限增大(记为$x\to\infty$)时,对应的函数值$f(x)$无限趋近于一个确定的常数A,则称常数A为函数$f(x)$当$x\to\infty$时的极限,记作

$$\lim_{x\to\infty} f(x)=A \text{ 或者 } f(x)\to A(x\to\infty).$$

由定义 2 知,对于例 1,$f(x)=\dfrac{1}{x}(x\neq 0)$,有$\lim\limits_{x\to\infty}\dfrac{1}{x}=0$.

当自变量无限增大(或无限减小)时,记作$x\to+\infty$(或$x\to-\infty$),如果对应的函数$f(x)$无限接近于某一个确定的常数A,则称常数A为函数$f(x)$当$x\to+\infty$(或$x\to-\infty$)时的极限,记作

$$\lim_{x\to+\infty} f(x)=A \text{ 或者 } \lim_{x\to-\infty} f(x)=A.$$

极限$\lim\limits_{x\to+\infty} f(x)=A$与$\lim\limits_{x\to-\infty} f(x)=A$称为**单侧极限**.

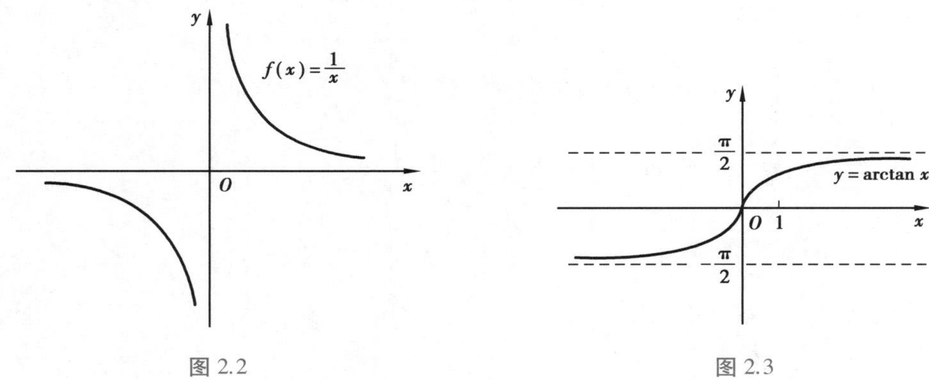

图 2.2　　图 2.3

由定义 1 可得如下定理:

定理 1 $\lim\limits_{x\to\infty} f(x)=A$($A$为常数)的充分必要条件是$\lim\limits_{x\to+\infty} f(x)=\lim\limits_{x\to-\infty} f(x)=A$.

例 2 考察下列极限是否存在:

(1)$\lim\limits_{x\to\infty}\arctan x$;　(2)$\lim\limits_{x\to\infty}\dfrac{1}{x}$;　(3)$\lim\limits_{x\to\infty}a^x$.

解 (1)由图 2.3 观察可得,$\lim\limits_{x\to+\infty}\arctan x=\dfrac{\pi}{2}$,$\lim\limits_{x\to-\infty}\arctan x=-\dfrac{\pi}{2}$,所以由定理 1 知,$\lim\limits_{x\to\infty}\arctan x$不存在.

(2)由图 2.4 观察可得,$\lim\limits_{x\to-\infty}\dfrac{1}{x}=0$,$\lim\limits_{x\to+\infty}\dfrac{1}{x}=0$,所以$\lim\limits_{x\to\infty}\dfrac{1}{x}=0$.

(3)由图 2.5 观察可得,

当$a>1$时,$\lim\limits_{x\to-\infty}a^x=0$,$\lim\limits_{x\to+\infty}a^x=+\infty$,故$\lim\limits_{x\to\infty}a^x$不存在;

当$0<a<1$时,$\lim\limits_{x\to-\infty}a^x=+\infty$,$\lim\limits_{x\to+\infty}a^x=0$,故$\lim\limits_{x\to\infty}a^x$不存在.

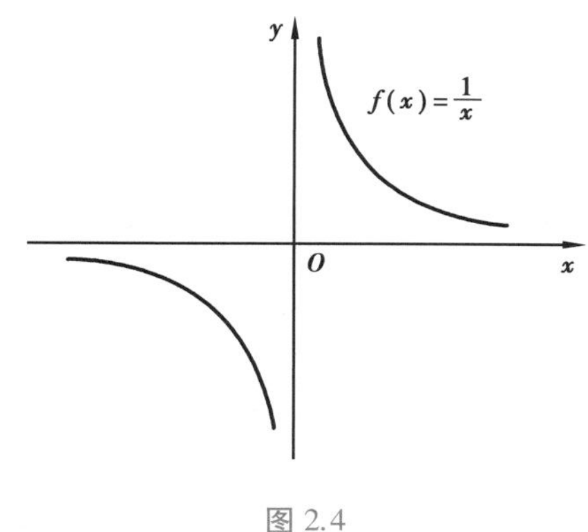

图 2.4

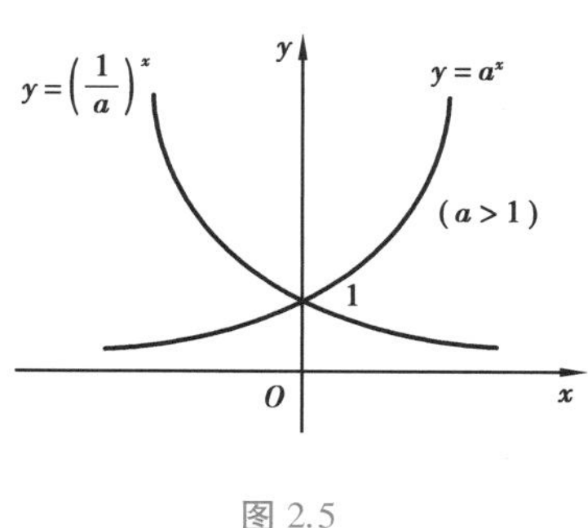

图 2.5

2) $x\to x_0$ 时函数的极限

对于一般函数而言，除了考察函数自变量 x 的绝对值无限增大时，函数的变化趋势问题，还可研究 x 无限接近某一有限值 x_0 时，函数 $f(x)$ 的变化趋势.

例 3　考察当 $x\to1$ 时，函数 $f(x)=\dfrac{2x^2-2}{x-1}$ 的变化趋势. 我们注意到，当 $x\neq1$ 时，函数 $f(x)=\dfrac{2x^2-2}{x-1}=2(x+1)$，所以当 $x\to1$ 时，$f(x)$ 的值无限接近于常数 4(图 2.6). 称常数 4 为函数 $f(x)=\dfrac{2x^2-2}{x-1}$ 当 $x\to1$ 时的极限.

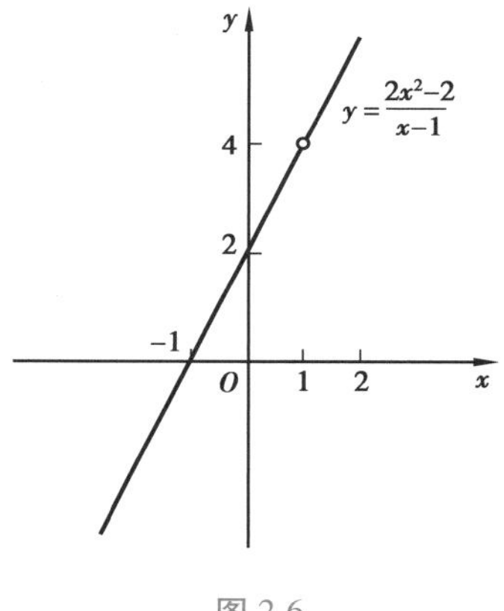

图 2.6

由此可见，x 无限接近 x_0 时，函数值 $f(x)$ 无限接近 A 的情形，它与 $x\to\infty$ 时函数的极限类似，只是 x 的趋向不同，因此只需对 x 无限接近 x_0 作出确切的描述即可.

定义 4　设函数 $f(x)$ 在点 x_0 的某一去心邻域内有定义. 当 $x\to x_0$ 时，如果函数 $f(x)$ 无限地接近于某一确定的常数 A，则称常数 A 为函数 $f(x)$ 当 $x\to x_0$ 时的极限. 记为

$$\lim_{x\to x_0} f(x)=A \text{ 或 } f(x)\to A \quad (x\to x_0).$$

注：在点 x_0 的某一去心邻域内，$x\to x_0$ 表示 x 无限接近 x_0 永远不等于 x_0，所以函数 $f(x)$ 的极限是否存在与函数在点 x_0 是否有定义无关，只与函数的变化趋势有关.

在定义 4 中，$x\to x_0$ 是指 x 从 x_0 的两侧趋向于 x_0. 有些实际问题只需要考虑 x 从 x_0 的一侧趋向 x_0 时，函数 $f(x)$ 的变化趋势，因此引入下面的函数左右极限的概念.

定义 5　如果当 x 从 x_0 的左侧趋于 x_0(记作 $x\to x_0^-$)时，对应的函数值 $f(x)$ 无限接近于某一个常数 A，则称 A 为函数 $f(x)$ 当 $x\to x_0$ 时的**左极限**，记为

$$\lim_{x\to x_0^-} f(x)=A \text{ 或者 } f(x_0-0)=A.$$

如果当 x 从 x_0 的右侧趋于 x_0(记作 $x\to x_0^+$)时，对应的函数值 $f(x)$ 无限接近于某一个常数 A，则称 A 为函数 $f(x)$ 当 $x\to x_0$ 时的**右极限**，记为

$$\lim_{x\to x_0^+} f(x)=A \text{ 或者 } f(x_0+0)=A.$$

定理 2 $\lim\limits_{x\to x_0}f(x)=A$ 的充分必要条件是:$\lim\limits_{x\to x_0^-}f(x)=\lim\limits_{x\to x_0^+}f(x)=A$.

例 4 设 $f(x)=\begin{cases}x, & x\geqslant 0;\\ -x+1, & x<0.\end{cases}$ 讨论当 $x\to 0$ 时,$f(x)$ 的极限是否存在?

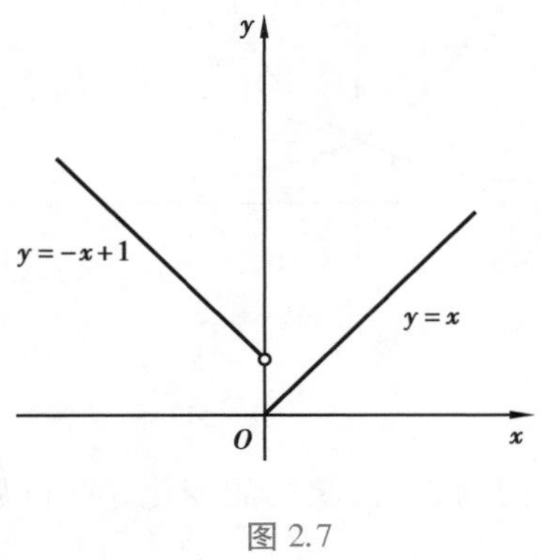

图 2.7

解 $x=0$ 是函数定义域中两个区间的分界点,该函数在点 $x=0$ 处的左右两侧的表达式不同,如图 2.7 所示.

$$\lim_{x\to 0^-}f(x)=\lim_{x\to 0}(-x+1)=1,\lim_{x\to 0^+}f(x)=\lim_{x\to 0}x=0,$$

因为

$$\lim_{x\to 0^-}f(x)\neq\lim_{x\to 0^+}f(x),$$

所以

$$\lim_{x\to 0}f(x)\text{ 不存在.}$$

例 5 设 $f(x)=\begin{cases}e^x+1, & x>0,\\ x+b, & x\leqslant 0.\end{cases}$ 问当 b 取何值时,$\lim\limits_{x\to 0}f(x)$ 存在.

解 由于

$$\lim_{x\to 0^+}f(x)=\lim_{x\to 0}(e^x+1)=2,\lim_{x\to 0^-}f(x)=\lim_{x\to 0}(x+b)=b.$$

由定理 2 可知,要使 $\lim\limits_{x\to 0}f(x)$ 存在,必须满足 $\lim\limits_{x\to 0^-}f(x)=\lim\limits_{x\to 0^+}f(x)$,因此 $b=2$.

2.1.3 函数极限的性质

为了叙述方便,今后使用的极限符号“lim”未标明自变量变化过程,它表示对任何一种极限过程.

性质 1(唯一性) 若 $\lim f(x)$ 存在,则该极限唯一.

性质 2(局部有界性) 若 $\lim f(x)$ 存在,则 $\lim f(x)$ 是该极限过程中的有界变量.

注:性质 2 的逆命题不成立.如 $\sin x$ 是有界变量,但 $\lim\limits_{x\to\infty}\sin x$ 不存在.

性质 3(局部保号性) 若 $\lim\limits_{x\to x_0}f(x)=A$,且 $A>0$(或 $A<0$),则当 $x\in\mathring{U}(x_0)$ 时,有 $f(x)>0$(或 $f(x)<0$).

推论 在某极限过程中,若 $f(x)\geqslant 0$(或 $f(x)\leqslant 0$),且 $\lim f(x)=A$,则 $A\geqslant 0$(或 $A\leqslant 0$).

习题 2.1

1. 观察下列数列的变化趋势,写出其极限.

(1) $x_n=\dfrac{n}{n+1}$; (2) $x_n=2-(-1)^n$;

(3) $x_n=3+(-1)^n\dfrac{1}{n}$; (4) $x_n=\dfrac{1}{n^2}-1$.

2. 利用函数图像,观察变化趋势,写出下列极限.

(1) $\lim\limits_{x\to\infty}\frac{1}{x^2}$；　(2) $\lim\limits_{x\to-\infty}e^x$；

(3) $\lim\limits_{x\to+\infty}e^{-x}$；　(4) $\lim\limits_{x\to+\infty}\operatorname{arccot} x$；

(5) $\lim\limits_{x\to\infty}2$；　(6) $\lim\limits_{x\to-2}(x^2+1)$；

(7) $\lim\limits_{x\to1}(\ln x+1)$；　(8) $\lim\limits_{x\to\pi}(\cos x-1)$.

3. 设 $f(x)=\begin{cases}x^2+1, & x<0;\\ x, & x\geqslant0.\end{cases}$ 求 $\lim\limits_{x\to0^+}f(x)$ 与 $\lim\limits_{x\to0^-}f(x)$，判断 $\lim\limits_{x\to0}f(x)$ 是否存在？

4. 设 $f(x)=\frac{x}{x}$，$g(x)=\frac{|x|}{x}$，当 $x\to0$ 时，分别求 $f(x)$ 与 $g(x)$ 的左、右极限，判断 $\lim\limits_{x\to0}f(x)$ 与 $\lim\limits_{x\to0}g(x)$ 是否存在？

2.2　无穷小与无穷大

在讨论函数的变化趋势时，有两种变化趋势是数学理论研究和处理实际问题经常遇到的，这就是本节要介绍的两个特殊变量：无穷小量与无穷大量.

2.2.1　无穷小

定义 1　若 $\lim\alpha(x)=0$，则称 $\alpha(x)$ 为该极限过程中的一个**无穷小量**，简称**无穷小**.

例如，$\lim\limits_{x\to0}\sin x=0$，当 $x\to0$ 时，函数 $\sin x$ 是无穷小.

又如，$\lim\limits_{x\to\infty}\frac{1}{x}=0$，当 $x\to\infty$ 时，函数 $\frac{1}{x}$ 是无穷小.

注：(1) 无穷小是极限为 0 的量. 除了常数 0 可以作为无穷小外，其他任何常数即便其绝对值很小，都不能是无穷小. 即不能认为无穷小就是很小很小的量.

(2) 无穷小是相对某极限过程而言的. 如对数函数 $f(x)=\ln x$，由于 $\lim\limits_{x\to1}\ln x=0$，故 $\ln x$ 是当 $x\to1$ 时的无穷小. 而当 $x\to\infty$ 时，它不是无穷小.

无穷小具有以下性质：

性质 1　有限个无穷小的代数和是无穷小.

性质 2　有界变量与无穷小的乘积是无穷小.

例 1　求 $\lim\limits_{x\to\infty}\frac{1}{x}\sin x$.

解　因为 $\forall x\in(-\infty,+\infty)$，$|\sin x|\leqslant1$，且 $\lim\limits_{x\to\infty}\frac{1}{x}=0$，故由性质 2 得

$$\lim_{x\to\infty}\frac{1}{x}\sin x=0.$$

由性质 2 可以推出下列结论：

推论 1　常数与无穷小的乘积为无穷小.

推论 2　有限个无穷小的乘积为无穷小.

2.2.2 无穷大

定义 2 如果在某极限过程中,$|f(x)|$无限地增大,则称函数$f(x)$为该极限过程中的**无穷大量**,简称**无穷大**,记作 $\lim f(x)=\infty$.

若$f(x)>0$且$|f(x)|$无限地增大,则称$f(x)$为正无穷大,记作 $\lim f(x)=+\infty$;若$f(x)<0$且$|f(x)|$无限地增大,则称$f(x)$为负无穷大,记作 $\lim f(x)=-\infty$.

例 2 $\lim\limits_{x\to+\infty}e^x=+\infty$,即当$x\to+\infty$时,$e^x$是正无穷大.

$\lim\limits_{x\to0^+}\ln x=-\infty$,即当$x\to0^+$时,$\ln x$是负无穷大.

$$\lim_{x\to\frac{\pi}{2}^-}\tan x=+\infty,\ \lim_{x\to\frac{\pi}{2}^+}\tan x=-\infty.$$

注:(1)无穷大是一个变量,这里借用 $\lim f(x)=\infty$ 表示$f(x)$是一个无穷大,并不意味着$f(x)$的极限存在.恰恰相反,$\lim f(x)=\infty$ 意味着$f(x)$的极限不存在.

(2)称一个函数为无穷大时,必须明确指出自变量的变化趋势.对于一个函数,一般来说,自变量趋向不同会导致函数值的趋向不同.例如,函数 $y=\tan x$,当 $x\to\dfrac{\pi}{2}$时,它为无穷大,而当$x\to0$时,它为无穷小.

2.2.3 无穷小与函数极限及无穷大的关系

1)无穷小与函数极限的关系

定理 1 $\lim f(x)=A$ 的充要条件是:$f(x)=A+\alpha(x)$,其中$\alpha(x)$为该极限过程中的无穷小量.

证 (必要性)设$\alpha(x)=f(x)-A$,因为$\lim f(x)=A$.由极限的运算法则有

$$\lim\alpha(x)=\lim[f(x)-A]=\lim f(x)-\lim A=A-A=0.$$

故$\alpha(x)$是自变量在同一过程中的无穷小.

(充分性)因为$\alpha(x)$是无穷小,所以 $\lim\alpha(x)=0$,而$f(x)=A+\alpha(x)$,故

$$\lim f(x)=\lim[A+\alpha(x)]=A-0=A.$$

2)无穷小与无穷大的关系

在同一变化过程中,无穷小与无穷大之间有如下关系:

定理 2 在某极限过程中,若$f(x)$为无穷大,则$\dfrac{1}{f(x)}$为无穷小量;反之,若$f(x)$为无穷小量,且$f(x)\neq0$,则$\dfrac{1}{f(x)}$为无穷大.

定理 2 表明,无穷小与无穷大类似于倒数关系.

例 3 求$\lim\limits_{x\to1}\dfrac{1}{\sqrt{x}-1}$.

解 因为$\lim\limits_{x\to1}(\sqrt{x}-1)=0$,所以$\lim\limits_{x\to1}\dfrac{1}{\sqrt{x}-1}=\infty$.

习题 2.2

1.下列函数在什么情况下为无穷小？在什么情况下为无穷大？

(1) $\dfrac{x+2}{x-1}$;　　(2) $\ln x$;　　(3) $\dfrac{x+1}{x^2}$.

2.求下列函数的极限.

(1) $\lim\limits_{x\to0} x^2\sin\dfrac{1}{x}$;　　(2) $\lim\limits_{x\to\infty}\dfrac{\arctan x}{x}$;　　(3) $\lim\limits_{x\to\infty}\dfrac{\cos n^2}{n}$.

2.3　极限的运算法则

前面介绍了在自变量的各种变化过程中函数极限的定义，它们在理论上是重要的，但极限的定义并没有给出求极限的具体方法，只能验证极限的正确性.下面给出一些求极限的方法，本节主要介绍极限的四则运算法则和复合函数的极限运算法则.

2.3.1　极限的四则运算法则

定理 1　在同一极限过程中，若 $\lim f(x)=A$，$\lim g(x)=B$，则

(1) $\lim[f(x)\pm g(x)]=A\pm B=\lim f(x)\pm\lim g(x)$;

(2) $\lim[f(x)\cdot g(x)]=A\cdot B=\lim f(x)\cdot\lim g(x)$;

(3) $\lim\dfrac{f(x)}{g(x)}=\dfrac{A}{B}=\dfrac{\lim f(x)}{\lim g(x)}\quad(B\neq0)$.

(1)，(2)可推广到有限多个函数的情况，且由此定理可得到下面的推论：

推论 1　若 $\lim f(x)=A$，C 为常数，则

$$\lim[C\cdot f(x)]=C\lim f(x)=CA.$$

也就是说，**求极限时常数因子可提到极限符号外面**，因为 $\lim C=C$.

推论 2　若 $\lim f(x)=A$，$n\in\mathbf{N}$，则

$$\lim[f(x)]^n=[\lim f(x)]^n=A^n.$$

例 1　求 $\lim\limits_{x\to2}(2x^3-x^2+3)$.

解　$\lim\limits_{x\to2}(2x^3-x^2+3)=\lim\limits_{x\to2}2x^3-\lim\limits_{x\to2}x^2+\lim\limits_{x\to2}3$

$$=2(\lim_{x\to2}x)^3-(\lim_{x\to2}x)^2+3=2\times2^3-2^2+3=15.$$

一般地，设多项式为

$$P(x)=a_0+a_1x+\cdots+a_{n-1}x^{n-1}+a_nx^n,$$

则有

$$\lim_{x\to x_0}P(x)=a_0+a_1x_0+\cdots+a_{n-1}x_0^{n-1}+a_nx_0^n.$$

即

$$\lim_{x\to x_0}P(x)=P(x_0).$$

注：多项式函数求极限，直接代入即可.

例 2 求$\lim\limits_{x\to2}\dfrac{2x+1}{x^2-3}$.

解 因为分母的极限不等于0,所以由运算法则(3)有

$$\lim_{x\to2}\frac{2x+1}{x^2-3}=\frac{\lim\limits_{x\to2}(2x+1)}{\lim\limits_{x\to2}(x^2-3)}=\frac{5}{1}=5.$$

一般地,设 $P(x)$,$Q(x)$ 是多项式,称 $F(x)=\dfrac{P(x)}{Q(x)}$ 为有理分式函数. 由于 $\lim\limits_{x\to x_0}P(x)=P(x_0)$,$\lim\limits_{x\to x_0}Q(x)=Q(x_0)$,若 $Q(x_0)\neq0$,则

$$\lim_{x\to x_0}F(x)=\lim_{x\to x_0}\frac{P(x)}{Q(x)}=\frac{\lim\limits_{x\to x_0}P(x)}{\lim\limits_{x\to x_0}Q(x)}=\frac{P(x_0)}{Q(x_0)}=F(x_0).$$

注:有理分式函数,若分式的极限不为零时,函数的极限值等于函数值.

例 3 求$\lim\limits_{x\to2}\dfrac{x+2}{x^2-4}$.

解 因分母的极限为0,所以不能用商的极限运算法则(3),但是$\lim\limits_{x\to2}(x+2)=4\neq0$,所以可先求出

$$\lim_{x\to2}\frac{x^2-4}{x+2}=\frac{\lim\limits_{x\to2}(x^2-4)}{\lim\limits_{x\to2}(x+2)}=\frac{0}{4}=0,$$

再由无穷小与无穷大的关系,得

$$\lim_{x\to2}\frac{x+2}{x^2-4}=\infty.$$

例 4 求$\lim\limits_{x\to2}\dfrac{x-2}{x^2-4}$.

解 当 $x\to2$ 时,由于分子分母的极限均为零,这种情形称为"$\dfrac{0}{0}$"型,对此情形不能直接运用极限运算法则,通常应设法去掉分母中的"零因子".

$$\frac{x-2}{x^2-4}=\frac{x-2}{(x-2)(x+2)}=\frac{1}{x+2}\quad(x\neq2),$$

所以

$$\lim_{x\to2}\frac{x-2}{x^2-4}=\lim_{x\to2}\frac{1}{x+2}=\frac{1}{4}.$$

注:$\dfrac{0}{0}$型有理分式,先用因式分解法消去零因子,然后用商的运算法则求出极限.

例 5 求$\lim\limits_{x\to2}\dfrac{\sqrt{x+7}-3}{x-2}$.

解 此极限仍属于"$\dfrac{0}{0}$"型,可采用二次根式有理化的办法去掉分母中的"零因子".

$$\lim_{x\to2}\frac{\sqrt{x+7}-3}{x-2}=\lim_{x\to2}\frac{(\sqrt{x+7}-3)(\sqrt{x+7}+3)}{(x-2)(\sqrt{x+7}+3)}$$

$$=\lim_{x\to 2}\frac{x-2}{(x-2)(\sqrt{x+7}+3)}$$

$$=\lim_{x\to 2}\frac{1}{\sqrt{x+7}+3}=\frac{1}{6}.$$

注:$\frac{0}{0}$型无理分式,先用有理化法消去零因子,然后用商的运算法则求出极限.

例 6　求$\lim\limits_{x\to\infty}\frac{3x^2+x+2}{2x^2-x+3}$.

解　当 $x\to\infty$ 时,其分子分母均为无穷大,这种情形称为"$\frac{\infty}{\infty}$"型.所以不能运用商的极限运算法则,通常应设法将其变形.

$$\lim_{x\to\infty}\frac{3x^2+x+2}{2x^2-x+3}=\lim_{x\to\infty}\frac{3+\frac{1}{x}+\frac{2}{x^2}}{2-\frac{1}{x}+\frac{3}{x^2}}=\frac{\lim\limits_{x\to\infty}\left(3+\frac{1}{x}+\frac{2}{x^2}\right)}{\lim\limits_{x\to\infty}\left(2-\frac{1}{x}+\frac{3}{x^2}\right)}=\frac{3}{2}.$$

例 7　求$\lim\limits_{x\to\infty}\frac{x+4}{x^2-9}$.

解　当 $x\to\infty$ 时,分子分母均趋于∞,可将分子分母同除以分母中自变量的最高次幂,即得

$$\lim_{x\to\infty}\frac{x+4}{x^2-9}=\lim_{x\to\infty}\frac{\frac{1}{x}+\frac{4}{x^2}}{1-\frac{9}{x^2}}=0.$$

例 8　求$\lim\limits_{x\to\infty}\frac{2x^3-3x+1}{x^2+4x-5}$.

解　$\lim\limits_{x\to\infty}\frac{2x^3-3x+1}{x^2+4x-5}=\lim\limits_{x\to\infty}\frac{2-\frac{3}{x^2}+\frac{1}{x^3}}{\frac{1}{x}+\frac{4}{x^2}-\frac{5}{x^3}}=\infty$.

一般地,设 $a_0\neq 0, b_0\neq 0, m, n$ 为正整数,则有

$$\lim_{x\to\infty}\frac{a_0+a_1x+\cdots+a_{n-1}x^{n-1}+a_nx^n}{b_0+b_1x+\cdots+b_{m-1}x^{m-1}+b_mx^m}=\begin{cases}0, & m>n,\\ \frac{a_0}{b_0}, & m=n,\\ \infty, & m<n.\end{cases}$$

注:$\frac{\infty}{\infty}$型有理分式,取最大项法求极限,即分子分母同时除以分子分母中自变量的最高次幂.

例 9　求$\lim\limits_{x\to 1}\left(\frac{1}{x-1}-\frac{2}{x^2-1}\right)$.

解 当 $x\to1$ 时,$\dfrac{1}{x-1}$与$\dfrac{2}{x^2-1}$均为无穷大(这种类型的极限称为“$\infty-\infty$”型未定式),极限都不存在,所以不能用差的极限运算法则,可以先通分,使其变为“$\dfrac{0}{0}$”型未定式再求极限.

$$\lim_{x\to1}\left(\frac{1}{x-1}-\frac{2}{x^2-1}\right)=\lim_{x\to1}\frac{x-1}{x^2-1}=\lim_{x\to1}\frac{1}{x+1}=\frac{1}{2}.$$

注:$\infty-\infty$ 型,通分转化为有理分式的极限.

例 10 求$\lim\limits_{n\to\infty}\left(\dfrac{1}{n^2}+\dfrac{2}{n^2}+\cdots+\dfrac{n}{n^2}\right)$.

解 当 $n\to\infty$ 时,每一项都趋于 0,这是无穷个无穷小的和.因为有无穷多项,所以不能用和的极限运算法则,但可经过变形再求出极限.

$$\begin{aligned}\lim_{n\to\infty}\left(\frac{1}{n^2}+\frac{2}{n^2}+\cdots+\frac{n}{n^2}\right)&=\lim_{n\to\infty}\frac{1+2+\cdots+n}{n^2}\\&=\lim_{n\to\infty}\frac{\frac{1}{2}n(n+1)}{n^2}\\&=\frac{1}{2}\lim_{n\to\infty}\left(1+\frac{1}{n}\right)=\frac{1}{2}.\end{aligned}$$

注:有限个无穷小的和为无穷小,但无限个无穷小的和不一定为无穷小.

2.3.2 复合函数的极限运算法则

下面讨论复合函数的极限运算法则,先看一个例子:求当 $x\to1$ 时,函数 $y=e^{x^2-1}$ 的极限.由于函数 $y=e^{x^2-1}$ 由 $y=e^u$ 和 $u=x^2-1$ 复合而成.当 $x\to1$ 时,$u=x^2-1$ 趋于 0;而当 $u\to0$ 时,$y=e^u$ 趋于 1,因此有$\lim\limits_{x\to1}e^{x^2-1}=1=\lim\limits_{u\to0}e^u$.

定理 2 设函数 $y=f[\varphi(x)]$ 是由 $y=f(u)$,$u=\varphi(x)$ 复合而成的,如果$\lim\limits_{x\to x_0}\varphi(x)=u_0$,$\lim\limits_{u\to u_0}f(u)=A$,则

$$\lim_{x\to x_0}f[\varphi(x)]=A.$$

定理 2 表明,在一定条件下,可运用换元法计算极限.复合函数求极限时,可作变量替换,令 $u=\varphi(x)$,则$\lim\limits_{x\to x_0}f[\varphi(x)]=\lim\limits_{u\to u_0}f(u)=A$.

例 11 求$\lim\limits_{x\to0}e^{\sin x}$.

解 令 $u=\sin x$,因为 $x\to0$ 时 $u\to0$,所以

$$\lim_{x\to0}e^{\sin x}=\lim_{u\to0}e^u=1.$$

例 12 求$\lim\limits_{x\to1}\sin(\ln x)$.

解 令 $u=\ln x$,因为 $x\to1$ 时 $u\to0$,所以

$$\lim_{x\to1}\sin(\ln x)=\lim_{u\to0}\sin u=0.$$

例 13 求$\lim\limits_{x\to8}\dfrac{\sqrt[3]{x}-2}{x-8}$.

解　令 $u=\sqrt[3]{x}$，因为 $x\to8$ 时，$u\to2$，所以

$$\lim_{x\to8}\frac{\sqrt[3]{x}-2}{x-8}=\lim_{u\to2}\frac{u-2}{u^3-8}$$

$$=\lim_{u\to2}\frac{u-2}{(u-2)(u^2+2u+4)}$$

$$=\lim_{u\to2}\frac{1}{u^2+2u+4}=\frac{1}{12}.$$

习题 2.3

1.下列运算正确吗？为什么？

(1) $\lim\limits_{x\to0}\left(x\cos\frac{1}{x}\right)=\lim\limits_{x\to0}x\cdot\lim\limits_{x\to0}\cos\frac{1}{x}=0\cdot\lim\limits_{x\to0}\cos\frac{1}{x}=0$；

(2) $\lim\limits_{x\to1}\frac{x^2}{1-x}=\frac{\lim\limits_{x\to1}x^2}{\lim\limits_{x\to1}(1-x)}=\infty$.

2.求下列极限.

(1) $\lim\limits_{x\to\infty}\frac{(3x-1)^{20}(2x+3)^{30}}{(7x+1)^{50}}$；

(2) $\lim\limits_{n\to\infty}\frac{2^{n+1}+3^{n+1}}{2^n+3^n}$；

(3) $\lim\limits_{h\to0}\frac{(x+h)^3-x^3}{h}$；

(4) $\lim\limits_{x\to1}\left(\frac{1}{x-1}-\frac{2}{x^2-1}\right)$；

(5) $\lim\limits_{x\to\infty}\left(\frac{x^3}{2x^2-1}-\frac{x^2}{2x+1}\right)$；

(6) $\lim\limits_{x\to\infty}\frac{(x^2-x)\operatorname{arccot}x}{x^3-x-5}$；

(7) $\lim\limits_{n\to\infty}\frac{1+\frac{1}{3}+\frac{1}{9}+\cdots+\frac{1}{3^n}}{1+\frac{1}{2}+\frac{1}{4}+\cdots+\frac{1}{2^n}}$；

(8) $\lim\limits_{n\to\infty}\left(\frac{1+2+3+\cdots+n}{n+2}-\frac{n}{2}\right)$；

(9) $\lim\limits_{x\to1}\ln\left[\frac{x^2-1}{2(x-1)}\right]$.

2.4　极限存在准则与两个重要极限

有些函数的极限不能（或者难以）直接应用极限运算法则求得，往往需要先判定极限存在，然后再用其他方法求得.下面介绍几个常用的判定函数极限存在的定理.

2.4.1　极限存在准则

定理 1（夹逼定理）　在自变量的某个变化过程中，若

(1) $g(x)\leqslant f(x)\leqslant h(x)$；

(2) $\lim g(x)=A$，$\lim h(x)=A$，则 $\lim f(x)=A$.

例 1 求$\lim\limits_{n\to\infty}\left(\frac{n}{n^2+1}+\frac{n}{n^2+2}+\cdots+\frac{n}{n^2+n}\right)$.

解 因为$\frac{n^2}{n^2+n}\leqslant\frac{n}{n^2+1}+\frac{n}{n^2+2}+\cdots+\frac{n}{n^2+n}\leqslant\frac{n^2}{n^2+1}$,且

$$\lim_{n\to\infty}\frac{n^2}{n^2+n}=1,\lim_{n\to\infty}\frac{n^2}{n^2+1}=1.$$

故由夹逼定理得

$$\lim_{n\to\infty}\left(\frac{n}{n^2+1}+\frac{n}{n^2+2}+\cdots+\frac{n}{n^2+n}\right)=1.$$

在 2.1 节中,已经知道收敛数列一定有界,但有界数列不一定收敛.如果数列有界再加上单调增加或者单调减少的条件,就可以保证其收敛.

定理 2(收敛准则) 单调有界数列必有极限.

2.4.2 两个重要极限

利用上述极限存在准则,可得两个非常重要的极限.

1) $\lim\limits_{x\to0}\frac{\sin x}{x}=1$

首先证明$\lim\limits_{x\to0^+}\frac{\sin x}{x}=1$.因为$x\to0^+$,可设$x\in\left(0,\frac{\pi}{2}\right)$.如图 2.8 所示,其中,$\overset{\frown}{EAB}$为单位圆弧,且

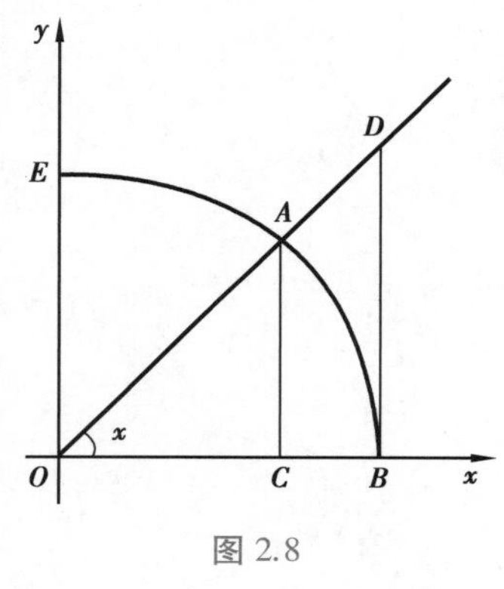

图 2.8

$OA=OB=1,\angle AOB=x$,

则 $OC=\cos x,AC=\sin x,DB=\tan x$,又$\triangle AOC$ 的面积<扇形 OAB 的面积<$\triangle DOB$ 的面积,即

$$\cos x\sin x<x<\tan x.$$

因为$x\in\left(0,\frac{\pi}{2}\right)$,则 $\cos x>0,\sin x>0$,故上式可写成

$$\cos x<\frac{\sin x}{x}<\frac{1}{\cos x}.$$

由$\lim\limits_{x\to0}\cos x=1,\lim\limits_{x\to0}\frac{1}{\cos x}=1$,运用夹逼定理得

$$\lim_{x\to0^+}\frac{\sin x}{x}=1.$$

注意$\frac{\sin x}{x}$是偶函数,从而有

$$\lim_{x\to0^-}\frac{\sin x}{x}=\lim_{x\to0^-}\frac{\sin(-x)}{-x}=\lim_{u\to0^+}\frac{\sin u}{u}=1.$$

综上所述,得

$$\lim_{x\to0}\frac{\sin x}{x}=1.$$

以上极限可推广为：在某极限过程中，有 $\lim u(x)=0(u(x)\neq 0)$，则 $\lim \dfrac{\sin u(x)}{u(x)}=1$.

例 2　求 $\lim\limits_{x\to 0}\dfrac{\tan x}{x}$.

解　$\lim\limits_{x\to 0}\dfrac{\tan x}{x}=\lim\limits_{x\to 0}\dfrac{\sin x}{x}\cdot\dfrac{1}{\cos x}=\lim\limits_{x\to 0}\dfrac{\sin x}{x}\cdot\lim\limits_{x\to 0}\dfrac{1}{\cos x}=1.$

例 3　求 $\lim\limits_{x\to 0}\dfrac{\sin 3x}{x}$.

解　设 $u=3x$. 则当 $x\to 0$ 时，有 $u\to 0$，于是

$$\lim_{x\to 0}\frac{\sin 3x}{x}=\lim_{x\to 0}3\cdot\frac{\sin 3x}{3x}=3\lim_{u\to 0}\frac{\sin u}{u}=3\times 1=3.$$

例 4　求 $\lim\limits_{x\to 0}\dfrac{1-\cos x}{x^2}$.

解　$\lim\limits_{x\to 0}\dfrac{1-\cos x}{x^2}=\lim\limits_{x\to 0}\dfrac{2\sin^2\dfrac{x}{2}}{x^2}=\dfrac{1}{2}\lim\limits_{x\to 0}\dfrac{\sin^2\dfrac{x}{2}}{\left(\dfrac{x}{2}\right)^2}=\dfrac{1}{2}\lim\limits_{x\to 0}\left(\dfrac{\sin\dfrac{x}{2}}{\dfrac{x}{2}}\right)^2=\dfrac{1}{2}\left(\lim\limits_{x\to 0}\dfrac{\sin\dfrac{x}{2}}{\dfrac{x}{2}}\right)^2=\dfrac{1}{2}\times 1^2=\dfrac{1}{2}.$

例 5　求 $\lim\limits_{x\to\infty}x\cdot\sin\dfrac{1}{x}$.

解　令 $u=\dfrac{1}{x}$，当 $x\to\infty$ 时，有 $u\to 0$，因此

$$\lim_{x\to\infty}x\cdot\sin\frac{1}{x}=\lim_{u\to 0}\frac{\sin u}{u}=1.$$

2) $\lim\limits_{x\to\infty}\left(1+\dfrac{1}{x}\right)^x=\mathrm{e}$

当 x 连续变化且趋于无穷大时，函数的极限 $\lim\limits_{x\to\infty}\left(1+\dfrac{1}{x}\right)^x$ 存在且等于 e，即

$$\lim_{x\to\infty}\left(1+\frac{1}{x}\right)^x=\mathrm{e}.$$

令 $t=\dfrac{1}{x}$，则当 $x\to\infty$ 时，$t\to 0$，这时上式变为

$$\lim_{t\to 0}(1+t)^{\frac{1}{t}}=\mathrm{e}.$$

为了方便地使用上面两个式子，将它们记为下列形式：

(1) 在某极限过程中，若 $\lim u(x)=\infty$，则

$$\lim\left[1+\frac{1}{u(x)}\right]^{u(x)}=\mathrm{e};$$

(2) 在某极限过程中，若 $\lim u(x)=0$，则

$$\lim\left[1+u(x)\right]^{\frac{1}{u(x)}}=\mathrm{e}.$$

重要极限 $\lim\limits_{x\to\infty}\left(1+\dfrac{1}{x}\right)^x=\mathrm{e}$ 或 $\lim\limits_{t\to 0}(1+t)^{\frac{1}{t}}=\mathrm{e}$ 也是一种未定式极限. 一般地，若 $\lim f(x)=1$，

$\lim g(x)=\infty$.则极限 $\lim[f(x)]^{g(x)}$ 称为 1^{∞} 型未定式.

例 6 求 $\lim\limits_{x\to\infty}\left(1+\dfrac{2}{x}\right)^{x}$.

解 $\lim\limits_{x\to\infty}\left(1+\dfrac{2}{x}\right)^{x}=\lim\limits_{x\to\infty}\left[\left(1+\dfrac{1}{\dfrac{x}{2}}\right)^{\frac{x}{2}}\right]^{2}$.

令 $t=\dfrac{x}{2}$,则当 $x\to\infty$ 时,有 $t\to\infty$,所以

$$\lim_{x\to\infty}\left(1+\frac{2}{x}\right)^{x}=\lim_{x\to\infty}\left[\left(1+\frac{1}{t}\right)^{t}\right]^{2}=\mathrm{e}^{2}.$$

例 7 求 $\lim\limits_{x\to\infty}\left(1+\dfrac{1}{x}\right)^{x+3}$.

解 $\lim\limits_{x\to\infty}\left(1+\dfrac{1}{x}\right)^{x+3}=\lim\limits_{x\to\infty}\left[\left(1+\dfrac{1}{x}\right)^{x}\cdot\left(1+\dfrac{1}{x}\right)^{3}\right]=\lim\limits_{x\to\infty}\left(1+\dfrac{1}{x}\right)^{x}\cdot\lim\limits_{x\to\infty}\left(1+\dfrac{1}{x}\right)^{3}=\mathrm{e}\cdot 1=\mathrm{e}.$

例 8 求 $\lim\limits_{x\to\infty}\left(1+\dfrac{1}{x}\right)^{2x}$.

解 $\lim\limits_{x\to\infty}\left(1+\dfrac{1}{x}\right)^{2x}=\lim\limits_{x\to\infty}\left[\left(1+\dfrac{1}{x}\right)^{x}\right]^{2}=\mathrm{e}^{2}.$

例 9 求 $\lim\limits_{x\to\infty}\left(1+\dfrac{k}{x}\right)^{x}\quad(k\neq 0)$.

解 $\lim\limits_{x\to\infty}\left(1+\dfrac{k}{x}\right)^{x}=\lim\limits_{x\to\infty}\left(1+\dfrac{k}{x}\right)^{\frac{x}{k}\cdot k}=\lim\limits_{x\to\infty}\left[\left(1+\dfrac{k}{x}\right)^{\frac{x}{k}}\right]^{k}=\left[\lim\limits_{x\to\infty}\left(1+\dfrac{k}{x}\right)^{\frac{x}{k}}\right]^{k}=\mathrm{e}^{k}.$

例 10 求 $\lim\limits_{x\to 0}\dfrac{\ln(1+x)}{x}$.

解 $\lim\limits_{x\to 0}\dfrac{\ln(1+x)}{x}=\lim\limits_{x\to 0}\dfrac{1}{x}\cdot\ln(1+x)=\lim\limits_{x\to 0}\ln(1+x)^{\frac{1}{x}}=\ln\left(\lim\limits_{x\to 0}(1+x)^{\frac{1}{x}}\right)=\ln\mathrm{e}=1.$

例 11 求 $\lim\limits_{x\to\infty}\left(\dfrac{x+1}{x-1}\right)^{x}$.

解法 1 $\lim\limits_{x\to\infty}\left(\dfrac{x+1}{x-1}\right)^{x}=\lim\limits_{x\to\infty}\left(\dfrac{x-1+2}{x-1}\right)^{x}=\lim\limits_{x\to\infty}\left(1+\dfrac{2}{x-1}\right)^{\frac{x-1}{2}\cdot 2+1}$

$$=\lim_{x\to\infty}\left(1+\frac{2}{x-1}\right)^{\frac{x-1}{2}\cdot 2}\cdot\lim_{x\to\infty}\left(1+\frac{2}{x-1}\right)=\mathrm{e}^{2}.$$

解法 2 $\lim\limits_{x\to\infty}\left(\dfrac{x+1}{x-1}\right)^{x}=\lim\limits_{x\to\infty}\left(\dfrac{1+\dfrac{1}{x}}{1-\dfrac{1}{x}}\right)^{x}=\dfrac{\lim\limits_{x\to\infty}\left(1+\dfrac{1}{x}\right)^{x}}{\lim\limits_{x\to\infty}\left(1-\dfrac{1}{x}\right)^{x}}=\dfrac{\mathrm{e}}{\mathrm{e}^{-1}}=\mathrm{e}^{2}.$

例 12 已知极限 $\lim\limits_{x\to 0}(1+kx)^{\frac{1}{x}}=\mathrm{e}^{2}$($k$ 为常数),求常数 k 的值.

解 $\lim\limits_{x\to 0}(1+kx)^{\frac{1}{x}}=\lim\limits_{x\to 0}(1+kx)^{\frac{1}{kx}\cdot k}=\left[\lim\limits_{x\to 0}(1+kx)^{\frac{1}{kx}}\right]^{k}=\mathrm{e}^{k}$,由已知条件有 $k=2$.

形如$[f(x)]^{g(x)}$的函数称为**幂指函数**,通常利用第二个重要极限来计算幂指函数的极限.

一般地,若 $\lim f(x)=A(A>0)$,$\lim g(x)=B$.则有

$$\lim\ [f(x)]^{g(x)}=A^B.$$

2.4.3　连续复利

设初始本金为 p(元),年利率为 r,按复利付息,若一年分 m 次付息,则第 n 年末的本利和为

$$s_n=p\left(1+\frac{r}{m}\right)^{mn}.$$

如果利息按连续复利计算, 即计算复利的次数 m 趋于无穷大时, t 年末的本利和可按如下公式计算

$$s=p\lim_{m\to\infty}\left(1+\frac{r}{m}\right)^{mt}=pe^{rt}.$$

若要 t 年末的本利和为 s,则初始本金 $p=se^{-rt}$.

例 13　一投资者欲用 10 000 元投资 5 年,设年利率为 6%,试分别按单利、复利、每年 4 次复利和连续复利付息方式计算,到第 5 年末,求该投资者应得的本利和.

解　按单利计算

$$S=(10\ 000+1\ 000\times0.06\times5)\text{ 元}=13\ 000\text{ 元}.$$

按复利计算

$$S=10\ 000\times(1+0.06)^5=10\ 000\text{ 元}\times1.338\ 23=13\ 382.3\text{ 元}.$$

按每年 4 次复利计算

$$S=10\ 000\left(1+\frac{0.06}{4}\right)^{4\times5}=10\ 000\times1.015^{20}=10\ 000\text{ 元}\times1.346\ 86=13\ 468.6\text{ 元}.$$

按连续复利计算

$$S=10\ 000\cdot e^{0.06\cdot5}=10\ 000\cdot e^{0.3}\text{ 元}=13\ 498.6\text{ 元}.$$

注:这种将利息计入本金重复计算复利的方法称为**连续复利**.类似于连续复利问题的数学模型,如细胞分裂、细菌繁殖、树木增长、物体的冷却、放射性元素的衰变等问题.

习题 2.4

1.求下列函数的极限.

(1)$\lim\limits_{x\to0}\dfrac{\sin 2x}{x}$;　　(2)$\lim\limits_{x\to0}\dfrac{\tan x}{3x}$;

(3)$\lim\limits_{x\to0}\dfrac{\sin 3x}{\sin 2x}$;　　(4)$\lim\limits_{x\to0^+}\dfrac{1-\cos 2x}{x\sin x}$;

(5)$\lim\limits_{x\to0}\ln\dfrac{\sin x}{x}$;　　(6)$\lim\limits_{x\to1}\dfrac{\sin(x-1)}{x^2-1}$.

2.求下列函数的极限.

(1)$\lim\limits_{x\to\infty}\left(\dfrac{x}{1+x}\right)^{x-3}$;　　(2)$\lim\limits_{x\to\infty}\left(\dfrac{2x+1}{2x-1}\right)^{x}$;

(3) $\lim\limits_{x\to 0}(1+2\tan x)^{\cot x}$；　　(4) $\lim\limits_{x\to \frac{\pi}{2}}(1+\cos x)^{3\sec x}$.

3. 设 $\lim\limits_{x\to\infty}\left(\dfrac{x+k}{x}\right)^{x}=\lim\limits_{x\to\infty} x\sin\dfrac{2}{x}$，求 k 的值.

2.5 无穷小的比较

由无穷小的性质可知，两个无穷小的和、差、积仍为无穷小.然而，两个无穷小的商却会出现各种不同的情形.例如，当 $x\to 0$ 时，函数 $x^2,2x,\sin x$ 都是无穷小，但是

$$\lim_{x\to 0}\frac{x^2}{2x}=\lim_{x\to 0}\frac{x}{2}=0;\lim_{x\to 0}\frac{2x}{x^2}=\lim_{x\to 0}\frac{2}{x}=\infty;\lim_{x\to 0}\frac{\sin x}{2x}=\frac{1}{2}\lim_{x\to 0}\frac{\sin x}{x}=\frac{1}{2}.$$

这说明 $x^2\to 0$ 比 $2x\to 0$"快些"，或者反过来说 $2x\to 0$ 比 $x^2\to 0$"慢些"，而 $\sin x\to 0$ 与 $2x\to 0$ 的"快""慢"差不多.同一极限过程中的无穷小趋于零的速度并不一定相同，可用两个无穷小比值的极限来衡量这两个无穷小趋于零的速度的快慢.为了反映无穷小趋向于零的快、慢程度，需要引进无穷小的阶的概念.

定义　设 $\alpha(x),\beta(x)$ 是同一极限过程中的两个无穷小，即

$$\lim\alpha(x)=0,\lim\beta(x)=0.$$

(1) 如果 $\lim\dfrac{\alpha(x)}{\beta(x)}=0$，则称 $\alpha(x)$ 是比 $\beta(x)$ **高阶的无穷小**，记作 $\alpha=o(\beta)$；

(2) 如果 $\lim\dfrac{\alpha(x)}{\beta(x)}=\infty$，则称 $\alpha(x)$ 是比 $\beta(x)$ **低阶的无穷小**；

(3) 如果 $\lim\dfrac{\alpha(x)}{\beta(x)}=C\quad(C\neq 0)$，则称 $\alpha(x)$ 与 $\beta(x)$ 为**同阶无穷小**，记作 $\alpha=O(\beta)$.

特别地，当常数 $C=1$ 时，称 $\alpha(x)$ 与 $\beta(x)$ 为**等价无穷小**，记作 $\alpha(x)\sim\beta(x)$.

例如，因为 $\lim\limits_{x\to 0}\dfrac{x^2}{2x}=0$，所以 $x^2=o(2x)\quad(x\to 0)$；

因为 $\lim\limits_{x\to 0}\dfrac{\sin x}{x}=1$，所以 $\sin x\sim x\quad(x\to 0)$；

因为 $\lim\limits_{x\to 1}\dfrac{x-1}{x^2-1}=\lim\limits_{x\to 1}\dfrac{1}{x+1}=\dfrac{1}{2}$，所以 $(x-1)=O(x^2-1)\quad(x\to 1)$.

例 1　当 $x\to 1$ 时，将下列各量与无穷小量 $x-1$ 进行比较.

(1) x^3-3x+2；　　(2) $\sin(x-1)$；　　(3) $(x-1)\sin\dfrac{1}{x-1}$.

解　(1) 因为 $\lim\limits_{x\to 1}(x^3-3x+2)=0$，所以 $x\to 1$ 时，x^3-3x+2 是无穷小量，又因为

$$\lim_{x\to 1}\frac{x^3-3x+2}{x-1}=\lim_{x\to 1}\frac{(x-1)^2(x+2)}{x-1}=0.$$

所以 x^3-3x+2 是比 $x-1$ 较高阶的无穷小量.

(2) 因为 $\lim\limits_{x\to 1}\sin(x-1)=0$，所以当 $x\to 1$ 时，$\sin(x-1)$ 是无穷小量，又因为

$$\lim_{x\to 1}\frac{\sin(x-1)}{x-1}=1.$$

所以 $\sin(x-1)$ 与 $x-1$ 是等价无穷小.

(3) 由 $\lim\limits_{x\to1}(x-1)\sin\dfrac{1}{x-1}=0$ 知，当 $x\to1$ 时，$(x-1)\sin\dfrac{1}{x-1}$ 是无穷小量，因为 $\lim\limits_{x\to1}\dfrac{(x-1)\cdot\sin\dfrac{1}{x-1}}{x-1}=\lim\limits_{x\to1}\sin\dfrac{1}{x-1}$ 不存在.所以，$(x-1)\sin\dfrac{1}{x-1}$ 与 $x-1$ 不能比较.等价无穷小可以简化某些极限的计算，在极限计算中起重要作用，有如下定理.

定理　设 $\alpha,\alpha',\beta,\beta'$ 都是同一变化过程中的无穷小，若 $\alpha\sim\alpha',\beta\sim\beta'$，且 $\lim\dfrac{\alpha}{\beta}$ 存在，则

$$\lim\frac{\alpha'}{\beta'}=\lim\frac{\alpha}{\beta}.$$

证　因为 $\alpha\sim\alpha',\beta\sim\beta'$，则 $\lim\dfrac{\alpha'}{\alpha}=1,\lim\dfrac{\beta'}{\beta}=1$，由于 $\dfrac{\alpha'}{\beta'}=\dfrac{\alpha'}{\alpha}\cdot\dfrac{\alpha}{\beta}\cdot\dfrac{\beta}{\beta'}$，又 $\lim\dfrac{\alpha}{\beta}$ 存在，所以

$$\lim\frac{\alpha'}{\beta'}=\lim\frac{\alpha'}{\alpha}\lim\frac{\alpha}{\beta}\lim\frac{\beta}{\beta'}=\lim\frac{\alpha}{\beta}.$$

以上定理表明，在求极限的乘除运算中，无穷小量因子可用其等价无穷小量替代.常用的等价无穷小量有：

①$\sin x\sim x\quad(x\to0)$；　②$\tan x\sim x\quad(x\to0)$；

③$\arcsin x\sim x\quad(x\to0)$；　④$\arctan x\sim x\quad(x\to0)$；

⑤$1-\cos x\sim\dfrac{1}{2}x^2\quad(x\to0)$；　⑥$e^x-1\sim x\quad(x\to0)$；

⑦$\ln(1+x)\sim x\quad(x\to0)$；　⑧$\sqrt{1+x}-1\sim\dfrac{x}{2}\quad(x\to0)$ [即 $(1+x)^\alpha-1\sim\alpha x\quad(\alpha\in\mathbf{R})$].

例 2　求 $\lim\limits_{x\to0}\dfrac{\sin 5x}{\tan 2x}$.

解　当 $x\to0$ 时，$\sin 5x\sim5x,\tan 2x\sim2x$，故

$$\lim_{x\to0}\frac{\sin 5x}{\tan 2x}=\lim_{x\to0}\frac{5x}{2x}=\frac{5}{2}.$$

例 3　求 $\lim\limits_{x\to0}\dfrac{\tan x-\sin x}{x^3}$.

解　如果直接将分子中的 $\tan x,\sin x$ 替换为 x，则

$$\lim_{x\to0}\frac{\tan x-\sin x}{x^3}=\lim_{x\to0}\frac{x-x}{x^3}=\lim_{x\to0}\frac{0}{x^3}=0,$$

这个结果是错误的.正确的解法为

$$\begin{aligned}\lim_{x\to0}\frac{\tan x-\sin x}{x^3}&=\lim_{x\to0}\frac{\sin x(1-\cos x)}{x^3\cos x}\\&=\lim_{x\to0}\frac{x\cdot\dfrac{1}{2}x^2}{x^3\cos x}\\&=\lim_{x\to0}\frac{1}{2\cos x}=\frac{1}{2}.\end{aligned}$$

注:在求极限的加减运算中不能作等价无穷小替换,等价无穷小替换只能用于求极限的乘除运算中.

例 4 求$\lim\limits_{x\to\infty}x^3\ln\left(1+\dfrac{2}{x^3}\right)$.

解 当$x\to\infty$时,$\ln\left(1+\dfrac{2}{x^3}\right)\sim\dfrac{2}{x^3}$,故

$$\lim_{x\to\infty}x^3\ln\left(1+\frac{2}{x^3}\right)=\lim_{x\to\infty}\left(x^3\cdot\frac{2}{x^3}\right)=2.$$

例 5 求$\lim\limits_{x\to 0}\dfrac{(1+x^2)^{\frac{1}{4}}-1}{\cos x-1}$.

解 当$x\to 0$时,$(1+x^2)^{\frac{1}{4}}-1\sim\dfrac{1}{4}x^2$, $\cos x-1\sim-\dfrac{1}{2}x^2$,故

$$\lim_{x\to 0}\frac{(1+x^2)^{\frac{1}{4}}-1}{\cos x-1}=\lim_{x\to 0}\frac{\frac{1}{4}x^2}{-\frac{1}{2}x^2}=-\frac{1}{2}.$$

例 6 求$\lim\limits_{x\to 0}\dfrac{\sqrt{1+\tan x}-\sqrt{1-\tan x}}{\sqrt{1+2x}-1}$.

解 由于$x\to 0$时,$\sqrt{1+2x}-1\sim x$,$\tan x\sim x$,故

$$\begin{aligned}\lim_{x\to 0}\frac{\sqrt{1+\tan x}-\sqrt{1-\tan x}}{\sqrt{1+2x}-1}&=\lim_{x\to 0}\frac{2\tan x}{x(\sqrt{1+\tan x}+\sqrt{1-\tan x})}\\&=\lim_{x\to 0}\frac{2}{\sqrt{1+\tan x}+\sqrt{1-\tan x}}=1.\end{aligned}$$

例 7 计算$\lim\limits_{x\to 0}\dfrac{e^{x^2}-1}{1-\cos x}$.

解 注意:当$x\to 0$时,$1-\cos x\sim\dfrac{1}{2}x^2$,$e^{x^2}-1\sim x^2$,故

$$\lim_{x\to 0}\frac{e^{x^2}-1}{1-\cos x}=\lim_{x\to 0}\frac{x^2}{\frac{1}{2}x^2}=2.$$

习题 2.5

1.当$x\to 0$时,$2x-x^2$与x^2-x^3相比,哪个是高阶无穷小量?

2.当$x\to 1$时,无穷小量$1-x$与$1-x^3$,$\dfrac{1}{2}(1-x^2)$是否同阶?是否等价?

3.利用等价无穷小,求下列极限.

(1)$\lim\limits_{x\to 0^+}\dfrac{\sin ax}{\sqrt{1-\cos x}}$; (2)$\lim\limits_{x\to 0}\dfrac{\sin 2x}{\ln(1+x)}$;

(3) $\lim\limits_{x\to 0}\dfrac{\arctan x^2}{\sin\dfrac{x}{2}\arcsin x}$；　　(4) $\lim\limits_{x\to 0}\dfrac{\dfrac{x}{\sqrt{1-x^2}}}{\ln(1-x)}$；

(5) $\lim\limits_{x\to\infty}x^2\left(1-\cos\dfrac{1}{x}\right)$；　　(6) $\lim\limits_{x\to 0}\dfrac{e^{2x}-1}{2x}$.

2.6　函数的连续与间断

自然界中许多变量都是连续变化的，如气温的变化、作物的生长、放射性物质存量的减少等.其特点是当时间的变化很微小时，这些量的变化也很微小，这种现象反映在数学上，就是函数的连续性.与连续性对立的一个概念，称为间断.下面我们将利用极限给出连续性的概念.

2.6.1　变量的增量

定义 1　设函数 $y=f(x)$ 在点 x_0 的某个邻域内有定义，当自变量从 x_0 变到 x，相应的函数值从 $f(x_0)$ 变到 $f(x)$，则称 $x-x_0$ 为**自变量的改变量(或增量)**，记作 $\Delta x=x-x_0$(它可正可负)，称 $f(x)-f(x_0)$ 为**函数的改变量(或增量)**，记作 Δy，即

$$\Delta y=f(x)-f(x_0) \text{ 或 } \Delta y=f(x_0+\Delta x)-f(x_0).$$

在几何上，函数的改变量表示当自变量从 x_0 变到 $x_0+\Delta x$ 时，曲线上相应点的纵坐标的改变量，如图 2.9 所示.

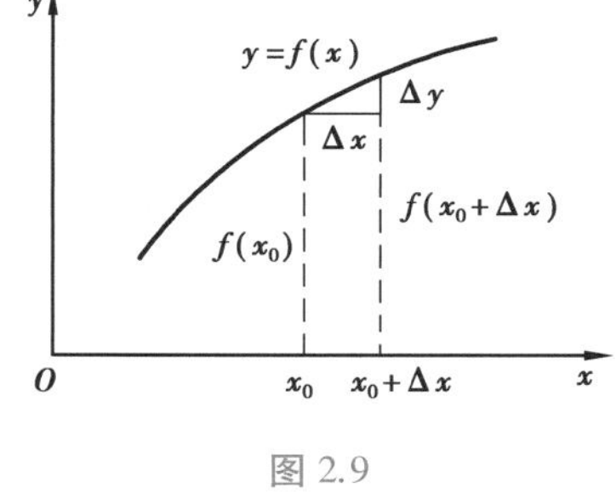

图 2.9

注:改变量可能为正，也可能为负，还可能为零.

例 1　求函数 $y=x^2$，当 $x_0=1$，$\Delta x=0.1$ 时的改变量.

解　$\Delta y=f(x_0+\Delta x)-f(x_0)=f(1+0.1)-f(1)$

$=f(1.1)-f(1)=1.1^2-1^2=0.21.$

2.6.2　函数的连续性

定义 2　设函数 $f(x)$ 在点 x_0 的某个邻域内有定义，如果

$$\lim_{\Delta x\to 0}\Delta y=\lim_{\Delta x\to 0}[f(x_0+\Delta x)-f(x_0)]=0,$$

则称函数 $y=f(x)$ 在点 x_0 处连续，x_0 称为函数 $f(x)$ 的**连续点**.

上述定义中，设 $x_0+\Delta x=x$，当 $\Delta x\to 0$ 时，有 $x\to x_0$，而

$$\Delta y=f(x_0+\Delta x)-f(x_0)=f(x)-f(x_0),$$

因此定义 2 中的式子也可以改写成

$$\lim_{\Delta x\to 0}\Delta y=\lim_{\Delta x\to 0}[f(x)-f(x_0)]=0.$$

即

$$\lim_{x\to x_0}f(x)=f(x_0).$$

所以函数 $y=f(x)$ 在点 x_0 处连续的定义又可以叙述为

定义 2′ 设函数 $f(x)$ 在点 x_0 的某个邻域内有定义,如果

$$\lim_{x\to x_0} f(x)=f(x_0),$$

则称函数 $y=f(x)$ 在点 x_0 处连续.

例 2 讨论函数 $f(x)=\begin{cases} x\sin\dfrac{1}{x}, & x\neq 0, \\ 1, & x=0. \end{cases}$ 在点 $x=0$ 处的连续性.

解 因为 $\lim\limits_{x\to 0} f(x)=\lim\limits_{x\to 0} x\sin\dfrac{1}{x}=0$,但是 $f(0)=1$,所以

$$\lim_{x\to 0} f(x)\neq f(0).$$

故函数 $f(x)$ 在点 $x=0$ 处不连续.

有时需要考虑函数在某点 x_0 一侧的连续性,由此引进左、右连续的概念.

定义 3 如果 $\lim\limits_{x\to x_0^+} f(x)=f(x_0)$,则称函数 $f(x)$ 在点 x_0 处**右连续**;如果 $\lim\limits_{x\to x_0^-} f(x)=f(x_0)$,则称函数 $f(x)$ 在点 x_0 处**左连续**.

由函数的极限与其左、右极限的关系,容易得到函数的连续性与其左、右连续性的关系.

定理 1 函数 $f(x)$ 在点 x_0 处连续的充分必要条件是:$f(x)$ 在点 x_0 处左连续且右连续,即

$$\lim_{x\to x_0} f(x)=f(x_0)\Leftrightarrow \lim_{x\to x_0^-} f(x)=f(x_0)=\lim_{x\to x_0^+} f(x).$$

定理 1 通常用来讨论分段函数在分界点的连续性.

例 3 讨论函数 $f(x)=|x|=\begin{cases} x, & x>0, \\ 0, & x=0, \\ -x, & x<0. \end{cases}$ 在点 $x=0$ 处的连续性,如图 2.10 所示.

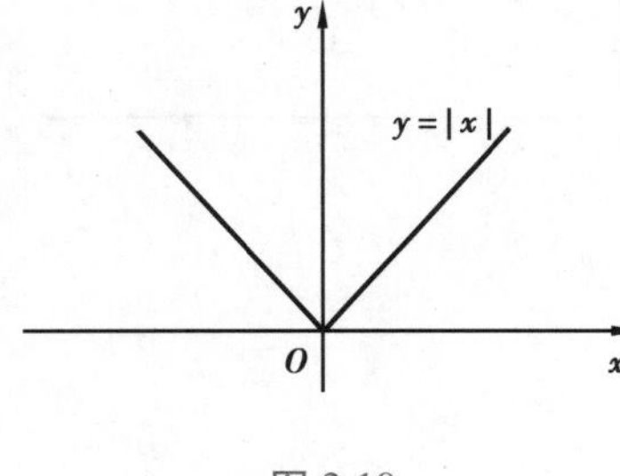

图 2.10

解 因为

$$\lim_{x\to 0^+} f(x)=\lim_{x\to 0^+} x=0,\ \lim_{x\to 0^-} f(x)=\lim_{x\to 0}(-x)=0$$

且有

$$f(0)=0.$$

所以

$$\lim_{x\to 0^+} f(x)=\lim_{x\to 0^-} f(x)=f(0)=0.$$

因此函数 $y=f(x)$ 在点 $x=0$ 处连续.

例 4 设函数

$$f(x)=\begin{cases} x^3+5, & x\geqslant 0, \\ a-x, & x<0, \end{cases}$$

问 a 为何值时,函数 $y=f(x)$ 在点 $x=0$ 处连续?

解 因为 $f(0)=5$,且

$$\lim_{x\to 0^-} f(x)=\lim_{x\to 0^-}(a-x)=a,$$

$$\lim_{x\to 0^+} f(x)=\lim_{x\to 0^+}(x^3+5)=5,$$

故由定理 1 知,当 $a=5$ 时,$y=f(x)$ 在点 $x=0$ 处连续.

定义 4 如果函数 $f(x)$ 在开区间 (a,b) 内每一点都连续,则称函数 $f(x)$ 在**区间 (a,b) 内连续**,或称函数 $f(x)$ 是 (a,b) 内的连续函数,记为 $f(x)\in C_{(a,b)}$.

如果$f(x)$在区间(a,b)内连续，且在$x=a$处右连续，又在$x=b$处左连续，则称函数$f(x)$**在闭区间$[a,b]$上连续**，记为$f(x)\in C_{[a,b]}$.

函数$y=f(x)$的连续点全体所构成的区间称为**函数的连续区间**.在连续区间上，连续函数的图形是一条连绵不断的曲线.

由连续函数的定义及极限的运算法则，可得出如下结论：

(1)连续函数的和、差、积、商(分母不为零)都是连续函数；

(2)连续函数的复合函数仍为连续函数，连续函数的反函数在其对应区间上也是连续的；

(3)初等函数在其定义区间内是连续的.

例 5　求$\lim\limits_{x\to 0}\sin\sqrt{e^x-1}$.

解　函数$f(x)=\lim\limits_{x\to 0}\sin\sqrt{e^x-1}$是初等函数，且在$x=0$处有定义，所以

$$\lim_{x\to 0}\sin\sqrt{e^x-1}=f(0)=0.$$

例 6　求$\lim\limits_{x\to\infty}\arctan\dfrac{x-2}{x-3}$.

解　因为$u=\dfrac{x-2}{x-3}$，当$x\to\infty$时，$u\to 1$，而$y=\arctan u$在$u=1$处连续，故

$$\lim_{x\to\infty}\arctan\frac{x-2}{x-3}=\arctan\lim_{x\to\infty}\frac{x-2}{x-3}=\arctan 1=\frac{\pi}{4}.$$

注：这表示极限符号$\lim\limits_{x\to\infty}$与复合函数的符号f可以交换次序.

2.6.3　函数的间断点

定义 5　设函数$f(x)$在点x_0的某个邻域内有定义，如果函数$f(x)$在点x_0处不连续，就称函数$f(x)$在点x_0**间断**，$x=x_0$称为函数$y=f(x)$的**间断点**或**不连续点**.

由函数$f(x)$在点x_0连续的定义可知，$f(x)$在点x_0连续必须同时满足以下 3 个条件：

(1)函数$f(x)$在点x_0有定义($x_0\in D$)；

(2)$\lim\limits_{x\to x_0}f(x)$存在；

(3)$\lim\limits_{x\to x_0}f(x)=f(x_0)$.

如果函数$f(x)$不满足 3 个条件中的任何一个，那么点$x=x_0$就是函数$f(x)$的一个间断点.

函数的间断点可分为以下几种类型：

(1)如果函数$f(x)$在点x_0处的左、右极限$f(x_0-0)$与$f(x_0+0)$都存在，则称$x=x_0$为函数$f(x)$的**第一类间断点**.

如果$f(x)$在点x_0处的左、右极限存在且相等，即$\lim\limits_{x\to x_0}f(x)$存在，但不等于该点处的函数值，即$\lim\limits_{x\to x_0}f(x)=A\neq f(x_0)$，或者$\lim\limits_{x\to x_0}f(x)$存在，但函数在$x_0$处无定义，则称$x=x_0$为函数的**可去间断点**.

如果$f(x)$在点x_0处的左、右极限存在但不相等，则称$x=x_0$为函数$f(x)$的**跳跃间断点**.

(2)如果函数$f(x)$在点x_0处的左、右极限$f(x_0-0)$与$f(x_0+0)$中至少有一个不存在，则称$x=x_0$为函数$f(x)$的**第二类间断点**.

例 7 函数$f(x)=\dfrac{x^3-1}{x-1}$在 $x=1$ 处没有定义,所以 $x=1$ 是$f(x)$的间断点;又因为$\lim\limits_{x\to 1}f(x)=\lim\limits_{x\to 1}\dfrac{x^3-1}{x-1}=\lim\limits_{x\to 1}(x^2+x+1)=3$.所以,$x=1$ 为函数$f(x)$的可去间断点.若补充定义,令$f(0)=1$,则函数$f(x)=\begin{cases}\dfrac{x^3-1}{x-1}, & x\neq 1,\\ 3, & x=1.\end{cases}$在 $x=1$ 处连续.

例 8 讨论函数

$$y=\begin{cases}2x, & x\neq 0,\\ 1, & x=0\end{cases}$$

在点 $x_0=0$ 处的连续性.

解 由于$\lim\limits_{x\to 0}f(x)=\lim\limits_{x\to 0}2x=0$,而$f(0)=1$,由定义知函数在点 $x_0=0$ 处不连续.$x=0$ 为函数$f(x)$的可去间断点.若修改函数的定义,令$f(0)=0$,则函数

$$f(x)=\begin{cases}2x, & x\neq 0,\\ 0, & x=0\end{cases}$$

在点 $x_0=0$ 处连续,如图 2.11 所示.

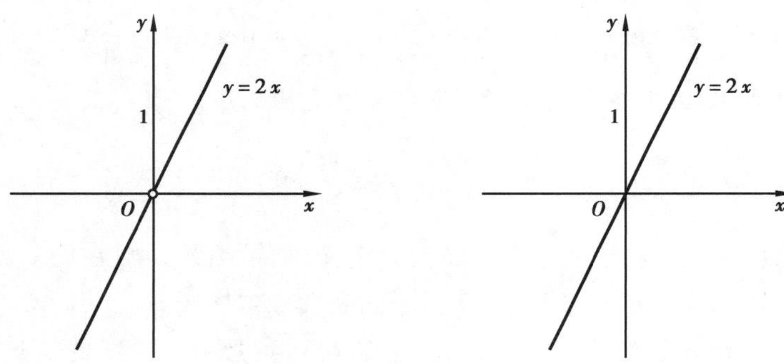

图 2.11

由于函数在可去间断点 x_0 处的极限存在,函数在点 x_0 不连续的原因是它的极限不等于该点的函数值$f(x_0)$,或者是$f(x)$在点 x_0 处无定义,所以我们可以补充或改变函数在点 x_0 处的定义,若令$f(x_0)=\lim\limits_{x\to x_0}f(x)$,就能使点 x_0 成为连续点.如在例 6 中可补充定义$f(1)=3$,例 7 中可改变函数在 $x=0$ 处的定义,令$f(0)=0$,则分别使两例中的函数在 $x=1$ 与 $x=0$ 处连续.

例 9 讨论函数$f(x)=\begin{cases}x+1, & x<0,\\ 0, & x=0,\\ x-1, & x>0.\end{cases}$在 $x=0$ 处的连续性.

解 因为

$$\lim_{x\to 0^-}f(x)=\lim_{x\to 0^-}(x+1)=1,\lim_{x\to 0^+}f(x)=\lim_{x\to 0^+}(x-1)=-1,$$

所以,$x=0$ 为$f(x)$的跳跃间断点,如图 2.12 所示.

例 10 函数$f(x)=\dfrac{1}{x-1}$在 $x=1$ 处无定义,所以 $x=1$ 为$f(x)$的间断点.因为$\lim\limits_{x\to 1}f(x)=\infty$,所以 $x=1$ 为$f(x)$的第二类间断点.

由于$\lim\limits_{x\to 1}f(x)=\infty$，又称 $x=1$ 为**无穷间断点**.

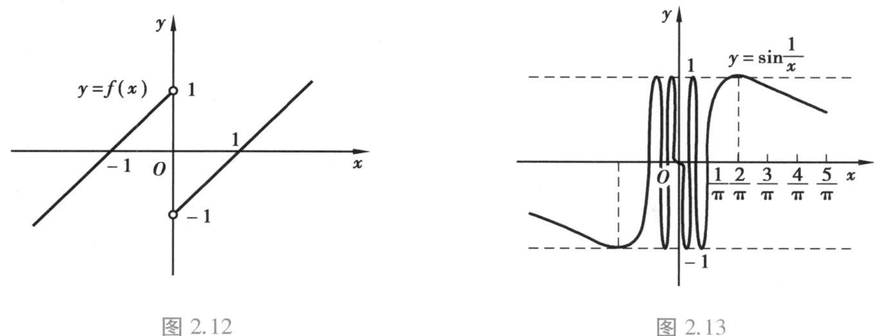

图 2.12　　　　图 2.13

例 11　函数 $f(x)=\sin\dfrac{1}{x}$在点 $x=0$ 处无定义，所以 $x=0$ 为 $f(x)$ 的间断点. 当 $x\to 0$ 时，$f(x)=\sin\dfrac{1}{x}$的值在-1 与 1 之间无限次地振荡，因而不能趋向于某一定值，于是$\lim\limits_{x\to 0}\sin\dfrac{1}{x}$不存在，所以 $x=0$ 是 $f(x)$ 的第二类间断点（图 2.13）. 此时也称 $x=0$ 为**振荡间断点**.

2.6.4　闭区间上连续函数的性质

下面介绍闭区间上连续函数的一些重要性质，并给出几何说明.

定理 2（最大值和最小值定理）　设函数 $f(x)$ 在闭区间$[a,b]$上连续，则在$[a,b]$上至少存在两点 x_1,x_2，使得对任何 $x\in[a,b]$，都有

$$f(x_1)\leqslant f(x)\leqslant f(x_2).$$

这里，$f(x_2)$ 和 $f(x_1)$ 分别称为函数 $f(x)$ 在闭区间$[a,b]$上的最大值和最小值（图 2.14）.

注：（1）对于开区间内的连续函数或在闭区间上有间断点的函数，定理的结论不一定成立. 例如，函数 $y=x^2$ 在开区间$(0,1)$内连续，但它在$(0,1)$内不存在最大值和最小值. 又如函数

$$f(x)=\begin{cases}x+1, & -1\leqslant x<0,\\ 0, & x=0,\\ x-1, & 0<x\leqslant 1.\end{cases}$$

在闭区间$[-1,1]$上有间断点 $x=0$，$f(x)$ 在闭区间$[-1,1]$上也不存在最大值和最小值（图 2.15）.

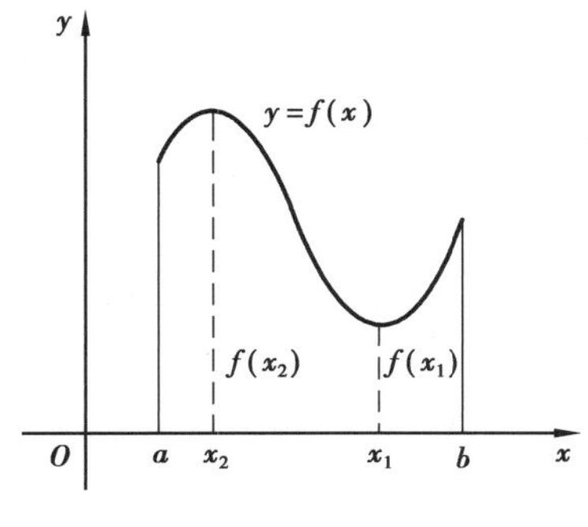

图 2.14

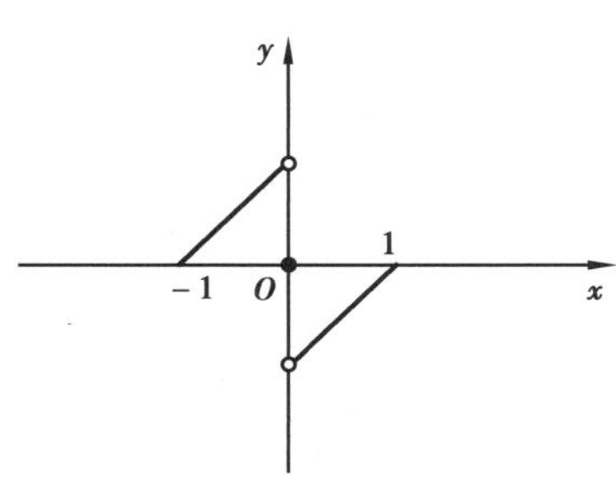

图 2.15

(2)定理 3 中达到最大值和最小值的点也可能是区间 $[a,b]$ 的端点,例如,函数 $y=2x+1$ 在 $[-1,2]$ 上连续,其最大值为 $f(2)=5$;最小值为 $f(-1)=-1$. 均在区间 $[-1,2]$ 的端点处取得.

定理 3(介值定理) 设函数 $f(x)$ 在闭区间 $[a,b]$ 上连续,M 和 m 分别是 $f(x)$ 在 $[a,b]$ 上的最大值和最小值,则对于满足 $m\leqslant\mu\leqslant M$ 的任何实数 μ,至少存在一点 $\xi\in[a,b]$,使得

$$f(\xi)=\mu.$$

定理 4 表明:闭区间 $[a,b]$ 上的连续函数 $f(x)$ 可以取遍 m 与 M 之间的一切数值,这个性质反映了函数连续变化的特征,其几何意义是:闭区间上的连续曲线 $y=f(x)$ 与水平直线 $y=\mu$ $(m\leqslant\mu\leqslant M)$ 至少有一个交点(图 2.16).

推论(零点存在定理) 若函数 $f(x)$ 在闭区间 $[a,b]$ 上连续,且 $f(a)\cdot f(b)<0$,则至少存在一点 $\xi\in(a,b)$,使得 $f(\xi)=0$.

$x=\xi$ 称为函数 $y=f(x)$ 的零点. 由零点存在定理可知,$x=\xi$ 为方程 $f(x)=0$ 的一个根,且 ξ 位于开区间 (a,b) 内,所以利用零点存在定理可以判断方程 $f(x)=0$ 在某个开区间内存在实根. 故零点存在定理也称为**方程实根的存在定理**,它的几何意义是:当连续曲线 $y=f(x)$ 的端点 A,B 在 x 轴的两侧时,曲线 $y=f(x)$ 与 x 轴至少有一个交点(图 2.17).

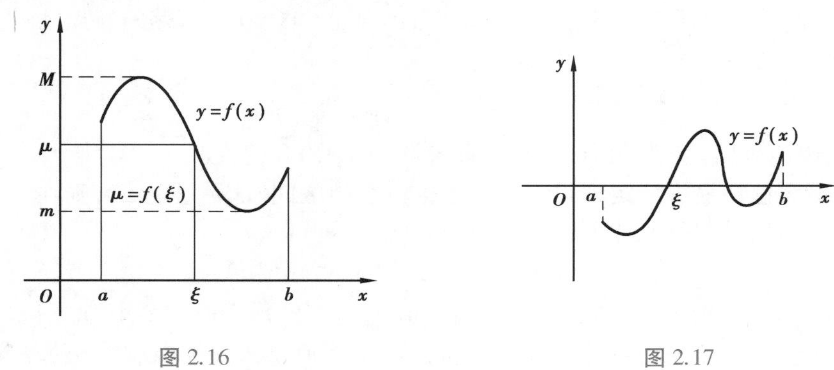

图 2.16　　　　图 2.17

例 12 证明方程 $x^4+1=5x^2$ 在区间 $(0,1)$ 内至少有一个实根.

证 设 $f(x)=x^4-5x^2+1$. 因为函数 $f(x)$ 在闭区间 $[0,1]$ 上连续,又有

$$f(0)=0,f(1)=-3,$$

故

$$f(0)\cdot f(1)<0.$$

根据零点存在定理知,至少存在一点 $\xi\in(0,1)$,使得 $f(\xi)=0$,即

$$\xi^4-5\xi^2+1=0.$$

因此,方程 $x^4+1=5x^2$ 在 $(0,1)$ 内至少有一个实根 ξ.

习题 2.6

1. 研究下列函数的连续性.

(1) $f(x)=\begin{cases} x^2, & 0\leqslant x\leqslant 1, \\ 2-x, & 1<x<2; \end{cases}$　　(2) $f(x)=\begin{cases} x, & |x|\leqslant 1, \\ 1, & |x|>1. \end{cases}$

2. 求下列函数的间断点,并判断其类型. 如果是可去间断点,则补充或改变函数的定义,使其在该点连续.

(1) $y=\dfrac{1-\cos 2x}{x^2}$;　　(2) $y=\dfrac{x^2-1}{x^2-3x+2}$;

(3) $y=\dfrac{2\tan x}{x}$;　　(4) $f(x)=\begin{cases}\dfrac{\sin x}{|x|}, & x\neq 0,\\ 0, & x=0.\end{cases}$

3.在下列函数中,当 a 取什么值时函数 $f(x)$ 在其定义域内连续?

(1) $f(x)=\begin{cases}\dfrac{x^2-9}{x-3}, & x\neq 3,\\ a, & x=3;\end{cases}$　　(2) $f(x)=\begin{cases}e^x, & x<0,\\ x-a, & x\geqslant 0.\end{cases}$

4.求下列函数的极限.

(1) $\lim\limits_{x\to\infty}x[\ln(x+a)-\ln x]$;　　(2) $\lim\limits_{x\to\infty}\dfrac{2x^2-3x-4}{\sqrt{x^4+1}}$;

(3) $\lim\limits_{x\to 0}\dfrac{\sqrt{1+x+x^2}-1}{\sin 2x}$;　　(4) $\lim\limits_{x\to 0}\dfrac{\tan x}{1-\sqrt{1+\tan x}}$;

(5) $\lim\limits_{x\to+\infty}\cos \operatorname{arccot} x$;　　(6) $\lim\limits_{x\to 0}\dfrac{\ln(1+x)-\ln(1-x)}{x}$.

5.证明方程 $x^3-3x^2+1=0$ 至少有一个小于 1 的正根.

复习题 2

1.单项选择题.

(1)设 $f(x)=\dfrac{\sqrt{1+x^2}}{x}$,则 $\lim\limits_{x\to\infty}f(x)=$(　　).

A.1　　B.2　　C.-1　　D.不存在

(2)若 $f(x)$ 在点 x_0 处的极限存在,则(　　).

A.$f(x_0)$ 必存在且等于极限值　　B.$f(x_0)$ 存在但不一定等于极限值

C.$f(x_0)$ 在 x_0 处的函数值可以不存在　　D.如果 $f(x_0)$ 存在,则必等于极限值

(3)当 $x\to 0$ 时,下列变量中(　　)与 x 为等价无穷小.

A.$\sin x^2$　　B.$\ln(1+2x)$

C.$x\sin\dfrac{1}{x}$　　D.$\sqrt{1+x}-\sqrt{1-x}$

(4)函数 $f(x)$ 在点 x_0 处有定义,是当 $x\to x_0$ 时 $f(x)$ 有极限的(　　).

A.必要条件　　B.充分条件　　C.充要条件　　D.无关条件

(5) $f(x_0-0)$ 与 $f(x_0+0)$ 都存在,是函数 $f(x)$ 在点 x_0 处有极限的(　　).

A.必要条件　　B.充分条件　　C.充要条件　　D.无关条件

2.判断下列说法是否正确,请说明理由.

(1)收敛数列一定有界;

(2)有界数列一定收敛;

(3)无界数列一定发散;

(4)极限大于0的数列的通项也一定大于0.

3.填空题.

(1) $\lim\limits_{x\to 0}\dfrac{\sin 3x}{x^2+3x}=$____________.

(2) $\lim\limits_{x\to \infty}\dfrac{\sin 3x}{x}=$____________.

(3)若 $\lim\limits_{x\to 2}\dfrac{3x^k-2x+5}{5x^4+2x^3+x}=\dfrac{3}{5}$,则 $k=$____________.

(4) $\lim\limits_{x\to \infty}\left(x+\dfrac{1}{x}\right)^{-x}=$____________.

4.求下列极限.

(1) $\lim\limits_{n\to \infty}\dfrac{(n+1)(2n+2)(3n+3)}{2n^3}$;

(2) $\lim\limits_{n\to \infty}\left[\dfrac{1+3+\cdots+(2n-1)}{n+1}-\dfrac{2n+1}{2}\right]$;

(3) $\lim\limits_{x\to \infty}\dfrac{2x-\sin x}{5x+\sin x}$;

(4) $\lim\limits_{x\to 4}\dfrac{2-\sqrt{x}}{3-\sqrt{2x+1}}$;

(5) $\lim\limits_{x\to 0}\ln\dfrac{\sin 2x}{x}$;

(6) $\lim\limits_{x\to 0}\dfrac{e^{2x}-1}{\ln(1+6x)}$;

(7) $\lim\limits_{x\to 0}(2\csc 2x-\cot x)$;

(8) $\lim\limits_{x\to \infty}\left(\dfrac{x+1}{x-1}\right)^{x}$;

(9) $\lim\limits_{x\to +\infty}\left(1-\dfrac{1}{x}\right)^{\sqrt{x}}$;

(10) $\lim\limits_{x\to 0}(1+2x)^{\frac{3}{\sin x}}$;

(11) $\lim\limits_{x\to 0}\dfrac{1-\cos x}{(e^x-1)\ln(1+x)}$.

5.求下列函数的间断点,并判断其类型.如果是可去间断点,则补充或改变函数的定义,使其在该点连续:

(1) $y=\begin{cases}x-1, & x\leqslant 1\\ 3-x, & x>1\end{cases}$;

(2) $y=\dfrac{x^3}{|x|(x^2-1)}$.

6.设 $f(x)=\begin{cases}\dfrac{\cos x}{x+2}, & x\geqslant 0,\\ \dfrac{\sqrt{a}-\sqrt{a-x}}{x}, & x<0(a>0).\end{cases}$

(1)当 a 为何值时,$x=0$ 是 $f(x)$ 的连续点?

(2)当 a 为何值时,$x=0$ 是 $f(x)$ 的间断点?是哪种类型的间断点?

7.试证方程 $x\cdot 2^x=1$ 至少有一个小于1的正根.

8.问 a 为何值时,函数 $f(x)=\begin{cases}x^2+1, & |x|\leqslant a\\ \dfrac{2}{|x|}, & |x|>a\end{cases}$ 连续.

第2章参考答案

第 3 章 导数与微分

微积分学是高等数学最基本、最重要的组成部分，是现代数学许多分支的基础. 数学中研究导数、微分及其应用的部分称为**微分学**，研究不定积分、定积分及其应用的部分称为**积分学**. 微分学与积分学统称为**微积分学**. 微分学是微积分最重要的组成部分，它的基本概念是导数和微分，其中导数反映了函数相对于自变量的变化而变化的快慢程度，而微分则刻画了当自变量发生微小变化时，函数改变量的近似值.

本章以极限为基础，引进导数与微分的定义，建立导数与微分的计算方法.

3.1 导数的概念

导数实质上是一个特定的极限，有着广泛的实际背景，下面就从导数产生的实际背景入手，介绍导数的概念.

3.1.1 引例

1) 平面曲线切线的斜率

如图 3.1 所示，给定平面曲线 $C: y=f(x)$，设点 $P_0(x_0, y_0)$ 是 C 上的一点，求过点 P_0 的切线 P_0T.

在 C 上取一点 $P(x_0+\Delta x, y_0+\Delta y)$，当 P 趋近于 P_0 时，割线 PP_0 所趋近的确定位置即为切线 P_0T. 由于割线 PP_0 的斜率为

$$\tan\varphi = \frac{\Delta y}{\Delta x} = \frac{f(x_0+\Delta x)-f(x_0)}{\Delta x}.$$

所以当 P 趋近于 P_0 时，即 $\Delta x \to 0$，则切线 P_0T 的斜率就是极限

$$k = \lim_{\Delta x \to 0}\frac{\Delta y}{\Delta x} = \lim_{\Delta x \to 0}\frac{f(x_0+\Delta x)-f(x_0)}{\Delta x} \tag{3.1}$$

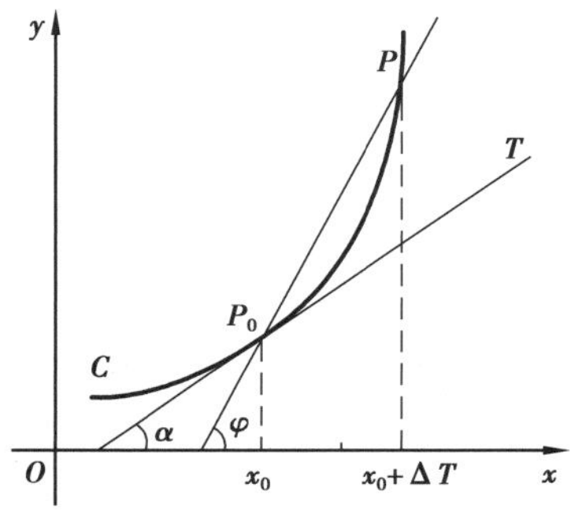

图 3.1

故切线 P_0T 的方程为

$$y - y_0 = k(x - x_0).$$

当 $k=\pm\infty$ 时,P_0T 的方程为 $x=x_0$,即此时的切线是竖直切线.

2) 变速直线运动的瞬时速度

我们乘坐汽车在高速公路上感到很舒适时,汽车一般是以 100 km/h 匀速前进的,而当汽车需要经过收费站时,就必须减速了,而在减速的过程中汽车的速度处于慢慢从高速到低速最后速度为 0.这个过程中每一时刻汽车的速度都不相同,如何求某时刻 t_0 汽车的瞬时速度呢?

设汽车所经过的路程 s 是时间 t 的函数:$s=s(t)$,任取接近于 t_0 的时刻 $t_0+\Delta t$,则汽车在这段时间内所经过的路程为

$$\Delta s = s(t_0 + \Delta t) - s(t_0)$$

而汽车在这段时间内的平均速度为

$$\bar{v} = \frac{\Delta s}{\Delta t} = \frac{s(t_0 + \Delta t) - s(t_0)}{\Delta t}.$$

显然,Δt 越小,平均速度 $\bar{v}$ 就与 t_0 时刻的瞬时速度 $v(t_0)$ 越接近.因此,当 $\Delta t\to 0$ 时,平均速度 $\bar{v}$ 的极限值称为 t_0 时刻的瞬时速度 $v(t_0)$,即

$$v(t_0) = \lim_{\Delta t\to 0}\frac{\Delta s}{\Delta t} = \lim_{\Delta t\to 0}\frac{s(t_0 + \Delta t) - s(t_0)}{\Delta t} \tag{3.2}$$

以上两个实例背景虽然不同,但从所得到的式(3.1)和式(3.2)可见,其实质都是一个特定的极限:当自变量的改变量趋于零时,函数改变量与自变量之比的极限.这个特定的极限就称为导数.

3.1.2 导数的定义

定义 1 设函数 $y=f(x)$ 在点 x_0 的某邻域 U 内有定义,当自变量 x 在点 x_0 处取得改变量 $\Delta x(\Delta x\neq 0$,且 $x_0+\Delta x\in U)$ 时,函数 y 取得相应的改变量

$$\Delta y = f(x_0 + \Delta x) - f(x_0).$$

若极限

$$\lim_{\Delta x\to 0}\frac{\Delta y}{\Delta x} = \lim_{\Delta x\to 0}\frac{f(x_0 + \Delta x) - f(x_0)}{\Delta x} \tag{3.3}$$

存在,则称函数 $y=f(x)$ 在点 x_0 可导,并称此极限值为函数 $y=f(x)$ 在点 x_0 的**导数**,记为

$$f'(x_0),\ y'\big|_{x=x_0},\ \left.\frac{\mathrm{d}y}{\mathrm{d}x}\right|_{x=x_0}\ \text{或}\left.\frac{\mathrm{d}f(x)}{\mathrm{d}x}\right|_{x=x_0}.$$

注:定义 1 中,Δx,Δy 分别称为 x,y 的改变量或增量,可正可负.$\frac{\Delta y}{\Delta x}$ 是函数 y 在以 x_0 和 $x_0+\Delta x$ 为端点的区间上的"平均变化率",而导数 $f'(x_0)$ 则是函数 y 在点 x_0 处的变化率,它反映了函数随自变量变化而变化的快慢程度.

函数 $y=f(x)$ 在点 x_0 可导,有时也称为函数 $y=f(x)$ 在点 x_0 **具有导数**或**导数存在**,点 x_0 称为**可导点**;如果极限式(3.3)不存在,则称函数 $y=f(x)$ 在点 x_0 **不可导**,此时点 x_0 称为**不可导点**.

导数的定义式(3.4)也可采取不同的形式,若令 $h=\Delta x$,则式(3.3)改写为

$$f'(x_0)=\lim_{h\to 0}\frac{f(x_0+h)-f(x_0)}{h} \tag{3.4}$$

若令 $x=x_0+\Delta x$,则有

$$f'(x_0)=\lim_{x\to x_0}\frac{f(x)-f(x_0)}{x-x_0} \tag{3.5}$$

注:式(3.3)、式(3.4)、式(3.5)都可作为导数的计算式,需要视实际情况而选用.

例 1　根据导数定义,求函数 $y=x^3$ 在 $x=1$ 处的导数 $f'(1)$.

解　根据导数定义,求导数通常分 3 步.

(1)求 $\Delta y=f(x_0+\Delta x)-f(x_0)$:

$$\Delta y=(1+\Delta x)^3-1^3=3\cdot\Delta x+3\cdot(\Delta x)^2+(\Delta x)^3,$$

(2)求$\dfrac{\Delta y}{\Delta x}$:

$$\frac{\Delta y}{\Delta x}=3+3\Delta x+(\Delta x)^2,$$

(3)求$\lim\limits_{\Delta x\to 0}\dfrac{\Delta y}{\Delta x}$:

$$\lim_{\Delta x\to 0}\frac{\Delta y}{\Delta x}=\lim_{\Delta x\to 0}(3+3\Delta x+(\Delta x)^2)=3,$$

因此

$$f'(1)=3.$$

例 1 用了式(3.4)求导数,读者也可分别用式(3.3)和式(3.5)求此导数.

例 2　讨论函数 $y=\sqrt[3]{x}$ 在 $x=0$ 处的导数是否存在.

解　$f'(0)=\lim\limits_{x\to x_0}\dfrac{f(x)-f(x_0)}{x-x_0}=\lim\limits_{x\to 0}\dfrac{\sqrt[3]{x}}{x}=\lim\limits_{x\to 0}\dfrac{1}{\sqrt[3]{x^2}}=\infty$,

故函数 $y=\sqrt[3]{x}$ 在 $x=0$ 处不可导.

注:为方便起见,允许导数 $f'(x_0)=\pm\infty$,此时不能说 $y=f(x)$ 在点 x_0 可导.恰恰相反,此时 $y=f(x)$ 在点 x_0 的导数不存在.

例 3　讨论 $f(x)=\begin{cases}x\sin\dfrac{1}{x}, & x\neq 0\\ 0, & x=0\end{cases}$ 在 $x=0$ 处的连续性与可导性.

解　因为 $\left|\sin\dfrac{1}{x}\right|\leqslant 1$,所以 $\sin\dfrac{1}{x}$是有界函数,且$\lim\limits_{x\to 0}x=0$,故$\lim\limits_{x\to 0}x\sin\dfrac{1}{x}=0$. 又因为$f(0)=\lim\limits_{x\to 0}f(x)=0$,所以 $f(x)$ 在 $x=0$ 处连续.

但在 $x=0$ 处有

$$\lim_{x\to 0}\frac{f(x)-f(0)}{x-0}=\lim_{x\to 0}\frac{x\sin\frac{1}{x}}{x}=\lim_{x\to 0}\sin\frac{1}{x},$$

由于 $x\to0$ 时,$\sin\dfrac{1}{x}$在-1和1之间振荡,故该极限不存在.因此,$f(x)$在 $x=0$ 处不可导.

注:例3表明,函数 $y=f(x)$ 在其连续点不一定可导.但由以下定理可知,函数 $y=f(x)$ 在其可导点处一定连续.

定理1 如果函数 $y=f(x)$ 在点 x_0 处可导,则 $y=f(x)$ 在 x_0 处连续.

证 令 $\Delta y=f(x_0+\Delta x)-f(x_0)$,则

$$\lim_{\Delta x\to0}\Delta y=\lim_{\Delta x\to0}\frac{\Delta y}{\Delta x}\lim_{\Delta x\to0}\Delta x=f'(x_0)\cdot0=0,$$

故 $y=f(x)$ 在 x_0 处连续.

3.1.3 左导数和右导数

由于函数 $y=f(x)$ 在点 x_0 的导数是否存在,取决于极限

$$\lim_{\Delta x\to0}\frac{\Delta y}{\Delta x}=\lim_{\Delta x\to0}\frac{f(x_0+\Delta x)-f(x_0)}{\Delta x}$$

是否存在,而极限存在的充分必要条件是左、右极限都存在且相等,因此,导数 $f'(x_0)$ 存在的充分必要条件是下列的左、右极限

$$\lim_{\Delta x\to0^-}\frac{f(x_0+\Delta x)-f(x_0)}{\Delta x}\text{ 和 }\lim_{\Delta x\to0^+}\frac{f(x_0+\Delta x)-f(x_0)}{\Delta x}$$

都存在且相等.这两个极限分别称为函数 $y=f(x)$ 在点 x_0 的**左导数**和**右导数**,分别记作$f'_-(x_0)$和$f'_+(x_0)$.

定理2 函数 $y=f(x)$ 在点 x_0 处可导的充分必要条件是:函数 $y=f(x)$ 在点 x_0 的左导数和右导数都存在且相等.

注:定理2常用于讨论分段函数在分段点的导数.

例4 问函数$f(x)=\begin{cases}x^2, & x\leqslant0\\ x^3, & x>0\end{cases}$在 $x=0$ 处是否可导?如可导,求其导数.

解 考查 $x=0$ 处的左、右导数

$$f'_-(0)=\lim_{x\to x_0^-}\frac{f(x)-f(x_0)}{x-x_0}=\lim_{x\to0^-}\frac{x^2}{x}=\lim_{x\to0^-}x=0,$$

$$f'_+(0)=\lim_{x\to x_0^+}\frac{f(x)-f(x_0)}{x-x_0}=\lim_{x\to0^+}\frac{x^3}{x}=\lim_{x\to0^+}x^2=0,$$

所以,函数在 $x=0$ 处可导,且 $f'(0)=0$.

例5 讨论函数$f(x)=|x|$在 $x=0$ 处的可导性.

解 考查 $x=0$ 处的左、右导数

$$f'_-(0)=\lim_{x\to x_0^-}\frac{f(x)-f(x_0)}{x-x_0}=\lim_{x\to0^-}\frac{-x}{x}=-\lim_{x\to0^-}1=-1,$$

$$f'_+(0)=\lim_{x\to x_0^+}\frac{f(x)-f(x_0)}{x-x_0}=\lim_{x\to0^+}\frac{x}{x}=\lim_{x\to0^+}1=1,$$

由于 $f'_-(0)\neq f'_+(0)$,因此$f(x)=|x|$在 $x=0$ 处不可导.

读者可画出该函数的图像,通过分析,可以发现曲线在点 $x=0$ 处出现“尖点”的现象.如果函数在某点可导,则其图形必定在该点处于“光滑”状态.

3.1.4　函数的导数

以上讨论的是函数在某点的导数,如果函数 $y=f(x)$ 在开区间 (a,b) 每点均可导,则称函数 $y=f(x)$ 在**开区间 (a,b) 内可导**.此时,对于 (a,b) 内的每一个点 x,均对应函数 $f(x)$ 的一个导数值 $f'(x)$,因此也就构成了一个新的函数,这个函数称为 $f(x)$ 的**导函数**,通常仍简称为**导数**.记为

$$f'(x),y',\frac{\mathrm{d}y}{\mathrm{d}x}\text{或}\frac{\mathrm{d}f(x)}{\mathrm{d}x}.$$

根据定义 1,可得函数导数计算式为

$$f'(x)=\lim_{h\to 0}\frac{f(x+h)-f(x)}{h}.\tag{3.6}$$

现用式(3.6)来计算一些常用的初等函数的导数.

例 6　求函数 $f(x)=C$(C 为常数)的导数.

解　$f'(x)=\lim\limits_{h\to 0}\dfrac{f(x+h)-f(x)}{h}=\lim\limits_{h\to 0}\dfrac{C-C}{h}=0$,

即

$$(C)'=0.$$

例 7　求函数 $y=x^n$(n 为正整数)的导数.

解　$(x^n)'=\lim\limits_{h\to 0}\dfrac{(x+h)^n-x^n}{h}=\lim\limits_{h\to 0}\left[nx^{n-1}+\dfrac{n(n-1)}{2!}x^{n-2}h+\cdots+h^{n-1}\right]=nx^{n-1}$,

即

$$(x^n)'=nx^{n-1}.$$

更一般地,有

$$(x^{\mu})'=\mu x^{\mu-1}\quad(\mu\in\mathbf{R}).$$

例如,$(\sqrt{x})'=\dfrac{1}{2}x^{\frac{1}{2}-1}=\dfrac{1}{2\sqrt{x}}.\left(\dfrac{1}{x}\right)'=(x^{-1})'=(-1)x^{-1-1}=-\dfrac{1}{x^2}.$

如果已知函数的导函数 $f'(x)$,要求函数在某点的导数 $f'(x_0)$,则只要代入该点计算即可,即

$$f'(x_0)=f'(x)\big|_{x=x_0}.$$

如例 1 可利用例 7 的结果,因为 $(x^3)'=3x^2$,所以 $y=x^3$ 在 $x=1$ 处的导数 $f'(1)=3\times 1^2=3$.

想一想:式 $f'(x_0)=[f(x_0)]'$ 是否成立?

例 8　设函数 $f(x)=\sin x$,求 $(\sin x)'$ 及 $(\sin x)'\big|_{x=\frac{\pi}{3}}$.

解　利用式(3.7)及正弦的“和差化积”公式,得

$$(\sin x)'=\lim_{h\to 0}\frac{\sin(x+h)-\sin x}{h}=\lim_{h\to 0}\cos\left(x+\frac{h}{2}\right)\cdot\frac{\sin\frac{h}{2}}{\frac{h}{2}}=\cos x,$$

即

$$(\sin x)' = \cos x.$$

$$(\sin x)' \big|_{x=\frac{\pi}{3}} = \cos x \big|_{x=\frac{\pi}{3}} = \frac{1}{2}.$$

类似可得:$(\cos x)' = -\sin x$.读者可试推导之.

例 9 求函数 $f(x)=a^x \quad (a>0,a\neq 1)$的导数.

解 $(a^x)' = \lim\limits_{h\to 0}\dfrac{a^{x+h}-a^x}{h} = a^x \lim\limits_{h\to 0}\dfrac{a^h-1}{h} = a^x \ln a$,

即$(a^x)'=a^x\ln a$,特别地,当 $a=\mathrm{e}$ 时,$(\mathrm{e}^x)'=\mathrm{e}^x$.

想一想:$(\mathrm{e}^{-x})'=?$

例 10 求函数 $y=\log_a x \quad (a>0,a\neq 1)$的导数.

解 $y' = \lim\limits_{h\to 0}\dfrac{\log_a(x+h)-\log_a x}{h} = \lim\limits_{h\to 0}\dfrac{\log_a\left(1+\dfrac{h}{x}\right)}{\dfrac{h}{x}}\cdot\dfrac{1}{x} = \dfrac{1}{x}\lim\limits_{h\to 0}\log_a\left(1+\dfrac{h}{x}\right)^{\frac{x}{h}} = \dfrac{1}{x}\log_a \mathrm{e}.$

即$(\log_a x)' = \dfrac{1}{x\ln a}$.特别地,有$(\ln x)'=\dfrac{1}{x}$.

以上推导的导数公式可直接用来解决相关问题,必须熟练掌握.其他基本初等函数的导数公式将在下一节介绍.

3.1.5 导数的几何意义

在本节第一部分的两个实例中,关于速度问题的结论可简述为:作直线运动的质点的瞬时速度 $v(t)$是路程对 $s(t)$时间 t 的导数,即 $v(t)=s'(t)$.

关于切线问题的结论可叙述为:若曲线 $y=f(x)$在点(x_0,y_0)有切线,则其斜率为导数 $f'(x_0)$.简言之,导数$f'(x_0)$的几何意义为曲线 $y=f(x)$在点(x_0,y_0)的切线斜率.

当$f'(x_0)$存在时,曲线 $y=f(x)$在点(x_0,y_0)的切线方程为

$$y-y_0=f'(x_0)(x-x_0) \tag{3.7}$$

若$f'(x_0)=\pm\infty$,则曲线 $y=f(x)$在点(x_0,y_0)有垂直于 x 轴的切线 $x=x_0$.

过切点(x_0,y_0)且与切线垂直的直线称为曲线 $y=f(x)$在点(x_0,y_0)的法线,故相对应的法线方程为

$$y-y_0=-\frac{1}{f'(x_0)}(x-x_0) \quad (f'(x_0)\neq 0) \tag{3.8}$$

想一想:当$f'(x_0)=0$和$f'(x_0)=\pm\infty$时,曲线 $y=f(x)$在点(x_0,y_0)的法线方程分别是什么方程?

例 11 求等边双曲线 $y=\dfrac{1}{x}$在点$\left(3,\dfrac{1}{3}\right)$处的切线斜率,并写出在该点处的切线方程和法线方程.

解 由导数的几何意义,得切线斜率为

$$k=y'\big|_{x=3}=\left(\frac{1}{x}\right)'\bigg|_{x=3}=-\frac{1}{x^2}\bigg|_{x=3}=-\frac{1}{9}.$$

所求切线方程为 $y-\frac{1}{3}=-\frac{1}{9}(x-3)$，即 $x+9y-9=0$.

法线方程为 $y-\frac{1}{3}=9(x-3)$，即 $27x-3y-80=0$.

例 12　求曲线 $y=\ln x$ 在点$(1,0)$处的切线与 y 轴的交点.

解　曲线 $y=\ln x$ 在点$(1,0)$处的切线斜率为

$$k=y'\big|_{x=1}=\left(\frac{1}{x}\right)\bigg|_{x=1}=1.$$

故切线方程为 $y=x-1$.

上式中,令 $x=0$,得 $y=-1$.

所以,曲线 $y=\ln x$ 在点$(1,0)$处的切线与 y 轴的交点为$(0,-1)$.

习题 3.1

1.已知$f'(x_0)=k$,求下列极限.

(1) $\lim\limits_{\Delta x\to 0}\frac{f(x_0-\Delta x)-f(x_0)}{\Delta x}$;

(2) $\lim\limits_{\Delta x\to 0}\frac{f(x_0+\Delta x)-f(x_0+\Delta x)}{\Delta x}$.

2.函数 $f(x)=\begin{cases}\sin x, x<0\\ x, x\geqslant 0\end{cases}$ 在 $x=0$ 处是否可导？如可导,求其导数.

3.讨论函数

$$f(x)=\begin{cases}-x, & x\leqslant 0\\ 2x, & 0\leqslant x\leqslant 1\\ x^2+1, & x\geqslant 1\end{cases}$$

在点 $x=0$ 和 $x=1$ 处的连续性与可导性.

4.求等边双曲线 $y=\frac{1}{x}$ 在点$\left(\frac{1}{2},2\right)$处的切线斜率，并写出在该点处的切线方程和法线方程.

5.求曲线 $y=\ln x$ 在点$(\mathrm{e},1)$处的切线与 y 轴的交点.

3.2　导数基本运算与导数公式

导数作为解决有关函数的变化率问题的有效工具,需要建立计算导数的简便方法,而直接用定义求导数并不可取.本节将介绍计算导数的基本法则,并完善基本初等函数的导数公式.在此基础上,能便于解决常用初等函数的导数计算问题.

3.2.1　导数的四则运算法则

定理 1　设函数 $u=u(x)$,$v=v(x)$均在 x 处可导,则它们的和、差、积、商(分母为零的点除

外)在 x 处可导,且有以下法则:

(1)线性法则:$(\alpha u+\beta v)'=\alpha u'+\beta v'$,其中 α,β 为常数.

(2)乘积法则:$(uv)'=u'v+uv'$.

(3)商法则:$\left(\frac{u}{v}\right)'=\frac{u'v-uv'}{v^2}\quad(v\neq 0)$.

证 (1)线性法则可直接从导数定义推出:

$$
\begin{aligned}
(\alpha u+\beta v)'&=\lim_{h\to 0}\frac{[\alpha u(x+h)+\beta v(x+h)]-[\alpha u(x)+\beta v(x)]}{h}\\
&=\alpha\lim_{h\to 0}\frac{u(x+h)-u(x)}{h}+\beta\lim_{h\to 0}\frac{v(x+h)-v(x)}{h}\\
&=\alpha u'+\beta v'
\end{aligned}
$$

(2)

$$
\begin{aligned}
(uv)'&=\lim_{h\to 0}\frac{u(x+h)\cdot v(x+h)-u(x)\cdot v(x)}{h}\\
&=\lim_{h\to 0}\left[\frac{u(x+h)-u(x)}{h}\cdot v(x+h)+u(x)\frac{v(x+h)-v(x)}{h}\right]\\
&=\lim_{h\to 0}\frac{u(x+h)-u(x)}{h}\cdot\lim_{h\to 0}v(x+h)+u(x)\cdot\lim_{h\to 0}\frac{v(x+h)-v(x)}{h}\\
&=u'v+uv'
\end{aligned}
$$

其中,因 $v=v(x)$ 可导,故 v 连续,于是 $\lim\limits_{h\to 0}v(x+h)=v(x)$.

特别地,$(cu)'=cu'$,c 为常数.

类似地,可证明商法则(3),也可由乘积法则得出:

$$\left(\frac{u}{v}\right)'=\frac{1}{v}\cdot u'+u\left(\frac{1}{v}\right)'=\frac{1}{v^2}\left[u'v+uv^2\left(\frac{1}{v}\right)'\right].$$

从而只需证明 $\left(\frac{1}{v}\right)'=-\frac{1}{v^2}\cdot v'$.请读者试证之.

注:线性法则与乘积法则可推广到更一般的情形:

$$\left(\sum_{i=1}^{n}\alpha_i u_i\right)'=\sum_{i=1}^{n}\alpha_i u_i';$$

$$(u_1u_2\cdots u_n)'=u_1'u_2\cdots u_n+u_1u_2'\cdots u_n+\cdots+u_1u_2\cdots u_n'.$$

例 1 求 $y=x^4-2x^3+5\sin x+\ln 3$ 的导数.

解 $y'=(x^4)'-2(x^3)'+5(\sin x)'+(\ln 3)'=4x^3-6x^2+5\cos x$.

例 2 求 $f(x)=2\sqrt{x}\cos x$ 的导数,并求 $f'\left(\frac{\pi}{2}\right)$.

解

$$
\begin{aligned}
f'(x)&=(2\sqrt{x}\cos x)'=2(\sqrt{x}\cos x)'\\
&=2[(\sqrt{x})'\cos x+\sqrt{x}(\cos x)']\\
&=2\left(\frac{1}{2\sqrt{x}}\cos x-\sqrt{x}\sin x\right)\\
&=\frac{1}{\sqrt{x}}\cos x-2\sqrt{x}\sin x.
\end{aligned}
$$

$$f'\left(\frac{\pi}{2}\right)=\left[\frac{1}{\sqrt{x}}\cos x-2\sqrt{x}\sin x\right]_{x=\frac{\pi}{2}}=-\sqrt{2\pi}.$$

例 3　求 $y=\mathrm{e}^x\cdot\sin 2x$ 的导数.

解　因为 $y=2\mathrm{e}^x\sin x\cdot\cos x$,所以

$$\begin{aligned}y'&=2(\mathrm{e}^x)'\sin x\cos x+2\mathrm{e}^x(\sin x)'\cos x+2\mathrm{e}^x\sin x(\cos x)'\\&=2\mathrm{e}^x\sin x\cos x+2\mathrm{e}^x\cos x\cos x+2\mathrm{e}^x\sin x(-\sin x)\\&=\mathrm{e}^x(2\sin x\cos x+2\cos^2x-2\sin^2x)\\&=\mathrm{e}^x(\sin 2x+2\cos 2x).\end{aligned}$$

例 4　验证下列公式:

(1) $(\tan x)'=\sec^2x$;

(2) $(\cot x)'=-\csc^2x$;

(3) $(\sec x)'=\sec x\tan x$;

(4) $(\csc x)'=-\csc x\cot x$.

证　(1) $(\tan x)'=\left(\dfrac{\sin x}{\cos x}\right)'$

$$\begin{aligned}&=\frac{(\sin x)'\cos x-\sin x(\cos x)'}{\cos^2x}\\&=\frac{\cos^2x+\sin^2x}{\cos^2x}\\&=\frac{1}{\cos^2x}\\&=\sec^2x.\end{aligned}$$

同理可推出(2):$(\cot x)'=-\csc^2x$.

(3) $(\sec x)'=\left(\dfrac{1}{\cos x}\right)'=\dfrac{-(\cos x)'}{\cos^2x}=\dfrac{\sin x}{\cos^2x}=\sec x\tan x$.

同理可推出(4):$(\csc x)'=-\csc x\cot x$.

3.2.2　复合函数的求导法则

定理 2(复合函数链导法则)　若函数 $u=g(x)$ 在点 x 处可导,而 $y=f(u)$ 在点 $u=g(x)$ 处可导,则复合函数 $y=f[g(x)]$ 在点 x 处可导,且其导数为

$$\frac{\mathrm{d}y}{\mathrm{d}x}=f'(u)\cdot g'(x)\quad 或\quad \frac{\mathrm{d}y}{\mathrm{d}x}=\frac{\mathrm{d}y}{\mathrm{d}u}\cdot\frac{\mathrm{d}u}{\mathrm{d}x}\tag{3.9}$$

证　因 $y=f(u)$ 在点 u 处可导,故

$$\lim_{\Delta u\to 0}\frac{\Delta y}{\Delta u}=f'(u)$$

令

$$\alpha=\alpha(\Delta u)=\begin{cases}\dfrac{\Delta y}{\Delta u}-f'(u), & \Delta u\neq 0,\\ 0, & \Delta u=0.\end{cases}$$

因 $u=g(x)$ 可导,故 $u=g(x)$ 连续,从而 $\lim\limits_{\Delta x\to 0}\Delta u=0$,所以 $\lim\limits_{\Delta x\to 0}\alpha=0$,且

$$\Delta y = f'(u)\Delta u + \alpha\cdot\Delta u.$$

(当 $\Delta u=0$ 时,上式右边为零,左边 $\Delta y=f(u+\Delta u)-f(u)=0$,故上式也成立.)

由于 $y=f[g(x)]$,$\Delta y=f(g(x+\Delta x))-f(g(x))$,因此

$$\frac{\mathrm{d}y}{\mathrm{d}x}=\lim_{\Delta x\to 0}\frac{\Delta y}{\Delta x}=\lim_{\Delta x\to 0}\left[f'(u)\frac{\Delta u}{\Delta x}+\alpha\cdot\frac{\Delta u}{\Delta x}\right]=f'(u)\cdot g'(x)$$

注:复合函数求导的链式法则可叙述为:复合函数的导数,等于函数对中间变量的导数乘以中间变量对自变量的导数,通常把此复合函数求导的方法称为**链导法则**.

例 5 求函数 $y=(3x+1)^{10}$ 的导数.

解 设 $y=u^{10}$,$u=3x+1$,则

$$\frac{\mathrm{d}y}{\mathrm{d}x}=\frac{\mathrm{d}y}{\mathrm{d}u}\cdot\frac{\mathrm{d}u}{\mathrm{d}x}=10u^9\cdot 3=10(3x+1)^9\cdot 3=30(3x+1)^9.$$

例 6 求函数 $y=\ln\cos x$ 的导数.

解 设 $y=\ln u$,$u=\cos x$,则

$$\frac{\mathrm{d}y}{\mathrm{d}x}=\frac{\mathrm{d}y}{\mathrm{d}u}\cdot\frac{\mathrm{d}u}{\mathrm{d}x}=\frac{1}{u}\cdot(-\sin x)=-\frac{\sin x}{\cos x}=-\tan x.$$

注:在运用复合函数求导的链式法则时,要把握"由外及里,逐层求导"的思想,首先要始终明确所求的导数是哪个函数对哪个变量(不管是自变量还是中间变量)的导数;其次,在逐层求导时,不要遗漏,也不要重复.熟练之后就不必写出中间变量,记在心中,一气呵成.

例 7 求函数 $y=\sin\ln x$ 的导数.

解 $y'=\cos\ln x\cdot(\ln x)'=\cos\ln x\cdot\dfrac{1}{x}=\dfrac{\cos\ln x}{x}$.

例 8 求 $y=\mathrm{e}^x\cdot\sin 2x$ 的导数.

解
$$\begin{aligned}y'&=(\mathrm{e}^x)'\sin 2x+\mathrm{e}^x(\sin 2x)'\\&=\mathrm{e}^x\sin 2x+\mathrm{e}^x(\cos 2x\cdot 2)\\&=\mathrm{e}^x(\sin 2x+2\cos 2x).\end{aligned}$$

这里不必像例 3 那样拆开 $\sin 2x$,显然计算要简单得多.

复合函数求导的链式法则可推广到多个中间变量的情形.如设 $y=f(u(v(x)))$,$y=f(u)$,$u=u(v)$,$v=v(x)$ 可导,则

$$\frac{\mathrm{d}y}{\mathrm{d}x}=f'(u)\cdot u'(v)\cdot v'(x)\quad 或\quad \frac{\mathrm{d}y}{\mathrm{d}x}=\frac{\mathrm{d}y}{\mathrm{d}u}\cdot\frac{\mathrm{d}u}{\mathrm{d}v}\cdot\frac{\mathrm{d}v}{\mathrm{d}x}.$$

例 9 求函数 $y=\mathrm{e}^{\tan(1+2x)}$ 的导数.

解法 1 令 $y=\mathrm{e}^u$,$u=\tan v$,$v=1+2x$.于是

$$\begin{aligned}y'_x&=y'_u\cdot u'_v\cdot v'_x\\&=(\mathrm{e}^u)'\cdot(\tan v)'\cdot(1+2x)'\\&=\mathrm{e}^u\cdot\sec^2 v\cdot 2\\&=2\mathrm{e}^{\tan(1+2x)}\cdot\sec^2(1+2x).\end{aligned}$$

解法 2
$$\begin{aligned}y'&=\mathrm{e}^{\tan(1+2x)}[\tan(1+2x)]'\\&=\mathrm{e}^{\tan(1+2x)}\cdot\sec^2(1+2x)\cdot(1+2x)'\end{aligned}$$

$$=2\mathrm{e}^{\tan(1+2x)}\cdot\sec^2(1+2x).$$

3.2.3　反函数的求导法则

定理 3(反函数求导法则)　设函数 $y=f(x)$ 与 $x=\varphi(y)$ 互为反函数,若 $x=\varphi(y)$ 可导且 $\varphi'(y)\neq 0$,则其反函数 $y=f(x)$ 也可导,且

$$f'(x)=\frac{1}{\varphi'(y)}\quad\text{或}\quad\frac{\mathrm{d}y}{\mathrm{d}x}=\frac{1}{\dfrac{\mathrm{d}x}{\mathrm{d}y}}.$$

注:反函数的求导法则可叙述为**反函数的导数等于直接函数导数的倒数.**

例 10　求函数 $y=\arcsin x$ 的导数.

解　因为 $x=\sin y$ 在 $J=\left(-\frac{\pi}{2},\frac{\pi}{2}\right)$ 内单调、可导,且 $(\sin y)'=\cos y>0$,所以在对应区间 $I=(-1,1)$ 内有

$$(\arcsin x)'=\frac{1}{(\sin y)'}=\frac{1}{\cos y}=\frac{1}{\sqrt{1-\sin^2 y}}=\frac{1}{\sqrt{1-x^2}}.$$

类似地,可得

$$(\arccos x)'=-\frac{1}{\sqrt{1-x^2}},(\arctan x)'=\frac{1}{1+x^2},(\operatorname{arccot} x)'=-\frac{1}{1+x^2}.$$

至此,已求出所有基本初等函数的导数,读者务必牢牢记住！现将公式汇总如下,以备查用.

3.2.4　导数表(常数和基本初等函数的导数公式)

(1) $(C)'=0$;

(2) $(x^\mu)'=\mu x^{\mu-1}$;

(3) $(a^x)'=a^x\ln a\quad(a>0,a\neq 1)$;

(4) $(\mathrm{e}^x)'=\mathrm{e}^x$;

(5) $(\log_a x)'=\dfrac{1}{x\ln a}\quad(a>0,a\neq 1)$;

(6) $(\ln x)'=\dfrac{1}{x}$;

(7) $(\sin x)'=\cos x$;

(8) $(\cos x)'=-\sin x$;

(9) $(\tan x)'=\sec^2 x$;

(10) $(\cot x)'=-\csc^2 x$;

(11) $(\sec x)'=\sec x\tan x$;

(12) $(\csc x)'=-\csc x\cot x$;

(13) $(\arcsin x)'=\dfrac{1}{\sqrt{1-x^2}}$;

(14) $(\arccos x)'=-\dfrac{1}{\sqrt{1-x^2}}$;

(15) $(\arctan x)'=\dfrac{1}{1+x^2}$;

(16) $(\operatorname{arc\,cot} x)'=-\dfrac{1}{1+x^2}$.

例 11　求 $y=f(x^2)+[f(x)]^2$ 导数,其中 $f(x)$ 可导.

解　$y'=f'(x^2)\cdot(x^2)'+2[f(x)]\cdot f'(x)=2xf'(x^2)+2f(x)\cdot f'(x)$.

习题 3.2

1.求下列函数的导数.

(1) $y=x^2+3x-\sin x$;　　(2) $y=3^x\cdot x^3$;

(3) $s=\sqrt{t}\sin t+\ln 2$;　　(4) $y=x\cos x\cdot\ln x$;

(5) $y=\dfrac{x+1}{x-1}$;　　(6) $y=\dfrac{e^x}{x^2+1}$.

2.求下列函数的导数.

(1) $y=\ln\sin x$;　　(2) $y=(x^3-1)^{10}$;

(3) $y=(x+\cos^2 x)^3$;　　(4) $y=\sin^2 x\cdot\sin x^2$.

3.已知 $f(u)$ 可导,求下列函数的导数.

(1) $y=f(x^3)$;　　(2) $y=f(\tan x)+\tan[f(x)]$.

3.3　隐函数与参变量函数求导法则

前面所讨论的函数 $y=f(x)$ 的特点:等号左边是因变量,含有自变量的式子都在等号右边.如 $y=e^{\sin x}+x^2$, $y=x\ln x-3\tan x$ 等.这种形式的函数称为**显函数**.函数 $y=f(x)$ 还可这样表示,例如 $y=f(x)$ 由方程 $x^2+y^2-1=0(y\geqslant 0)$, $x^2+y^3-1=0$ 确定,这种形式表示的函数就叫作**隐函数**.除此之外,函数 $y=f(x)$ 还可由参数方程确定.本节首先讨论隐函数的求导问题,进一步介绍对数求导法,最后讨论参变量函数的求导.

*3.3.1　隐函数的求导法则

隐函数求导法　假设 $y=y(x)$ 是由方程 $F(x,y)=0$ 所确定的函数,则对恒等式

$$F(x,y(x))\equiv 0.$$

的两边同时对自变量 x 求导,利用复合函数求导法则,视 y 为中间变量,就可解出所求导数 $\dfrac{dy}{dx}$.

注:隐函数求导法实质上是复合函数求导法则的应用.

例1　求由 $x^2+y^2=R^2$(R 为常数)所确定的函数 $y=y(x)$ 的导数 y'.

解　这里 x^2 是 x 的函数,而 y^2 可以看成 x 的复合函数,方程两边同时对自变量 x 求导,得

$$2x+2yy'=0.$$

解得

$$y'=-\frac{x}{y}\quad(y\neq 0).$$

例2　求由方程 $xy+e^{-x}-e^y=0$ 所确定的隐函数 y 的导数 $\dfrac{dy}{dx},\left.\dfrac{dy}{dx}\right|_{x=0}$.

解　方程两边对 x 求导

$$y+x\frac{dy}{dx}-e^{-x}-e^y\frac{dy}{dx}=0.$$

解得

$$\frac{\mathrm{d}y}{\mathrm{d}x}=\frac{\mathrm{e}^{-x}-y}{x-\mathrm{e}^{y}},$$

由原方程知 $x=0,y=0$,所以

$$\left.\frac{\mathrm{d}y}{\mathrm{d}x}\right|_{x=0}=\left.\frac{\mathrm{e}^{-x}-y}{x-\mathrm{e}^{y}}\right|_{\substack{x=0\\y=0}}=-1.$$

例 3　求由方程 $x^3-3xy+y^3=3$ 所确定的曲线 $y=f(x)$ 在点 $M(1,2)$ 处的切线方程.

解　方程两边同时对自变量 x 求导,得

$$3x^2-3y-3xy'+3y^2y'=0.$$

解得

$$y'=\frac{y-x^2}{y^2-x},$$

在点 $M(1,2)$ 处,$y'|_{(1,2)}=\frac{1}{3}$,于是,在点 $M(1,2)$ 处的切线方程为

$$y-2=\frac{1}{3}(x-1),$$

即 $x-3y+5=0$.

3.3.2　对数求导法

隐函数求导法也常用来求解一些较为复杂的显函数的导数.如在计算幂指函数 $y=[f(x)]^{g(x)}(f(x)>0)$ 的导数以及由多个因子通过乘、除、乘方、开方运算构成的函数的导数时,可先在等式两边取对数,将显函数化为隐函数,然后运用隐函数求导法,等式两边对自变量 x 求导,最后解出所求导数,这种方法简称**对数求导法**.它的具体计算过程如下:

在 $y=f(x)(f(x)>0)$ 的两边取对数,得

$$\ln y=\ln f(x),$$

上式两边对 x 求导,注意 y 是关于 x 的函数,得

$$\frac{1}{y}y'=[\ln f(x)]',$$

即

$$y'=y[\ln f(x)]'.$$

注:在运用对数求导法的过程中,一般会遇到 $\ln y$ 对 x 求导,此时务必视 y 为中间变量,应用复合函数求导法则.

例 4　求函数 $y=x^x$ 的导数$\frac{\mathrm{d}y}{\mathrm{d}x}$.

解　等式两边取对数

$$\ln y=x\cdot\ln x,$$

等式两边再对 x 求导,得

$$\frac{1}{y}y'=\ln x+x\cdot\frac{1}{x},$$

故

$$\frac{dy}{dx}=y(\ln x+1)=x^x(\ln x+1).$$

例 5 求函数 $y=\sqrt{\frac{(x-1)(x-2)}{x-3}}$ 的导数 y'.

解 当 $x>3$ 时,函数式两边取对数,并利用对数的性质化简得

$$\ln y=\frac{1}{2}[\ln(x-1)+\ln(x-2)-\ln(x-3)]$$

上式两边对 x 求导,得

$$\frac{1}{y}y'=\frac{1}{2}\left(\frac{1}{x-1}+\frac{1}{x-2}-\frac{1}{x-3}\right)$$

解得

$$y'=\frac{1}{2}\sqrt{\frac{(x-1)(x-2)}{x-3}}\left(\frac{1}{x-1}+\frac{1}{x-2}-\frac{1}{x-3}\right).$$

3.3.3 参变量函数的导数

所谓**参变量函数**是指由参数方程

$$\begin{cases}x=x(t)\\y=y(t)\end{cases}$$

所确定的 y 与 x 之间的函数 $y=f(x)$.在实际问题中,需要计算参变量函数的导数,但要从参数方程中消去参数 t 有时会有困难.因此,需要有一种方法能直接由参数方程出发计算出参变量函数的导数.

事实上,若函数 $x(t)$,$y(t)$ 可导且 $x'(t)\neq 0$,$x=x(t)$ 具有单调连续的反函数,且此反函数能与 $y=y(t)$ 构成 y 关于 x 的复合函数,则由复合函数求导法则及反函数求导法则可得参变量函数的导数公式为

$$\frac{dy}{dx}=\frac{y'(t)}{x'(t)} \quad 或 \quad \frac{dy}{dx}=\frac{\frac{dy}{dt}}{\frac{dx}{dt}} \tag{3.10}$$

注:参变量函数的导数公式用 $\frac{dy}{dx}$ 比较恰当,这样就避免了与 $y'(t)$ 混淆.该公式要分清分子与分母的区别.

例 6 求由参数方程 $\begin{cases}x=t-\arctan t\\y=\ln(1+t^2)\end{cases}$ 所表示的函数 $y=y(x)$ 的导数.

解 $\frac{dy}{dx}=\frac{y'(t)}{x'(t)}=\frac{\frac{2t}{1+t^2}}{1-\frac{1}{1+t^2}}=\frac{2}{t}$.

例 7 求摆线 $\begin{cases}x=t-\sin t\\y=1-\cos t\end{cases}$ 在 $t=\frac{\pi}{2}$ 相应点处的切线方程与法线方程.

解 $\frac{\mathrm{d}y}{\mathrm{d}x}=\frac{y'(t)}{x'(t)}=\frac{(1-\cos t)'}{(t-\sin t)'}=\frac{\sin t}{1-\cos t}$.

当 $t=\frac{\pi}{2}$时，切线斜率为$\frac{\mathrm{d}y}{\mathrm{d}x}\Big|_{t=\frac{\pi}{2}}=1, x\left(\frac{\pi}{2}\right)=\frac{\pi}{2}-1, y\left(\frac{\pi}{2}\right)=1$.

故所求切线方程为

$$y-1=x-\left(\frac{\pi}{2}-1\right),$$

即

$$x+y=2-\frac{\pi}{2}.$$

切线方程为

$$y-1=-x-\left(\frac{\pi}{2}-1\right),$$

即

$$x+y=2-\frac{\pi}{2}.$$

习题 3.3

1.求下列由方程所确定的隐函数 $y=y(x)$ 的导数$\frac{\mathrm{d}y}{\mathrm{d}x}$.

(1) $x^4-y^4=4-4xy$；　　(2) $y\sin x+\cos(x-y)=0$；

(3) $\mathrm{e}^x-\mathrm{e}^y-\sin xy=0$；　　(4) $\arctan\frac{y}{x}=\ln\sqrt{x^2+y^2}$.

2.求曲线 $x^3+3xy+y^3=5$ 在点 $(1,1)$ 处的切线方程和法线方程.

3.用对数求导法求下列各函数的导数$\frac{\mathrm{d}y}{\mathrm{d}x}$.

(1) $y=x^{\sin x}\quad(x>0)$；　　(2) $y=x^a+a^x+x^x$；

(3) $y=\sqrt{\frac{(x-1)(x-2)}{(x-3)(x-4)}}$.

4.求下列参数方程所确定的函数的导数$\frac{\mathrm{d}y}{\mathrm{d}x}$.

(1) $\begin{cases}x=t-t^2\\y=1-t^2\end{cases}$；　　(2) $\begin{cases}x=a\cos^3\theta\\y=a\sin^3\theta\end{cases}$.

5.求椭圆$\begin{cases}x=6\cos t\\y=4\sin t\end{cases}$在 $t=\frac{\pi}{4}$相应点处的切线方程和法线方程.

3.4 高阶导数

3.4.1 高阶导数的概念

定义 如果函数$f(x)$的导数$f'(x)$在点x处可导，即

$$(f'(x))' = \lim_{\Delta x \to 0} \frac{f'(x+\Delta x) - f'(x)}{\Delta x}$$

存在，则称$(f'(x))'$为函数$f(x)$在点x处的**二阶导数**，记为

$$f''(x) \text{ 或 } y'', \frac{d^2y}{dx^2}, \frac{d^2f(x)}{dx^2}.$$

类似地，二阶导数的导数称为**三阶导数**，记为

$$f'''(x) \text{ 或 } y''', \frac{d^3y}{dx^3}, \frac{d^3f(x)}{dx^3}.$$

一般地，$f(x)$的$n-1$阶导数的导数称为$f(x)$的 **n 阶导数**，记为

$$f^{(n)}(x) \text{ 或 } y^{(n)}, \frac{d^ny}{dx^n}, \frac{d^nf(x)}{dx^n}.$$

函数$f(x)$的各阶导数在x_0处的导数值记为

$$f'(x_0), f''(x_0), \cdots, f^{(n)}(x_0)$$

或

$$y'|_{x=x_0}, y''|_{x=x_0}, \cdots, y^{(n)}|_{x=x_0}.$$

注：二阶和二阶以上的导数统称为**高阶导数**.相应地，$f(x)$称为**零阶导数**；$f'(x)$称为**一阶导数**.

3.4.2 高阶导数的计算

由高阶导数的定义可以看出，高阶导数$f^{(n)}(x)$的计算并不需要新的求导公式.

当n不太大时，通常采取**逐次求导法**计算，只需对函数$f(x)$逐次求出导数$f'(x)$，$f''(x)$，….

如果要求任意阶导数，或者当n比较大时，则采用从较低阶的导数找规律等方法.

例 1 设$y=\arctan x$，求$f'''(1)$.

解 $y'=\dfrac{1}{1+x^2}$,

$$y''=\left(\frac{1}{1+x^2}\right)'=\frac{-2x}{(1+x^2)^2},$$

$$y'''=\left(\frac{-2x}{(1+x^2)^2}\right)'=\frac{2(3x^2-1)}{(1+x^2)^3},$$

$$f'''(0)=\frac{2(3x^2-1)}{(1+x^2)^3}\bigg|_{x=1}=\frac{1}{2}.$$

例 2　求由参数方程 $\begin{cases}x=t-\arctan t\\ y=\ln(1+t^2)\end{cases}$ 所表示的函数 $y=y(x)$ 的二阶导数$\dfrac{d^2y}{dx^2}$.

解　$\dfrac{dy}{dx}=\dfrac{y'(t)}{x'(t)}=\dfrac{\dfrac{2t}{1+t^2}}{1-\dfrac{1}{1+t^2}}=\dfrac{2}{t}$.

故

$$\frac{d^2y}{d^2x}=\frac{d\left(\dfrac{dy}{dx}\right)}{dx}=\frac{\dfrac{d\left(\dfrac{dy}{dx}\right)}{dt}}{\dfrac{dx}{dt}}\frac{d}{dx}\left(\frac{2}{t}\right)=\frac{\dfrac{d}{dt}\left(\dfrac{2}{t}\right)}{\dfrac{dx}{dt}}=\frac{-\dfrac{2}{t^2}}{1-\dfrac{1}{1+t^2}}=-\frac{2(1+t^2)}{t^4}.$$

注：在由参数方程所表示的函数的二阶导数的计算中，需认清这是对 x 的再求导，如上例中避免出现$\dfrac{d^2y}{dx^2}=\left(\dfrac{2}{t}\right)'=-\dfrac{2}{t^2}$.

例 3　设 $y=x^{\mu}$　$(\mu\in\mathbf{R})$，求 $y^{(n)}$.

解　$y'=\mu x^{\mu-1}$,

$y''=(\mu x^{\mu-1})'=\mu(\mu-1)x^{\mu-2}$,

$y'''=(y'')'=\mu(\mu-1)(\mu-2)x^{\mu-3}$,

$\vdots$

$y^{(n)}=\mu(\mu-1)\cdots(\mu-n+1)x^{\mu-n}$　$(n\geqslant 1)$,

若 μ 为自然数 n，则 $y^{(n)}=(x^n)^{(n)}=n!$.

想一想：$(x^n)^{(n+1)}=?$

注：计算 n 阶导数时，在求出 1~3 阶或 4 阶导数后，不要急于合并，先分析结果的规律性，再写出 n 阶导数（利用数学归纳法）.

例 4　设 $y=\sin x$，求 $y^{(n)}$.

解　$y'=\cos x=\sin\left(x+\dfrac{\pi}{2}\right)$,

$y''=(y')'=\cos\left(x+\dfrac{\pi}{2}\right)=\sin\left(x+\dfrac{\pi}{2}+\dfrac{\pi}{2}\right)=\sin\left(x+2\cdot\dfrac{\pi}{2}\right)$,

$y'''=(y'')'=\cos\left(x+2\cdot\dfrac{\pi}{2}\right)=\sin\left(x+3\cdot\dfrac{\pi}{2}\right)$,

$\vdots$

$y^{(n)}=\sin\left(x+n\cdot\dfrac{\pi}{2}\right)$,

即

$$(\sin x)^{(n)}=\sin\left(x+\frac{n\pi}{2}\right).$$

事实上，可用数学归纳法证明公式：$(\sin x)^{(n)}=\sin\left(x+\dfrac{n\pi}{2}\right)$.读者可试证之.

用同样的方法可得到如下常用的任意阶导数公式:

$$(\cos x)^{(n)}=\cos\left(x+\frac{n\pi}{2}\right).$$

$$\left(\frac{1}{x}\right)^{(n)}=\frac{(-1)^n n!}{x^{n+1}}\quad(x\neq 0).$$

$$(a^x)^{(n)}=a^x(\ln a)^n\quad(0<a\neq 1),(\mathrm{e}^x)^{(n)}=\mathrm{e}^x.$$

例 5 设 $y=\ln(x^2+2x-3)$,求 $y^{(n)}$.

解 由 $y=\ln(x^2+2x-3)=\ln(x-1)+\ln(x+3)$ 知,$y^{(n)}=[\ln(x-1)]^{(n)}+[\ln(x+3)]^{(n)}$. 于是,利用已知高阶导数公式,得

$$\begin{aligned}y^{(n)}&=\left(\frac{1}{x-1}\right)^{(n-1)}+\left(\frac{1}{x+3}\right)^{(n-1)}\\&=(-1)^{n-1}\cdot\frac{(n-1)!}{(x-1)^n}+(-1)^{n-1}\cdot\frac{(n-1)!}{(x+3)^n}\\&=(-1)^{n-1}\cdot(n-1)!\cdot\left[\frac{1}{(x-1)^n}+\frac{1}{(x+3)^n}\right].\end{aligned}$$

例 6 设 $y=(x+1)(x+2)\cdots(x+10)$,求 $y^{(9)}(0),y^{(10)},y^{(11)}$.

解 由题设,得 $y=x^{10}+(1+2+\cdots+10)x^9+\cdots$,

故得

$y^{(9)}=10!\ x+(1+2+\cdots+10)\times 9!$,

$y^{(9)}(0)=55\times 9!$,

$y^{(10)}=10!$,

$y^{(11)}=0$.

习题 3.4

1.求下列函数的二阶导数.

(1)$y=x^3+8x-\cos x$;　　(2)$y=(1+x^2)\arctan x$;

(3)$y=x\mathrm{e}^{x^2}$;　　(4)$y=\sin x^3$.

2.验证函数 $y=C_1\mathrm{e}^{2x}+C_2\mathrm{e}^{-3x}$(其中 C_1,C_2 为任意常数)满足方程

$$y''+y'-6y=0.$$

3.设函数 $y=f(x)$ 二阶可导,求下列函数的二阶导数.

(1)$y=f(\sin x)$;　　(2)$y=x^2f(\ln x)$.

4.对下列方程所确定的函数 $y=y(x)$,求$\dfrac{\mathrm{d}^2y}{\mathrm{d}x^2}$:

(1)$\mathrm{e}^y+xy=\mathrm{e}^2$;　　(2)$\ln\sqrt{x^2+y^2}=\arctan\dfrac{x}{y}$.

5.对下列参数方程所确定的函数 $y=y(x)$,求$\dfrac{\mathrm{d}^2y}{\mathrm{d}x^2}$.

(1)$\begin{cases}x=t^2-2t\\y=t^3-3t\end{cases}$ $(t\neq 1)$;　　(2)$\begin{cases}x=a(t-\sin t)\\y=a(1-\cos t)\end{cases}$.

3.5　微分及其运算

3.5.1　微分的概念

微分是微分学的组合部分,它在研究当自变量发生微小变化而引起函数变化的近计算问题中起重要作用.如图 3.2 所示的典型实例:一块边长为 x_0 的正方形薄片受热后,其边长增加了 Δx,从而其面积的改变量为

$$\Delta S = (x_0 + \Delta x)^2 - x_0^2 = 2x_0 \cdot \Delta x + (\Delta x)^2.$$

因 Δx 很小,$(\Delta x)^2$ 必定比 Δx 小很多,故可认为

$$\Delta S \approx 2x_0 \cdot \Delta x.$$

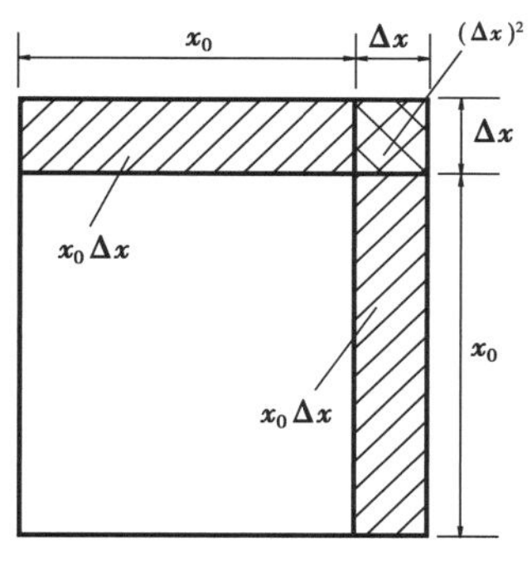

图 3.2

这个近似公式表明,正方形薄片面积的改变量可以近似地由 Δx 的线性部分来代替,由此产生的误差只不过是一个关于 Δx 的高阶无穷小(即以 Δx 为边长的小正方形面积).这就引出了微分的概念.

定义 1　设函数 $y=f(x)$ 在某邻域内有定义,若存在与 Δx 无关的常数 A,使函数的改变量 $\Delta y=f(x_0+\Delta x)-f(x_0)$ 可表示为

$$\Delta y = A \cdot \Delta x + o(\Delta x). \tag{3.11}$$

则称函数 $y=f(x)$ 在点 x_0 **可微**,且称 $A \cdot \Delta x$ 为函数 $y=f(x)$ 在点 x_0 的**微分**,记作 $\mathrm{d}y$,即

$$\mathrm{d}y = \mathrm{d}f(x_0) = A \cdot \Delta x. \tag{3.12}$$

注:由式(3.11)、式(3.12)知,$\Delta y=\mathrm{d}y+o(\Delta x)$,因此也称 $\mathrm{d}y$ 是 Δy 的线性主部.

由微分的定义知,$\Delta y=A \cdot \Delta x+o(\Delta x)$.于是有

$$\lim_{\Delta x\to 0}\frac{\Delta y}{\Delta x} = \lim_{\Delta x\to 0}\frac{A \cdot \Delta x + o(\Delta x)}{\Delta x} = \lim_{\Delta x\to 0}\left[A + \frac{o(\Delta x)}{\Delta x}\right] = A.$$

这表明:如果函数 $y=f(x)$ 在点 x_0 处可微,则在点 x_0 处也一定可导,且 $f'(x_0)=A$.

反之,如果 $y=f(x)$ 在点 x_0 处可导,即 $\lim\limits_{\Delta x\to 0}\dfrac{\Delta y}{\Delta x}=f'(x_0)$,令 $f'(x_0)=A$,于是有

$$\left(\frac{\Delta y}{\Delta x} - A\right) \cdot \Delta x = o(\Delta x).$$

这表明式(3.11)成立,因此函数 $y=f(x)$ 在点 x_0 处可微.

综合以上分析,即得“可微”与“可导”的关系定理.

定理 1　设函数 $y=f(x)$ 在某邻域内有定义,则 $f(x)$ 在点 x_0 可微的充要条件是 $f(x)$ 在点 x_0 可导,且

$$\mathrm{d}y = f'(x_0) \cdot \Delta x. \tag{3.13}$$

注:由于函数可微与可导的等价性,因此通常称可导函数为可微函数.即**可导一定可微,可微一定可导.**

请读者思考下列说法是否正确:由于函数可微与可导的等价性,所以“微分就是导数,导数就是微分”.

函数在 $y=f(x)$ 任意点 x 的微分称为函数 $y=f(x)$ 的微分,记作 $\mathrm{d}y$ 或 $\mathrm{d}f(x)$,即

$$\mathrm{d}y=f'(x)\cdot\Delta x. \tag{3.14}$$

当 $y\equiv x$ 时,$\mathrm{d}x=x'\cdot\Delta x=\Delta x$.因此,通常把自变量的改变量 Δx 作为自变量的微分 $\mathrm{d}x$.于是函数 $f(x)$ 在点 x_0 的微分可写成

$$\mathrm{d}y=f'(x_0)\cdot\mathrm{d}x.$$

函数的微分可写成

$$\mathrm{d}y=f'(x)\cdot\mathrm{d}x. \tag{3.15}$$

从而有

$$\frac{\mathrm{d}y}{\mathrm{d}x}=f'(x).$$

注:由于函数的导数等于函数的微分与自变量的微分的商.因此,导数又称为“**微商**”.微分的计算和导数的计算本质相同,前面所述诸求导法用微分理解起来会很有意思,如复合函数求导的链式法则与参变量函数的导数

$$\frac{\mathrm{d}y}{\mathrm{d}x}=\frac{\mathrm{d}y}{\mathrm{d}u}\cdot\frac{\mathrm{d}u}{\mathrm{d}x}\text{ 与 }\frac{\mathrm{d}y}{\mathrm{d}x}=\frac{\frac{\mathrm{d}y}{\mathrm{d}t}}{\frac{\mathrm{d}x}{\mathrm{d}t}}.$$

从微分的形式而言,只不过是微分的代数恒等式!

例 1 求函数 $y=x^3$,当 x 由 1 改变到 1.01 的微分.

解 因为 $\mathrm{d}y=y'\mathrm{d}x=3x^2\mathrm{d}x$,由题设条件知 $x=1$,$\mathrm{d}x=\Delta x=1.01-1=0.01$.故所求微分为 $\mathrm{d}y=3\times1^2\times0.01=0.03$.

例 2 求函数 $y=\ln x$ 在 $x=2$ 处的微分.

解 所求微分为 $\mathrm{d}y=(\ln x)'\big|_{x=2}\mathrm{d}x=\frac{1}{2}\mathrm{d}x$.

3.5.2 微分的计算

由微分公式 $\mathrm{d}y=f'(x)\cdot\mathrm{d}x$ 可以看出,求微分时,只要求出导数 $f'(x)$,再乘以 $\mathrm{d}x$ 即可.对应导数的基本公式和运算法则,可得相应的微分基本公式和运算法则.

1)微分表(可与导数表对照)

(1) $\mathrm{d}(C)=0$;

(2) $\mathrm{d}(x^\mu)=\mu x^{\mu-1}\mathrm{d}x$;

(3) $\mathrm{d}(a^x)=a^x\ln a\mathrm{d}x\quad(a>0\text{ 且 }a\neq1)$;

(4) $\mathrm{d}(\mathrm{e}^x)=\mathrm{e}^x\mathrm{d}x$;

(5) $\mathrm{d}(\log_a x)=\frac{1}{x\ln a}\mathrm{d}x\quad(a>0\text{ 且 }a\neq1)$;

(6) $\mathrm{d}(\ln x)=\frac{1}{x}\mathrm{d}x$;

(7) $\mathrm{d}(\sin x)=\cos x\mathrm{d}x$;

(8) $\mathrm{d}(\cos x)=-\sin x\mathrm{d}x$;

(9) $\mathrm{d}(\tan x)=\sec^2 x\mathrm{d}x$;

(10) $\mathrm{d}(\cot x)=-\csc^2 x\mathrm{d}x$;

(11) $\mathrm{d}(\sec x)=\sec x\tan x\mathrm{d}x$;

(12) $\mathrm{d}(\csc x)=-\csc x\cot x\mathrm{d}x$;

(13) $\mathrm{d}(\arcsin x)=\frac{1}{\sqrt{1-x^2}}\mathrm{d}x$;

(14) $\mathrm{d}(\arccos x)=-\frac{1}{\sqrt{1-x^2}}\mathrm{d}x$;

(15) $d(\arctan x)=\dfrac{1}{1+x^2}dx$；　　　　(16) $d(\text{arccot}\ x)=-\dfrac{1}{1+x^2}dx$.

2）基本法则（设 u,v 可微）

(1) 线性法则：$d(\alpha u+\beta v)=\alpha du+\beta dv$　（α,β 为常数）.

(2) 乘积法则：$d(uv)=vdu+udv$.

(3) 商法则：$d\left(\dfrac{u}{v}\right)=\dfrac{vdu-udv}{v^2}$　（$v\neq 0$）.

(4) 链式法则：$df(u)=f'(u)du$.

链式法则表明：无论 u 是自变量还是中间变量，微分形式均保持不变，这种性质称为**一阶微分形式不变性**.这在求复合函数的微分时，简化了对中间变量的认识，更加直接和方便.

例 3　求函数 $y=x^2e^{-x}$ 的微分.

解法 1　因为

$$y'=(x^2e^{-x})'=2xe^{-x}-x^2e^{-x}=xe^{-x}(2-x),$$

所以

$$dy=y'dx=xe^{-x}(2-x)dx.$$

解法 2　利用微分基本运算法则，得

$$dy=e^{-x}d(x^2)+x^2d(e^{-x})=e^{-x}\cdot 2xdx+x^2\cdot(-e^{-x})dx=xe^{-x}(2-x)dx.$$

例 4　求函数 $y=\ln\cos x^2$ 的微分.

解　利用微分形式不变性直接得到

$$dy=\frac{1}{\cos x^2}d\cos x^2=\frac{-\sin x^2}{\cos x^2}dx^2=-\tan x^2\cdot 2xdx=-2x\tan x^2dx.$$

例 5　用微分方法求由方程 $xy+e^{-x}-e^y=0$ 所确定的隐函数 y 的导数 $\dfrac{dy}{dx}$.

解　对方程两边同时求微分，得

$$xdy+ydx-e^{-x}dx-e^ydy=0.$$

整理得

$$(x-e^y)dy=(e^{-x}-y)dx,$$

解得

$$\frac{dy}{dx}=\frac{e^{-x}-y}{x-e^y}.$$

*3.5.3　微分的几何意义及其在近似计算中的应用

如图 3.3 所示，MP 是曲线 $y=f(x)$ 在点 $M(x_0,y_0)$ 的切线，其斜率为 $\tan\alpha=f'(x_0)$，则

$$QP=\tan\alpha\cdot\Delta x=f'(x_0)\Delta x=dy.$$

因此，函数 $y=f(x)$ 在点 x_0 的微分 dy 的几何意义就是曲线 $y=f(x)$ 过点 $M(x_0,y_0)$ 的切线纵坐标的改变量.

若用线段 QP 近似代替线段 QN，即用 dy 近似代替 Δy，则有近似式（当 $|\Delta x|$ 充分小时）：

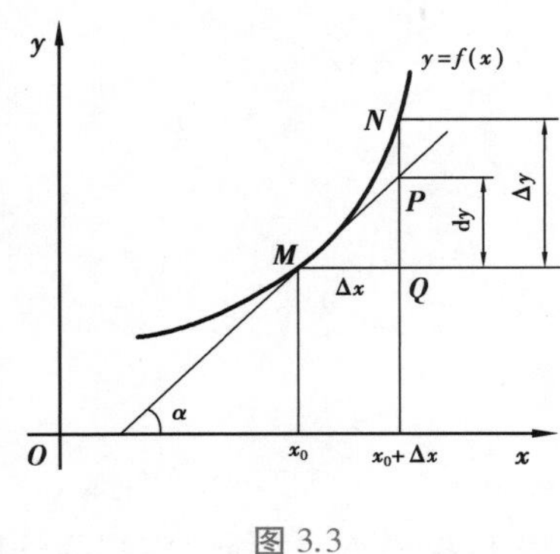

图 3.3

$$\Delta y = f(x_0 + \Delta x) - f(x_0) \approx f'(x_0) \cdot \Delta x. \quad (3.17)$$

或

$$f(x_0 + \Delta x) \approx f(x_0) + f'(x_0) \cdot \Delta x. \quad (3.18)$$

这种以直代曲的近似法称为切线近似法.这种近似法的精度未必很高,但其简单实用的形式受到广泛应用.在式(3.15)中,取 $x_0 = 0$,用 x 替换 Δx,则得到形式更为简单的近似式:

$$f(x) \approx f(0) + f'(0) \cdot x. \quad (3.16)$$

其中 $f(x)$ 在 $x_0 = 0$ 可微,$|x|$ 充分小.应用式(3.18)可推出下列常用的简易近似式($|x|$ 充分小):

(1) $(1+x)^{\alpha} \approx 1+\alpha x$;

(2) $e^x \approx 1+x$;

(3) $\ln(1+x) \approx x$;

(4) $\sin x \approx x$;

(5) $\tan x \approx x$.

例 6 一块边长为 10 cm 的正方形薄片受热后,其边长增加了 0.05 cm,问面积大约增大了多少?

解 面积 $S = x^2$,$x = 10$ cm,$\Delta x = 0.05$ cm.由近似式(3.17),得

$$\Delta S \approx dS = 2x \cdot \Delta x = 2 \times 10 \text{ cm} \times 0.05 \text{ cm} = 1 \text{ cm}^2.$$

故面积大约增大了 1 cm^2.(读者可计算其精确值进行比较)

例 7 计算下列各数的近似值:

(1) $\sqrt[3]{1.06}$;　　　　(2) $e^{-0.03}$.

解 利用常用简易近似式即得

(1) $\sqrt[3]{1.06} = \sqrt[3]{1+0.06} \approx 1+\frac{1}{3}\times 0.06 = 1.02$.

实际上,$\sqrt[3]{1.06}$ 的精确值为 1.019 61.

(2) $e^{-0.02} \approx 1-0.02 = 0.98$.

实际上,$e^{-0.02}$ 的精确值为 0.980 199.

例 8 计算 $\sqrt[4]{17}$ 的近似值.

解 显然不能直接应用简易近似式,应先变形

$$\sqrt[4]{17} = \sqrt[4]{16+1} = \sqrt[4]{16\left(1+\frac{1}{16}\right)} = 2\sqrt[4]{1+\frac{1}{16}} \approx 2\left(1+\frac{1}{4}\cdot\frac{1}{16}\right) = 2.031\ 25.$$

实际上,$\sqrt[4]{17}$ 的精确值为 2.030 54⋯.

习题 3.5

1.求函数 $y = x^2$,当 x 由 1 改变到 1.005 的微分.

2.求函数 $y = \sin 2x$ 在 $x = 0$ 处的微分.

3.求下列各微分 dy.

(1) $y=e^{3x}\cos x$；　　(2) $y=\dfrac{\sin 2x}{x^2}$；

(3) $y=\ln(1+e^{-x^2})$；　　(4) $y=\arctan\sqrt{1+x^2}$；

(5) $e^{xy}=3x+y^2$；　　(6) $xy^2+x^2y=1$.

4. 计算下列各数的近似值.

(1) $e^{0.03}$；　　(2) $\sqrt[5]{30}$.

5. 在下列等式的括号中填入适当的函数，使等式成立.

(1) $d(\quad)=3dx$；　　(2) $d(\quad)=2xdx$；

(3) $d(\quad)=\sin\omega t dt$；　　(4) $d(\cos x^2)=(\quad)d(\sqrt{x})$.

复习题 3

1. 已知 $f'(x_0)=k$　(k 为常数)，则

(1) $\lim\limits_{\Delta x\to 0}\dfrac{f(x_0+2\Delta x)-f(x_0)}{\Delta x}=$____________；

(2) $\lim\limits_{n\to\infty}n\left[f\left(x_0+\dfrac{1}{n}\right)-f(x_0)\right]=$____________；

(3) $\lim\limits_{h\to 0}\dfrac{f(x_0+h)-f(x_0-2h)}{h}=$____________.

2. 函数 $y=f(x)$ 在点 x_0 处的左导数 $f'_-(x_0)$ 和右导数 $f'_+(x_0)$ 都存在，是 $f(x)$ 在 x_0 可导的(　　).

A. 充分必要条件　　B. 充分但非必要条件

C. 必要但非充分条件　　D. 既非充分又非必要条件

3. 函数 $f(x)=|\sin x|$ 在 $x=0$ 处(　　).

A. 可导　　B. 连续但不可导

C. 不连续　　D. 极限不存在

4. 设 $y=f(\cos x)$，则 $dy=$(　　).

A. $f'(\cos x)dx$　　B. $f'(\cos x)\cos x dx$

C. $-f'(\cos x)\sin x dx$　　D. $f'(x)\cos x dx$

5. 解答下列各题.

(1) 设 $y=\sqrt{\sin x^2}+\ln 2$，求 y'；

(2) 设 $y=x^a+a^x+x^x+a^a$　$(a>0, a\neq 1)$，求 $\dfrac{dy}{dx}$；

(3) 设 $y=x^2\cdot f(e^{2x})$，$f(u)$ 可导，求 dy；

(4) $y=\sqrt{\left(\dfrac{b}{a}\right)^x\left(\dfrac{a}{x}\right)^b\left(\dfrac{x}{b}\right)^a}$，求 $\dfrac{dy}{dx}$；

(5) 求曲线 $xy-\sin(x+y)=0$ 在点 $(\pi,0)$ 的切线方程和法线方程；

(6)已知函数 $y=y(x)$ 由方程 $\begin{cases}x=a\cos^3 t\\ y=a\sin^3 t\end{cases}$ 确定,求$\frac{\mathrm{d}y}{\mathrm{d}x},\frac{\mathrm{d}^2y}{\mathrm{d}x^2}$.

6.设函数 $f(x)=\begin{cases}ax+b, & x<1\\ x^2, & x\geqslant 1\end{cases}$ 在 $x=1$ 处可导,求 a,b 的值.

7.求下列函数的二阶导数.

(1)$y=x\cos x$; (2)$y=\arctan 2x$.

第 3 章参考答案

第 4 章 微分中值定理与导数的应用

导数作为函数的变化率,刻画了函数的变化性态,因此它是研究函数的一个有力工具,在科技和经济等领域中得到广泛的应用.本章将以微分中值定理为理论基础,进一步讨论如何利用导数研究函数的整体性态,以及导数与微分在经济学中的应用.

4.1 微分中值定理

本节介绍微分学中有重要应用的、反映导数更深刻性质的微分中值定理,它揭示了函数及其导数之间的内在联系,为函数由局部特性推断整体性态提供了有力工具,是导数应用的理论依据.

4.1.1 罗尔(Rolle)定理

定理 1(罗尔定理) 如果函数 $y=f(x)$ 满足:

(1)在闭区间$[a,b]$上连续;

(2)在开区间(a,b)内可导;

(3)在区间端点处的函数值相等,即$f(a)=f(b)$.

那么在(a,b)内至少存在一点 $\xi\in(a,b)$,使得$f'(\xi)=0$.

证 因 $y=f(x)$ 在$[a,b]$上连续,故 $y=f(x)$ 在$[a,b]$上必有最大值 M 和最小值 m.

若 $M=m$,则$f(x)$恒为常数,因此定理的结论自然成立.

若 $M\neq m$,即 $M>m$,则由于$f(a)=f(b)$,$f(x)$必在(a,b)内取得最大值 M 或最小值 m.不妨设$f(x)$在某点 $\xi\in(a,b)$内取得最大值 M.于是

$$f'(\xi)=f'_-(\xi)=\lim_{x\to\xi^-}\frac{f(x)-f(\xi)}{x-\xi}\geqslant 0,$$

$$f'(\xi)=f'_+(\xi)=\lim_{x\to\xi^+}\frac{f(x)-f(\xi)}{x-\xi}\leqslant 0,$$

所以$f'(\xi)=0$.定理的结论成立.

罗尔定理的几何意义:如果连续曲线 $y=f(x)$ 在 A,B 处的纵坐标相等且除端点外处处有不垂直于 x 轴的切线,则至少有一点$(\xi,f(\xi))$$(a<\xi<b)$使得曲线在该点处有水平切

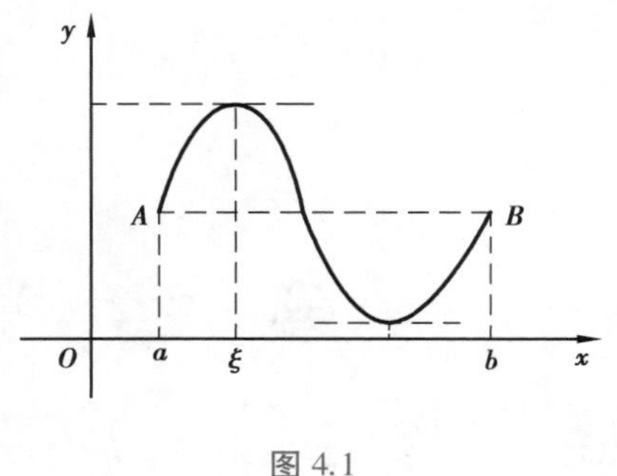

图 4.1

线(图 4.1).

注:①罗尔定理的 3 个条件缺一不可,如果有一个不满足,那么定理的结论就可能不成立.读者可分别举例说明.

②罗尔定理的条件是充分条件,不是必要条件.也就是说,定理的结论成立,函数未必满足定理中的 3 个条件,即定理的逆命题不成立.例如,$f(x)=(x-1)^2$ 在$[0,3]$上不满足罗尔定理的条件($f(0)\neq f(3)$),但是存在一点$\xi=1\in(0,3)$,使得$f'(1)=0$.

例 1 下列函数在给定区间上满足罗尔定理条件的有(　　).

A.$f(x)=\dfrac{1}{x},x\in[-2,0]$　　　　B.$f(x)=(x-4)^2,x\in[-2,4]$

C.$f(x)=\sin x,x\in\left[-\dfrac{3\pi}{2},\dfrac{\pi}{2}\right]$　　　　D.$f(x)=|x|,x\in[-1,1]$

分析 $f(x)=\dfrac{1}{x}$在$[-2,0]$上不满足连续的条件,因此排除 A.

函数$f(x)=(x-4)^2$,在$[-2,4]$上连续,在$(-2,4)$内可导,但是$f(-2)=36$, $f(4)=0$, $f(-2)\neq f(4)$.因此排除 B.

函数$f(x)=\sin x$,在$\left[-\dfrac{3\pi}{2},\dfrac{\pi}{2}\right]$上连续,在$\left(-\dfrac{3\pi}{2},\dfrac{\pi}{2}\right)$内可导,且$f\left(-\dfrac{3\pi}{2}\right)=f\left(\dfrac{\pi}{2}\right)=1$.因此$f(x)=\sin x$ 在$\left[-\dfrac{3\pi}{2},\dfrac{\pi}{2}\right]$上满足罗尔定理的条件,应选 C.

函数$f(x)=|x|$,在$[-1,1]$上连续,在$(-1,1)$内不可导,因此排除 D.

例 2 对函数$f(x)=\sin 2x$ 在区间$[0,\pi]$上验证罗尔定理的正确性.

解 显然$f(x)$在$[0,\pi]$上连续,在$(0,\pi)$内可导,且$f(0)=f(\pi)=0$,而在$(0,\pi)$内确存在一点$\xi=\dfrac{\pi}{4}$,使得

$$f'\left(\frac{\pi}{4}\right)=(2\cos 2x)\big|_{\xi=\frac{\pi}{4}}=0.$$

罗尔定理的结论相当于:方程$f'(x)=0$ 在(a,b)内至少有一实根.因此可应用该定理解决方程根的存在问题.

例 3 不求导数,判断函数$f(x)=(x^2-3x+2)(x-3)$的导数有几个零点及这些零点所在的范围.

解 因为$f(1)=f(2)=f(3)=0$,所以$f(x)$在闭区间$[1,2]$和$[2,3]$上均满足罗尔定理的 3 个条件,从而在$(1,2)$内至少存在一点ξ_1,使得$f'(\xi_1)=0$,即ξ_1 是$f'(x)$的一个零点.

又在$(2,3)$内至少存在一点ξ_2,使得$f'(\xi_2)=0$,即ξ_2是$f'(x)$的一个零点.

又因$f'(x)$为二次多项式,最多只能有两个零点,故$f'(x)$恰好有两个零点,分别在区间$(1,2)$和$(2,3)$.

4.1.2　拉格朗日(Lagrange)中值定理

罗尔定理的第三个条件$f(a)=f(b)$相当特殊,它使罗尔定理的应用受到限制.如果取消这个条件的限制,仍保留了其余两个条件,则可得到相应的结论,这就是微分学中具有重要地位的中值定理——拉格朗日中值定理.

定理 2(拉格朗日中值定理)　如果函数 $y=f(x)$满足:

(1)在闭区间$[a,b]$上连续;

(2)在开区间(a,b)内可导;

那么在(a,b)内至少存在一点 $\xi\in(a,b)$,使得

$$f'(\xi)=\frac{f(b)-f(a)}{b-a}. \tag{4.1}$$

或

$$f(b)-f(a)=f'(\xi)(b-a). \tag{4.2}$$

将图 4.1 中坐标系的图形旋转一个角度可得图 4.2,可见罗尔定理是拉格朗日定理在 $f(a)=f(b)$的特殊情形.拉格朗日中值定理的几何意义:如果连续曲线 $y=f(x)$在除端点外处处有不垂直于 x 轴的切线,则至少有一点$(\xi,f(\xi))$$(a<\xi<b)$使得曲线在该点处的切线平行于弦 AB,即其斜率为 $\dfrac{f(b)-f(a)}{b-a}$.

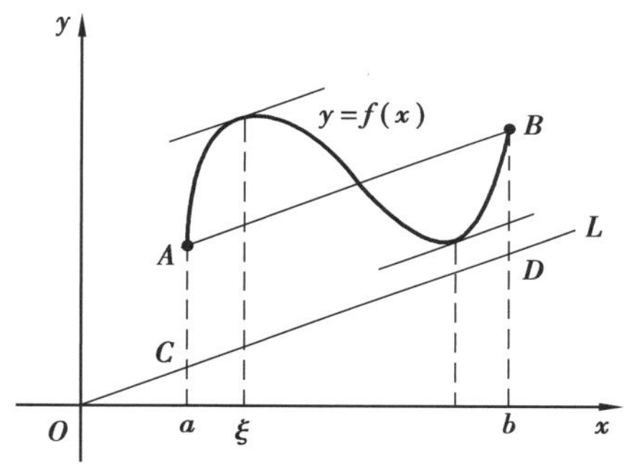

图 4.2

式(4.1)及式(4.2)叫作拉格朗日中值公式,为了证明拉格朗日定理,可从拉格朗日中值公式出发,引进辅函数,应用罗尔定理即可证之.

证　拉格朗日中值公式可改写为

$$f'(\xi)(b-a)-[f(b)-f(a)]=0.$$

即

$$\{f(x)(b-a)-x[f(b)-f(a)]\}'_{x=\xi}=0.$$

因此,引进辅助函数

$$\varphi(x)=f(x)(b-a)-x[f(b)-f(a)].$$

容易验证函数 $\varphi(x)$满足罗尔定理的 3 个条件:$\varphi(x)$在闭区间$[a,b]$上连续在开区间(a,b)内可导,$\varphi(a)=\varphi(b)=bf(a)-af(b)$.

故在开区间(a,b)内至少有一点 ξ,使得 $\varphi'(\xi)=0$,即证得拉格朗日中值公式成立.

注:拉格朗日中值公式反映了可导函数$[a,b]$上整体平均变化率与在(a,b)内某点 ξ 处函数的局部变化率的关系.对于 $b<a$ 公式仍然成立.

经变量代换,可得到拉格朗日中值公式的其他形式.设 x 为区间$[a,b]$内一点,$x+\Delta x$ 为这个区间内的另一点($\Delta x>0$ 或 $\Delta x<0$),则在$[x,x+\Delta x]$($\Delta x>0$)或$[x+\Delta x,x]$($\Delta x<0$)应用拉格朗日中值公式,得

$$f(x+\Delta x)-f(x)=f'(x+\theta\Delta x)\cdot\Delta x\quad(0<\theta<1).$$

如果记$f(x)$为y,则上式又可写成

$$\Delta y = f'(x + \theta\Delta x) \cdot \Delta x \quad (0 < \theta < 1). \tag{4.3}$$

Δy 与微分 $dy=f'(x) \cdot \Delta x$ 比较可见:$dy=f'(x) \cdot \Delta x$ 是函数增量 Δy 的近似表达式,而 $\Delta y=f'(x+\theta\Delta x) \cdot \Delta x$ 是函数增量 Δy 的精确表达式(式(4.3)称为**有限增量公式**.

例 4 函数$f(x)=2x^2-x+1$ 在$[-1,3]$上满足拉格朗日中值定理,则 ξ=(　　).

A.$-\frac{3}{4}$　　B.0　　C.$\frac{3}{4}$　　D.1

分析 由于函数$f(x)=2x^2-x+1$ 在闭区间$[-1,3]$上连续,在开区间$(-1,3)$上可导,因此$f(x)$在$[-1,3]$上满足拉格朗日中值定理的条件.由拉格朗日中值定理可知,必存在一点 $\xi \in (-1,3)$,使得

$$f'(\xi)=\frac{f(b)-f(a)}{b-a}.$$

由于$f(b)=f(3)=16$,$f(a)=f(-1)=4$,而$f'(x)=4x-1$.因此有

$$4\xi-1=\frac{16-4}{3-(-1)}=3,$$

可解得 $\xi=1$.因此选 D.

例 5 证明当 $x>0$ 时,$\frac{x}{1+x}<\ln(1+x)<x$.

证 设$f(x)=\ln(1+x)$,则$f(x)$在$[0,x]$上满足拉格朗日定理的条件.故

$$f(x)-f(0)=f'(\xi)(x-0) \quad (0<\xi<x),$$

由$f(0)=0$,$f'(x)=\frac{1}{1+x}$,从而 $\ln(1+x)=\frac{x}{1+\xi}$　$(0<\xi<x)$,

又由 $1<1+\xi<1+x$ 得:$\frac{1}{1+x}<\frac{1}{1+\xi}<1$,故 $\frac{x}{1+x}<\frac{x}{1+\xi}<x$,即$\frac{x}{1+x}<\ln(1+x)<x$.

读者可能会想:既然常数的导数为零,那么导数恒为零的函数是否为常数呢?下面的推论给出了肯定的回答.

推论 1 如果函数$f(x)$在区间 I 上的导数恒为零,那么$f(x)$在区间 I 上必为一个常数.

证 在区间 I 内任取两点 $x_1,x_2(x_1<x_2)$,应用拉格朗日中值定理,有

$$f(x_2)-f(x_1)=f'(\xi)(x_2-x_1) \quad (x_1<\xi<x_2).$$

由假定$f'(\xi)=0$,所以$f(x_2)-f(x_1)=0$,即

$$f(x_2)=f(x_1).$$

这就表明:$f(x)$在 I 上任取两点的函数值相等,即$f(x)$在 I 上的函数值总是相等的.因此$f(x)$在区间 I 上是一个常数.

由推论 1 容易推出以下一个在不定积分中非常有用的结论.

推论 2 如果函数$f(x)$,$g(x)$在区间 I 上可微,且$f'(x)\equiv g'(x)$,则在 I 上有

$$f(x)=g(x)+C \quad (C\text{ 为常数}).$$

例 6 证明三角恒等式 $\arctan x+\operatorname{arccot} x=\frac{\pi}{2}$.

证 设$f(x)=\arctan x+\operatorname{arccot} x$,

因为 $f'(x)=\frac{1}{1+x^2}+\left(-\frac{1}{1+x^2}\right)=0$,

所以 $f(x)\equiv C$, C 是常数.

又 $f(1)=\arctan 1+\operatorname{arccot} 1=\frac{\pi}{4}+\frac{\pi}{4}=\frac{\pi}{2}$, 即 $C=\frac{\pi}{2}$.

故

$$\arctan x+\operatorname{arccot} x=\frac{\pi}{2}.$$

4.1.3 柯西(Cauchy)中值定理

将拉格朗日中值定理进一步推广,可得到**广义中值定理**——柯西中值定理.

定理 3(柯西定理)　如果函数 $f(x)$, $g(x)$ 满足条件:

(1)在闭区间 $[a,b]$ 上连续;

(2)在开区间 (a,b) 内可导,且在 (a,b) 内每一点处, $g'(x)\neq 0$;

则在 (a,b) 内至少存在一点 $\xi(a<\xi<b)$, 使得

$$\frac{f(a)-f(b)}{g(a)-g(b)}=\frac{f'(\xi)}{g'(\xi)}. \tag{4.4}$$

式(4.4)称为**柯西中值公式**,若 $g(x)=x$,则柯西中值公式变为拉格朗日中值公式.

证　由 $g'(x)\neq 0$ 知, $g(a)-g(b)\neq 0$. 否则若 $g(a)=g(b)$,则由罗尔定理有 $\eta(a<\eta<b)$,使得 $g'(\eta)=0$,与 $g'(x)\neq 0$ 矛盾.

类似拉格朗日中值定理的证明方法,可引进辅助函数

$$\varphi(x)=f(x)(g(b)-g(a))-g(x)[f(b)-f(a)].$$

$\varphi(x)$ 满足罗尔定理的 3 个条件:($\varphi(x)$ 在闭区间 $[a,b]$ 上连续在开区间 (a,b) 内可导,且

$$\varphi(a)=\varphi(b)=f(a)g(b)-g(a)f(b).$$

故在 (a,b) 内至少有一点 ξ,使得

$$\varphi'(\xi)=f'(\xi)(g(b)-g(a))-g'(\xi)[f(b)-f(a)]=0.$$

整理即得柯西中值公式成立.

例 7　设函数 $f(x)$ 在 $[0,1]$ 上连续,在 $(0,1)$ 内可导. 试证明至少存在一点 $\xi\in(0,1)$,使得

$$f(\xi)+f'(\xi)=\frac{\mathrm{e}f(1)-f(0)}{\mathrm{e}-1}.$$

证　令 $F(x)=\mathrm{e}^x f(x)$, $g(x)=\mathrm{e}^x$,则 $F(x)$, $g(x)$ 在 $[0,1]$ 上满足柯西中值定理的条件,故在 $(0,1)$ 内至少存在一点 ξ,使得

$$\frac{F(1)-F(0)}{g(1)-g(0)}=\frac{F'(\xi)}{g'(\xi)}.$$

又 $F'(x)=\mathrm{e}^x f(x)+\mathrm{e}^x f'(x)=\mathrm{e}^x[f(x)+f'(x)]$, $g'(x)=\mathrm{e}^x$.

因此存在一点 $\xi\in(0,1)$,使得

$$\frac{\mathrm{e}f(1)-f(0)}{\mathrm{e}-1}=\frac{\mathrm{e}^{\xi}[f(\xi)+f'(\xi)]}{\mathrm{e}^{\xi}}=f(\xi)+f'(\xi).$$

由于理论分析和数值计算的需要,对于一些比较复杂的函数,通常用一些(如多项式等)简单的函数来近似表达,这种近似表达在数学上常称为**逼近**.本节将介绍泰勒(Taylor)公式及其简单应用.其结果表明:具有直到 $n+1$ 阶导数的函数在一个点的邻域内的值可以用函数在该点的函数值及各阶导数值组成的 n 次多项式近似表达.

*4.1.4 泰勒公式

在微分的应用中已经知道,当 $|\Delta x|$ 很小时,有近似公式

$$f(x) \approx f(0) + f'(0) \cdot x.$$

如 $e^x \approx 1+x, \ln(1+x) \approx x$ 等.

这种近似表达式的不足之处在于:只适用于 $|\Delta x|$ 很小的情况,且精确度不高,所产生的误差仅是关于 x 的高阶无穷小,不能具体估算出误差大小.因此,对于精确度要求较高且需要估计误差时,就必须用高次多项式来近似表达函数,同时还需要给出误差公式.

设函数 $f(x)$ 在含有 x_0 的开区间 (a,b) 内具有直到 $n+1$ 阶导数,我们希望做到:找出一个关于 (x_1,x_0) 的 n 次多项式函数

$$p_n(x) = a_0 + a_1(x - x_0) + a_2(x - x_0)^2 + \cdots + a_n(x - x_0)^n. \tag{4.5}$$

使得

$$f(x) \approx P_n(x). \tag{4.6}$$

且误差 $R_n(x)=f(x)-p_n(x)$ 是比 $(x-x_0)^n$ 高阶的无穷小,并给出误差的具体表达式.

定理 4(泰勒定理) 如果函数 $f(x)$ 在含有 x_0 的开区间 (a,b) 内具有直到 $n+1$ 阶导数,则当 x 在 (a,b) 内时, $f(x)$ 可以表示为 $x-x_0$ 的一个 n 次多项式与一个余项 $R_n(x)$ 之和:

$$f(x) = f(x_0) + f'(x_0)(x - x_0) + \frac{f''(x_0)}{2!}(x - x_0)^2 + \cdots + \frac{f^{(n)}(x_0)}{n!}(x - x_0)^n + R_n(x). \tag{4.7}$$

其中,

$$R_n(x) = \frac{f^{(n+1)}(\xi)}{(n + 1)!}(x - x_0)^{n+1} \qquad (\xi \text{ 介于 } x_0 \text{ 与 } x \text{ 之间}). \tag{4.8}$$

证 由已知条件可知函数

$$R_n(x) = f(x) - f(x_0) - f'(x_0)(x - x_0) - \frac{f''(x_0)}{2!}(x - x_0)^2 - \cdots - \frac{f^{(n)}(x_0)}{n!}(x - x_0)^n$$

在 (a, b) 内具有直到 $n+1$ 阶导数,且有

$$R_n(x_0) = R'_n(x_0) = \cdots = R_n^{(n)}(x_0) = 0, R_n^{(n+1)}(x) = f^{(n+1)}(x).$$

令 $G(x)=(x-x_0)^{n+1}$,则有

$$G(x_0) = G'(x_0) = \cdots = G^{(n)}(x_0) = 0, G^{(n+1)}(x) = (n + 1)!.$$

对 $R_n(x)$ 和 $G(x)$ 应用柯西中值定理 $n+1$ 次,得

$$\begin{aligned}\frac{R_n(x)}{G(x)} &= \frac{R_n(x) - R_n(x_0)}{G(x) - G(x_0)} = \frac{R'_n(\xi_1)}{G'(\xi_1)} \\ &= \frac{R''_n(\xi_2)}{G''(\xi_2)} = \cdots = \frac{R_n^{(n)}(\xi_n)}{G^{(n)}(\xi_n)}\end{aligned}$$

$$= \frac{R_n^{(n+1)}(\xi_n)}{G^{(n+1)}(\xi_n)} = \frac{f^{(n+1)}(\xi)}{(n+1)!}.$$

其中 $\xi_1,\xi_2,\cdots,\xi_n,\xi$ 介于 x_0 与 x 之间.于是得到

$$R_n(x) = \frac{f^{(n+1)}(\xi)}{(n+1)!}(x-x_0)^{n+1} \quad (\xi \text{ 介于 } x_0 \text{ 与 } x \text{ 之间}).$$

式(4.7)称为函数 $f(x)$ 在点 x_0 处的 n **阶泰勒公式**,式(4.8)称为**拉格朗日型余项**.称多项式 $p_n(x) = \sum\limits_{k=0}^{n} \frac{f^{(k)}(x_0)}{k!}(x-x_0)^k$ 为 $f(x)$ 在点 x_0 处的 n **阶泰勒多项式**.

当 $n=0$ 时,泰勒公式变成拉格朗日中值公式:

$$f(x) = f(x_0) + f'(\xi)(x-x_0) \quad (\xi \text{ 介于 } x_0 \text{ 与 } x \text{ 之间}).$$

因此,泰勒中值定理是拉格朗日中值定理的推广.

例 8　写出函数 $f(x)=x^2\ln x$ 在 $x_0=1$ 处的三阶泰勒公式.

解　$f(x)=x^2\ln x,\quad f(1)=0,$

$f'(x)=2x\ln x+x,\quad f'(1)=1,$

$f''(x)=2\ln x+3,\quad f''(1)=3,$

$f'''(x)=\frac{2}{x},\quad f'''(1)=2,$

$f^{(4)}(x)=-\frac{2}{x^2},\quad f^{(4)}(\xi)=-\frac{2}{\xi^2}.$

于是所求泰勒公式为

$$x^2\ln x=(x-1)+\frac{3}{2!}(x-1)^2+\frac{2}{3!}(x-1)^3-\frac{2}{4!\ \xi^2}(x-1)^4 \quad (\xi \text{ 介于 } 1 \text{ 与 } x \text{ 之间}).$$

用 n 阶泰勒多项式 $p_n(x)$ 近似表达函数 $f(x)$ 时,误差为 $|R_n(x)|$.如果对于某个固定的 n,当 x 在区间 (a,b) 内变动时,$|f^{(n+1)}(x)|$ 总不超过一个常数 M,则有估计式:

$$|R_n(x)| = \left|\frac{f^{(n+1)}(\xi)}{(n+1)!}(x-x_0)^{n+1}\right| \leqslant \frac{M}{(n+1)!}|x-x_0|^{n+1},$$

及

$$\lim_{x\to x_0}\frac{R_n(x)}{(x-x_0)^n} = 0.$$

可见,当 $x\to x_0$ 时,$R_n(x)$ 是比 $(x-x_0)^n$ 高阶的无穷小,即 $R_n(x)=o((x-x_0)^n)$,这种形式的余项称为**佩亚诺(Peano)余项**.

当 $x_0=0$ 时的泰勒公式称为**麦克劳林(Maclaurin)公式**:

$$f(x) = f(0) + f'(0)x + \frac{f''(0)}{2!}x^2 + \cdots + \frac{f^{(n)}(0)}{n!}x^n + \frac{f^{(n+1)}(\xi)}{(n+1)!}x^{n+1} \quad (\xi \text{ 介于 } 0 \text{ 与 } x \text{ 之间}). \tag{4.9}$$

或

$$f(x) = f(0) + f'(0)x + \frac{f''(0)}{2!}x^2 + \cdots + \frac{f^{(n)}(0)}{n!}x^n + o(x^n) \tag{4.10}$$

由此得近似公式:

$$f(x) \approx f(0) + f'(0)x + \frac{f''(0)}{2!}x^2 + \cdots + \frac{f^{(n)}(0)}{n!}x^n.$$

误差估计式变为

$$|R_n(x)| = \frac{M}{(n+1)!}|x|^{n+1}.$$

式(4.9)中,令 $\xi=\theta x(0<\theta<1)$,则麦克劳林公式为

$$f(x) = \sum_{k=0}^{n} \frac{f^{(k)}(0)}{k!}x^k + \frac{f^{(n+1)}(\theta x)}{(n+1)!}x^{n+1} \tag{4.11}$$

例 9 求 $f(x)=\mathrm{e}^x$ 的 n 阶麦克劳林公式.

解 因 $f'(x)=f''(x)=\cdots=f^{(n)}(x)=\mathrm{e}^x$,故 $f(0)=f'(0)=f''(0)=\cdots=f^{(n)}(0)=1$,又 $f^{(n+1)}(\theta x)=\mathrm{e}^{\theta x}$,代入式(4.9),得 $f(x)=\mathrm{e}^x$ 的 n 阶麦克劳林公式为

$$\mathrm{e}^x = 1 + x + \frac{x^2}{2!} + \cdots + \frac{x^n}{n!} + \frac{\mathrm{e}^{\theta x}}{(n+1)!}x^{n+1} \quad (0 < \theta < 1).$$

由公式可知

$$\mathrm{e}^x \approx 1 + x + \frac{x^2}{2!} + \cdots + \frac{x^n}{n!},$$

其误差

$$|R_n(x)| = \left|\frac{\mathrm{e}^{\theta x}}{(n+1)!}x^{n+1}\right| < \frac{\mathrm{e}^{|x|}}{(n+1)!}|x|^{n+1} \quad (0 < \theta < 1)$$

取 $x=1$,得

$$\mathrm{e} \approx 1 + 1 + \frac{1}{2!} + \cdots + \frac{1}{n!},$$

其误差

$$|R_n| < \frac{\mathrm{e}}{(n+1)!} < \frac{3}{(n+1)!}.$$

例 10 求 $f(x)=\sin x$ 的麦克劳林公式,并求 $\sin 20°$的近似值.

解 由 3.5 节的公式 $(\sin x)^{(n)}=\sin\left(x+\frac{n\pi}{2}\right)$ 可知

$$f'(0)=1, f''(0)=0, f'''(0)=-1, f^{(4)}(0)=0, \cdots,$$

即 $f^{(2k)}(0)=0, f^{(2k+1)}(0)=(-1)$ $(k\geqslant 0)$.故可得

$$\sin x = x - \frac{x^3}{3!} + \frac{x^5}{5!} - \cdots + (-1)^{n-1}\frac{x^{2n-1}}{(2n-1)!} + \frac{\cos\theta x}{(2n+1)!}x^{2n+1} \quad (0 < \theta < 1).$$

上式中,取 $n=2$ 得

$$\sin x = x - \frac{x^3}{3!} + \frac{\cos\theta x}{5!}x^5 \quad (0 < \theta < 1).$$

以 $x=20°=\frac{\pi}{9}$代入得

$$\sin 20° \approx \frac{\pi}{9} - \frac{1}{6}\left(\frac{\pi}{9}\right)^3 \approx 0.341\ 98,$$

其误差为

$$|R_4| = \frac{1}{5!}\left(\frac{\pi}{9}\right)^5 \cos\frac{\theta\pi}{9} < \frac{1}{5!}\left(\frac{\pi}{9}\right)^5 \approx 0.000\ 43.$$

事实上，$\sin 20°$的精确值为 0.342 020….

由以上求麦克劳林公式的方法，类似可得到其他常用初等函数的麦克劳林公式，为应用方便，将这些公式汇总如下：

$$\mathrm{e}^x = 1 + x + \frac{x^2}{2!} + \cdots + \frac{x^n}{n!} + \frac{\mathrm{e}^{\theta x}}{(n+1)!}x^{n+1};$$

$$\sin x = x - \frac{x^3}{3!} + \frac{x^5}{5!} - \cdots + (-1)^n \frac{x^{2n+1}}{(2n+1)!} + o(x^{2n+1});$$

$$\cos x = 1 - \frac{x^2}{2!} + \frac{x^4}{4!} - \frac{x^6}{6!} + \cdots + (-1)^n \frac{x^{2n}}{(2n)!} + o(x^{2n});$$

$$\ln(1+x) = x - \frac{x^2}{2} + \frac{x^3}{3} - \cdots + (-1)^{n-1}\frac{x^n}{n} + o(x^n);$$

$$\frac{1}{1-x} = 1 + x + x^2 + \cdots + x^n + o(x^n);$$

$$(1+x)^m = 1 + mx + \frac{m(m-1)}{2!}x^2 + \cdots$$

在实际应用中，这些初等函数的麦克劳林公式常用于间接地展开一些更复杂的函数的麦克劳林公式，并在求某些函数的极限中起重要作用.

例 11　求下列函数的麦克劳林公式.

(1) $f(x)=\dfrac{1}{2-3x+x^2}$;

(2) $f(x)=\ln\dfrac{1-x}{1+x}$.

解　(1)
$$\begin{aligned}f(x) &= \frac{1}{2-3x+x^2} = \frac{1}{(1-x)(2-x)}\\ &= \frac{1}{1-x} - \frac{1}{2-x}\\ &= \frac{1}{1-x} - \frac{1}{2\left(1-\frac{x}{2}\right)}\\ &= [1 + x + x^2 + \cdots + x^n + o(x^n)] +\\ &\quad \frac{1}{2}\left[1 + \frac{x}{2} + \left(\frac{x}{2}\right)^2 + \cdots + \left(\frac{x}{2}\right)^n + o(x^n)\right]\\ &= \sum_{k=0}^{n}\left(1 + \frac{1}{2^{k+1}}\right)x^k + o(x^n).\end{aligned}$$

(2)
$$\begin{aligned}f(x) &= \ln\frac{1-x}{1+x} = \ln(1-x) - \ln(1+x)\\ &= \left[-x - \frac{x^2}{2} - \frac{x^3}{3} - \cdots - \frac{x^n}{n} + o(x^n)\right] +\end{aligned}$$

$$\left[x-\frac{x^2}{2}+\frac{x^3}{3}-\cdots+(-1)^{n-1}\frac{x^n}{n}+o(x^n)\right]$$

$$=\sum_{k=1}^{n}[-1+(-1)^{k-1}]\frac{x^k}{k}+o(x^n)$$

$$=-2\sum_{k=1}^{m}\frac{x^{2k}}{2k}+o(x^{2m}).$$

例 12 计算 $\lim\limits_{x\to 0}\dfrac{xe^{-x}-2\ln(1+x)+x}{x^3}$.

解 由 $xe^{-x}=x\left[1-x+\dfrac{1}{2!}x^2+o(x^2)\right]=x-x^2+\dfrac{1}{2!}x^3+o(x^3)$,

$$2\ln(1+x)=2x-x^2+\frac{2x^3}{3}+o(x^3).$$

得

$$xe^{-x}-2\ln(1+x)+x=\left(\frac{1}{2!}-\frac{2}{3}\right)x^3+o(x^3)=-\frac{1}{6}x^3+o(x^3).$$

故

$$\lim_{x\to 0}\frac{xe^{-x}-2\ln(1+x)+x}{x^3}=\lim_{x\to 0}\frac{-\frac{1}{6}x^3+o(x^3)}{x^3}=-\frac{1}{6}.$$

习题 4.1

1.下列函数在给定区间上是否满足罗尔定理的所有条件?如满足,请求出满足结论的 ξ 的值.

(1) $f(x)=2x^2-x-3,\left[-1,\dfrac{3}{2}\right]$;　　(2) $f(x)=\dfrac{1}{1+x^2},[-2,2]$;

(3) $f(x)=x\sqrt{3-x},[0,3]$;　　(4) $f(x)=e^{x^2}-1,[-1,1]$.

2.求函数 $f(x)=x(x+1)(x+2)$ 的导数,判断方程 $f'(x)=0$ 有几个实根,并指出这些根的范围.

3.应用拉格朗日中值定理证明下列不等式:

(1)当 $b>a>0$ 时,$\dfrac{b-a}{a}>\ln\dfrac{b}{a}>\dfrac{b-a}{b}$;

(2)若 $x\neq 1$,则 $e^x>xe$.

4.应用拉格朗日中值定理的推论证明下列恒等式:

(1) $\arcsin x+\arccos x=\dfrac{\pi}{2}\quad(-1\leqslant x\leqslant 1)$;

(2) $\arctan x+\arccos\dfrac{x}{\sqrt{1+x^2}}=\dfrac{\pi}{2}$.

4.2　洛必达法则

在自变量的某一变化过程中，若 $\lim f(x)=0, \lim g(x)=0$，则 $\lim \dfrac{f(x)}{g(x)}$ 可能存在也可能不存在，故称 $\lim \dfrac{f(x)}{g(x)}$ 为 $\dfrac{0}{0}$ 型不定式；若 $\lim f(x)=\infty, \lim g(x)=\infty$，则 $\lim \dfrac{f(x)}{g(x)}$ 可能存在也可能不存在，故称 $\lim \dfrac{f(x)}{g(x)}$ 为 $\dfrac{\infty}{\infty}$ **型不定式**.本节将介绍一种计算不定式极限的有效方法——**洛必达(L'Hospital)法则**.

4.2.1　$\dfrac{0}{0}$ 型与 $\dfrac{\infty}{\infty}$ 型不定式极限

定理(洛必达法则)　设 $f(x)$ 和 $g(x)$ 满足：

(1) $\lim\limits_{x\to x_0} f(x)=0, \lim\limits_{x\to x_0} g(x)=0$（或 $\lim\limits_{x\to x_0} f(x)=\infty, \lim\limits_{x\to x_0} g(x)=\infty$）；

(2) 在点 x_0 的某个邻域内可导，且 $g'(x)\neq 0$；

(3) $\lim\limits_{x\to x_0}\dfrac{f'(x)}{g'(x)}=A$（或 ∞）.

那么

$$\lim_{x\to x_0}\frac{f(x)}{g(x)}=\lim_{x\to x_0}\frac{f'(x)}{g'(x)}=A\text{（或 }\infty\text{）}. \tag{4.12}$$

定理中的 $x\to x_0$ 换成 $x\to x_0^+, x\to x_0^-, x\to\infty, x\to+\infty, x\to-\infty$，定理仍然成立，此时只需对(2)中“在点 x_0 的某个邻域内”作相应的改动.

注：洛必达法则是为了解决分式为不定式的极限问题，因此在应用洛必达法则之前要先判断是否为 $\dfrac{0}{0}$ 型或 $\dfrac{\infty}{\infty}$ 型；在应用洛必达法则时，$\lim \dfrac{f'(x)}{g'(x)}$ 必须存在或为 ∞，一般不需专门验证，将随着计算过程自动显示.

例 1　求 $\lim\limits_{x\to 1}\dfrac{x^3-x^2-x+1}{x^3-3x+2}$.

解　这是 $\dfrac{0}{0}$ 型不定式极限，由洛必达法则有

$$\begin{aligned}\text{原式}&=\lim_{x\to 1}\frac{3x^2-2x-1}{3x^2-3}\quad\left(\frac{0}{0}\right)\\&=\lim_{x\to 1}\frac{6x-2}{6x}=\frac{2}{3}.\end{aligned}$$

注：洛必达法则可重复应用.上式中，$\lim\limits_{x\to 1}\dfrac{6x-2}{6x}$ 已经不是不定式，故不能再对它应用洛必达法则.

例 2　求 $\lim\limits_{x\to+\infty}\dfrac{\ln x}{x^\alpha}$　$(\alpha>0)$.

解 这是$\frac{\infty}{\infty}$型不定式极限,由洛必达法则有

$$原式=\lim_{x\to+\infty}\frac{\frac{1}{x}}{\alpha x^{\alpha-1}}=\lim_{x\to+\infty}\frac{1}{\alpha x^{\alpha}}=0.$$

例3 求$\lim\limits_{x\to\frac{\pi}{2}}\frac{\tan 3x}{\tan x}$.

解 这是$\frac{\infty}{\infty}$型,可得

$$\begin{aligned}原式&=\lim_{x\to\frac{\pi}{2}}\frac{3\sec^2 3x}{\sec^2 x}\\&=3\lim_{x\to\frac{\pi}{2}}\frac{\frac{1}{\cos^2 3x}}{\frac{1}{\cos^2 x}}\\&=3\lim_{x\to\frac{\pi}{2}}\frac{\cos^2 x}{\cos^2 3x}\quad\left(\frac{0}{0}\right)\\&=3\lim_{x\to\frac{\pi}{2}}\frac{-2\cos x\sin x}{-6\cos 3x\sin 3x}\\&=\lim_{x\to\frac{\pi}{2}}\frac{\sin x}{\sin 3x}\cdot\lim_{x\to\frac{\pi}{2}}\frac{\cos x}{\cos 3x}\quad\left(\frac{0}{0}\right)\\&=-1\times\lim_{x\to\frac{\pi}{2}}\frac{-\sin x}{-3\sin 3x}=\frac{1}{3}.\end{aligned}$$

注:在应用洛必达法则求极限的过程中,若极限存在且不为0,可先求出.

例4 求$\lim\limits_{x\to 0}\frac{x^3\cos x}{x-\sin x}$.

解 这是$\frac{0}{0}$型,可由洛必达法则求之,注意到$\lim\limits_{x\to 0}\cos x=1$,故有

$$\begin{aligned}原式&=\lim_{x\to 0}\cos x\cdot\frac{x^3}{x-\sin x}\\&=\lim_{x\to 0}\cos x\cdot\lim_{x\to 0}\frac{x^3}{x-\sin x}\\&=\lim_{x\to 0}\frac{x^3}{x-\sin x}\\&=\lim_{x\to 0}\frac{3x^2}{1-\cos x}=\lim_{x\to 0}\frac{6x}{\sin x}\\&=\lim_{x\to 0}\frac{6x}{x}=6.\end{aligned}$$

例5 求$\lim\limits_{x\to 0}\frac{(x\cos x-\sin x)(e^x-1)}{x^3\sin x}$.

解　这是$\frac{0}{0}$型，如果直接应用洛必达法则，分子分母的求导比较麻烦，可先用等价无穷小替换进行化简，当 $x\to0$ 时，$(e^x-1)\sim x$，$\sin x\sim x$，故有

$$\begin{aligned}原式&=\lim_{x\to0}\frac{(x\cos x-\sin x)x}{x^3\cdot x}\\&=\lim_{x\to0}\frac{x\cos x-\sin x}{x^3}\quad\left(\frac{0}{0}\right)\\&=\lim_{x\to0}\frac{(\cos x-x\sin x)-\cos x}{3x^2}\\&=\lim_{x\to0}\frac{-\sin x}{3x}\\&=\lim_{x\to0}\frac{-x}{3x}=-\frac{1}{3}.\end{aligned}$$

注：在使用洛必达法则之前，应尽可能地进行算式的化简，可应用等价无穷小替换或重要极限，计算过程中也应多种方法并进.

例 6　求 $\lim\limits_{x\to+\infty}\frac{x-\sin x}{x+\cos x}$.

解　这是$\frac{\infty}{\infty}$型.但分子分母分别求导后，变成$\lim\limits_{x\to+\infty}\frac{1-\cos x}{1-\sin x}$不存在，不满足洛必达法则的第三个条件，故不可用洛必达法则.而原极限是存在的，可用“无穷小量与有界变量的乘积仍为无穷小”这一结论求得

$$原式=\lim_{x\to+\infty}\frac{1-\frac{1}{x}\sin x}{1-\frac{1}{x}\cos x}=\frac{1-\lim\limits_{x\to+\infty}\frac{1}{x}\sin x}{1-\lim\limits_{x\to+\infty}\frac{1}{x}\cos x}=1.$$

例 7　求 $\lim\limits_{x\to-\infty}\frac{e^x-e^{-x}}{e^x+e^{-x}}$.

解　这是$\frac{\infty}{\infty}$型.使用洛必达法则有

$$\lim_{x\to-\infty}\frac{e^x-e^{-x}}{e^x+e^{-x}}=\lim_{x\to-\infty}\frac{e^x+e^{-x}}{e^x-e^{-x}}=\lim_{x\to-\infty}\frac{e^x-e^{-x}}{e^x+e^{-x}}.$$

可见，无论使用多少次洛必达法则，始终是$\frac{\infty}{\infty}$型不定式.故不可使用洛必达法则，事实上

$$\lim_{x\to-\infty}\frac{e^x-e^{-x}}{e^x+e^{-x}}=\lim_{x\to-\infty}\frac{e^{2x}-1}{e^{2x}+1}=-1.$$

4.2.2　其他类型的不定式极限

除了上面介绍的$\frac{0}{0}$和$\frac{\infty}{\infty}$型这两种不定式极限外，还会遇到其他类型的不定式.主要有

$0\cdot\infty,\infty-\infty,0^0,\infty^0,1^\infty$等,它们均可通过恒等变型转化为$\frac{0}{0}$或$\frac{\infty}{\infty}$型,然后用洛必达法则求出极限.

1)$0\cdot\infty$型不定式

如果$\lim f(x)=0,\lim g(x)=\infty$,则称$\lim[f(x)\cdot g(x)]$为$0\cdot\infty$型不定式.对于$0\cdot\infty$型不定式,常见的求解方法是先将函数恒等变形,化为$\frac{0}{0}$或$\frac{\infty}{\infty}$型,再由洛必达法则求之.如

$$\lim[f(x)\cdot g(x)]=\lim\frac{g(x)}{\frac{1}{f(x)}}$$

或

$$\lim[f(x)\cdot g(x)]=\lim\frac{f(x)}{\frac{1}{g(x)}}.$$

前者化为$\frac{\infty}{\infty}$型,后者化为$\frac{0}{0}$型,至于将$0\cdot\infty$型化为$\frac{0}{0}$型还是化为$\frac{\infty}{\infty}$型,要看哪种形式便于计算.

例 8 求$\lim\limits_{x\to0^+}x^2\ln x$.

解 这是$0\cdot\infty$型,可将乘积的形式化为分式的形式,再按$\frac{0}{0}$或$\frac{\infty}{\infty}$型的不定式来计算.

$$\lim_{x\to0^+}x^2\ln x=\lim_{x\to0^+}\frac{\ln x}{x^{-2}}\quad\left(\frac{\infty}{\infty}\right)$$

$$=\lim_{x\to0^+}\frac{\frac{1}{x}}{-2x^{-3}}=\lim_{x\to0^+}\frac{x^2}{-2}=0.$$

2)$\infty-\infty$型不定式

如果$\lim f(x)=\infty,\lim g(x)=\infty$,则称$\lim[f(x)-g(x)]$为$\infty-\infty$型不定式.对于$\infty-\infty$型不定式,常见的求解方法是将函数恒等变形,化为$\frac{0}{0}$或$\frac{\infty}{\infty}$型,再由洛必达法则求之.

例 9 求$\lim\limits_{x\to1}\left(\frac{1}{\ln x}-\frac{1}{x-1}\right)$.

解 这是$\infty-\infty$型,可利用通分化为$\frac{0}{0}$型来计算.

$$原式=\lim_{x\to1}\frac{x-1-\ln x}{(x-1)\ln x}\quad\left(\frac{0}{0}\right)$$

$$=\lim_{x\to1}\frac{1-\frac{1}{x}}{\ln x+\frac{x-1}{x}}$$

$$=\lim_{x\to1}\frac{x-1}{x\ln x+x-1}\quad\left(\frac{0}{0}\right)$$

$$=\lim_{x\to1}\frac{1}{\ln x+2}=\frac{1}{2}.$$

3) $0^0,\infty^0,1^\infty$ 型

对于 $0^0,\infty^0,1^\infty$ 型这种幂指函数的极限，采用**对数求极限法**：先化为以 e 为底的指数函数的极限：

$$\lim u^v=\lim e^{v\ln u}=e^{\lim(v\ln u)}$$

再利用指数函数的连续性，化为求指数的极限，指数的极限为 $0\cdot\infty$ 的形式，再转化为 $\frac{0}{0}$ 或 $\frac{\infty}{\infty}$ 型的不定式来计算.

例 10　求 $\lim\limits_{x\to0^+}(\sin x)^{\frac{1}{\ln x}}$　(0^0).

解　$\lim\limits_{x\to0^+}(\sin x)^{\frac{1}{\ln x}}=\lim\limits_{x\to0^+}e^{\frac{1}{\ln x}\ln\sin x}=e^{\lim\limits_{x\to0^+}\frac{\ln\sin x}{\ln x}}=e^{\lim\limits_{x\to0^+}\frac{\ln\sin x}{\ln x}}$,

又因为 $\lim\limits_{x\to0^+}\frac{\ln\sin x}{\ln x}=\lim\limits_{x\to0^+}\frac{\cot x}{\frac{1}{x}}=\lim\limits_{x\to0^+}\frac{x\cos x}{\sin x}=-1$,

故原式 $=e$.

例 11　求 $\lim\limits_{x\to\frac{\pi}{2}^-}(\tan x)^{\cos x}$　(∞^0).

解　$\lim\limits_{x\to\frac{\pi}{2}^-}(\tan x)^{\cos x}=\lim\limits_{x\to\frac{\pi}{2}^-}e^{\cos x\ln\tan x}$.

又因为 $\lim\limits_{x\to\frac{\pi}{2}^-}\cos x\ln\tan x=\lim\limits_{x\to\frac{\pi}{2}^-}\frac{\ln\tan x}{\sec x}$

$$=\lim_{x\to\frac{\pi}{2}^-}\frac{\frac{1}{\tan x}\sec^2x}{\sec x\tan x}$$

$$=\lim_{x\to\frac{\pi}{2}^-}\frac{\cos x}{\sin^2x}=0.$$

故原式 $=e^0=1$.

例 12　求 $\lim\limits_{x\to1}x^{\frac{\ln x}{x-1}}$　(1^∞).

解　$\lim\limits_{x\to1}x^{\frac{1}{x-1}}=\lim\limits_{x\to1}e^{\frac{1}{x-1}\ln x}$.

又因为 $\lim\limits_{x\to1}\frac{\ln x}{x-1}=\lim\limits_{x\to1}\frac{\frac{1}{x}}{1}$.

故原式 $=e$.

洛必达法则是求极限的有效方法，现总结如下：

①洛必达法则只适用于不定式.

②应用洛必达法则时,一定是对分子、分母分别求导数,切记不是对整个分式求导数.

③只要是不定式的极限,洛必达法则可以重复应用,需注意在计算过程中的化简及多种方法并用.

④如果应用洛必达法则不能求出原式的极限,需改用其他方法.

⑤非分式的不定式要应用洛必达法则时,必须转化为分式才能应用法则.

习题 4.2

计算下列极限.

(1) $\lim\limits_{x\to 0}\dfrac{e^{x}-e^{-x}}{\sin x}$;

(2) $\lim\limits_{x\to \pi}\dfrac{\ln\cos 2x}{(x-\pi)^{2}}$;

(3) $\lim\limits_{x\to 0}\dfrac{e^{x}-e^{-x}-2x}{x-\sin x}$;

(4) $\lim\limits_{x\to +\infty}\dfrac{\ln\left(1+\dfrac{1}{x}\right)}{\dfrac{\pi}{2}-\arctan x}$;

(5) $\lim\limits_{x\to \pi}\dfrac{\cot x}{\cot 3x}$;

(6) $\lim\limits_{x\to 0^{+}}\dfrac{\ln x}{\ln\cot x}$;

(7) $\lim\limits_{x\to 0}\dfrac{x^{2}\tan x}{\tan x-x}$;

(8) $\lim\limits_{x\to 0}\dfrac{e^{-x^{2}}+x^{2}-1}{x\sin^{3}2x}$;

(9) $\lim\limits_{x\to 0^{+}}\dfrac{\ln\sin 3x}{\ln\sin 2x}$;

(10) $\lim\limits_{x\to +\infty}x^{2}e^{-x}$;

(11) $\lim\limits_{x\to \frac{\pi}{2}^{+}}\cot x\cdot\ln\left(x-\dfrac{\pi}{2}\right)$;

(12) $\lim\limits_{x\to 0}\left(\dfrac{1}{x^{2}}-\dfrac{1}{x\sin x}\right)$;

(13) $\lim\limits_{x\to 1}\left(\dfrac{x}{x-1}-\dfrac{1}{\ln x}\right)$;

(14) $\lim\limits_{x\to 0}\left(\dfrac{1}{e^{x}-1}-\dfrac{1}{x}\right)$;

(15) $\lim\limits_{x\to 0}(\cos 2x)^{\frac{1}{x^{2}}}$;

(16) $\lim\limits_{x\to \infty}\dfrac{x-\sin x}{x+\sin x}$.

4.3 函数的单调性与曲线的凹凸性

对于函数的单调性,已经有过一些认识.本节将利用函数的导数和二阶导数的符号来刻画函数的动态性质——函数的单调性与凹凸性,这对函数的定性研究与作图十分重要.

4.3.1 函数单调性的判定法

对于很多函数而言,要用定义直接判断函数的单调性并不方便,现利用函数的导数来判断函数的单调性.如图 4.3(a)所示,若可导函数 $y=f(x)$ 单调增加,则其图形是一条沿 x 轴正向上升的曲线,这时曲线上各点处的切线斜率非负($f'(x)\geqslant 0$);如图 4.3(b)所示,若 $y=f(x)$ 单调减少,则其图形是一条沿 x 轴正向下降的曲线,这时曲线上各点处的切线斜率非正($f'(x)\leqslant 0$).由此可见,函数的单调性与导数的符号有着密切的关系.

定理 1(函数单调性的判别法) 设函数 $y=f(x)$ 在 $[a,b]$ 上连续,在 (a,b) 内可导,则有

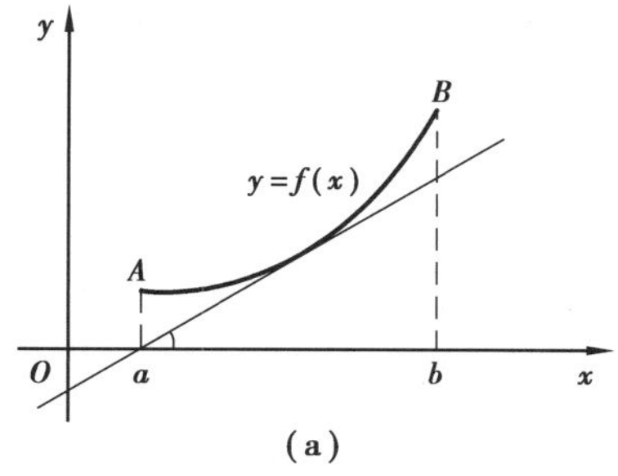

(a)

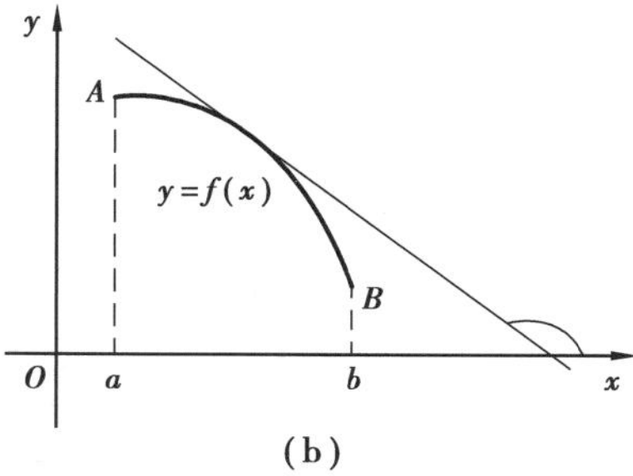

(b)

图 4.3

(1)若在(a,b)内$f'(x)>0$,则函数$y=f(x)$在$[a,b]$上单调增加;

(2)若在(a,b)内$f'(x)<0$,则函数$y=f(x)$在$[a,b]$上单调减少.

证　仅证明(1),类似可证明(2).

在(a,b)内任取两点x_1,x_2,运用拉格朗日中值定理,得

$$f(x_2)-f(x_1)=f'(\xi)(x_2-x_1)(x_1<\xi<x_2).$$

上式中,$x_2-x_1>0$;若在(a,b)内$f'(x)>0$,显然$f'(\xi)>0$.于是

$$f(x_2)-f(x_1)=f'(\xi)(x_2-x_1)>0,$$

即

$$f(x_1)<f(x_2),$$

于是,函数$y=f(x)$在$[a,b]$上单调增加.

注:①若在(a,b)内$f'(x)\geqslant 0$(或$f'(x)\leqslant 0$),且只在个别点取等号,则函数$y=f(x)$的单调性不变.

②判定法中的闭区间可换成其他各种区间(包括无穷区间).

例 1　讨论函数$y=x-\arctan x$的单调性.

解　函数在$(-\infty,+\infty)$内连续,求导数得

$$y'=1-\frac{1}{1+x^2}=\frac{x^2}{1+x^2}>0\quad(x\neq 0)$$

因此,在$(-\infty,+\infty)$内,仅当$x=0$时,$y'=0$;其他点处均有$y'>0$,故函数单调增加.

注:有些函数在整个定义区间的单调性并不一致,因此可用使导数等于零的点或使导数不存在的点来划分定义区间,在各部分区间中逐个判断函数导数$f'(x)$的符号,从而确定出函数$y=f(x)$在部分区间上的单调性.

例 2　讨论函数$y=x^3-12x+1$的单调性.

解　$y=x^3-12x+1$的定义区间为$(-\infty,+\infty)$.

$$y'=3x^2-12=3(x+2)(x-2),$$

令$y'=0$,得$x_1=-2,x_2=2$,将定义区间分为:$(-\infty,-2]$,$[-2,2]$,$[2,+\infty)$,见表 4.1.

表 4.1

x	$(-\infty,-2]$	-2	$[-2,2]$	2	$[2,+\infty)$
y'	+	0	—	0	+
y	↗		↘		↗

由表 4.1 可知,函数在$(-\infty,-2]$和$[2,+\infty)$内单调增加;在$[-2,2]$内单调减少.

例 3 讨论函数 $y=\sqrt[3]{x^2}$ 的单调区间.

解 $y=\sqrt[3]{x^2}$ 的定义区间为$(-\infty,+\infty)$.

$y'=\dfrac{2}{3\sqrt[3]{x}}\quad(x\neq0)$, 当 $x=0$ 时,导数不存在.

当$-\infty<x<0$ 时,$y'<0$;当 $0<x<+\infty$ 时,$y'>0$.

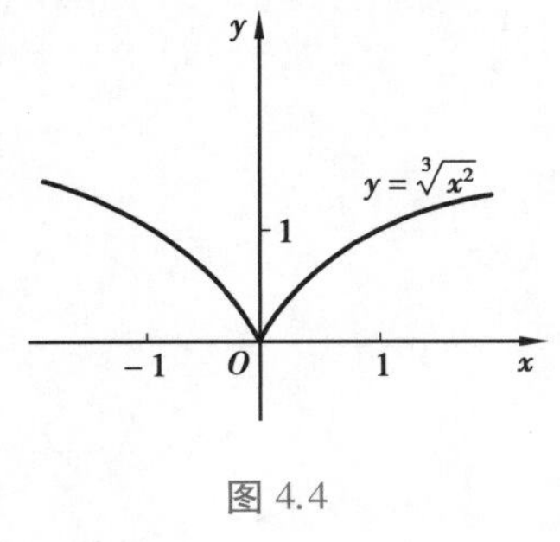

图 4.4

所以函数在$(-\infty,0]$上单调减少;在$[0,+\infty)$上单调增加.函数的图形如图 4.4 所示.

注:利用函数 $y=f(x)$ 的单调性,可证明不等式,还可讨论方程根的情况.

例 4 证明:当 $x>1$ 时,$3-2\sqrt{x}<\dfrac{1}{x}$.

证 令 $f(x)=3-2\sqrt{x}-\dfrac{1}{x}$,则

$$f'(x)=-\frac{1}{\sqrt{x}}+\frac{1}{x^2}=\frac{-x\sqrt{x}+1}{x^2}.$$

当 $x>1$ 时,$x\sqrt{x}>1$,故 $f'(x)<0$,因此 $f(x)$ 在$[1,+\infty)$上 $f(x)$ 单调减少,从而 $f(x)<f(1)$.

由于 $f(1)=0$,因此 $f(x)<f(1)=0$,即 $3-2\sqrt{x}-\dfrac{1}{x}<0$.

所以当 $x>1$ 时,$3-2\sqrt{x}<\dfrac{1}{x}$.

例 5 证明方程 $x^4+x-1=0$ 有且只有一个小于 1 的正根.

证 令 $f(x)=x^4+x-1$,因 $f(x)$ 在闭区间$[0,1]$连续,且 $f(0)=-1<0$,$f(1)=1>0$.

根据零点定理 $f(x)$ 在$(0,1)$内至少有一个零点,即方程 $x^4+x-1=0$ 至少有一个小于 1 的正根.

又因为在$(0,1)$内,$f'(x)=4x^3+1>0$,所以 $f(x)$ 在$[0,1]$内单调增加,即曲线 $y=f(x)$ 在$(0,1)$内与 x 轴至多只有一个交点.

综上所述,方程 $x^4+x-1=0$ 有且只有一个小于 1 的正根.

4.3.2 曲线的凹凸性与拐点

为了全面研究函数的变化情况,除了函数的单调性即曲线的上升或者下降之外,还需要研究曲线的弯曲状况,如曲线 $y=x^3$ 在$(-\infty,+\infty)$单调上升,但在$(-\infty,0]$和$[0,+\infty)$曲线弯曲状况并不相同.这种关于曲线的弯曲方向和扭转弯曲方向的点的研究,就是关于曲线的凹凸性和拐点的研究.

定义 1 设函数 $y=f(x)$ 在区间 I 上连续,如果对 I 上任意两点 x_1,x_2,恒有

$$f\left(\frac{x_1+x_2}{2}\right)<\frac{f(x_1)+f(x_2)}{2}.$$

那么称 $f(x)$ 在 I 上的图形是**(向上)凹的(或凹弧)**,区间 I 称为曲线 $y=f(x)$ 的凹区间,如图

4.5(a)所示;如果恒有

$$f\left(\frac{x_1+x_2}{2}\right)>\frac{f(x_1)+f(x_2)}{2},$$

那么称 $f(x)$ 在 I 上的图形是**(向上)凸的**(或**凸弧**),区间 I 称为曲线 $y=f(x)$ 的凸区间,如图 4.5(b)所示.

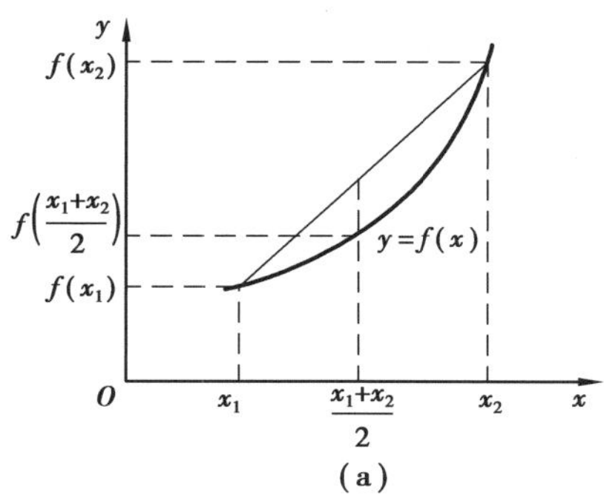

(a)

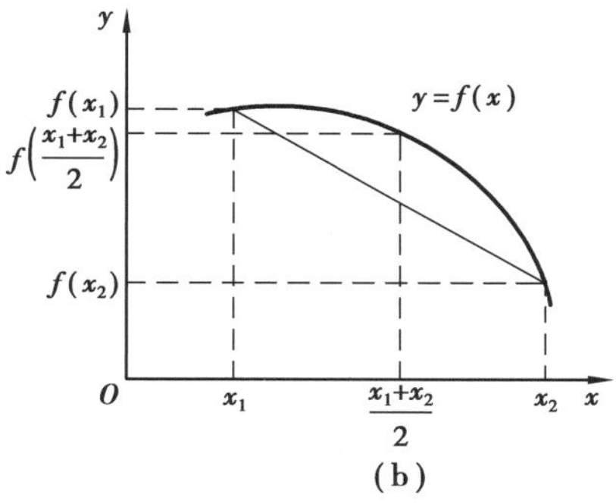

(b)

图 4.5

如果函数 $f(x)$ 在 I 内具有二阶导数,那么可以利用二阶导数的符号来判定曲线的凹凸性,这就是下面的曲线其凹凸性的判定定理.我们就 I 为闭区间的情形来叙述定理,当 I 不是闭区间时,定理类同.

定理 2(曲线凹凸性的判别法)　设函数 $y=f(x)$ 在区间 $[a,b]$ 上连续,在 (a,b) 内二阶可导.

(1)若在 (a,b) 内 $f''(x)>0$, 则曲线 $y=f(x)$ 在 (a,b) 上是凹弧;

(2)若在 (a,b) 内 $f''(x)<0$, 则曲线 $y=f(x)$ 在 (a,b) 上是凸弧.

定义 2　连续曲线上凹弧与凸弧的分界点称为该曲线的**拐点**.

注:确定曲线 $y=f(x)$ 的凹凸区间与求曲线的拐点的一般步骤为:

第一步,求函数的二阶导数 $f''(x)$;

第二步,求使 $f''(x)$ 为零的点和使 $f''(x)$ 不存在的点;

第三步,对第二步中求出的每一个点 x_0,将 $f(x)$ 的定义区间分为若干各子区间,根据 $f''(x)$ 在各个子区间上的正负符号确定曲线 $y=f(x)$ 在各个子区间上的凹凸性.检查 $f''(x)$ 在 x_0 左右两侧邻近的符号,若 $f''(x)$ 在 x_0 左右两侧符号相反时,点 $(x_0,f(x_0))$ 是拐点;当两侧的符号相同时,点 $(x_0,f(x_0))$ 不是拐点.

例 6　求曲线 $y=x^4+2x^3+3$ 的凹凸区间和拐点.

解　函数的定义域为 $(-\infty,+\infty)$, $y'=4x^3+6x^2$, $y''=12x(x+1)$.令 $y''=0$,得 $x_1=-1$, $x_2=0$.

表 4.2

x	$(-\infty,-1)$	-1	$(-1,0)$	0	$(0,+\infty)$
$f''(x)$	+	0	−	0	+
$f(x)$	凹	拐点 $(-1,2)$	凸	拐点 $(0,3)$	凹

由表4.2所知,曲线的凹区间为$(-\infty,-1)$和$(0,+\infty)$;凸区间为$(-1,0)$.拐点为$(-1,2)$和$(0,3)$.

例7 求曲线$y=\sqrt[3]{x}$的凹凸区间及拐点.

解 $y'=\dfrac{1}{3\sqrt[3]{x^2}},y''=-\dfrac{2}{9x\sqrt[3]{x^2}}$;

当$x=0$时,y',y''都不存在.故二阶导数在$(-\infty,+\infty)$内不连续,且不具有零点.但$x=0$是y''不存在的点,将$(-\infty,+\infty)$分成两个子区间$(-\infty,0)$和$(0,+\infty)$.

在$(-\infty,0)$内$y''>0$,曲线是凹的;在$(0,+\infty)$内$y''<0$,曲线是凸的.

因此$(-\infty,2)$和$(2,+\infty)$是凹区间,点$(0,0)$是曲线的拐点.

注:由前面的讨论及例7可知:若$f(x)$在x_0处的二阶导数等于零或不存在,则点$(x_0,f(x_0))$均可能是曲线$y=f(x)$的拐点.

习题4.3

1.求下列函数的单调区间:

(1)$f(x)=2x^3-9x^2+12x-3$;

(2)$f(x)=2x^2-\ln x$;

(3)$f(x)=\sqrt[3]{(2-x)^2(x-1)}$;

(4)$f(x)=\dfrac{x^2}{1+x}$.

2.当$x>0$时,运用单调性证明下列不等式成立.

(1)$2+x>2\sqrt{1+x}$;　　(2)$x>\ln(1+x)>x-\dfrac{1}{2}x^2$.

3.证明方程$x^5+2x^3+x-1=0$有且只有一个小于1的正根.

4.求下列曲线的凹凸区间及拐点.

(1)$y=3x^4-4x^3+1$;　　(2)$y=2-\sqrt[3]{x-1}$;

(3)$y=\dfrac{4}{1+x^2}$;　　(4)$y=(x-1)\sqrt[3]{x^2}$.

4.4 函数的极值与最值

在日常生活中,常常会遇到这样的例子,比如先上坡再下坡会经过一个“峰顶”,而先下坡再上坡则会经过一个“谷底”.这就如同在前面讨论函数单调性的过程中,如果函数先单调增加(或减少),到达某一点后又变为单调减少(或增加),则函数在该点处取得**极大值**(或**极小值**).

极值(极大值与极小值的统称)与**最值**的研究形成了最优化理论,被广泛应用于科技、社会与经济等领域.

4.4.1　函数的极值

定义 1　设函数 $f(x)$ 在区间 (a,b) 内有定义,如果对于 x_0 的某一去心邻域内的任意一点 x 均有:

(1) $f(x)<f(x_0)$,则称 $f(x_0)$ 是函数 $f(x)$ 的**极大值**,x_0 称为**极大值点**;

(2) $f(x)>f(x_0)$,则称 $f(x_0)$ 是函数 $f(x)$ 的**极小值**,x_0 称为**极小值点**.

函数的极大值与极小值统称为函数的**极值**,使函数取得极值的点称为**极值点**.

注:函数的极值与最值不同,极值是局部的概念,只是在极值点附近为最大或最小,并不表示整个定义区间是最大或最小.

如图 4.6 所示,函数 $f(x)$ 在点 x_1 和 x_4 取得极大值,在点 x_2 和 x_5 取得极小值,这说明在一个区间内函数的极大值与极小值可以有若干个,但最大值只有一个,最小值也只有一个,而且从中可以看出函数的极大值不一定是最大值,极小值也不一定是最小值.

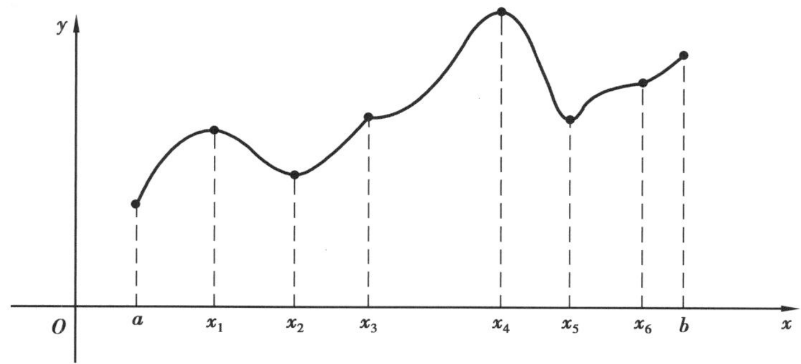

图 4.6

从图 4.6 还可发现,极值点处如果有切线,则切线一定是水平的,但有水平切线的点并不一定是极值点(如点 x_3 和 x_6).

定理 1(极值的必要条件)　设函数 $f(x)$ 在点 x_0 处可导,且 x_0 为 $f(x)$ 的极值点,则 $f'(x_0)=0$.

证　不妨设 $f(x_0)$ 是极大值(极小值的情形可类似证明).根据极大值的定义,对于 x_0 的某个去心邻域内的任何点 x,$f(x)<f(x_0)$ 均成立.于是,

当 $x<x_0$ 时,

$$\frac{f(x)-f(x_0)}{x-x_0}>0,$$

因此

$$f'_-(x_0)=\lim_{x\to x_0^-}\frac{f(x)-f(x_0)}{x-x_0}\geqslant 0;$$

当 $x>x_0$ 时,

$$\frac{f(x)-f(x_0)}{x-x_0}<0,$$

因此

$$f'_+(x_0)=\lim_{x\to x_0^+}\frac{f(x)-f(x_0)}{x-x_0}\leqslant 0;$$

因为$f(x)$在点x_0处可导,所以$f'(x_0)=f'_-(x_0)=f'_+(x_0)=0$.

定义 2 若$f'(x_0)=0$,则称点x_0为函数$f(x)$的**驻点**.

定理 1 表明:可导函数$f(x)$的极值点必定是它的驻点,但此条件并不充分.例如$x=0$是函数$y=x^3$的驻点,却不是其极值点.

另外,连续函数在其导数不存在的点处也可能取到极值.例如$y=|x|$在$x=0$处取极小值?

因此,对连续函数来说,驻点和导数不存在的点都有可能是极值点.但反过来,函数$f(x)$的驻点和不可导点却不一定是极值点,如函数$f(x)=x^3$,$f(x)=\sqrt[3]{x^2}$在$x=0$处的情况就是这样.

由函数单调性的判别法和极值的定义,即可得到以下极值判别法.

定理 2(极值判别法Ⅰ) 设函数$f(x)$在点x_0的邻域内连续,在x_0的去心邻域内可导,如果在该邻域内有:

(1)当$x<x_0$时,$f'(x)>0$;当$x>x_0$时,$f'(x)<0$,那么函数$f(x)$在x_0处取得极大值;

(2)当$x<x_0$时,$f'(x)<0$;当$x>x_0$时,$f'(x)>0$,那么函数$f(x)$在x_0处取得极小值.

如果在x_0的左右两侧$f'(x)$不改变符号,那么函数$f(x)$在x_0处没有极值.

分析 对于情形(1),由函数单调性的判别定理可知,当$x<x_0$时,有$f'(x)>0$,则函数$f(x)$单调增加;当$x>x_0$时,有$f'(x)<0$,则函数$f(x)$单调递减.因此可得函数$f(x)$在x_0处取得极大值.

对于情形(2)也可以类似分析.

例 1 求$y=x^3-12x+1$的极值.

解 $y=x^3-12x+1$的定义域为$(-\infty,+\infty)$.

$$y'=3x^2-12=3(x+2)(x-2),$$

令$y'=0$,得$x_1=-2$,$x_2=2$.见表 4.3.

表 4.3

x	$(-\infty,-2)$	-2	$[-2,2]$	2	$(2,+\infty)$
$f'(x)$	+	0	−	0	+
$f(x)$	↗	极大值	↘	极小值	↗

由表 4.3 可知,$y=x^3-12x+1$在$(-\infty,-2)$单调增加,在$[-2,2]$单调减少,因此函数在$x_1=-2$有极大值$f(-2)=17$.$y=x^3-12x+1$在$[-2,2]$单调减少,在$[2,+\infty)$单调增加,因此函数在$x_2=2$有极小值$f(2)=-15$.

注:一般地,求函数极值(极值点)的步骤如下:

第一步,确定函数$f(x)$的定义域,并求其导数$f'(x)$;

第二步,求出$f(x)$的驻点与不可导点;

第三步,考察$f'(x)$在驻点和不可导点左、右两侧邻近符号变化的情况,确定函数的极值点,并判断极值点处是极大值点还是极小值点;

第四步，求出各极值点的对应极值.

例 2　求函数 $y=\sqrt[3]{x^2}$ 的极值.

解　(1) 函数 $f(x)$ 的定义域为 $(-\infty,+\infty)$，求导数得 $y'=\dfrac{2}{3\sqrt[3]{x}}\ (x\neq 0)$.

(2) 当 $x=0$ 时，导数不存在；

(3) 列表(表 4.4)；

表 4.4

x	$(-\infty,0]$	0	$[0,+\infty)$
$f'(x)$	$-$	0	$+$
$f(x)$	↘	极小值	↗

(4) $y=\sqrt[3]{x^2}$ 在 $(-\infty,0]$ 上单调减少，在 $[0,+\infty)$ 上单调增加，故 $x=0$ 是极小值点，极小值为 $f(0)=0$.

如果函数在驻点处具有不为 0 的二阶导数，则可由二阶导数的符号方便地判别极值.

定理 3（极值判别法Ⅱ）　设函数 $f(x)$ 在点 x_0 处具有二阶导数，且 $f'(x_0)=0$，$f''(x_0)\neq 0$，则

(1) 当 $f''(x_0)<0$ 时 $(f(x_0)$ 为 $f(x)$ 的极大值；

(2) 当 $f''(x_0)>0$ 时 $(f(x_0)$ 为 $f(x)$ 的极小值.

证　(1) 因 $f''(x_0)<0$，由二阶导数的定义及 $f'(x_0)=0$ 有

$$f''(x_0)=\lim_{x\to x_0}\frac{f'(x)-f'(x_0)}{x-x_0}=\lim_{x\to x_0}\frac{f'(x)}{x-x_0}<0.$$

根据极限的局部保号性，存在 x_0 的一个去心邻域 $\hat{U}$，使

$$\frac{f'(x)}{x-x_0}<0\quad (x\in\hat{U}).$$

因此，当 $x<x_0$ 时，$f'(x)>0$；当 $x>x_0$ 时，$f'(x)<0$. 根据定理 2，$f(x)$ 在点 x_0 处取得极大值.

(2) 同理可证.

注：如果函数 $f(x)$ 在驻点 x_0 处的二阶导数 $f''(x_0)\neq 0$，那么 x_0 一定是极值点，并且可以按 $f''(x_0)$ 的符号来判定 $f(x_0)$ 是极大值还是极小值. 但如果 $f''(x_0)=0$，就不能判定 $f(x_0)$ 是极大值还是极小值，必须用极值判别法Ⅰ进行判别.

例 3　求函数 $f(x)=3x^4-8x^3+6x^2+1$ 的极值.

解　(1) $f'(x)=12x^3-24x^2+12x=12x(x-1)^2$；

(2) 令 $f'(x)=0$，得驻点 $x_1=0,x_2=1$；

(3) $f''(x)=12(x-1)(3x-1)$；

(4) 因为 $f''(0)=12>0$，所以函数有极小值 $f(0)=1$；

(5) 因为 $f''(1)=0$，所以不能用极值判别法Ⅱ，应改用极值判别法Ⅰ进行判别，易知在 $x_2=1$ 的左右两侧均有 $f'(x)>0$，故函数在 $x_2=1$ 处无极值.

4.4.2 最大值与最小值

在工农业生产、工程设计、经济管理等实践中,经常会遇到诸如在一定条件下怎样使产量最高、容积最大、利润最大,怎样使材料最省、路程最短、成本最低等的一系列“最优化”问题.这类问题有些可归结为求一个函数(通常称为目标函数)的最值,或是最值点(称为最优解).

1)闭区间上连续函数的最值

设函数$f(x)$在闭区间$[a,b]$上连续,根据闭区间上连续函数的性质可知,$f(x)$在$[a,b]$上一定有最大值M和最小值m.通常可按下列步骤求出最大值M和最小值m:

(1)求出$f(x)$在(a,b)内的所有驻点和不可导点;

(2)求出以上点的函数值和$f(a)$,$f(b)$,将这些值作比较,其中最大的就是最大值,最小的就是最小值.

注:以上做法不需判断是否为极值点.

例4 求函数$f(x)=\frac{1}{3}x^3-\frac{5}{2}x^2+4x$在$[-1,2]$上的最大值及最小值.

解 $f(x)$在$[-1,2]$上连续,且$f'(x)=x^2-5x+4=(x-1)(x-4)$,

令$f'(x)=0$,得$f(x)$的两个驻点为$x_1=1,x_2=4$,而$x_2=4\notin[-1,2]$.

由$f(1)=\frac{11}{6}$,$f(-1)=-\frac{41}{6}$,$f(2)=\frac{2}{3}$,故$f(x)$在$[-1,2]$上的最大值为$f(1)=\frac{11}{6}$,最小值为$f(-1)=-\frac{41}{6}$.

2)开区间内连续函数的最值

如果函数$f(x)$在闭区间(a,b)内连续,则不能保证$f(x)$在(a,b)内一定有最大值和最小值.然而,下列结论对于解决最值问题十分有用:假定$f(x)$在(a,b)内有最大值(或最小值),且$f(x)$在(a,b)内只有一个可能取得极值的点x_0,则$f(x_0)$就是$f(x)$在(a,b)内有最大值(或最小值).

(1)求出$f(x)$在(a,b)内的所有驻点和不可导点;

(2)求以上点的函数值和$f(a)$,$f(b)$,将相这些值相比较,其中最大的就是最大值,最小的就是最小值.

例5 已知圆柱形易拉罐饮料的容积V是一个标准定值,假设易拉罐顶部和底面的厚度相同且为侧面厚度的2倍.问如何设计易拉罐的高和底面直径,才能使假设易拉罐的材料最省?

解 设圆柱形易拉罐高为h,底面半径为r,并假定侧面厚度为m,则顶部和底面的厚度分别为$2m$,故所需材料为

$$W=\pi r^2\cdot 2m+2\pi rh\cdot m+\pi r^2\cdot 2m=2\pi m(rh+2r^2).$$

由于容积V是一个标准定值,故$V=\pi r^2h$,即$h=\frac{V}{\pi r^2}$.

因此得到目标函数为$W=2\pi m\left(\frac{V}{\pi r}+2r^2\right)\quad r\in(0,+\infty)$.

求导数 $\frac{\mathrm{d}W}{\mathrm{d}r}=2\pi m\left(-\frac{V}{\pi r^2}+4r\right)$，令$\frac{\mathrm{d}W}{\mathrm{d}r}=0$，得 $r=\sqrt[3]{\frac{V}{4\pi}}$为唯一驻点.

又二阶导数 $\frac{\mathrm{d}^2W}{\mathrm{d}r^2}=2\pi m\left(\frac{2V}{\pi r^3}+4\right)>0$，故 $r=\sqrt[3]{\frac{V}{4\pi}}$为唯一的极小值点，也为最小值点.

因此，设计易拉罐的底面直径为：$2r=2\sqrt[3]{\frac{V}{4\pi}}$，高为：$h=\frac{V}{\pi r^2}=r\frac{V}{\pi r^3}=4\sqrt[3]{\frac{V}{4\pi}}$时，才能使假设易拉罐的材料最省.此时，易拉罐的高与底面直径之比为 2∶1，这是否与你在生活中观察到的结果相似呢？

关于最值在经济方面的应用，将在 4.5 节中详细讨论.

*4.4.3　函数作图

前面已经研究了如何利用导数刻画函数的变化性态，为了更好地作出函数的图像，现引入渐近线的概念.

定义 2　(1)设函数 $y=f(x)$在$(-\infty,+\infty)$区间有定义，若当 $x\to\infty$（或 $x\to-\infty$，$x\to+\infty$）时，$f(x)\to b$，则称 $y=b$ 为曲线 $y=f(x)$的**水平渐近线**.

(2)设函数 $y=f(x)$在点 $x=a$ 间断，若当 $x\to a$(或 $x\to a^-$，$x\to a^+$)时，$f(x)\to\infty$，则称 $x=a$ 为曲线 $y=f(x)$的**铅直渐近线**.

例如，$y=\frac{\pi}{2}$，$y=-\frac{\pi}{2}$分别是曲线 $y=\arctan x$ 的水平渐近线；$x=0$ 是曲线 $y=\ln x$ 的铅直渐近线.

注：函数作图的一般步骤如下：

第一步，确定函数$f(x)$的定义域，研究函数是否具有奇偶性、周期性与有界性；

第二步，求出一阶导数$f'(x)$和二阶导数$f''(x)$，在定义域内求出使$f'(x)$和$f''(x)$为零的点，并求出函数$f(x)$的间断点，以及$f'(x)$和$f''(x)$不存在的点；

第三步，列表考察，用(2)所求出的点把函数定义域划分成若干个部分区间；确定在这些部分区间内$f'(x)$和$f''(x)$的符号，并由此判断函数的单调性和凹凸性，确定极值点和拐点；

第四步，确定曲线的水平、铅直渐近线；

第五步，描出曲线上极值对应的点和拐点，以及曲线与坐标轴的交点，并适当补充一些其他点；用平滑曲线连接并画出函数的图形.

例 6　作函数$f(x)=\frac{4+4x-2x^2}{x^2}$的图形.

解　(1)$f(x)$的定义域为$(-\infty,0)\cup(0,+\infty)$，为非奇非偶函数.

(2)$f'(x)=-\frac{4(x+2)}{x^3}$，$f''(x)=\frac{8(x+3)}{x^4}$.

令$f'(x)=0$，得 $x=-2$；令$f''(x)=0$，得 $x=-3$；故 $x=0$ 是$f(x)$的间断点.

(3)列表考察(表 4.5).

表 4.5

x	$(-\infty,-3)$	-3	$(-3,-2)$	-2	$(-2,0)$	0	$(0,+\infty)$
$f'(x)$	$-$		$-$	0	$+$	不存在	$-$
$f''(x)$	$-$	0	$+$		$+$		$+$
$f(x)$	↘	拐点	↘	极小值点	↗	间断点	↘

(4) $\lim\limits_{x\to\infty}f(x)=\lim\limits_{x\to\infty}\dfrac{4+4x-2x^2}{x^2}=-2$,得水平渐近线 $y=-2$;

$\lim\limits_{x\to 0}f(x)=\lim\limits_{x\to 0}\dfrac{4+4x-2x^2}{x^2}=+\infty$,得铅直渐近线 $x=0$.

(5)极小值对应的点为$(-2,-3)$,拐点为$\left(-3,-\dfrac{26}{9}\right)$,曲线与 x 轴的交点分别为$(1-\sqrt{3},0)$和$(1+\sqrt{3},0)$;再补充点:$A(-1,-2)$,$B(1,6)$,$C(2,1)$,$D\left(3,-\dfrac{2}{9}\right)$.作出图形,如图 4.7 所示.

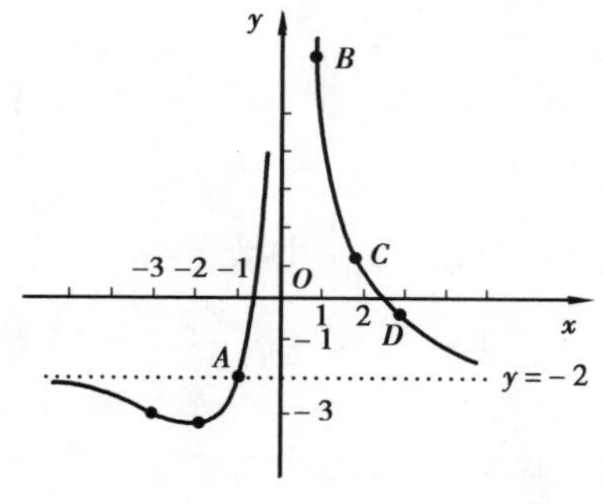

图 4.7

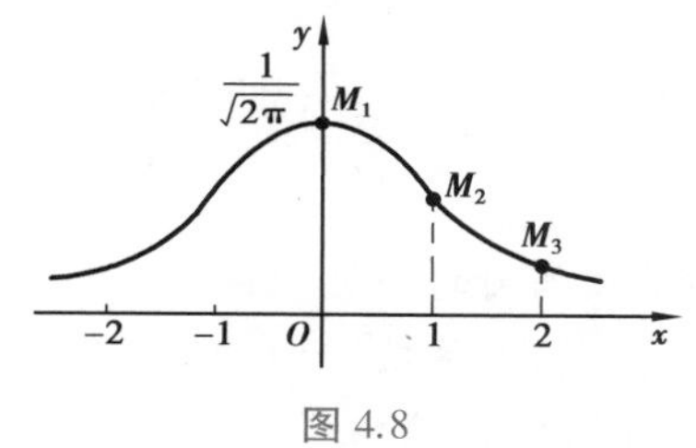

图 4.8

例 7 作函数$f(x)=\dfrac{1}{\sqrt{2\pi}}e^{-\frac{x^2}{2}}$的图形.

解 (1)$f(x)$的定义域为$(-\infty,+\infty)$,$f(x)$是偶函数,图形关于 y 轴对称.

(2)$f'(x)=-\dfrac{x}{\sqrt{2\pi}}e^{-\frac{x^2}{2}}$,$f''(x)=\dfrac{(x+1)(x-1)}{\sqrt{2\pi}}e^{-\frac{x^2}{2}}$.

令 $f'(x)=0$,得驻点 $x=0$,令 $f''(x)=0$,得 $x=-1$,$x=1$.

(3)列表考查(表 4.6).

表 4.6

x	$(-\infty,-1)$	-1	$(-1,0)$	0	$(0,1)$	1	$(1,+\infty)$
$\varphi'(x)$	$+$		$+$	0	$-$		$-$
$\varphi''(x)$	$+$	0	$-$		$-$	0	$+$
$\varphi(x)$	↗	拐点	↗	极大值点	↘	拐点	↘

(4) $\lim\limits_{x\to\infty}f(x)=\lim\limits_{x\to\infty}\dfrac{1}{\sqrt{2\pi}}e^{-\frac{x^2}{2}}=0$,得水平渐近线 $y=0$.

(5)根据对称性,只要考虑$[0,+\infty)$的情况即可.极大值对应的点为$M_1\left(0,\dfrac{1}{\sqrt{2\pi}}\right)$,拐点为$M_2\left(1,\dfrac{1}{\sqrt{2\pi e}}\right)$,再补充点$M_3\left(2,\dfrac{1}{\sqrt{2\pi}\,e^2}\right)$.画出右半平面部分的图形,即可作出函数的图形,如图 4.8 所示.

注:函数$f(x)=\dfrac{1}{\sqrt{2\pi}}e^{-\frac{x^2}{2}}$是概率统计中标准正态分布的概率密度函数,应用非常广泛.

习题 4.4

1.求下列函数的极值.

(1)$f(x)=x^3-3x^2-9x+3$;　　(2)$f(x)=\dfrac{x}{1+x^2}$;

(3)$f(x)=2x^2-\ln x$;　　(4)$f(x)=(x^2-1)^3-1$.

2.求下列函数在指定区间的最大值与最小值.

(1)$f(x)=x^4-2x^2+3$, $\left[-\dfrac{3}{2},2\right]$;

(2)$f(x)=x+\sqrt{1-x}$, $[-3,1]$.

3.设 A,B 两个工厂共用一台变压器,其位置如图 4.9 所示,问变压器设在输电干线的什么位置时,所需电线最短?

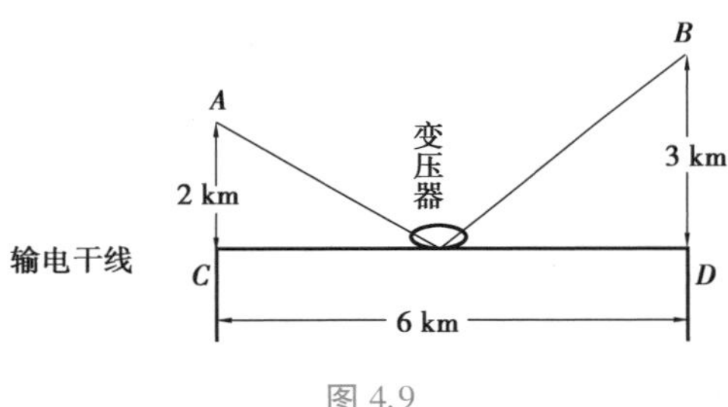

图 4.9

4.5　导数与微分在经济学中的应用

导数与微分在经济学中的应用十分广泛,本节进一步讨论经济管理中的最值问题,并讨论经济学中的两个常用的应用——边际分析和弹性分析.

4.5.1　最值问题

本书第 1 章 1.6 节中介绍了常用的成本函数、收入函数、利润函数等经济函数,在实际中,经常会遇到在一定条件下,使成本最低,收入和利润最大等问题.

例 1　设某产品日产量为 Q 件时,需要付出的总成本为

$$C(Q)=\frac{1}{100}Q^2+20Q+1\ 600,$$

求:(1)日产量为500件的总成本和平均成本;

(2)最低平均成本及相应的产量.

解 (1)日产量为500件的总成本为

$$C(500)=\left(\frac{500^2}{100}+20\times500+1\ 600\right)\text{元}=14\ 100\text{元},$$

平均成本为

$$\overline{C}(500)=\frac{14\ 100}{500}\text{元}=28.2\text{元}.$$

(2)日产量为Q件的平均成本为

$$\overline{C}(Q)=\frac{C(Q)}{Q}=\frac{Q}{100}+20+\frac{1\ 600}{Q},$$

$\overline{C}'(Q)=\frac{1}{100}-\frac{1\ 600}{Q^2}$,令$\overline{C}'(Q)=0$,因$Q>0$,故得唯一驻点为$Q=400$.

又因$\overline{C}''(400)=\frac{3\ 200}{Q^3}>0$,故$Q=400$是$\overline{C}(Q)$的极小值点,即当日产量为400件时,平均成本最低,最低平均成本为$\overline{C}(Q)=\left(\frac{400}{100}+20+\frac{1\ 600}{400}\right)$元$=28$元.

4.5.2 边际分析

在经济学中,函数$y=f(x)$的边际概念是表示当x在某一给定值附近有微小变化时,y的瞬时变化.根据导数的定义,导数$f'(x_0)$表示$f(x)$在点$x=x_0$处的变化率,因此自然想到用导数表示边际概念.

定义1 设函数$y=f(x)$可导,导函数$f'(x)$称为**边际函数**.导数$f'(x_0)$称为$f(x)$在点$x=x_0$处的**边际函数值**.它表示$f(x)$在点$x=x_0$处,当x改变一个单位时,y近似改变$f'(x_0)$个单位.在实际应用中解释边际函数值的具体意义时,常略去"近似"二字.

在经济学中,常见的边际函数有:

①成本函数$C=C(Q)$的边际成本函数为$C'(Q)$.边际成本值$C'(Q_0)$的意义是:当产量达到Q_0时,再多生产一个单位产品所增加的成本.

②收入函数$R=R(Q)$的边际收入函数为$R'(Q)$.边际收入值$R'(Q_0)$的意义是:当销售Q_0单位产品后,再多销售一个单位商品所增加的收入.

③利润函数$L=L(Q)$的边际利润函数为$L'(Q)$.边际利润值$L'(Q_0)$的意义是:当销售Q_0单位产品后,再多销售一个单位商品所增加的利润.

④需求函数$Q=f(P)$的边际需求函数为$Q'(P)$.边际利润值$Q'(P_0)$的意义是:当价格在P_0时,再上涨(或下降)一个单位所减少(或增加)的需求量.

例2 求例1中日产量为500件的边际成本,解释其经济意义.并求最低平均成本时相应产量的边际成本.

解 因成本函数为$C(Q)=\frac{1}{100}Q^2+20Q+1\ 600$,故边际成本函数为

$$C'(Q)=\frac{1}{50}Q+20.$$

因此日产量为 500 件的边际成本为 $C'(500)=30$ 元. 其经济意义是：当日产量为 500 件时，每增产(或减产)1 件产品，将增加(或减少)成本 30 元.

在例 1 中，已经求得当日产量为 400 件时，平均成本最低，故相应产量的边际成本为 $C'(400)=\frac{400}{50}$元+20 元=28 元.

例 3　设某产品的需求函数为 $Q=900-10P$(t)(价格 P 的单位：万元)，成本函数为

$$C(Q)=20Q+6\ 000.$$

(1)求边际需求函数，解释其经济意义；

(2)试求边际利润函数，并分别求需求量为 300,350 和 400 t 的边际利润，从所得结果说明什么问题？

解　(1)边际需求函数为 $Q'(P)=-10$，其经济意义是：若价格上涨(或下降)1 万元，则需求量将减少(或增加)10 t.

(2)由 $Q=900-10P$，得 $P=90-\frac{Q}{10}$，故收入函数为

$$R(Q)=P\cdot Q=\left(90-\frac{Q}{10}\right)Q=90Q-\frac{Q^2}{10},$$

因此，利润函数为

$$L(Q)=R(Q)-C(Q)=\left(90Q-\frac{Q^2}{10}\right)-(20Q+6\ 000)=-\frac{Q^2}{10}+70Q-6\ 000,$$

故边际利润函数为 $L'(Q)=-\frac{Q}{5}+70$.

于是 $L'(300)=10, L'(350)=0, L'(400)=-10$. 所得结果表明：当需求量为 300 t 时，每增加 1 t，利润将增加 10 万元；当需求量为 350 t 时，再增加 1 t，利润不变；当需求量 400 t 时，每增加 1 t，利润反而减少 10 万元. 这也说明了需求量并非越大利润越高.

*4.5.3　弹性分析

在边际分析中，所研究的是函数的绝对改变量与绝对变化率，而在某些实际问题中这是不够的，比如你对原价为 80 元的体育用品(篮球)涨价 1 元可能感觉不到，但原价为 2 元的另一体育用品(乒乓球)涨价 1 元你会感觉很明显，如果从边际分析看，绝对改变量都是 1 元，这显然不能说明问题，如果从其涨价的幅度分析会更加全面. 由此可见，需要研究一个变量对另一个变量的相对变化情况，这就是弹性的概念.

定义 2　设函数 $y=f(x)$ 在 $x=x_0$ 可导，函数的相对改变量

$$\frac{\Delta y}{y_0}=\frac{f(x_0+\Delta x)-f(x_0)}{f(x_0)}$$

与自变量的相对改变量 $\frac{\Delta x}{x_0}$ 之比

$$\frac{\frac{\Delta y}{y_0}}{\frac{\Delta x}{x_0}}$$

称为函数 $f(x)$ 从 x_0 到 $x_0+\Delta x$ **两点间的弹性**(或平均相对变化率).

而极限

$$\lim_{\Delta x\to 0}\frac{\dfrac{\Delta y}{y_0}}{\dfrac{\Delta x}{x_0}}=\frac{x_0}{y_0}\cdot\lim_{\Delta x\to 0}\frac{\Delta y}{\Delta x}$$

称为函数 $f(x)$ 在点 x_0 的**弹性**,记为

$$\left.\frac{Ey}{Ex}\right|_{x=x_0}\text{或}\frac{E}{Ex}f(x_0).$$

即

$$\left.\frac{Ey}{Ex}\right|_{x=x_0}=\lim_{\Delta x\to 0}\frac{\dfrac{\Delta y}{y_0}}{\dfrac{\Delta x}{x_0}}=\frac{x_0}{y_0}\lim_{\Delta x\to 0}\frac{\Delta y}{\Delta x}=\frac{x_0}{y_0}f'(x_0).$$

注: $\frac{Ey}{Ex}$或$\frac{E}{Ex}f(x)$表示函数 $f(x)$ 的**弹性函数**,反映随着 x 的变化,$f(x)$ 对 x 变化反应的强弱程度或**灵敏度**. $\left.\frac{Ey}{Ex}\right|_{x=x_0}$ 表示当 $f(x)$ 在点 x_0 产生 1% 的改变时,函数 $f(x)$ 相对地改变$\frac{E}{Ex}f(x_0)$.

例如,$\left.\frac{Ey}{Ex}\right|_{x=x_0}=3$ 的意义:当 x 在 x_0 增加 1%时,相应的函数值增加 $f(x_0)$ 的 3%;$\left.\frac{Ey}{Ex}\right|_{x=x_0}=-2$ 的意义:当 x 在 x_0 增加 1%时,相应的函数值减少 $f(x_0)$ 的 2%.

下面通过需求对价格的弹性分析,可见弹性概念的重要性.

设某产品的需求量为 Q,价格为 P,需求函数 $Q=f(P)$ 可导,则该产品的**需求弹性**为:

$$\frac{EQ}{EP}=\lim_{\Delta P\to 0}\frac{\dfrac{\Delta Q}{Q}}{\dfrac{\Delta P}{P}}=P\cdot\frac{f'(P)}{f(P)}.$$

记为 $\eta=\eta(P)$.

注:由于需求量随价格的提高而减少,因此当 $\Delta P>0$ 时,$\Delta Q<0$,$f'(P)<0$,故需求弹性 η 一般是负值,它反映产品需求量对价格变动反应的灵敏度.

当 ΔP 很小时,有

$$\eta=P\cdot\frac{f'(P)}{f(P)}\approx\frac{P}{f(P)}\cdot\frac{\Delta Q}{\Delta P}\tag{4.13}$$

此时,需求弹性 η(近似地)表示在价格为 P 时,价格变动 1%,需求量将变化 η%.

在经营管理活动中,产品价格的变动将引起需求及收益的变化,现从需求弹性分析来进行讨论.

设产品价格为 P,销售量(需求量)为 Q,则总收益 $R=P\cdot Q=P\cdot f(P)$,求导数得

$$R'=f(P)+P\cdot f'(P)=f(P)\left(1+f'(P)\frac{P}{f(P)}\right).$$

即

$$R' = f(P) \cdot (1+\eta) \tag{4.14}$$

由式(4.14)可得如下结论：

①当 $|\eta|<1$ 时，说明需求变动的幅度小于价格变动的幅度，这时，产品价格的变动对销售量的影响不大，称为**低弹性**. 此时 $R'>0$, R 递增，说明提价可使总收益增加，而降价会使总收益减少.

②当 $|\eta|>1$ 时，说明需求变动的幅度大于价格变动的幅度，这时，产品价格的变动对销售量的影响较大，称为**高弹性**. 此时 $R'<0$, R 递减，说明降价可使总收益增加，故可采取薄利多销的策略.

③当 $|\eta|=1$ 时，说明需求变动的幅度等于价格变动的幅度. $R'=0$, R 取得最大值.

例 4　某体育用品店中篮球的价格 80 元，乒乓球的价格 2 元，月销量分别为 2 000 个和 8 000个，当两种球都提价 1 元时，月销量分别为 1 980 个和 2 000 个，请考察其收入变化情况.

解　已知篮球的价格 $P_1=80$(元)，销量 $Q_1=2\,000$(个)，乒乓球的价格 $P_2=2$(元)，$Q_2=8\,000$(个)，提价 $\Delta P_1=\Delta P_2=1$(元)，$\Delta Q_1=-20$，$\Delta Q_2=-6\,000$.

因 $\dfrac{\Delta P_1}{P_1}=\dfrac{1}{80}=1.25\%$，$\dfrac{\Delta P_2}{P_2}=\dfrac{1}{2}=50\%$.

由 $\dfrac{\Delta Q_1}{Q_1}=\dfrac{-20}{2\,000}=-1\%$，即篮球的销量下降了 1%；$\dfrac{\Delta Q_2}{Q_2}=\dfrac{-6\,000}{8\,000}=-75\%$，即乒乓球的销量下降了 75%. 从而它们的需求对价格的弹性分别为

$$\eta_1(80)=\frac{\dfrac{\Delta Q_1}{Q_1}}{\dfrac{\Delta P_1}{P_1}}=-0.8,\ \eta_2(2)=\frac{\dfrac{\Delta Q_2}{Q_2}}{\dfrac{\Delta P_2}{P_2}}=-1.5.$$

由于 η_1 是低弹性，因此篮球提价可使收入增加；由于 η_2 是高弹性，因此乒乓球的提价使收入减少.

例 5　设某品牌的电脑价格为 P(元)，需求量为 Q，其需求函数为 $Q=80P-\dfrac{P^2}{100}$(台).

(1) 求 $P=5\,000$ 时的边际需求，并说明其经济意义.

(2) 求 $P=5\,000$ 时的需求弹性，并说明其经济意义.

(3) 当 $P=5\,000$ 时，若价格上涨 1%，总收益将如何变化？是增加还是减少？

(4) 当 $P=6\,000$ 时，若价格上涨 1%，总收益的变化又如何？是增加还是减少？

解　因 $Q=f(P)=80P-\dfrac{P^2}{100}$，$f'(P)=80-\dfrac{P}{50}$，需求弹性为

$$\eta=f'(P)\cdot\frac{P}{f(P)}=\left(80-\frac{P}{50}\right)\cdot\frac{P}{f(P)}.$$

(1) $P=5\,000$ 时的边际需求为 $f'(5\,000)=\left(80-\dfrac{P}{50}\right)\Bigg|_{P=5\,000}=-20$. 其经济意义是当价格 $P=5\,000$ 元时，若涨价 1 元，则需求量下降 20 台.

(2) 当 $P=5\,000$ 时，$f(5\,000)=150\,000$，此时的需求弹性为

$$\eta(5\,000)=f'(5\,000)\cdot\frac{5\,000}{f(5\,000)}=(-20)\times\frac{5\,000}{15\,000}=-\frac{2}{3}\approx-0.667.$$

其经济意义是当价格 $P=5\ 000$ 元时，价格上涨 1%，需求减少 0.667%.

(3)由式(4.12)得，又因为 $R=P\cdot Q=P\cdot f(P)$，于是

$$\frac{ER}{EP}=R'(P)\cdot\frac{P}{R(P)}=\frac{R'(P)}{f(P)}=1+\eta.$$

当 $P=5\ 000$ 时，$\eta(5\ 000)=-\frac{2}{3}$.

所以 $\left.\frac{ER}{EP}\right|_{P=5000}=\frac{1}{3}\approx 0.33.$

结果表明，当 $P=5\ 000$ 时，若价格上涨 1%，总收益将增加 0.33%.

(4)当 $P=6\ 000$ 时，$\eta(6\ 000)=\left(80-\frac{P}{50}\right)\cdot\left.\frac{P}{f(P)}\right|_{P=6\ 000}=-40\cdot\frac{1}{20}=-2$，

所以$\left.\frac{ER}{EP}\right|_{P=6\ 000}=-1.$

结果表明，当 $P=6\ 000$ 时，若价格上涨 1%，总收益将减少 1%.

习题 4.5

1.某钟表厂生产某类型手表日产量为 Q 件的总成本为

$$C(Q)=\frac{1}{40}Q^2+200Q+1\ 000,$$

(1)日产量为 100 件的总成本和平均成本为多少?

(2)求最低平均成本及相应的产量;

(3)若每件手表要以 400 元售出，要使利润最大，日产量应为多少? 并求最大利润及相应的平均成本?

2.设大型超市通过测算，已知某种手巾的销量 Q(条)与其成本 C 的关系为

$$C(Q)=1\ 000+6Q-0.003Q^2+(0.01Q)^3,$$

现每条手巾的定价为 6 元，求使得利润最大的销量.

3.设某种商品的需求函数为 $Q=1\ 000-100P$，求当需求量 $Q=300$ 时的总收入，平均收入和边际收入，并解释其经济意义.

4.设某工艺品的需求函数为 $P=80-0.1Q$(P 是价格，单位:元，Q 是需求量，单位:件);成本函数为 $C=5\ 000+20Q$.

(1)求边际利润函数 $L'(Q)$，再分别求 $Q=200$ 和 $Q=400$ 时的边际利润，并解释其经济意义.

(2)要使利润最大，需求量 Q 应为多少?

5.设某商品的需求量 Q 与价格 P 的关系为

$$Q=\frac{1\ 600}{4^P},$$

(1)求需求弹性 $\eta(P)$，并解释其经济含义;

(2)当商品的价格 $P=10$(元)时，若价格降低 1%，则该商品需求量变化情况如何?

6.某商品的需求函数为 $Q=e^{-\frac{P}{3}}$(Q 是需求量，P 是价格)，求:

(1)需求弹性 $\eta(P)$；

(2)当商品的价格 $P=2,3,4$ 时的需求弹性,并解释其经济意义.

复习题 4

1.设函数 $y=f(x)$ 在闭区间 $[a,b]$ 上连续,在开区间 (a,b) 内可导,$a<x_1<x_2<b$,则下式中不一定成立的是(　　).

A.$f(b)-f(a)=f'(\xi)(b-a)\quad(a<\xi<b)$

B.$f(a)-f(b)=f'(\xi)(a-b)\quad(a<\xi<b)$

C.$f(b)-f(a)=f'(\xi)(b-a)\quad(x_1<\xi<x_2)$

D.$f(x_2)-f(x_1)=f'(\xi)(x_2-x_1)\quad(x_1<\xi<x_2)$

2.当 $x=\dfrac{\pi}{4}$ 时,函数 $f(x)=a\cos x-\dfrac{1}{4}\sin 4x$ 取得极值,则 $a=$(　　).

A.-2　　B.$-\sqrt{2}$　　C.$\sqrt{2}$　　D.2

3.若在区间 I 上,$f'(x)>0$,$f''(x)<0$,则曲线 $y=f(x)$ 在区间 I 上(　　).

A.单调减少且为凹弧　　B.单调减少且为凸弧

C.单调增加且为凹弧　　D.单调增加且为凸弧

4.曲线 $y=\dfrac{2x^3}{(1-x)^2}$(　　).

A.既有水平渐近线,又有垂直渐近线　　B.只有水平渐近线

C.有垂直渐近线 $x=1$　　D.没有渐近线

5.计算下列极限.

(1) $\lim\limits_{x\to+\infty}\sqrt{x}\left(\dfrac{\pi}{2}-\arctan x\right)$；　　(2) $\lim\limits_{x\to0}\left(\dfrac{1}{e^x-1}-\dfrac{1}{x}\right)$；

(3) $\lim\limits_{x\to0^+}(\cot x)^{\frac{1}{\ln x}}$；　　(4) $\lim\limits_{x\to0}\left[\dfrac{(1+x)^{\frac{1}{x}}}{e}\right]^{\frac{1}{x}}$.

6.问 a,b,c 为何值时,点 $(-1,1)$ 是曲线 $y=x^3+ax^2+bx+c$ 的拐点,且是驻点?

7.证明方程 $\ln x=\dfrac{x}{e}-1$ 在区间 $(0,+\infty)$ 内有两个实根.

8.确定函数 $f(x)=2x^3+3x^2-12x+10$ 的单调区间,并求其在区间 $[-3,3]$ 上的极值与最值.

第 4 章参考答案

第 5 章 不定积分

在第 3、4 章中已讨论了如何求一个函数的导数(或微分)问题,但在科学、技术和经济的许多问题中,常常会遇到相反的问题,即已知函数的导数(或微分),求出这个函数.这便是本章将要研究的问题,也是积分学的基本问题之一.

本章先给出原函数和不定积分的概念并介绍它们的性质,进而讨论求不定积分的方法.

5.1 不定积分的概念与性质

5.1.1 原函数与不定积分的概念

1)原函数

已知一个函数的导数,要求原来的函数.这就引出了原函数的概念.

定义 1 设 $f(x)$ 是定义在区间 I 上的函数,如果存在函数 $F(x)$,使对任意的 $x\in I$ 都有

$$F'(x)=f(x) \quad 或 \quad dF'(x)=f(x)dx$$

则称 $F(x)$ 为 $f(x)$ 在区间 I 上的一个**原函数**.

例如,在区间 $(-\infty,+\infty)$ 内,$(-\cos x)'=\sin x$,故 $-\cos x$ 是 $\sin x$ 在 $(-\infty,+\infty)$ 内的原函数.一般地,对任意常数 C,$-\cos x+C$ 都是 $\sin x$ 的原函数.

由此可知,当一个函数具有原函数时,它的原函数有无穷多个.

一个函数具有什么条件,其原函数一定存在?这个问题将在下一章中进行讨论,这里先介绍一个充分条件.

定理 1(原函数存在性定理) 如果函数 $f(x)$ 在区间 I 上连续,则在 I 上存在可导函数 $F(x)$,使得对任意的 $x\in I$,都有

$$F'(x)=f(x)$$

这个结论告诉我们:连续函数一定有原函数.因为初等函数在其定义区间内连续,所以初等函数在其定义区间内一定有原函数.

我们已经知道:函数 $f(x)$ 如果存在原函数 $F(x)$,则原函数有无穷多个,那么 $f(x)$ 的其他原函数与和 $F(x)$ 有什么关系?

设 $G(x)$ 是 $f(x)$ 的任意一个原函数，即 $G'(x)=f(x)$，则有

$$[G(x)-F(x)]'=G'(x)-F'(x)=0.$$

由拉格朗日中值定理的推论 1 知，导数恒等于零的函数是常数，故

$$G(x)-F(x)=C,$$

即

$$G(x)=F(x)+C.$$

这表明 $G(x)$ 与 $F(x)$ 只相差一个常数. 因此，只要找到 $f(x)$ 的一个原函数 $F(x)$，$F(x)+C$（C 为任意常数）就可以表示 $f(x)$ 的任意一个原函数.

2）不定积分

定义 2　在区间 I 上，将函数 $f(x)$ 带有任意常数项的原函数称为 $f(x)$（或 $f(x)\mathrm{d}x$）在区间 I 上的**不定积分**，记作 $\int f(x)\mathrm{d}x$. 其中，记号 $\int$ 称为积分号，$f(x)$ 称为被积函数，$f(x)\mathrm{d}x$ 称为被积表达式，x 称为积分变量.

根据定义，如果 $F(x)$ 是 $f(x)$ 在区间 I 上的一个原函数，那么在区间 I 上有

$$\int f(x)\mathrm{d}x=F(x)+C\quad（C\text{ 为任意常数}）. \tag{5.1}$$

例 1　求 $\int\sqrt{x}\,\mathrm{d}x$.

解　由于 $\left(\dfrac{2}{3}x^{\frac{3}{2}}\right)'=\sqrt{x}$，因此有 $\int\sqrt{x}\,\mathrm{d}x=\dfrac{2}{3}x^{\frac{3}{2}}+C$.

例 2　求 $\int\dfrac{1}{x}\mathrm{d}x$.

解　由于 $(\ln|x|)'=\dfrac{1}{x}$，$x\in(-\infty,0)\cup(0,+\infty)$，因此有 $\int\dfrac{1}{x}\mathrm{d}x=\ln|x|+C$.

例 3　设曲线通过点（1,2），且其上任一点处的切线斜率等于这点横坐标的两倍，求此曲线的方程.

解　设所求的曲线方程为 $y=f(x)$，由题设知，曲线上任一点 (x,y) 处的切线斜率为 $\dfrac{\mathrm{d}y}{\mathrm{d}x}=2x$，即 $f(x)$ 是 $2x$ 的一个原函数.

因为

$$\int 2x\mathrm{d}x=x^2+C,$$

所以必有某个常数 C 使得 $f(x)=x^2+C$，即曲线方程为 $y=x^2+C$. 因所求曲线通过点（1,2）故

$$2=1+C, C=1.$$

于是所求曲线方程为

$$y=x^2+1.$$

函数 $f(x)$ 的原函数的图形称为 $f(x)$ 的积分曲线. 本例就是求函数 $2x$ 的通过点（1,2）的那条积分曲线. 显然，这条积分曲线可以由另一条积分曲线（如 $y=x^2$）经 y 轴方向平移而得（图 5.1）.

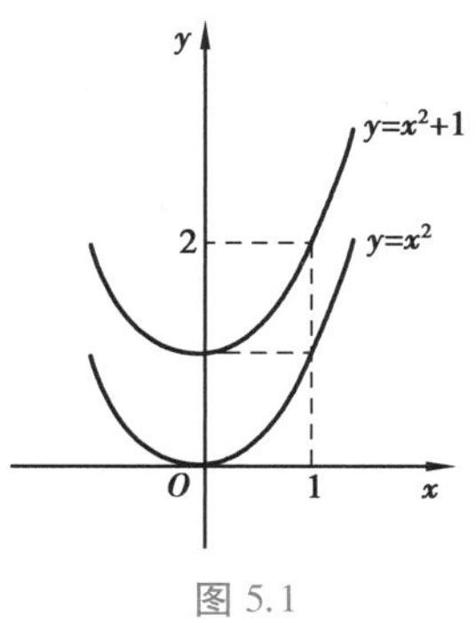

图 5.1

5.1.2 基本积分公式

既然积分运算是微分运算的逆运算,那么很自然地可以从导数公式得到相应的积分公式.下面把一些基本的积分公式列成一个表,这个表通常叫作基本积分表(或基本积分公式).

(1) $\int k\mathrm{d}x = kx + C$ (k 为常数);

(2) $\int x^{\alpha}\mathrm{d}x = \dfrac{x^{\alpha+1}}{\alpha+1} + C$ (α 为常数且 $\alpha \neq -1$);

(3) $\int \dfrac{1}{x}\mathrm{d}x = \ln|x| + C$;

(4) $\int a^{x}\mathrm{d}x = \dfrac{1}{\ln a}a^{x} + C$;

(5) $\int \mathrm{e}^{x}\mathrm{d}x = \mathrm{e}^{x} + C$;

(6) $\int \cos x\mathrm{d}x = \sin x + C$;

(7) $\int \sin x\mathrm{d}x = \cos x + C$;

(8) $\int \sec^{2}x\mathrm{d}x = \int \dfrac{1}{\cos^{2}x}\mathrm{d}x = \tan x + C$;

(9) $\int \csc^{2}x\mathrm{d}x = \int \dfrac{\mathrm{d}x}{\sin^{2}x} = -\cot x + C$;

(10) $\int \sec x \tan x\mathrm{d}x = \sec x + C$;

(11) $\int \csc x \cot x\mathrm{d}x = -\csc x + C$;

(12) $\int \dfrac{\mathrm{d}x}{\sqrt{1-x^{2}}} = \arcsin x + C$;

(13) $\int \dfrac{\mathrm{d}x}{1+x^{2}} = \arctan x + C$.

以上 13 个基本积分公式及前面的不定积分性质是求不定积分的基础,必须熟记.

5.1.3 不定积分的性质

根据不定积分的定义,即可得下述性质:

性质 1 $\left[\int f(x)\mathrm{d}x\right]' = f(x)$ 或 $\mathrm{d}\int f(x)\mathrm{d}x = f(x)\mathrm{d}x$.

性质 2 $\int F'(x)\mathrm{d}x = F(x) + C$ 或 $\int \mathrm{d}F(x) = F(x) + C$.

由此可知,微分运算(以记号 d 表示)与求不定积分的运算(简称积分运算,以记号 $\int$ 表示)是互逆的.当记号$\int$与 d 连在一起时,或者抵消,或者抵消后相差一个常数.

性质3　$\int[\alpha f(x)+\beta g(x)]\,\mathrm{d}x=\alpha\int f(x)\,\mathrm{d}x+\beta\int g(x)\,\mathrm{d}x$,其中$\alpha,\beta$为任意常数.

证　要证上式的右端是$\alpha f(x)+\beta g(x)$的不定积分,将右端对x求导,得

$$\left[\alpha\int f(x)\,\mathrm{d}x+\beta\int g(x)\,\mathrm{d}x\right]'=\left[\alpha\int f(x)\,\mathrm{d}x\right]'+\left[\beta\int g(x)\,\mathrm{d}x\right]'=\alpha f(x)+\beta g(x).$$

性质3可以推广到有限个函数的情形.

例4　检查下列积分结果是否正确:

(1) $\int\frac{1}{\sqrt{x-x^2}}\mathrm{d}x=\arcsin(2x-1)+C_1$;

(2) $\int\frac{1}{\sqrt{x-x^2}}\mathrm{d}x=-2\arcsin\sqrt{1-x}+C_2$,其中$C_1,C_2$为任意常数.

解　(1)由$x-x^2>0$,即$0<x<1$,所以

$$[\arcsin(2x-1)]'=\frac{1}{\sqrt{1-(2x-1)^2}}(2x-1)'=\frac{2}{\sqrt{4x-4x^2}}=\frac{1}{\sqrt{x-x^2}}.$$

(2) $$[-2\arcsin\sqrt{1-x}]'=-2\cdot\frac{1}{\sqrt{1-(\sqrt{1-x})^2}}(\sqrt{1-x})'=\frac{-2}{\sqrt{x}}\cdot\frac{-1}{2\sqrt{1-x}}=\frac{1}{\sqrt{x-x^2}}.$$

故上述积分计算都是正确的.

一般地,检验积分计算$\int f(x)\,\mathrm{d}x=F(x)+C$是否正确,只要将结果$F(x)$求导,看它的导数是否等于被积函数$f(x)$.

5.1.4　直接积分法

在求不定积分时,如果利用基本积分公式以及不定积分的性质得到结果,则称这样的积分方法为**直接积分法**.用直接积分法可以直接计算一些简单函数的不定积分.

例5　求$\int\left(x+\frac{1}{x}-\sqrt{x}+\frac{3}{x^3}\right)\mathrm{d}x$.

解
$$\begin{aligned}&\int\left(x+\frac{1}{x}-\sqrt{x}+\frac{3}{x^3}\right)\mathrm{d}x\\&=\int x\mathrm{d}x+\int\frac{1}{x}\mathrm{d}x-\int x^{\frac{1}{2}}\mathrm{d}x+3\int x^{-3}\mathrm{d}x\\&=\frac{x^2}{2}+\ln|x|-\frac{2}{3}x^{\frac{3}{2}}-\frac{3}{2}x^{-2}+C.\end{aligned}$$

例6　求$\int\frac{x^2}{1+x^2}\mathrm{d}x$.

解　$$\int\frac{x^2}{1+x^2}\mathrm{d}x=\int\frac{x^2+1-1}{1+x^2}\mathrm{d}x=\int\left(1-\frac{1}{1+x^2}\right)\mathrm{d}x=x-\arctan x+C.$$

例 7 求 $\int \cot^2 x \mathrm{d}x$.

解 $\int \cot^2 x \mathrm{d}x = \int (\csc^2 x - 1) \mathrm{d}x = \int \csc^2 x \mathrm{d}x - \int \mathrm{d}x = -\cot x - x + C$.

例 8 求 $\int \cos^2 \frac{x}{2} \mathrm{d}x$.

解 $\int \cos^2 \frac{x}{2} \mathrm{d}x = \int \frac{1 + \cos x}{2} \mathrm{d}x = \frac{1}{2}(x + \sin x) + C$.

例 9 求 $\int \frac{1 + \cos^2 x}{1 + \cos 2x} \mathrm{d}x$.

解 $\int \frac{1 + \cos^2 x}{1 + \cos 2x} \mathrm{d}x = \int \frac{1 + \cos^2 x}{2\cos^2 x} \mathrm{d}x = \frac{1}{2}\int (\sec^2 x + 1) \mathrm{d}x = \frac{1}{2}(\tan x + x) + C$.

习题 5.1

1.写出下列函数的一个原函数.

(1) $2x^5$;　　(2) $-\cos x$;

(3) $\frac{1}{2\sqrt{t}}$;　　(4) $-\frac{2}{\sqrt{1-x^2}}$.

2.根据不定积分的定义验证下列等式.

(1) $\int \frac{1}{x^3} \mathrm{d}x = -\frac{1}{2}x^{-2} + C$;

(2) $\int (\sin x + \cos x) \mathrm{d}x = -\cos x + \sin x + C$.

3.求下列不定积分.

(1) $\int \sqrt{x}(x^2 - 4) \mathrm{d}x$;　　(2) $\int \frac{(1 - x)^2}{\sqrt{x}} \mathrm{d}x$;

(3) $\int 2^x \mathrm{e}^x \mathrm{d}x$;　　(4) $\int \frac{2 \cdot 3^x - 5 \cdot 2^x}{3^x} \mathrm{d}x$;

(5) $\int \frac{1}{x^2(1 + x^2)} \mathrm{d}x$;　　(6) $\int \frac{x^4}{1 + x^2} \mathrm{d}x$;

(7) $\int \sec x(\sec x - \tan x) \mathrm{d}x$;　　(8) $\int \frac{1}{1 + \cos 2x} \mathrm{d}x$;

(9) $\int \frac{\cos 2x}{\sin^2 x} \mathrm{d}x$;　　(10) $\int \sin^2 \frac{x}{2} \mathrm{d}x$;

(11) $\int \frac{\cos 2x}{\cos^2 x \sin^2 x} \mathrm{d}x$;　　(12) $\int (\tan x + \cot x)^2 \mathrm{d}x$.

4.解答下列各题.

(1)设 $f'(\mathrm{e}^x) = 1 + \mathrm{e}^{3x}$,且 $f(0) = 1$,求 $f(x)$;

(2)设 $\sin x$ 为 $f(x)$ 的一个原函数,求 $\int f'(x) \mathrm{d}x$;

(3)已知$f(x)$的导数是$\cos x$,求$f(x)$的一个原函数;

(4)某商品的需求量Q是价格P的函数,该商品的最大需求量为 1 000(即$P=0$时,$Q=1\ 000$),已知需求量的变化率(边际需求)为$Q'(P)=-1\ 000\left(\frac{1}{3}\right)^P\ln 3$,求需求量与价格的函数关系.

5.2　换元积分法

利用直接积分法所能计算的不定积分是很有限的.因此,有必要进一步研究其他积分方法.因为积分运算是微分运算的逆运算,本节把复合函数的微分法反过来用于求不定积分,利用中间变量代换得到复合函数的积分法,称为换元积分法,简称换元法.按照选取中间变量的不同方式将换元法分为两类,分别称为第一类换元法和第二类换元法.

5.2.1　第一类换元法(凑微分法)

先看下例.

例 1　求$\int\cos^3 x\mathrm{d}x$.

解　$\int\cos^3 x\mathrm{d}x=\int\cos^2 x\cdot\cos x\mathrm{d}x=\int\cos^2 x\mathrm{d}\sin x=\int(1-\sin^2 x)\mathrm{d}\sin x$.

设$u=\sin x$,则$\int\cos^3 x\mathrm{d}x=\int(1-u^2)\mathrm{d}u=u-\frac{1}{3}u^3+C=\sin x-\frac{1}{3}\sin^3 x+C$.

由此例可知,计算$\int\cos^3 x\mathrm{d}x$的关键步骤是把它变成$\int(1-\sin^2 x)\mathrm{d}\sin x$,然后通过变量代换$u=\sin x$就可化为容易计算的积分$\int(1-u^2)\mathrm{d}u$.

一般地,如果$F(u)$是$f(u)$的原函数,则

$$\int f(u)\mathrm{d}u=F(u)+C,$$

而如果u又是另一个变量x的函数$u=\varphi(x)$,且$\varphi(x)$可微,那么根据复合函数的微分法,有

$$\mathrm{d}F(\varphi(x))=f(\varphi(x))\mathrm{d}\varphi(x)=f(\varphi(x))\varphi'(x)\mathrm{d}x.$$

由此得

$$\int f(\varphi(x))\varphi'(x)\mathrm{d}x=\int f(\varphi(x))\mathrm{d}\varphi(x)=\int\mathrm{d}F(\varphi(x))=F(\varphi(x))+C.$$

引入中间变量$u=\varphi(x)$,则上式可写成

$$\int f(\varphi(x))\varphi'(x)\mathrm{d}x=\int f(u)\mathrm{d}u=[F(u)+C]_{u=\varphi(x)},$$

于是有如下定理.

定理 1　设$f(u)$具有原函数,$u=\varphi(x)$可导,则有换元公式

$$\int f(\varphi(x))\varphi'(x)\mathrm{d}x=\left[\int f(u)\mathrm{d}u\right]_{u=\varphi(x)}.\tag{5.2}$$

由此,一般地,如果积分$\int g(x)\mathrm{d}x$不能直接利用基本积分公式计算,而其被积表达式

$g(x)\mathrm{d}x$能表示为$g(x)\mathrm{d}x=f(\varphi(x))\varphi'(x)\mathrm{d}x=f(\varphi(x))\mathrm{d}\varphi(x)$的形式,且$\int f(u)\mathrm{d}u$较易计算,那么可令$u=\varphi(x)$,代入后有

$$\int g(x)\mathrm{d}x=\int f(\varphi(x))\varphi'(x)\mathrm{d}x=\int f(\varphi(x))\mathrm{d}\varphi(x)=\left[\int f(u)\mathrm{d}u\right]_{u=\varphi(x)}.$$

这样,就找到了$g(x)$的原函数.由于在积分过程中,先要从被积表达式中凑出一个微分因子$\mathrm{d}\varphi(x)=\varphi'(x)\mathrm{d}x$,因此第一类换元法也称为**凑微分法**.

例 2 求$\int 2\cos 2x\mathrm{d}x$.

解 被积函数中,$\cos 2x$是$\cos u$与$u=2x$构成的复合函数,常数因子2恰好是中间变量$u=2x$的导数,因此作变量代换$u=2x$,便有

$$\int 2\cos 2x\mathrm{d}x=\int\cos 2x\cdot(2x)'\mathrm{d}x=\int\cos u\mathrm{d}u=\sin u+C.$$

再将$u=2x$代入,即得

$$\int 2\cos 2x\mathrm{d}x=\sin 2x+C.$$

例 3 求$\int\frac{1}{2x-3}\mathrm{d}x$.

解 被积函数$\frac{1}{2x-3}$可看成$\frac{1}{u}$与$u=2x-3$构成的复合函数,虽没有$u'=2$这个因子,但我们可以凑出这个因子:$\frac{1}{2x-3}=\frac{1}{2}\cdot\frac{1}{2x-3}\cdot 2=\frac{1}{2}\cdot\frac{1}{2x-3}(2x-3)'$,如果令$u=2x-3$,便有

$$\begin{aligned}\int\frac{1}{2x-3}\mathrm{d}x&=\int\frac{1}{2}\cdot\frac{1}{2x-3}(2x-3)'\mathrm{d}x=\frac{1}{2}\int\frac{1}{2x-3}\mathrm{d}(2x-3)=\frac{1}{2}\int\frac{1}{u}\mathrm{d}u\\&=\frac{1}{2}\ln|u|+C=\frac{1}{2}\ln|2x-3|+C.\end{aligned}$$

一般地,对于积分$\int f(ax+b)\mathrm{d}x$,总可以作变量代换$u=ax+b$,将它化为

$$\int f(ax+b)\mathrm{d}x=\int\frac{1}{a}f(ax+b)\mathrm{d}(ax+b)=\frac{1}{a}\left[\int f(u)\mathrm{d}u\right]_{u=\varphi(x)}.$$

例 4 求$\int x\sqrt{x^2-1}\mathrm{d}x$.

解 令$u=x^2-1$,则

$$\begin{aligned}\int x\sqrt{x^2-1}\mathrm{d}x&=\frac{1}{2}\int\sqrt{x^2-1}(x^2-1)'\mathrm{d}x=\frac{1}{2}\int\sqrt{x^2-1}\mathrm{d}(x^2-1)\\&=\frac{1}{2}\int\sqrt{u}\mathrm{d}u=\frac{1}{3}u^{\frac{3}{2}}+C=\frac{1}{3}(x^2-1)^{\frac{3}{2}}+C.\end{aligned}$$

例 5 求$\int x\mathrm{e}^{-x^2}\mathrm{d}x$.

解 令$u=-x^2$,则$\mathrm{d}u=-2x\mathrm{d}x$,有

$$\int x\mathrm{e}^{-x^2}\mathrm{d}x=-\frac{1}{2}\int\mathrm{e}^{-x^2}(-2x)\mathrm{d}x=-\frac{1}{2}\int\mathrm{e}^{u}\mathrm{d}u=-\frac{1}{2}\mathrm{e}^{u}+C=-\frac{1}{2}\mathrm{e}^{-x^2}+C.$$

凑微分与换元的目的是便于利用基本积分公式.在比较熟悉不定积分的换元法后就可以略去设中间变量和换元的步骤.

例 6　求 $\int \frac{1}{\sqrt{a^2 - x^2}}\mathrm{d}x \quad (a > 0)$.

解　$\int \frac{1}{\sqrt{a^2 - x^2}}\mathrm{d}x = \int \frac{\mathrm{d}x}{a\sqrt{1 - \left(\frac{x}{a}\right)^2}} = \int \frac{\mathrm{d}\left(\frac{x}{a}\right)}{\sqrt{1 - \left(\frac{x}{a}\right)^2}} = \arcsin \frac{x}{a} + C.$

例 7　求 $\int \frac{1}{a^2 + x^2}\mathrm{d}x \quad (a \neq 0)$.

解

$$\begin{aligned}\int \frac{1}{a^2 + x^2}\mathrm{d}x &= \int \frac{1}{a^2} \cdot \frac{1}{1 + \left(\frac{x}{a}\right)^2}\mathrm{d}x \\ &= \frac{1}{a}\int \frac{1}{1 + \left(\frac{x}{a}\right)^2}\mathrm{d}\left(\frac{x}{a}\right) \\ &= \frac{1}{a}\arctan \frac{x}{a} + C.\end{aligned}$$

例 8　求 $\int \frac{1}{a^2 - x^2}\mathrm{d}x \quad (a \neq 0)$.

解

$$\begin{aligned}\int \frac{1}{a^2 - x^2}\mathrm{d}x &= \frac{1}{2a}\int\left(\frac{1}{a + x} + \frac{1}{a - x}\right)\mathrm{d}x = \frac{1}{2a}\int \frac{\mathrm{d}(a + x)}{a + x} - \frac{1}{2a}\int \frac{\mathrm{d}(a - x)}{a - x} \\ &= \frac{1}{2a}\ln|a + x| - \frac{1}{2a}\ln|a - x| + C = \frac{1}{2a}\ln\left|\frac{a + x}{a - x}\right| + C.\end{aligned}$$

例 9　求 $\int \tan x\mathrm{d}x$.

解　$\int \tan x\mathrm{d}x = \int \frac{\sin x}{\cos x}\mathrm{d}x = -\int \frac{\mathrm{d}\cos x}{\cos x} = -\ln|\cos x| + C.$

类似地可得

$$\int \cot x\mathrm{d}x = \ln|\sin x| + C.$$

例 10　求 $\int \cos^3 x\mathrm{d}x$.

解　$\int \cos^3 x\mathrm{d}x = \int(1 - \sin^2 x)\cos x\mathrm{d}x = \int(1 - \sin^2 x)\mathrm{d}\sin x = \sin x - \frac{1}{3}\sin^3 x + C.$

例 11　求 $\int \sin^2 x\mathrm{d}x$.

解　$\int \sin^2 x\mathrm{d}x = \int \frac{1 - \cos 2x}{2}\mathrm{d}x = \frac{1}{2}x - \frac{1}{4}\int \cos 2x\mathrm{d}(2x) = \frac{1}{2}x - \frac{1}{4}\sin 2x + C.$

类似地可得

$$\int\cos^2x\mathrm{d}x=\frac{1}{2}x+\frac{1}{4}\sin 2x+C.$$

例 12 求$\int\csc x\mathrm{d}x$.

解 $\int\csc x\mathrm{d}x=\int\frac{1}{\sin x}\mathrm{d}x=\int\frac{\sin x}{\sin^2x}\mathrm{d}x=-\int\frac{\mathrm{d}\cos x}{1-\cos^2x}=\frac{1}{2}\ln\left|\frac{1-\cos x}{1+\cos x}\right|+C$

$$=\frac{1}{2}\ln\left|\frac{1-\cos x}{\sin x}\right|^2+C=\ln|\csc x-\cot x|+C.$$

类似地可得

$$\int\sec x\mathrm{d}x=\ln|\sec x+\tan x|+C.$$

例 13 求$\int\frac{\mathrm{e}^{\sqrt{x}}}{\sqrt{x}}\mathrm{d}x$.

解 $\int\frac{\mathrm{e}^{\sqrt{x}}}{\sqrt{x}}\mathrm{d}x=2\int\mathrm{e}^{\sqrt{x}}\mathrm{d}\sqrt{x}=2\mathrm{e}^{\sqrt{x}}+C$.

例 14 求$\int\sec^4x\mathrm{d}x$.

解 $\int\sec^4x\mathrm{d}x=\int\sec^2x\mathrm{d}\tan x=\int(1+\tan^2x)\mathrm{d}\tan x=\tan x+\frac{1}{3}\tan^3x+C$.

第一类换元法有如下几种常见的凑微分形式：

(1) $\mathrm{d}x=\frac{1}{a}\mathrm{d}(ax+b)$；

(2) $x^\mu\mathrm{d}x=\frac{1}{\mu+1}\mathrm{d}x^{\mu+1}\quad(\mu\neq-1)$；

(3) $\frac{1}{x}\mathrm{d}x=\mathrm{d}\ln x$；

(4) $a^x\mathrm{d}x=\frac{1}{\ln a}\mathrm{d}a^x$；

(5) $\sin x\mathrm{d}x=-\mathrm{d}\cos x$；

(6) $\cos x\mathrm{d}x=\mathrm{d}\sin x$；

(7) $\sec^2x\mathrm{d}x=\mathrm{d}\tan x$；

(8) $\csc^2x\mathrm{d}x=-\mathrm{d}\cot x$；

(9) $\frac{1}{\sqrt{1-x^2}}\mathrm{d}x=\mathrm{d}\arcsin x$；

(10) $\frac{1}{1+x^2}\mathrm{d}x=\mathrm{d}\arctan x$.

5.2.2 第二类换元法

第一类换元法是通过变量代换 $u=\varphi(x)$，将积分 $\int f(\varphi(x))\varphi'(x)\mathrm{d}x$ 化为积分 $\int f(u)\mathrm{d}u$. 第二类换元法是通过变量代换 $x=\varphi(t)$，将积分 $\int f(x)\mathrm{d}x$ 化为积分 $\int f(\varphi(t))\varphi'(t)\mathrm{d}t$，在求出后一个积分后，再以 $x=\varphi(t)$ 的反函数 $t=\varphi^{-1}(x)$ 代回去，这样换元积分公式可表示为

$$\int f(x)\mathrm{d}x=\left[\int f(\varphi(t))\varphi'(t)\mathrm{d}t\right]_{t=\varphi^{-1}(x)}.$$

上述公式的成立是需要一定条件的，首先，等式右边的不定积分要存在，即被积函数 $f(\varphi(t))\varphi'(t)$ 有原函数；其次，$x=\varphi(t)$ 的反函数 $t=\varphi^{-1}(x)$ 要存在.我们有下面的定理.

定理 2 设函数 $f(x)$ 连续，$x=\varphi(t)$ 单调、可导，并且 $\varphi'(t)\neq0$，则有换元公式

$$\int f(x)\,\mathrm{d}x = \left[\int f(\varphi(t))\varphi'(t)\,\mathrm{d}t\right]_{t=\varphi^{-1}(x)}. \tag{5.3}$$

证　设$f(\varphi(t))\varphi'(t)$的原函数为$\Phi(t)$，记$\Phi(\varphi^{-1}(x))=F(x)$，利用复合函数的求导法则及反函数的导数公式可得：

$$\frac{\mathrm{d}F(x)}{\mathrm{d}x}=\Phi'(t)\frac{\mathrm{d}t}{\mathrm{d}x}=f(\varphi(t))\varphi'(t)\frac{1}{\varphi'(t)}=f(\varphi(t))=f(x).$$

即$F(x)$是$f(x)$的原函数，所以有

$$\int f(x)\,\mathrm{d}x = \left[\int f(\varphi(t))\varphi'(t)\,\mathrm{d}t\right]_{t=\varphi^{-1}(x)}.$$

这就证明了式(5.3).

下面举例说明式(5.3)的应用.

例 15　求$\displaystyle\int\frac{\mathrm{d}x}{1+\sqrt[3]{x+1}}$.

解　当遇到根式中是一次多项式时，可先通过适当的换元将被积函数有理化，然后再积分.令$\sqrt[3]{x+1}=t$，则$x=t^3-1$，$\mathrm{d}x=3t^2\mathrm{d}t$，故

$$\begin{aligned}\int\frac{\mathrm{d}x}{1+\sqrt[3]{x+1}}&=\int\frac{3t^2\mathrm{d}t}{1+t}=3\int\frac{t^2-1+1}{1+t}\mathrm{d}t=3\int\left(t-1+\frac{1}{1+t}\right)\mathrm{d}t=3\left(\frac{t^2}{2}-t+\ln|1+t|\right)+C\\&=\frac{3}{2}\sqrt[3]{(x+1)^2}-3\sqrt[3]{x+1}+3\ln\left|1+\sqrt[3]{x+1}\right|+C.\end{aligned}$$

例 16　$\displaystyle\int\frac{1}{\sqrt{1+\mathrm{e}^x}}\mathrm{d}x$.

解　令$\sqrt{1+\mathrm{e}^x}=t$，则$x=\ln(t^2-1)$，$\mathrm{d}x=\dfrac{2t}{t^2-1}\mathrm{d}t$，有

$$\int\frac{\mathrm{d}x}{\sqrt{1+\mathrm{e}^x}}=2\int\frac{1}{t^2-1}\mathrm{d}t=\ln\left|\frac{t-1}{t+1}\right|+C=\ln\frac{\sqrt{1+\mathrm{e}^x}-1}{\sqrt{1+\mathrm{e}^x}+1}+C.$$

例 17　求$\displaystyle\int\sqrt{a^2-x^2}\,\mathrm{d}x\quad(a>0)$.

解　为使被积函数有理化，利用三角公式$\sin^2t+\cos^2t=1$.

令$x=a\sin t$，$t\in\left(-\dfrac{\pi}{2},\dfrac{\pi}{2}\right)$，则它是$t$的单调可导函数，具有反函数$t=\arcsin\dfrac{x}{a}$，且$\sqrt{a^2-x^2}=a\cos t$，$\mathrm{d}x=a\cos t\mathrm{d}t$，因而

$$\begin{aligned}\int\sqrt{a^2-x^2}\,\mathrm{d}x&=\int a\cos t\cdot a\cos t\mathrm{d}t=a^2\int\cos^2t\mathrm{d}t=a^2\int\frac{1+\cos 2t}{2}\mathrm{d}t\\&=\frac{a^2}{2}\left(t+\frac{1}{2}\sin 2t\right)+C=\frac{a^2}{2}t+\frac{a^2}{2}\sin t\cos t+C=\frac{a^2}{2}\arcsin\frac{x}{a}+\frac{1}{2}x\sqrt{a^2-x^2}+C.\end{aligned}$$

例 18　求$\displaystyle\int\frac{1}{\sqrt{a^2+x^2}}\mathrm{d}x\quad(a>0)$.

解　令$x=a\tan t$，$t\in\left(-\dfrac{\pi}{2},\dfrac{\pi}{2}\right)$，则$\sqrt{x^2+a^2}=a\sec t$，$\mathrm{d}x=a\sec^2t\mathrm{d}t$，于是

$$\int \frac{1}{\sqrt{a^2+x^2}}\mathrm{d}x=\int \frac{a\sec^2 t\mathrm{d}t}{a\sec t}=\int \sec t\mathrm{d}t=\ln|\sec t+\tan t|+C_1$$

$$=\ln\left|\frac{\sqrt{x^2+a^2}}{a}+\frac{x}{a}\right|+C_1=\ln\left|\sqrt{x^2+a^2}+x\right|+C,$$

其中,$C=C_1-\ln a$.

例 19 求$\int \frac{1}{\sqrt{x^2-a^2}}\mathrm{d}x \quad (a>0)$.

解 被积函数的定义域为$(-\infty,-a)\cup(a,+\infty)$,令$x=a\sec t,t\in\left(0,\frac{\pi}{2}\right)$,可求得被积函数在$(a,+\infty)$内的不定积分,这时$\sqrt{x^2-a^2}=a\tan t,\mathrm{d}x=a\sec t\tan t\mathrm{d}t$,故

$$\int \frac{1}{\sqrt{x^2-a^2}}\mathrm{d}x=\int \frac{a\sec t\tan t\mathrm{d}t}{a\tan t}=\int \sec t\mathrm{d}t=\ln|\sec t+\tan t|+C_1$$

$$=\ln\left|\frac{x}{a}+\frac{\sqrt{x^2-a^2}}{a}\right|+C_1=\ln\left|x+\sqrt{x^2-a^2}\right|+C,$$

其中,$C=C_1-\ln a$,当$x\in(-\infty,-a)$时,可令$x=a\sec t,t\in\left(\frac{\pi}{2},\pi\right)$,类似地可得到相同形式的结果.

以上 3 例中所做的变换均利用了三角恒等式,称为三角代换,可将被积函数中的无理因式化为三角函数的有理因式.一般地,若被积函数中含有$\sqrt{a^2-x^2}$时,可作代换$x=a\sin t$或$x=a\cos t$;含有$\sqrt{x^2+a^2}$时,可作代换$x=a\tan t$;含有$\sqrt{x^2-a^2}$时,可作代换$x=a\sec t$.

利用第二类换元法求不定积分时,还经常用到倒代换,即$x=\frac{1}{t}$等.

例 20 求$\int \frac{\mathrm{d}x}{x\sqrt{x^2-1}}$.

解 令$x=\frac{1}{t}$,则$\mathrm{d}x=-\frac{1}{t^2}\mathrm{d}t$,

因此

$$\int \frac{\mathrm{d}x}{x\sqrt{x^2-1}}=-\int \frac{|t|\mathrm{d}t}{t\sqrt{1-t^2}}.$$

当$x>1$时,$0<t<1$,有

$$\int \frac{\mathrm{d}x}{x\sqrt{x^2-1}}=-\int \frac{1}{\sqrt{1-t^2}}\mathrm{d}t=-\arcsin t+C=-\arcsin\frac{1}{x}+C;$$

当$x<-1$时,$-1<t<0$有

$$\int \frac{\mathrm{d}x}{x\sqrt{x^2-1}}=\int \frac{1}{\sqrt{1-t^2}}\mathrm{d}t=\arcsin t+C=\arcsin\frac{1}{x}+C.$$

综合起来,得

$$\int \frac{\mathrm{d}x}{x\sqrt{x^2-1}} = -\arcsin\frac{1}{|x|} + C.$$

当被积函数中含有无理式$\sqrt[n]{\dfrac{ax+b}{cx+d}}$　$(a,b,c,d$ 为实数$)$时，我们常作代换

$$t = \sqrt[n]{\frac{ax+b}{cx+d}}.$$

在本节的例题中，有几个积分结果是以后经常会遇到的.所以它们通常也被当作公式使用.这样，常用的积分公式，除了基本积分表中的外，再添加下面几个(其中常数 $a>0$).

(1) $\int \tan x\mathrm{d}x = -\ln|\cos x| + C$;

(2) $\int \cot x\mathrm{d}x = \ln|\sin x| + C$;

(3) $\int \sec x\mathrm{d}x = \ln|\sec x + \tan x| + C$;

(4) $\int \csc x\mathrm{d}x = \ln|\csc x - \cot x| + C$;

(5) $\int \dfrac{\mathrm{d}x}{a^2+x^2} = \dfrac{1}{a}\arctan\dfrac{x}{a} + C$;

(6) $\int \dfrac{\mathrm{d}x}{x^2-a^2} = \dfrac{1}{2a}\ln\left|\dfrac{x-a}{x+a}\right| + C$;

(7) $\int \dfrac{\mathrm{d}x}{\sqrt{a^2-x^2}} = \arcsin\dfrac{x}{a} + C$;

(8) $\int \dfrac{\mathrm{d}x}{\sqrt{x^2 \pm a^2}} = \ln(x+\sqrt{x^2 \pm a^2}) + C$.

例21　求$\int \dfrac{\mathrm{d}x}{x^2+2x+3}$.

解　$\int \dfrac{\mathrm{d}x}{x^2+2x+3} = \int \dfrac{1}{(x+1)^2+(\sqrt{2})^2}\mathrm{d}(x+1)$,

利用上式(5)，可得

$$\int \frac{\mathrm{d}x}{x^2+2x+3} = \frac{1}{\sqrt{2}}\arctan\frac{x+1}{\sqrt{2}} + C.$$

例22　求$\int \dfrac{\mathrm{d}x}{\sqrt{4x^2+9}}$.

解　$\int \dfrac{\mathrm{d}x}{\sqrt{4x^2+9}} = \dfrac{1}{2}\int \dfrac{\mathrm{d}(2x)}{\sqrt{(2x)^2+3^2}}$.

利用上式(8)，可得

$$\int \frac{\mathrm{d}x}{\sqrt{4x^2+9}} = \frac{1}{2}\ln(2x+\sqrt{4x^2+9}) + C.$$

习题 5.2

1.在下列各式等号右端的空白处填入适当的系数,使等式成立.

(1) $dx=$________ $d(5x-1)$;　(2) $xdx=$________ $d(2-x^2)$;

(3) $x^3dx=$________ $d(3x^4+2)$;　(4) $e^{-2x}dx=$________ $d(e^{-2x})$;

(5) $\dfrac{dx}{1+9x^2}=$________ $d(\arctan 3x)$;　(6) $\dfrac{dx}{1+2x^2}=$________ $d(\arctan\sqrt{2}x)$;

(7) $(3x^2-2)dx=$________ $d(2x-x^3)$;　(8) $\dfrac{dx}{x}=$________ $d(3\ln|x|)$;

(9) $\dfrac{dx}{\sqrt{1-x^2}}=$________ $d(2-\arcsin x)$;　(10) $\dfrac{xdx}{\sqrt{1-x^2}}=$________ $d\sqrt{1-x^2}$.

2.求下列不定积分.

(1) $\int a^{3x}dx$;　(2) $\int (3-2x)^{\frac{3}{2}}dx$;

(3) $\int \dfrac{dx}{1-2x}$;　(4) $\int \dfrac{e^{\frac{1}{x}}}{x^2}dx$;

(5) $\int \dfrac{\sin\sqrt{t}}{\sqrt{t}}dt$;　(6) $\int \dfrac{dx}{x\ln x}$;

(7) $\int \dfrac{e^x}{1+e^x}dx$;　(8) $\int \dfrac{1}{1+e^x}dx$;

(9) $\int \dfrac{x-1}{x^2-1}dx$;　(10) $\int \tan\sqrt{1+x^2}\cdot\dfrac{xdx}{\sqrt{1+x^2}}$;

(11) $\int \dfrac{dx}{e^x+e^{-x}}$;　(12) $\int \dfrac{x}{\sqrt{2-3x^2}}dx$;

(13) $\int \dfrac{3x^3}{1-x^4}dx$;　(14) $\int \cos^4 x dx$;

(15) $\int \dfrac{1-x}{\sqrt{9-4x^2}}dx$;　(16) $\int \dfrac{x^3}{4+x^2}dx$;

(17) $\int \dfrac{dx}{x^2-x-6}$;　(18) $\int \dfrac{dx}{x^2+4x+5}$;

(19) $\int \cos^2(\omega x+\varphi)dx$;　(20) $\int \cos^2(\omega x+\varphi)\sin(\omega x+\varphi)dx$;

(21) $\int \dfrac{\arctan\sqrt{x}}{\sqrt{x}(1+x)}dx$;　(22) $\int \dfrac{dx}{(\arcsin x)^2\sqrt{1-x^2}}$;

(23) $\int \tan^4 x dx$;　(24) $\int \tan^3 x\sec x dx$.

3.求下列不定积分.

(1) $\int \dfrac{1}{\sqrt{2x-3}+1}dx$;　(2) $\int \dfrac{dx}{x^2\sqrt{1-x^2}}$;

(3) $\int \frac{x^2}{\sqrt{a^2 - x^2}} dx \quad (a > 0)$;　　(4) $\int \frac{dx}{\sqrt{(x^2 + 1)^3}}$;

(5) $\int \frac{\sqrt{x^2 - 9}}{x} dx$;　　(6) $\int \frac{dx}{x + \sqrt{1 - x^2}}$;

(7) $\int \frac{dx}{1 + \sqrt{1 - x^2}}$;　　(8) $\int \frac{dx}{x^4 \sqrt{1 + x^2}}$;

(9) $\int \frac{\sqrt{4 - x^2}}{x^2} dx$;　　(10) $\int \sqrt{e^x - 1}\, dx$.

5.3　分部积分法

5.2 节中利用复合函数的微分法则,得到了换元积分法,但是对于有些看似比较简单的不定积分,例如

$$\int x e^x dx, \int x \sin x dx, \int x \ln x dx$$

等,用换元积分法都不能求解.诸如此类的不定积分,需要用到求不定积分的另一种基本方法——**分部积分法**.分部积分法是用两个函数乘积的微分法则推导出来的.

设函数 $u = u(x)$ 及 $v = v(x)$ 具有连续导数.那么,两个函数乘积的导数公式为

$$(uv)' = u'v + uv',$$

移项,得

$$uv' = (uv)' - u'v.$$

对这个等式两边求不定积分,得

$$\int uv' dx = uv - \int u'v dx. \tag{5.4}$$

式(5.4)称为**分部积分公式**.如果积分 $\int uv' dx$ 不易求时,而积分 $\int u'v dx$ 比较容易时,分部积分公式就可以发挥作用了.

为简便起见,也可把式(5.4)写成下面的形式:

$$\int u dv = uv - \int v du. \tag{5.5}$$

现在通过实例来说明如何运用这个重要公式.

例 1　求 $\int x \sin x dx$.

解　由于被积函数 $x \sin x$ 是两个函数的乘积,选其中一个为 u,那么另一个即为 v'.如果选择 $u = x, v' = \sin x$,则 $dv = -d \cos x$,得

$$\int x \sin x dx = -\int x d \cos x = -x \cos x + \int \cos x dx = -x \cos x + \sin x + C.$$

如果选择 $u = \sin x, v' = x$,则 $dv = d\left(\frac{1}{2}x^2\right)$,得

$$\int x \sin x dx = \int \sin x d\left(\frac{1}{2}x^2\right) = \frac{1}{2}x^2 \sin x - \frac{1}{2}\int x^2 d \sin x = \frac{1}{2}x^2 \sin x + \frac{1}{2}\int x^2 \cos x dx,$$

上式右端的积分比原积分更不容易求出.

由此可见,如果 u 和 $\mathrm{d}v$ 选取不当,就求不出结果.所以应用分部积分法时,恰当选取 u 和 $\mathrm{d}v$ 是关键,一般以 $\int v\mathrm{d}u$ 比 $\int u\mathrm{d}v$ 易求出为原则.

例 2 求 $\int x^2\mathrm{e}^x\mathrm{d}x$.

解
$$\int x^2\mathrm{e}^x\mathrm{d}x = \int x^2\mathrm{d}\mathrm{e}^x = x^2\mathrm{e}^x - \int \mathrm{e}^x dx^2 = x^2\mathrm{e}^x - 2\int x\mathrm{e}^x\mathrm{d}x$$
$$= x^2\mathrm{e}^x - 2\int x\mathrm{d}\mathrm{e}^x = x^2\mathrm{e}^x - 2x\mathrm{e}^x + 2\int \mathrm{e}^x\mathrm{d}x = x^2\mathrm{e}^x - 2x\mathrm{e}^x + 2\mathrm{e}^x + C.$$

例 3 求 $\int x\sec^2 x\mathrm{d}x$.

解
$$\int x\sec^2 x\mathrm{d}x = \int x\mathrm{d}\tan x = x\tan x - \int \tan x\mathrm{d}x = x\tan x + \ln|\cos x| + C.$$

由上面的 3 个例子可知,如果被积函数是指数为正整数的幂函数和三角函数或指数函数的乘积,就可以考虑用分部积分法,并选择幂函数为 u.经过一次积分,就可以使幂函数的次数降低一次.

例 4 $\int x\arctan x\mathrm{d}x$.

解
$$\int x\arctan x\mathrm{d}x = \int \arctan x\mathrm{d}\left(\frac{1}{2}x^2\right) = \frac{1}{2}x^2\arctan x - \frac{1}{2}\int x^2\mathrm{d}\arctan x$$
$$= \frac{1}{2}x^2\arctan x - \frac{1}{2}\int \frac{x^2}{1+x^2}\mathrm{d}x = \frac{1}{2}x^2\arctan x - \frac{1}{2}\int\left(1 - \frac{1}{1+x^2}\right)\mathrm{d}x$$
$$= \frac{1}{2}x^2\arctan x - \frac{1}{2}x + \frac{1}{2}\arctan x + C.$$

例 5 求 $\int \arcsin x\mathrm{d}x$.

解
$$\int \arcsin x\mathrm{d}x = x\arcsin x - \int x\mathrm{d}\arcsin x = x\arcsin x - \int \frac{x\mathrm{d}x}{\sqrt{1-x^2}}$$
$$= x\arcsin x + \frac{1}{2}\int \frac{\mathrm{d}(1-x^2)}{\sqrt{1-x^2}}$$
$$= x\arcsin x + \sqrt{1-x^2} + C.$$

例 6 $\int x^2\ln x\mathrm{d}x$.

解
$$\int x^2\ln x\mathrm{d}x = \frac{1}{3}\int \ln x\mathrm{d}(x^3) = \frac{1}{3}x^3\ln x - \frac{1}{3}\int x^3\mathrm{d}\ln x$$
$$= \frac{1}{3}x^3\ln x - \frac{1}{3}\int x^2\mathrm{d}x = \frac{1}{3}x^3\ln x - \frac{1}{9}x^3 + C.$$

例 7 $\int \ln x\mathrm{d}x$.

解
$$\int \ln x\mathrm{d}x = x\ln x - \int x\mathrm{d}\ln x = x\ln x - \int \mathrm{d}x = x\ln x - x + C.$$

由上面 4 个例子可知，如果被积函数是幂函数和反三角函数或对数函数的乘积，就可以考虑用分部积分法，并选择反三角函数或对数函数为 u.

一般地，如果被积函数是两类基本初等函数的乘积，在多数情况下，可按下列顺序：反三角函数、对数函数、幂函数、三角函数、指数函数，将排在前面的那类函数选作 u，后面的那类函数选作 v'.

下面两例中使用的方法也是比较典型的.

例 8　求 $\int e^x\cos x\mathrm{d}x$.

解

$$\begin{aligned}\int e^x\cos x\mathrm{d}x &= \int\cos x\mathrm{d}e^x = e^x\cos x - \int e^x\mathrm{d}\cos x\\ &= e^x\cos x + \int e^x\sin x\mathrm{d}x = e^x\cos x - \int\sin x\mathrm{d}e^x\\ &= e^x\cos x + e^x\sin x - \int e^x\mathrm{d}\sin x\\ &= e^x\cos x + e^x\sin x - \int e^x\cos x\mathrm{d}x,\end{aligned}$$

等式右端的积分与原积分相同，将它移到左边与原积分合并，可得

$$\int e^x\cos x\mathrm{d}x = \frac{1}{2}e^x(\cos x + \sin x) + C.$$

例 9　求 $\int\sec^3x\mathrm{d}x$.

解

$$\begin{aligned}\int\sec^3x\mathrm{d}x &= \int\sec x\sec^2x\mathrm{d}x = \int\sec x\mathrm{d}\tan x\\ &= \sec x\tan x - \int\tan x\mathrm{d}\sec x = \sec x\tan x - \int\sec x\tan^2x\mathrm{d}x\\ &= \sec x\tan x - \int\sec x(\sec^2x - 1)\mathrm{d}x\\ &= \sec x\tan x - \int\sec^3x\mathrm{d}x + \int\sec x\mathrm{d}x\\ &= \sec x\tan x + \ln|\sec x + \tan x| - \int\sec^3x\mathrm{d}x,\end{aligned}$$

所以

$$\int\sec^3x\mathrm{d}x = \frac{1}{2}\sec x\tan x + \frac{1}{2}\ln|\sec x + \tan x| + C.$$

从上面的例题可以看出，不定积分的计算有较强的技巧性.对求不定积分的几种方法我们要认真理解，并能灵活地应用.下面再看一例.

例 10　求 $\int\frac{xe^x}{\sqrt{e^x-3}}\mathrm{d}x$.

解　令 $t=\sqrt{e^x-3}$，则 $x=\ln(t^2+3)$，$\mathrm{d}x=\frac{2t}{t^2+3}\mathrm{d}t$，

于是

$$\int\frac{xe^x}{\sqrt{e^x-3}}\mathrm{d}x = 2\int\ln(t^2+3)\mathrm{d}t = 2t\ln(t^2+3) - 4\int\frac{t^2}{t^2+3}\mathrm{d}t$$

$$= 2t\ln(t^2+3) - 4\int\left(1-\frac{3}{t^2+3}\right)dt$$

$$= 2t\ln(t^2+3) - 4t + 4\sqrt{3}\arctan\frac{t}{\sqrt{3}} + C$$

$$= 2(x-2)\sqrt{e^x-3} + 4\sqrt{3}\arctan\sqrt{\frac{e^x}{3}-1} + C.$$

习题 5.3

求下列不定积分.

(1) $\int x\sin x\mathrm{d}x$;

(2) $\int x\mathrm{e}^{-x}\mathrm{d}x$;

(3) $\int \arcsin x\mathrm{d}x$;

(4) $\int \mathrm{e}^{-x}\cos x\mathrm{d}x$;

(5) $\int \mathrm{e}^{-2x}\sin\frac{x}{2}\mathrm{d}x$;

(6) $\int x\tan^2 x\mathrm{d}x$;

(7) $\int t\mathrm{e}^{-2t}\mathrm{d}t$;

(8) $\int (\arcsin x)^2\mathrm{d}x$;

(9) $\int \cos(\ln x)\mathrm{d}x$;

(10) $\int (x^2-1)\sin 2x\mathrm{d}x$;

(11) $\int x\ln(x-1)\mathrm{d}x$;

(12) $\int x^2\cos^2\frac{x}{2}\mathrm{d}x$;

(13) $\int \frac{\ln^3 x}{x^2}\mathrm{d}x$;

(14) $\int x\sin x\cos x\mathrm{d}x$;

(15) $\int \frac{\sin^2 x}{\cos^3 x}\mathrm{d}x$;

(16) $\int \frac{x\mathrm{e}^x}{(1+x)^2}\mathrm{d}x$.

复习题 5

1.求下列不定积分.

(1) $\int \frac{\mathrm{d}x}{\mathrm{e}^x-\mathrm{e}^{-x}}$;

(2) $\int \frac{x}{(1-x)^3}\mathrm{d}x$;

(3) $\int \frac{1+\cos x}{x+\sin x}\mathrm{d}x$;

(4) $\int \frac{\sin x\cos x}{1+\sin^4 x}\mathrm{d}x$;

(5) $\int \sqrt{\frac{a+x}{a-x}}\mathrm{d}x \quad (a>0)$;

(6) $\int \frac{\mathrm{d}x}{\sqrt{x(1+x)}}$;

(7) $\int \frac{\mathrm{d}x}{x(x^6+4)}$;

(8) $\int \frac{\mathrm{d}x}{\sin^2 x\cos x}$;

(9) $\int \frac{1+\ln x}{(x\ln x)^2}\mathrm{d}x$;

(10) $\int \cos x\mathrm{e}^{\sin x}\mathrm{d}x$;

(11) $\int \frac{\arcsin x}{\sqrt{1-x^2}}dx$;

(12) $\int \frac{\arctan\sqrt{x}}{\sqrt{x}(1+x)}dx$;

(13) $\int \frac{dx}{(a^2-x^2)^{\frac{5}{2}}}$;

(14) $\int \frac{dx}{x^2\sqrt{x^2-1}}$;

(15) $\int \frac{\sqrt{x^2+a^2}}{x^2}dx$;

(16) $\int \arctan\sqrt{x}\,dx$;

(17) $\int \frac{dx}{(1+e^x)^2}$;

(18) $\int \cos(\ln x)dx$;

(19) $\int (x\sin x)^2dx$;

(20) $\int \frac{xe^x}{(1+e^x)^2}dx$.

2.填空题.

(1)若 e^x 是 $f(x)$ 的一个原函数,则 $\int x^2f(\ln x)dx=$________.

(2)设 $f'(\sin^2x)=\cos^2x+\tan^2x$, $f(0)=0$,则 $f(x)=$________.

(3)设 $f'(x^3)=3x^2$,则 $f(x)=$________.

(4)若 $f(x)$ 有原函数 $x\ln x$,则 $\int xf''(x)dx=$________.

(5)设 $\int xf(x)dx=\arcsin x+C$,则 $\int \frac{dx}{f(x)}=$________.

(6)设 $f(x)$ 的一个原函数为 $\frac{\sin x}{x}$,则 $\int xf'(2x)dx=$________.

(7)若 $f'(e^x)=1+x$,则 $f(x)=$________.

(8)已知 $f(x)$ 的一个原函数为 $(1+\sin x)\ln x$,则 $\int xf'(x)dx=$________.

3.计算下列不定积分:

(1) $\int \frac{x^2}{1+x^2}\arctan x\,dx$;

(2) $\int \frac{\arctan e^x}{e^x}dx$;

(3) $\int (\arcsin x)^2dx$;

(4) $\int \frac{f'(\ln x)}{x\sqrt{f(\ln x)}}dx$;

(5) $\int \frac{\ln x}{(1-x)^2}dx$;

(6) $\int \frac{\arctan x}{x^2(1+x^2)}dx$;

(7) $\int \arcsin\sqrt{x}\,dx$;

(8) $\int \frac{xe^x}{\sqrt{e^x-1}}dx$;

(9) $\int \frac{xe^{\arctan x}}{(1+x^2)^{\frac{3}{2}}}dx$;

(10) $\int \frac{dx}{(2x^2+1)\sqrt{x^2+1}}$;

(11) $\int \sin x\ln(\tan x)dx$;

(12) $\int \frac{x\ln(x+\sqrt{1+x^2})}{\sqrt{1+x^2}}dx$;

(13) $\int \frac{1-x^8}{x(1+x^8)}dx$;

(14) $\int \frac{x+\sin x}{1+\cos x}dx$.

第 5 章参考答案

第6章 定积分

定积分是积分学的另一个重要概念，它是从大量的实际问题中抽象出来的.本章先从几何问题出发引进定积分的定义，然后讨论定积分的性质及计算方法，最后介绍定积分的应用.

6.1 定积分的概念与性质

6.1.1 引例

1) 曲边梯形的面积

设$f(x)$在区间$[a,b]$上非负、连续.由曲线$y=f(x)$及直线$x=a,x=b,y=0$所围成的图形称为曲边梯形，下面讨论如何求这个曲边梯形的面积.

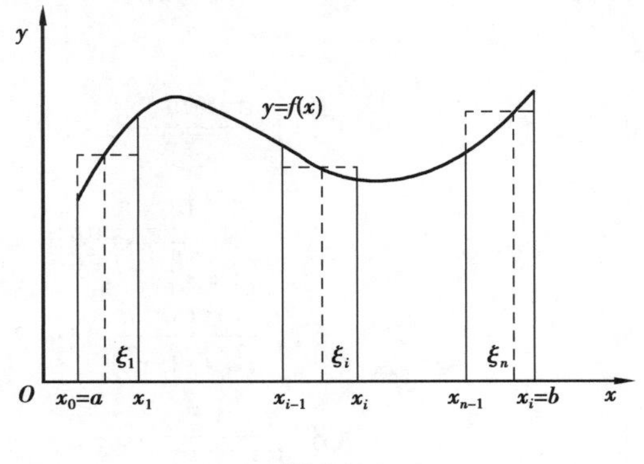

图 6.1

在区间$[a,b]$内任意插入$n-1$个分点

$$a=x_0<x_1<x_2<\cdots<x_{n-1}<x_n=b,$$

这样整个曲边梯形就相应地被直线$x=x_i(i=1,2,\cdots,n-1)$分成n个小曲边梯形，区间$[a,b]$被分成n个小区间$[x_0,x_1],[x_1,x_2],\cdots,[x_{i-1},x_i],\cdots,[x_{n-1},x_n]$，第$i$个小区间的长度$\Delta x_i=x_i-x_{i-1}(i=1,2,\cdots,n)$.对于第$i$个小曲边梯形来说，当其底边长$\Delta x_i$足够小时，其高度的变化也是非常小的，这时它的面积可以用小矩形的面积来近似.在每个小区间$[x_{i-1},x_i]$上任取一点ξ_i，

用$f(\xi_i)$作为第 i 个小矩形的高(图 6.1),则第 i 个小曲边梯形的面积的近似值为

$$\Delta A_i \approx f(\xi_i)\Delta x_i.$$

这样,将 n 个小曲边梯形的面积相加,得到整个曲边梯形面积的近似值

$$A = \sum_{i=1}^{n} \Delta A_i = \sum_{i=1}^{n} f(\xi_i)\Delta x_i.$$

从直观上看,当分点越密时,小矩形的面积与小曲边梯形的面积就会越接近,因而和式 $\sum\limits_{i=1}^{n} f(\xi_i)\Delta x_i$ 与曲边梯形的面积 A 也会越接近,记 $\lambda = \max\limits_{1\leqslant i\leqslant n}\{\Delta x_i\}$,当 $\lambda\to 0$ 时,和式 $\sum\limits_{i=1}^{n} f(\xi_i)\Delta x_i$ 的极限即为曲边梯形的面积 A,即 $A = \lim\limits_{\lambda\to 0}\sum\limits_{i=1}^{n} f(\xi_i)\Delta x_i$.

2)变速直线运动的路程

设某物体作直线运动,已知速度 $v=v(t)$ 是时间间隔$[T_1,T_2]$上 t 的连续函数,且 $v(t)\geqslant 0$,计算在这段时间内物体所经过的路程 s.

对于匀速直线运动,有公式

$$\text{路程} = \text{速度} \times \text{时间}.$$

但是在我们的问题中,速度不是常量而是随时间变化的变量,因此所求路程 s 不能直接按匀速直线运动的路程公式来计算.然而,物体运动的速度函数 $v=v(t)$ 是连续变化的,在很短的时间内,速度的变化很小.因此如果把时间间隔分小,在小段时间内,以匀速运动近似代替变速运动,那么就可算出各部分路程的近似值;再求和得到整个路程的近似值.最后,通过对时间间隔无限细分的极限过程,求得物体在时间间隔$[T_1,T_2]$内的路程.对于这一问题的数学描述可以类似于上述求曲边梯形面积的做法进行,具体描述如下:

在区间$[T_1,T_2]$内任意插入 $n-1$ 个分点

$$T_1 = t_0 < t_1 < t_2 < \cdots < t_{n-1} < t_n = T_2,$$

将区间$[T_1,T_2]$分成 n 个小区间

$$[t_0,t_1],[t_1,t_2],\cdots,[t_{n-1},t_n],$$

各小区间的长度依次为 $\Delta t_1,\Delta t_2,\cdots,\Delta t_n$,在时间间隔$[t_{i-1},t_i]$上的路程的近似值为

$$\Delta s_i \approx v(\tau_i)\Delta t_i \quad (i = 1,2,\cdots,n)$$

其中,τ_i 为区间$[t_{i-1},t_i]$上的任意一点.整个时间段$[T_1,T_2]$上路程 s 的近似值为

$$s = \sum_{i=1}^{n} \Delta s_i \approx \sum_{i=1}^{n} v(\tau_i)\Delta t_i.$$

记 $\lambda = \max\limits_{1\leqslant i\leqslant n}\{\Delta t_i\}$,当 $\lambda\to 0$ 时,和式$\sum\limits_{i=1}^{n} v(\tau_i)\Delta t_i$ 的极限即为物体在时间间隔$[T_1,T_2]$内所走过的路程,即

$$s = \lim_{\lambda\to 0}\sum_{i=1}^{n} v(\tau_i)\Delta t_i.$$

6.1.2　定积分的定义

从上面的两个例子可以看出,尽管所要计算的量的实际意义各不同,前者是几何量,后者

是物理量,但计算这些量的方法与步骤都是相同的,反映在数量上可归结为具有相同结构的一种特定和式的极限,如

面积:

$$A = \lim_{\lambda \to 0} \sum_{i=1}^{n} f(\xi_i)\Delta x_i,$$

路程:

$$s = \lim_{\lambda \to 0} \sum_{i=1}^{n} v(\tau_i)\Delta t_i.$$

抛开这些问题的具体意义,抓住它们在数量上共同的本质与特性加以概括,可以抽象出下述定积分的概念.

定义 设函数 $f(x)$ 在区间 $[a,b]$ 上有界,在 $[a,b]$ 中任意插入 $n-1$ 个分点

$$a = x_0 < x_1 < x_2 < \cdots < x_{n-1} < x_n = b,$$

把区间 $[a,b]$ 分成 n 个小区间

$$[x_0,x_1],[x_1,x_2],\cdots,[x_{n-1},x_n],$$

各小区间的长度依次为

$$\Delta x_1 = x_1 - x_0, \Delta x_2 = x_2 - x_1, \cdots, \Delta x_n = x_n - x_{n-1},$$

在每个小区间 $[x_{i-1},x_i]$ 上任取一点 ξ_i,作乘积 $f(\xi_i)\Delta x_i (i=1,2,\cdots,n)$,再作和式

$$s = \sum_{i=1}^{n} f(\xi_i)\Delta x_i. \tag{6.1}$$

记 $\lambda = \max\{\Delta x_1, \Delta x_2, \cdots, \Delta x_n\}$,如果不论对 $[a,b]$ 怎样分法,也不论在小区间 $[x_{i-1},x_i]$ 上点 ξ_i 怎样取法,只要当 $\lambda \to 0$ 时,和 s 总趋于确定的极限 I,这时称这个极限 I 为函数 $f(x)\xi_i$ 在区间 $[a,b]$ 上的定积分(简称积分),记作 $\int_a^b f(x)\mathrm{d}x$,即

$$\int_a^b f(x)\mathrm{d}x = \lim_{\lambda \to 0} f(\xi_i)\Delta x_i = I, \tag{6.2}$$

其中 $f(x)$ 叫作被积函数,$f(x)\mathrm{d}x$ 叫作被积表达式,x 叫作积分变量,a 叫作积分下限,b 叫作积分上限,$[a,b]$ 叫作积分区间.

注:当和式 $\sum\limits_{i=1}^{n} f(\xi_i)\Delta x_i$ 的极限存在时,其极限值仅与被积函数 $f(x)$ 及积分区间 $[a,b]$ 有关,而与积分变量所用的字母无关,即

$$\int_a^b f(x)\mathrm{d}x = \int_a^b f(t)\mathrm{d}t = \int_a^b f(u)\mathrm{d}u.$$

如果 $f(x)$ 在 $[a,b]$ 上的定积分存在,就说 $f(x)$ 在 $[a,b]$ 上可积.相应的和式 $\sum\limits_{i=1}^{n} f(\xi_i)\Delta x_i$ 也称为积分和.

对于定积分,有这样一个重要问题:函数 $f(x)$ 在 $[a,b]$ 上满足怎样的条件,$f(x)$ 在 $[a,b]$ 上一定可积?这个问题在此不作深入讨论,而只给出以下两个充分条件.

定理 1 设 $f(x)$ 在区间 $[a,b]$ 上连续,则 $f(x)$ 在 $[a,b]$ 上可积.

定理 2 设 $f(x)$ 在区间 $[a,b]$ 上有界,且只有有限个间断点,则 $f(x)$ 在 $[a,b]$ 上可积.

利用定积分的定义,前面所讨论的实际问题可分别表述如下:

曲线 $y=f(x)$ ($f(x) \geqslant 0$),x 轴及两条直线 $x=a$,$x=b$ 所围成的曲边梯形的面积 A 等于函

数 $f(x)$ 在区间 $[a,b]$ 上的定积分，即

$$A=\int_a^b f(x)\,\mathrm{d}x.$$

物体以变速 $v=v(t)\ (v(t)\geqslant 0)$ 作直线运动，从时刻 $t=T_1$ 到时刻 $t=T_2$，物体经过的路程 s 等于函数 $v(t)$ 在区间 $[T_1,T_2]$ 上的定积分，即

$$s=\int_{T_2}^{T_1} v(t)\,\mathrm{d}t.$$

6.1.3　定积分的几何意义

①在区间 $[a,b]$ 上 $f(x)\geqslant 0$ 时，可知定积分 $\int_a^b f(x)\,\mathrm{d}x$ 在几何上表示曲线 $y=f(x)$，两条直线与 x 轴所围成的曲边梯形的面积；

②在区间 $[a,b]$ 上 $f(x)\leqslant 0$ 时，由曲线 $y=f(x)$、两条直线 $x=a,x=b$ 与 x 轴所围成的曲边梯形位于 x 轴的下方，定积分 $\int_a^b f(x)\,\mathrm{d}x$ 在几何上表示上述曲边梯形面积的负值；

③在区间 $[a,b]$ 上 $f(x)$ 既取得正值又取得负值时，函数 $f(x)$ 的图形某些部分在 x 轴上方，而其他部分在 x 轴下方(图 6.2).如果对面积赋以正负号，在 x 轴上方的图形面积赋以正号，在 x 轴下方的图形面积赋以负号，此时定积分 $\int_a^b f(x)\,\mathrm{d}x$ 表示介于 x 轴、函数 $f(x)$ 的图形及两条直线 $x=a,x=b$ 之间的各部分面积的代数和.

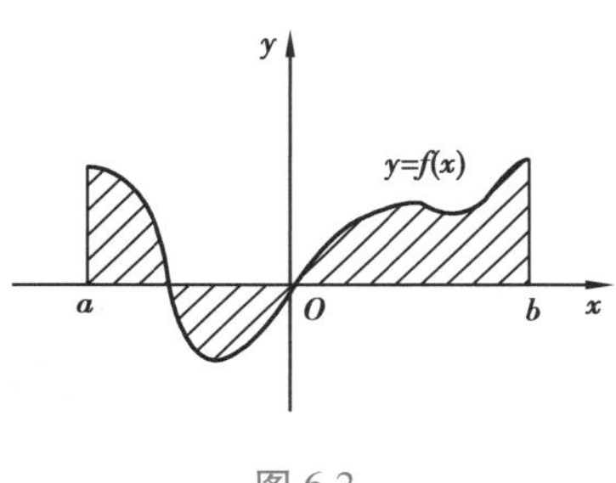

图 6.2

6.1.4　定积分的性质

为了以后计算及应用方便起见，先对定积分作以下两点补充规定：

①当 $a=b$ 时，$\int_a^b f(x)\,\mathrm{d}x=0$；

②当 $a>b$ 时，$\int_a^b f(x)\,\mathrm{d}x=-\int_b^a f(x)\,\mathrm{d}x$.

在下面的讨论中，积分上下限的大小，如不特别指明，均不加限制；并假定各性质中所列出的定积分都是存在的.

性质 1　函数的和(差)的定积分等于它们的定积分的和(差)，即

$$\int_a^b [f(x)\pm g(x)]\,\mathrm{d}x=\int_a^b f(x)\,\mathrm{d}x\pm\int_a^b g(x)\,\mathrm{d}x.$$

证

$$\begin{aligned}\int_a^b [f(x)\pm g(x)]\,\mathrm{d}x&=\lim_{\lambda\to 0}\sum_{i=1}^n [f(\xi_i)\pm g(\xi_i)]\Delta x_i\\&=\lim_{\lambda\to 0}\sum_{i=1}^n f(\xi_i)\Delta x_i\pm\lim_{\lambda\to 0}\sum_{i=1}^n g(\xi_i)\Delta x_i\\&=\int_a^b f(x)\,\mathrm{d}x\pm\int_a^b g(x)\,\mathrm{d}x.\end{aligned}$$

性质 1 对于任意有限个函数都是成立的.类似地,可以证明:

性质 2 被积函数的常数因子可以提到积分号外面,即

$$\int_a^b kf(x)\mathrm{d}x = k\int_a^b f(x)\mathrm{d}x \quad (k \text{ 是常数}).$$

性质 3 如果将积分区间分成两部分,则在整个区间上的定积分等于这两部分区间上定积分之和,即设 $a<c<b$,则

$$\int_a^b f(x)\mathrm{d}x = \int_a^c f(x)\mathrm{d}x + \int_c^b f(x)\mathrm{d}x.$$

证 因为函数 $f(x)$ 在区间 $[a,b]$ 上可积,所以无论把 $[a,b]$ 怎样分,积分和的极限总是不变的.因此,在分区间时,可以使 c 永远是个分点.那么,$[a,b]$ 上的积分和等于 $[a,c]$ 上的积分和加 $[c,b]$ 上的积分和,记为

$$\sum_{[a,b]} f(\xi_i)\Delta x_i = \sum_{[a,c]} f(\xi_i)\Delta x_i + \sum_{[c,b]} f(\xi_i)\Delta x_i.$$

令 $\lambda\to 0$,上式两端同时取极限,即得

$$\int_a^b f(x)\mathrm{d}x = \int_a^c f(x)\mathrm{d}x + \int_c^b f(x)\mathrm{d}x.$$

这个性质表明定积分对于积分区间具有可加性.

按定积分的补充规定,不论 a,b,c 的相对位置如何,总有等式

$$\int_a^b f(x)\mathrm{d}x = \int_a^c f(x)\mathrm{d}x + \int_c^b f(x)\mathrm{d}x$$

成立.例如,当 $a<b<c$ 时,由于

$$\int_a^c f(x)\mathrm{d}x = \int_a^b f(x)\mathrm{d}x + \int_b^c f(x)\mathrm{d}x,$$

于是得

$$\begin{aligned}\int_a^b f(x)\mathrm{d}x &= \int_a^c f(x)\mathrm{d}x - \int_b^c f(x)\mathrm{d}x \\ &= \int_a^c f(x)\mathrm{d}x + \int_c^b f(x)\mathrm{d}x.\end{aligned}$$

性质 4 如果在区间 $[a,b]$ 上 $f(x)\equiv 1$,则

$$\int_a^b 1\mathrm{d}x = \int_a^b \mathrm{d}x = b-a.$$

这个性质的证明请读者自己完成.

性质 5 如果在区间 $[a,b]$ 上,$f(x)\geqslant 0$,则

$$\int_a^b f(x)\mathrm{d}x \geqslant 0 \quad (a<b).$$

证 因为 $f(x)\geqslant 0$,所以 $f(\xi_i)\geqslant 0$ $(i=1,2,\cdots,n)$.又由于 $\Delta x_i\geqslant 0$ $(i=1,2,\cdots,n)$,因此

$$\sum_{i=1}^{n} f(\xi_i)\Delta x_i \geqslant 0,$$

令 $\lambda=\max\{\Delta x_1,\Delta x_2,\cdots,\Delta x_n\}\to 0$,便得到要证的不等式.

推论 1 如果在区间 $[a,b]$ 上,$f(x)\leqslant g(x)$,则

$$\int_a^b f(x)\mathrm{d}x \leqslant \int_a^b g(x)\mathrm{d}x \quad (a<b).$$

证 因为 $g(x)-f(x)\geqslant 0$,由性质 5 得

$$\int_a^b [g(x) - f(x)]\,\mathrm{d}x \geqslant 0.$$

再利用性质 1,便得到要证的不等式.

推论 2　$\left|\int_a^b f(x)\,\mathrm{d}x\right| \leqslant \int_a^b |f(x)|\,\mathrm{d}x \ (a < b)$.

证　因为

$$-|f(x)| \leqslant f(x) \leqslant |f(x)|Z,$$

所以由推论 1 及性质 2 可得

$$-\int_a^b |f(x)|\,\mathrm{d}x \leqslant \int_a^b f(x)\,\mathrm{d}x \leqslant \int_a^b |f(x)|\,\mathrm{d}x,$$

即

$$\left|\int_a^b f(x)\,\mathrm{d}x\right| \leqslant \int_a^b |f(x)|\,\mathrm{d}x.$$

性质 6　设 M 及 m 分别是函数 $f(x)$ 在区间 $[a,b]$ 上的最大值及最小值,则

$$m(b-a) \leqslant \int_a^b f(x)\,\mathrm{d}x \leqslant M(b-a) \quad (a < b).$$

证　因为 $m \leqslant f(x) \leqslant M$,所以由性质 5 的推论 1 得

$$\int_a^b m\,\mathrm{d}x \leqslant \int_a^b f(x)\,\mathrm{d}x \leqslant \int_a^b M\,\mathrm{d}x.$$

再由性质 2 及性质 4,即得所要证的不等式.

这个性质说明,由被积函数在积分区间上的最大值及最小值可以估计积分值的大致范围.

例 1　估计定积分 $\int_1^2 \frac{x}{x^2+1}\mathrm{d}x$ 的值.

解　因为 $f(x)=\frac{x}{x^2+1}$ 在 $[1,2]$ 连续,所以在 $[1,2]$ 上可积,又因为

$$f'(x) = \frac{1-x^2}{(x^2+1)^2} \leqslant 0 \quad (1 \leqslant x \leqslant 2),$$

所以 $f(x)$ 在 $[1,2]$ 上单调减少,从而有

$$\frac{2}{5} \leqslant f(x) \leqslant \frac{1}{2},$$

于是由性质 6 有

$$\frac{2}{5} \leqslant \int_1^2 f(x)\,\mathrm{d}x \leqslant \frac{1}{2}.$$

性质 7(定积分中值定理)　如果函数 $f(x)$ 在闭区间 $[a,b]$ 上连续,则在积分区间 $[a,b]$ 上至少存在一点 ξ,使下式成立:

$$\int_a^b f(x)\,\mathrm{d}x = f(\xi)(b-a) \quad (a \leqslant \xi \leqslant b).$$

这个公式叫作积分中值公式.

证　由性质 6 得

$$m \leqslant \frac{1}{b-a}\int_a^b f(x)\,\mathrm{d}x \leqslant M.$$

这表明,确定的数值 $\dfrac{1}{b-a}\int_a^b f(x)\mathrm{d}x$ 介于函数 $f(x)$ 的最小值 m 及最大值 M 之间.根据闭区间上连续函数的介值定理,在$[a,b]$上至少存在一点 ξ,使得函数 $f(x)$ 在点 ξ 处的值与这个确定的数值相等,即有

$$\frac{1}{b-a}\int_a^b f(x)\mathrm{d}x = f(\xi) \quad (a \leqslant \xi \leqslant b).$$

两端各乘以 $b-a$,即得所要证的等式.

积分中值公式有如下的几何解释:在区间$[a,b]$上至少存在一点 ξ,使得以区间$[a,b]$为底边、以曲线 $y=f(x)$ 为曲边的曲边梯形的面积等于同一底边而高为 $f(\xi)$ 的一个矩形的面积(图 6.3).

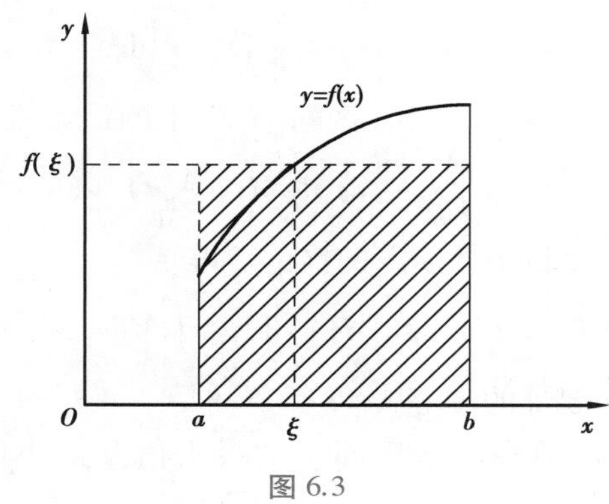

图 6.3

显然,积分中值公式

$$\int_a^b f(x)\mathrm{d}x = f(\xi)(b-a) \quad (\xi \text{ 在 } a \text{ 与 } b \text{ 之间})$$

不论 $a<b$ 或 $a>b$ 都是成立的. $f(\xi)=\dfrac{1}{b-a}\int_a^b f(x)\mathrm{d}x$ 称为函数在区间$[a,b]$上的平均值.

习题 6.1

1.利用定积分的几何意义求定积分.

(1) $\int_0^1 2x\mathrm{d}x$;　　(2) $\int_0^a \sqrt{a^2-x^2}\mathrm{d}x \quad (a>0)$.

2.根据定积分的性质,比较积分值的大小.

(1) $\int_0^1 x^2\mathrm{d}x$ 与 $\int_0^1 x^3\mathrm{d}x$;　　(2) $\int_0^1 \mathrm{e}^x\mathrm{d}x$ 与 $\int_0^1 (1+x)\mathrm{d}x$.

3.估计下列各积分值的范围.

(1) $\int_1^4 (x^2+1)\mathrm{d}x$;　　(2) $\int_{\frac{1}{\sqrt{3}}}^{\sqrt{3}} x\arctan x\mathrm{d}x$;

(3) $\int_{-a}^a \mathrm{e}^{-x^2}\mathrm{d}x \quad (a>0)$;　　(4) $\int_0^2 \mathrm{e}^{x^2-x}\mathrm{d}x$.

6.2　微积分基本公式

在 6.1 节中介绍了定积分的定义和性质,但并未给出一个有效的计算方法.即使被积函数很简单,如果利用定义计算其定积分也是十分烦琐的.因此必须寻求计算定积分的新方法.在此我们将建立定积分和不定积分之间的关系,这个关系为定积分的计算提供了一个有效的方法.

6.2.1　积分上限函数及其导数

设函数 $f(x)$ 在区间 $[a,b]$ 上连续,则对于任意一点 $x\in[a,b]$,函数 $f(x)$ 在 $[a,x]$ 上仍然连续.定积分 $\int_a^x f(x)\mathrm{d}x$ 一定存在.在这个积分中,x 既表示积分上限,又表示积分变量.由于积分值与积分变量的记法无关,为明确起见,可将积分变量改用其他符号,如用 t 表示.则上面的积分可表示为

$$\int_a^x f(t)\mathrm{d}t.$$

如果上限 x 在区间 $[a,b]$ 上任意变动,则对每一个取定的 x,定积分有确定的值与之对应.所以它在 $[a,b]$ 上定义的一个函数,记为 $\Phi(x)$,即

$$\Phi(x)=\int_a^x f(t)\mathrm{d}t\quad(a\leqslant x\leqslant b).$$

函数 $\Phi(x)$ 是积分上限 x 的函数,也称为 $f(t)$ 的变上限积分.它具有下述重要性质.

定理 1　如果函数 $f(x)$ 在区间 $[a,b]$ 上连续,则积分上限函数 $\Phi(x)=\int_a^x f(t)\mathrm{d}t$ 在 $[a,b]$ 上可导,且

$$\Phi'(x)=\frac{\mathrm{d}}{\mathrm{d}x}\int_a^x f(t)\mathrm{d}t=f(x)\quad(a\leqslant x\leqslant b).$$

证　我们只对 $x\in(a,b)$ 进行证明($x=a$ 处的右导数与 $x=b$ 处的左导数也可类似证明).

取 $|\Delta x|$ 充分小,使 $x+\Delta x\in(a,b)$,则

$$\begin{aligned}\Delta\Phi&=\Phi(x+\Delta x)-\Phi(x)=\int_a^{x+\Delta x}f(t)\mathrm{d}t-\int_a^x f(t)\mathrm{d}t\\&=\int_a^x f(t)\mathrm{d}t+\int_x^{x+\Delta x}f(t)\mathrm{d}t-\int_a^x f(t)\mathrm{d}t\\&=\int_x^{x+\Delta x}f(t)\mathrm{d}t.\end{aligned}$$

因为 $f(x)$ 在 $[a,b]$ 上连续,由定积分中值定理,有

$$\Delta\Phi=f(\xi)\Delta x\quad(\xi\text{ 在 }x\text{ 与 }x+\Delta x\text{ 之间})$$

所以

$$\frac{\Delta\Phi}{\Delta x}=f(\xi).$$

由于 $\Delta x\to0$ 时,$\xi\to x$,而 $f(x)$ 是连续函数,上式两边取极限有

$$\lim_{\Delta x\to 0}\frac{\Delta\Phi}{\Delta x}=\lim_{\Delta x\to 0}f(\xi)=\lim_{\xi\to x}f(\xi)=f(x),$$

即

$$\Phi'(x)=\frac{\mathrm{d}}{\mathrm{d}x}\int_a^x f(t)\,\mathrm{d}t=f(x).$$

另外,若$f(x)$在$[a,b]$上连续,则称函数

$$\varphi(x)=\int_x^b f(t)\,\mathrm{d}t\quad(x\in[a,b])$$

为$f(x)$在$[a,b]$上的积分下限函数,由定理 1 可得

$$\frac{\mathrm{d}}{\mathrm{d}x}\int_x^b f(t)\,\mathrm{d}t=-\frac{\mathrm{d}}{\mathrm{d}x}\int_b^x f(t)\,\mathrm{d}t=-f(x).$$

推论(原函数存在定理) 如果函数$f(x)$在区间$[a,b]$上连续,则函数

$$\Phi(x)=\int_a^x f(t)\,\mathrm{d}t$$

就是$f(x)$在$[a,b]$上的一个原函数.

例 1 求 $\frac{\mathrm{d}}{\mathrm{d}x}\left[\int_0^x \sin^2 t\,\mathrm{d}t\right]$.

解 $\frac{\mathrm{d}}{\mathrm{d}x}\left[\int_0^x \sin^2 t\,\mathrm{d}t\right]=\sin^2 x.$

例 2 求 $\frac{\mathrm{d}}{\mathrm{d}x}\left[\int_0^{\sqrt{x}} \mathrm{e}^{-t^2}\mathrm{d}t\right]$.

解 将 $\int_0^{\sqrt{x}}\mathrm{e}^{-t^2}\mathrm{d}t$ 视为$\sqrt{x}$的函数,因而是关于 x 的复合函数,令$\sqrt{x}=u$,则 $\varphi(u)=\int_0^u \mathrm{e}^{-t^2}\mathrm{d}t$,根据复合函数求导公式,有

$$\begin{aligned}\frac{\mathrm{d}}{\mathrm{d}x}\left[\int_0^{\sqrt{x}}\mathrm{e}^{-t^2}\mathrm{d}t\right]&=\frac{\mathrm{d}}{\mathrm{d}x}\left[\int_0^{u}\mathrm{e}^{-t^2}\mathrm{d}t\right]\cdot\frac{\mathrm{d}u}{\mathrm{d}x}\\&=\varphi'(u)\cdot\frac{1}{2\sqrt{x}}\\&=\mathrm{e}^{-u^2}\cdot\frac{1}{2\sqrt{x}}.\end{aligned}$$

例 3 设函数 $y=y(x)$由方程 $\int_1^{y^2}\ln\,\mathrm{d}t+\int_x^0\cos t\,\mathrm{d}t=0$ 所确定,求$\frac{\mathrm{d}y}{\mathrm{d}x}$.

解 对方程两边求导,得

$$\ln y^2\cdot(y^2)'_x-\cos x=0,$$

即

$$\ln y^2\cdot 2y\cdot\frac{\mathrm{d}y}{\mathrm{d}x}-\cos x=0.$$

故

$$\frac{\mathrm{d}y}{\mathrm{d}x}=\frac{\cos x}{4y\ln y}.$$

例 4　求 $\lim\limits_{x\to 0}\dfrac{\int_0^x e^{-t^2}dt}{\sin x}$.

解　这是$\dfrac{0}{0}$型不定式,应用洛必达法则,有

$$\lim_{x\to 0}\frac{\int_0^x e^{-t^2}dt}{\sin x}=\lim_{x\to 0}\frac{\left(\int_0^x e^{-t^2}dt\right)'}{(\sin x)'}$$
$$=\lim_{x\to 0}\frac{e^{-t^2}}{\cos x}=1.$$

6.2.2　微积分基本公式

定理 1 揭示了原函数与定积分的内在联系.由此可以导出一个重要定理,它给出了用原函数计算定积分的公式.

定理 2　设函数 $f(x)$ 在区间 $[a,b]$ 上连续,$F(x)$ 是 $f(x)$ 在 $[a,b]$ 上的一个原函数,则

$$\int_a^b f(x)dx = F(b) - F(a). \tag{6.3}$$

证　因为 $F(x)$ 与 $\int_a^x f(t)dt$ 都是 $f(x)$ 在 $[a,b]$ 上的原函数,所以它们只能相差一个常数 C,即

$$\int_a^x f(t)dt = F(x) + C.$$

令 $x=a$,由于 $\int_a^a f(t)dt = 0$,得 $C=-F(a)$,因此

$$\int_a^x f(t)dt = F(x) - F(a).$$

在上式中,令 $x=b$,得

$$\int_a^b f(t)dt = \int_a^b f(x)dx = F(b) - F(a).$$

为方便起见,以后把 $F(b)-F(a)$ 记成 $F(x)\Big|_a^b$,于是式(6.3)又可写成

$$\int_a^b f(x)dx = F(x)\Big|_a^b.$$

通常称式(6.3)为**微积分基本公式或牛顿-莱布尼茨公式**.它表明:一个连续函数在区间 $[a,b]$ 上的定积分等于它的任意一个原函数在区间 $[a,b]$ 上的改变量.这个公式进一步揭示了定积分与被积函数的原函数或不定积分之间的联系,给定积分提供了一个有效而简便的计算方法.

下面举几个应用式(6.3)来计算定积分的简单例子.

例 5　计算 $\int_0^1 x^2dx$.

解　由于$\dfrac{1}{3}x^3$ 是 x^2 的一个原函数,故由式(6.2)有

$$\int_0^1 x^2dx = \frac{1}{3}x^3\Big|_0^1 = \frac{1}{3}.$$

例 6 计算 $\int_0^{\frac{\pi}{2}}\sqrt{1-\sin 2x}\,\mathrm{d}x$.

解
$$\begin{aligned}\int_0^{\frac{\pi}{2}}\sqrt{1-\sin 2x}\,\mathrm{d}x &= \int_0^{\frac{\pi}{2}}\sqrt{\sin^2 x-2\sin x\cos x+\cos^2 x}\,\mathrm{d}x\\ &= \int_0^{\frac{\pi}{2}}|\sin x-\cos x|\,\mathrm{d}x\\ &= \int_0^{\frac{\pi}{4}}(\cos x-\sin x)\,\mathrm{d}x+\int_{\frac{\pi}{4}}^{\frac{\pi}{2}}(\sin x-\cos x)\,\mathrm{d}x\\ &= (\sin x+\cos x)\Big|_0^{\frac{\pi}{4}}+(-\sin x-\cos x)\Big|_{\frac{\pi}{4}}^{\frac{\pi}{2}}\\ &= 2\sqrt{2}-2.\end{aligned}$$

例 7 计算 $\int_{-1}^{3}|2-x|\,\mathrm{d}x$.

解
$$\begin{aligned}\int_{-1}^{3}|2-x|\,\mathrm{d}x &= \int_{-1}^{2}(2-x)\,\mathrm{d}x+\int_{2}^{3}(x-2)\,\mathrm{d}x\\ &= \left(2x-\frac{1}{2}x^2\right)\Big|_{-1}^{2}+\left(\frac{1}{2}x^2-2x\right)\Big|_{2}^{3}=5.\end{aligned}$$

习题 6.2

1.求下列函数的导数.

(1) $\dfrac{\mathrm{d}}{\mathrm{d}x}\int_0^x\sqrt{1+t^2}\,\mathrm{d}t$;　　(2) $\dfrac{\mathrm{d}}{\mathrm{d}x}\int_{\ln 2}^{x}t^5\mathrm{e}^{-t}\,\mathrm{d}t$;

(3) $\dfrac{\mathrm{d}}{\mathrm{d}x}\int_0^{\cos x}\cos(\pi t^2)\,\mathrm{d}t$;　　(4) $\dfrac{\mathrm{d}}{\mathrm{d}x}\int_x^{\pi}\dfrac{\sin t}{t}\mathrm{d}t\quad(x>0)$.

2.求下列函数的极限.

(1) $\lim\limits_{x\to 0}\dfrac{\int_0^x\arctan t\,\mathrm{d}t}{x^2}$;　　(2) $\lim\limits_{x\to 0}\dfrac{\left(\int_0^x\mathrm{e}^{t^2}\mathrm{d}t\right)^2}{\int_0^x t\mathrm{e}^{2t^2}\mathrm{d}t}$.

3.求由方程 $\int_0^y\mathrm{e}^t\mathrm{d}t+\int_0^x\cos t\,\mathrm{d}t=0$ 所确定的隐函数 $y=y(x)$ 的导数.

4.计算下列定积分.

(1) $\int_1^4\sqrt{x}\,\mathrm{d}x$;　　(2) $\int_{-1}^{2}|x^2-x|\,\mathrm{d}x$;

(3) 设 $f(x)=\begin{cases}x, & 0\leqslant x\leqslant\dfrac{\pi}{2},\\ \sin x, & \dfrac{\pi}{2}\leqslant x\leqslant\pi;\end{cases}$ 求 $\int_0^{\pi}f(x)\,\mathrm{d}x$.

(4) $\int_0^3\sqrt{(2-x)^2}\,\mathrm{d}x$.

6.3　定积分的换元积分法和分部积分法

由牛顿-莱布尼茨公式可知,计算定积分 $\int_a^b f(x)\,\mathrm{d}x$ 的有效、简便的方法是将它转化为求被积函数 $f(x)$ 的原函数在区间 $[a,b]$ 上的增量,在第 5 章中,用换元积分法可以求出一些函数的原函数.因此,在一定条件下,可以用换元法来计算定积分.

6.3.1　定积分的换元积分法

定理　设函数 $f(x)$ 在区间 $[a,b]$ 上连续,函数 $x=\varphi(t)$ 满足条件:

(1) 当 $t\in[\alpha,\beta]$(或 $[\beta,\alpha]$)时,$a\leqslant\varphi(t)\leqslant b$,且 $\varphi(\alpha)=a,\varphi(\beta)=b$;

(2) $\varphi(t)$ 在 $[\alpha,\beta]$(或 $[\beta,\alpha]$)上具有连续导数,则有

$$\int_a^b f(x)\,\mathrm{d}x=\int_\alpha^\beta f(\varphi(t))\varphi'(t)\,\mathrm{d}t. \tag{6.4}$$

式(6.4)叫作定积分换元公式.

证　由假设知,上式两边的被积函数都是连续的,因此不仅上式两端的定积分都存在,而且由 6.2 节定理 3 知,被积函数的原函数也都存在.所以式(6.4)两边的定积分都可用牛顿-莱布尼茨公式计算.假设 $F(x)$ 是 $f(x)$ 的一个原函数,则

$$\int_a^b f(x)\,\mathrm{d}x=F(b)-F(a),$$

又由复合函数的求导法则知,$\Phi(t)=F(\varphi(t))\,t\in(\alpha,\beta)$ 是 $f(\varphi(t))\varphi'(t)$ 的一个原函数,所以

$$\int_\alpha^\beta f(\varphi(t))\varphi'(t)\,\mathrm{d}t=F(\varphi(\beta))-F(\varphi(\alpha))=F(b)-F(a),$$

故

$$\int_a^b f(x)\,\mathrm{d}x=\int_\alpha^\beta f(\varphi(t))\varphi'(t)\,\mathrm{d}t.$$

这就证明了换元公式.

应用换元公式时有两点值得注意:一是用 $x=\varphi(t)$ 把原来的积分变量 x 变换成新变量 t 时,原积分限也要换成相应于新变量 t 的积分限;二是求出 $f(\varphi(t))\varphi'(t)$ 的原函数 $\Phi(t)$ 后,不必带回原积分变量,而是将新变量 t 的上、下限分别代入 $\Phi(t)$ 中,然后相减即可.

例 1　计算 $\int_0^a\sqrt{a^2-x^2}\,\mathrm{d}x\quad(a>0)$.

解　设 $x=\sin t$,则 $\mathrm{d}x=a\cos t\mathrm{d}t$,且

当 $x=0$ 时,$t=0$;当 $x=a$ 时,$t=\dfrac{\pi}{2}$.

于是

$$\begin{aligned}\int_0^a\sqrt{a^2-x^2}\,\mathrm{d}x&=a^2\int_0^{\frac{\pi}{2}}\cos^2t\mathrm{d}t=\frac{a^2}{2}\int_0^{\frac{\pi}{2}}(1+\cos 2t)\,\mathrm{d}t\\&=\frac{a^2}{2}\left[t+\frac{1}{2}\sin 2t\right]^{\frac{\pi}{2}}\\&=\frac{\pi a^2}{4}.\end{aligned}$$

例 2 计算 $\int_0^4 \frac{x+2}{\sqrt{2x+1}}dx$.

解 设 $t=\sqrt{2x+1}$,则 $x=\frac{t^2-1}{2}$,$dx=tdt$;当 $x=0$ 时,$t=1$;当 $x=4$ 时,$t=3$.

于是

$$\int_0^4 \frac{x+2}{\sqrt{2x+1}}dx = \frac{1}{2}\int_1^3 (t^2+3)dt = \frac{1}{2}\left(\frac{t^3}{3}+3t\right)\Bigg|_1^3$$
$$= \frac{1}{2}\left[\left(\frac{27}{3}+9\right)-\left(\frac{1}{3}+3\right)\right] = \frac{22}{3}.$$

例 3 计算 $\int_0^{\frac{\pi}{2}} \cos^5 x \sin x dx$.

解法 1 设 $t=\cos x$,则 $dt=-\sin x dx$;且当 $x=0$ 时,$t=1$,当 $x=\frac{\pi}{2}$时,$t=0$.

于是

$$\int_0^{\frac{\pi}{2}} \cos^5 x \sin x dx = -\int_1^0 t^5 dt = \int_0^1 t^5 dt = \left[\frac{t^6}{6}\right]_0^1 = \frac{1}{6}.$$

在例 3 中,如果不明显地写出新变量 t,直接用凑微分法求解,那么定积分的上、下限就不需变更.

解法 2 $\int_0^{\frac{\pi}{2}} \cos^5 x \sin x dx = -\int_0^{\frac{\pi}{2}} \cos^5 x d(\cos x)$

$$= -\left[\frac{\cos^6 x}{6}\right]_0^{\frac{\pi}{2}} = -\left(0-\frac{1}{6}\right) = \frac{1}{6}.$$

例 4 设函数 $f(x)$ 在区间 $[-a,a]$ 上连续,试证:

(1) $\int_{-a}^a f(x)dx = \int_0^a [f(-x)+f(x)]dx$;

(2) 当 $f(x)$ 为奇函数时,$\int_{-a}^a f(x)dx = 0$;

(3) 当 $f(x)$ 为偶函数时,$\int_{-a}^a f(x)dx = 2\int_0^a f(x)dx$.

证 (1) 由于

$$\int_{-a}^a f(x)dx = \int_{-a}^0 f(x)dx + \int_0^a f(x)dx,$$

在 $\int_{-a}^0 f(x)dx$ 中,设 $x=-t$,则

$$\int_{-a}^0 f(x)dx = -\int_a^0 f(-t)dt = \int_0^a f(-x)dx.$$

故

$$\int_{-a}^a f(x)dx = \int_0^a f(-x)dx + \int_0^a f(x)dx = \int_0^a [f(-x)+f(x)]dx.$$

(2)当$f(x)$是奇函数时，$f(-x)+f(x)=0$，因此

$$\int_{-a}^{a} f(x)\,\mathrm{d}x = 0.$$

(3)当$f(x)$是偶函数时，$f(-x)+f(x)=2f(x)$，因此

$$\int_{-a}^{a} f(x)\,\mathrm{d}x = 2\int_{0}^{a} f(x)\,\mathrm{d}x.$$

利用例4的结论，可简化在对称区间上的定积分的计算.

例5 求下列定积分$\int_{-\frac{\pi}{4}}^{\frac{\pi}{4}} \frac{\mathrm{d}x}{1+\sin x}$.

解 由于被积函数为非奇非偶函数，由例4(1)知

$$\int_{-\frac{\pi}{4}}^{\frac{\pi}{4}} \frac{\mathrm{d}x}{1+\sin x} = \int_{0}^{\frac{\pi}{4}} \left(\frac{1}{1-\sin x} + \frac{1}{1+\sin x}\right) \mathrm{d}x = 2\int_{0}^{\frac{\pi}{4}} \sec^2 x\mathrm{d}x = 2\tan x \Big|_{0}^{\frac{\pi}{4}} = 2.$$

例6 试证：

$$\int_{0}^{\frac{\pi}{2}} \sin^n x\mathrm{d}x = \int_{0}^{\frac{\pi}{2}} \cos^n x\mathrm{d}x \quad (n\text{为非负整数}).$$

证 设$x=\frac{\pi}{2}-t$，则$\mathrm{d}x=-\mathrm{d}t$；当$x=0$时，$t=\frac{\pi}{2}$；当$x=\frac{\pi}{2}$时，$t=0$. 于是有：

$$\int_{0}^{\frac{\pi}{2}} \sin^n x\mathrm{d}x = \int_{\frac{\pi}{2}}^{0} \sin^n\left(\frac{\pi}{2}-t\right) \mathrm{d}\left(\frac{\pi}{2}-t\right) = \int_{0}^{\frac{\pi}{2}} \cos^n t\mathrm{d}t = \int_{0}^{\frac{\pi}{2}} \cos^n x\mathrm{d}x.$$

例7 设函数$f(x)=\begin{cases} \dfrac{1}{1+\cos x}, & -1\leqslant x\leqslant 0 \\ xe^{-x^2}, & x\geqslant 0 \end{cases}$，求$\int_{1}^{4} f(x-2)\,\mathrm{d}x$.

解 设$u=x-2$，则当$x=1$时，$u=-1$；当$x=4$时，$u=2$. 于是

$$\begin{aligned} \int_{1}^{4} f(x-2)\,\mathrm{d}x &= \int_{-1}^{2} f(u)\,\mathrm{d}u \\ &= \int_{-1}^{0} \frac{\mathrm{d}u}{1+\cos u} + \int_{0}^{2} u\mathrm{e}^{-u^2}\mathrm{d}u \\ &= \tan\frac{u}{2}\Big|_{-1}^{0} - \frac{1}{2}\mathrm{e}^{-u^2}\Big|_{0}^{2} = \tan\frac{1}{2} - \frac{1}{2}\mathrm{e}^{-4} + \frac{1}{2}. \end{aligned}$$

6.3.2 定积分的分部积分法

利用不定积分的分部积分公式及牛顿-莱布尼茨公式，即可得出定积分的分部积分公式.

设函数$u=u(x)$，$v=v(x)$在区间$[a,b]$上具有连续导数，按不定积分的分部积分法，有

$$\int u(x)\mathrm{d}v(x) = u(x)\cdot v(x) - \int v(x)\mathrm{d}u(x).$$

从而得

$$\int_{a}^{b} u(x)\mathrm{d}v(x) = [u(x)\cdot v(x)]_{a}^{b} - \int_{a}^{b} v(x)\mathrm{d}u(x). \tag{6.5}$$

这就是定积分的分部积分公式.

例8 计算$\int_{0}^{\frac{1}{2}} \arcsin x\mathrm{d}x$.

解 $\int_0^{\frac{1}{2}} \arcsin x\mathrm{d}x = x\arcsin x\Big|_0^{\frac{1}{2}} - \int_0^{\frac{1}{2}} \frac{x}{\sqrt{1-x^2}}\mathrm{d}x$

$$= \frac{1}{2}\cdot\frac{\pi}{6} + \frac{1}{2}\int_0^{\frac{1}{2}}(1-x^2)^{-\frac{1}{2}}\mathrm{d}(1-x^2)$$

$$= \frac{\pi}{12} + \sqrt{1-x^2}\Big|_0^{\frac{1}{2}} = \frac{\pi}{12} + \frac{\sqrt{3}}{2} - 1.$$

例 9 计算$\int_0^1 \mathrm{e}^{\sqrt{x}}\mathrm{d}x$.

解 先用换元法.令$\sqrt{x}=t$,则$x=t^2$,$\mathrm{d}x=2t\mathrm{d}t$,当$x=0$时,$t=0$;当$x=1$时,$t=1$,于是

$$\int_0^1 \mathrm{e}^{\sqrt{x}}\mathrm{d}x = 2\int_0^1 t\mathrm{e}^t\mathrm{d}t.$$

再用分部积分法,因为

$$\int_0^1 t\mathrm{e}^t\mathrm{d}t = \int_0^1 t\mathrm{d}\mathrm{e}^t = t\mathrm{e}^t\Big|_0^1 - \int_0^1 \mathrm{e}^t\mathrm{d}t = \mathrm{e} - \mathrm{e}^t\Big|_0^1 = 1.$$

因此

$$\int_0^1 \mathrm{e}^{\sqrt{x}}\mathrm{d}x = 2\int_0^1 t\mathrm{e}^t\mathrm{d}t = 2.$$

例 10 计算$\int_0^{\pi} x\cos x\mathrm{d}x$.

解 $\int_0^{\pi} x\cos x\mathrm{d}x = \int_0^{\pi} x\mathrm{d}\sin x = [x\sin x]_0^{\pi} - \int_0^{\pi}\sin x\mathrm{d}x$

$$= -\int_0^{\pi}\sin x\mathrm{d}x = [\cos x]_0^{\pi} = -2.$$

例 11 计算$I_n = \int_0^{\frac{\pi}{2}}\sin^n x\mathrm{d}x$ (n为正整数).

解 $I_n = \int_0^{\frac{\pi}{2}}\sin^n x\mathrm{d}x = -\int_0^{\frac{\pi}{2}}\sin^{n-1}x\mathrm{d}\cos x$

$$= (-\sin^{n-1}x\cos x)\Big|_0^{\frac{\pi}{2}} + \int_0^{\frac{\pi}{2}}\cos x\cdot(n-1)\sin^{n-2}x\cos x\mathrm{d}x$$

$$= (n-1)\int_0^{\frac{\pi}{2}}\sin^{n-2}x\cdot(1-\sin^2 x)\mathrm{d}x$$

$$= (n-1)I_{n-2} - (n-1)I_n,$$

由此得到递推公式:

$$I_n = \frac{n-1}{n}I_{n-2}.$$

而

$$I_0 = \int_0^{\frac{\pi}{2}}\mathrm{d}x = \frac{\pi}{2}, I_1 = \int_0^{\frac{\pi}{2}}\sin x\mathrm{d}x = 1,$$

故当n为偶数时:

$$I_n = \frac{n-1}{n}\cdot\frac{n-3}{n-2}\cdot\cdots\cdot\frac{3}{4}\cdot\frac{1}{2}\cdot\frac{\pi}{2},$$

当 n 为大于 1 的正奇数时：

$$I_n = \frac{n-1}{n} \cdot \frac{n-3}{n-2} \cdot \cdots \cdot \frac{4}{5} \cdot \frac{2}{3}.$$

由例 6 知，$\int_0^{\frac{\pi}{2}} \cos^n x\mathrm{d}x$ 与 $\int_0^{\frac{\pi}{2}} \sin^n x\mathrm{d}x$ 有相同的结果.例如：

$$\int_0^{\frac{\pi}{2}} \sin^4 x\mathrm{d}x = \frac{3}{4} \cdot \frac{1}{2} \cdot \frac{\pi}{2} = \frac{3\pi}{16};$$

$$\int_0^{\frac{\pi}{2}} \cos^7 x\mathrm{d}x = \frac{6}{7} \cdot \frac{4}{5} \cdot \frac{2}{3} = \frac{16}{35}.$$

习题 6.3

1.计算下列积分.

(1) $\int_{\frac{\pi}{3}}^{\pi} \sin\left(x + \frac{\pi}{3}\right) \mathrm{d}x$；　　(2) $\int_{-2}^{1} \frac{\mathrm{d}x}{(11+5x)^3}$；

(3) $\int_{-1}^{1} \frac{1}{\sqrt{5-4x}}\mathrm{d}x$；　　(4) $\int_0^{\frac{\pi}{2}} \sin\varphi \ \cos^3\varphi\mathrm{d}\varphi$；

(5) $\int_{\frac{\pi}{6}}^{\frac{\pi}{2}} \cos^2 u\mathrm{d}u$；　　(6) $\int_1^{e^2} \frac{\mathrm{d}x}{x\sqrt{1+\ln x}}$；

(7) $\int_1^{\sqrt{3}} \frac{\mathrm{d}x}{x^2\sqrt{1+x^2}}$；　　(8) $\int_0^{\sqrt{2}} \sqrt{2-x^2}\mathrm{d}x$；

(9) $\int_{\ln 2}^{\ln 3} \frac{\mathrm{d}x}{e^x - e^{-x}}$；　　(10) $\int_2^3 \frac{\mathrm{d}x}{x^2+x-2}$.

2.计算下列定积分.

(1) $\int_0^1 xe^{-x}\mathrm{d}x$；　　(2) $\int_1^e x \ln x\mathrm{d}x$；

(3) $\int_1^4 \frac{\ln x}{\sqrt{x}}\mathrm{d}x$；　　(4) $\int_{\frac{\pi}{4}}^{\frac{\pi}{3}} \frac{x}{\sin^2 x}\mathrm{d}x$；

(5) $\int_0^{\frac{\pi}{2}} e^{2x}\cos x\mathrm{d}x$；　　(6) $\int_1^2 x \log_2 x\mathrm{d}x$；

(7) $\int_0^{\pi} (x \sin x)^2\mathrm{d}x$；　　(8) $\int_1^e \sin(\ln x)\mathrm{d}x$.

3.利用被积函数的奇偶性计算下列积分.

(1) $\int_{-1}^{1} \ln(x+\sqrt{1+x^2})\mathrm{d}x$；　　(2) $\int_{-1}^{1} \frac{2+\sin x}{1+x^2}\mathrm{d}x$；

(3) $\int_{-2}^{2} (x+\sqrt{4-x^2})\mathrm{d}x$；　　(4) $\int_{-\frac{\pi}{2}}^{\frac{\pi}{2}} 4\cos^4\theta\mathrm{d}\theta$.

4.证明下列等式.

(1)证明：$\int_0^1 x^m(1-x)^n\mathrm{d}x = \int_0^1 x^n(1-x)^m\mathrm{d}x$；

(2)证明：$\int_x^1 \frac{dx}{1+x^2} = \int_1^{\frac{1}{x}} \frac{dx}{1+x^2} \quad (x > 0)$；

(3)设$f(x)$是定义在区间$(-\infty,+\infty)$上的周期为T的连续函数,则对任意$a \in (-\infty,+\infty)$,有

$$\int_a^{a+T} f(x)\,dx = \int_0^T f(x)\,dx.$$

5.若$f(t)$是连续函数且为奇函数,证明$\int_0^x f(t)\,dt$是偶函数；若$f(t)$是连续函数且为偶函数,证明$\int_0^x f(t)\,dt$是奇函数.

6.4 定积分的应用

定积分的应用十分广泛,本节中,将运用前面学过的定积分理论来分析和解决一些实际问题,包括定积分在几何中的应用和在经济学中的应用.更重要的是把所求的量归结为某个定积分的分析方法—微元法.

6.4.1 定积分的微元法

由定积分的定义可知,若$f(x)$在$[a,b]$上可积,则对于$[a,b]$的任意划分$a=x_0<x_1<x_2<\cdots<x_{n-1}<x_n=b$及$[x_{i-1},x_i]$上任意点$\xi_i$,有

$$\int_a^b f(x)\,dx = \lim_{\lambda\to 0}\sum_{i=1}^n f(\xi_i)\Delta x_i,$$

这里$\Delta x_i=x_i-x_{i-1}\ (i=1,2,\cdots,n)$,$\lambda=\max\limits_{1\leqslant i\leqslant n}\{\Delta x_i\}$,上式表明定积分的本质就是一特定和式的极限.基于此,可将一些实际问题中的有关量的计算问题归结为定积分的计算.例如,前面介绍的曲边梯形面积的计算问题即是如此,其归结过程概括地说就是“分割作近似,求和取极限”,也就是将整体化成局部之和,利用整体上变化的量局部近似不变这一辩证关系,局部以“不变”代表“变”,这就是利用定积分解决实际问题的基本思想.

根据定积分的定义,如果某一实际问题中所求量Q符合下列条件：

(1)所求量Q(如面积)与自变量x的变化区间有关；

(2)所求量Q对于区间$[a,b]$具有可加性,即如果把区间$[a,b]$任意分成n个部分区间$[x_{i-1},x_i]\ (i=1,2,\cdots,n)$,则$Q$相应地分成$n$个部分量$\Delta Q_i$,而$Q=\sum\limits_{i=1}^n \Delta Q_i$.

(3)部分量ΔQ_i可近似表示为$f(\xi_i)\Delta x_i\ \ (\xi_i\in[x_{i-1},x_i])$,且$\Delta Q_i-f(\xi_i)\Delta x_i=o(\Delta x_i)$.那么,所求量$Q$就可表示为定积分：

$$Q=\lim_{\lambda\to 0}\sum_{i=1}^n f(\xi_i)\Delta x_i=\int_a^b f(x)\,dx,$$

其中$\Delta x_i=x_i-x_{i-1}(i=1,2,\cdots,n)$,$\lambda=\max\limits_{1\leqslant i\leqslant n}\{\Delta x_i\}$.

一般地,如果所求量Q与变量x的变化区间有关,且对区间$[a,b]$具有可加性,在$[a,b]$上任取一个小区间$[x,x+dx]$,然后求出Q在这个小区间的部分量ΔQ的近似值$dQ=f(x)dx$,称为Q的微元(或称元素),以它作为被积表达式,即可得到所求量的积分表达式：

$$Q=\int_a^b f(x)\,\mathrm{d}x.$$

这种建立定积分表达式的方法称为微元法(或元素法).

下面,利用微元法来解决一些几何及经济中的实际问题.

6.4.2　平面图形的面积

设平面图形由连续曲线 $y=f(x)$, $y=g(x)$ 和直线 $x=a$, $x=b$ 围成,其中 $f(x)\geqslant g(x)$ ($a\leqslant x\leqslant b$),如图6.4所示,我们来求它的面积 A.

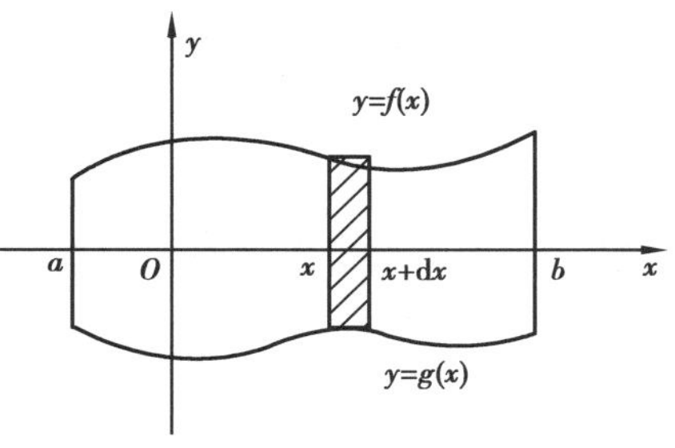

图 6.4

取 x 为积分变量,它的变化区间为 $[a,b]$,在 $[a,b]$ 上任取一小区间 $[x,x+\mathrm{d}x]$,与这个小区间对应窄边形的面积 ΔA 近似地等于高为 $f(x)-g(x)$,底为 $\mathrm{d}x$ 的窄矩形的面积(图 6.4),从而得到面积微元

$$\mathrm{d}A=[f(x)-g(x)]\mathrm{d}x,$$

所以

$$A=\int_a^b[f(x)-g(x)]\mathrm{d}x.$$

类似地,若平面图形由连续曲线 $x=\varphi(y)$, $x=\psi(y)$ ($\varphi(y)\leqslant\psi(y)$)及直线 $y=c$, $y=d$ ($c<d$)所围成(图 6.5),取 y 作积分变量,则其面积 A 为

$$A=\int_c^d[\psi(y)-\varphi(y)]\mathrm{d}x.$$

例 1　计算由抛物线 $y=-x^2+1$ 与 $y=x^2-x$ 所围的平面图形的面积 A(图 6.6).

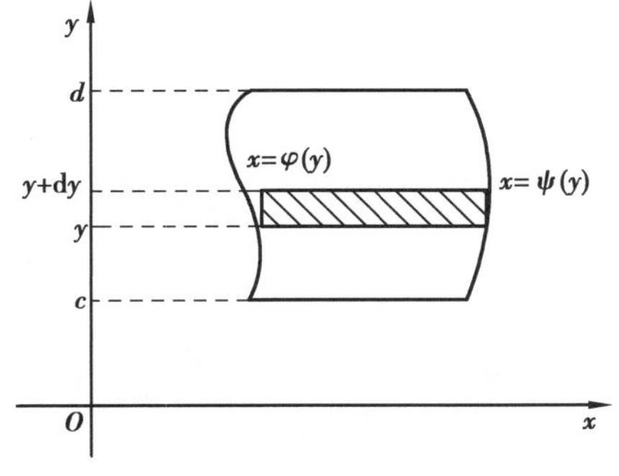

图 6.5

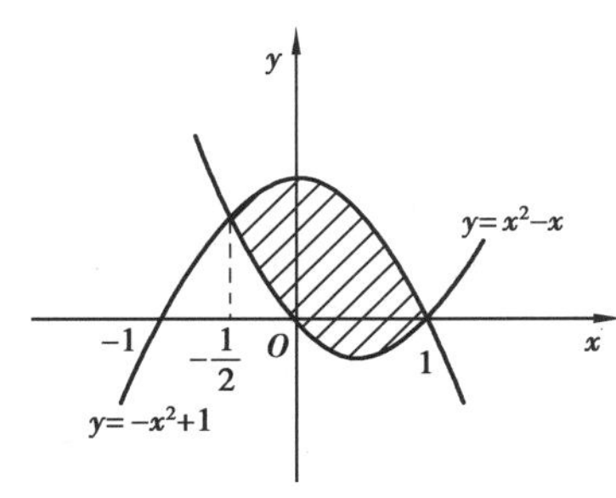

图 6.6

解　由方程组

$$\begin{cases}y=-x^2+1,\\ y=x^2-x\end{cases}$$

解得两抛物线交点 $\left(-\frac{1}{2},\frac{3}{4}\right)$ 及 $(1,0)$,于是图形位于直线 $x=-\frac{1}{2}$ 与 $x=1$ 之间(图 6.6).取 x 为积分变量, $-\frac{1}{2}\leqslant x\leqslant 1$,面积元素 $\mathrm{d}A=[(-x^2+1)-(x^2-x)]\mathrm{d}x=(-2x^2+x+1)\mathrm{d}x$;

因此,

$$A=\int_{\frac{1}{2}}^{1}(-2x^{2}+x+1)\,\mathrm{d}x$$

$$=\left(-\frac{2}{3}x^{3}+\frac{1}{2}x^{2}+x\right)\Bigg|_{-\frac{1}{2}}^{1}$$

$$=\frac{9}{8}.$$

例 2 计算抛物线 $y^2=2x$ 与直线 $y=x-4$ 所围的平面图形的面积 A(图 6.7).

解 由方程组

$$\begin{cases}y^{2}=2x,\\ y=x-4\end{cases}$$

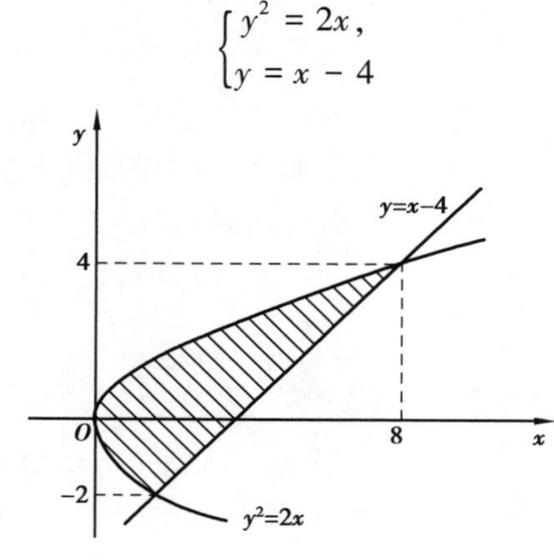

图 6.7

解得两曲线的交点为(2,-2)及(8,4).取 y 作积分变量,$-2\leqslant y\leqslant 4$,面积元素 $dA=\left(y+4-\frac{1}{2}y^2\right)\mathrm{d}y$,于是得

$$A=\int_{-2}^{4}\left(y+4-\frac{1}{2}y^{2}\right)\mathrm{d}y=\left(\frac{y^{2}}{2}+4y-\frac{y^{3}}{6}\right)\Bigg|_{-2}^{4}=18.$$

例 3 求椭圆 $\frac{x^2}{a^2}+\frac{y^2}{b^2}=1$ 所围图形的面积 A.

解 因为椭圆关于两坐标轴对称(图 6.8),所以椭圆所围图形的面积是第一象限内那部分面积的 4 倍,对椭圆在第一象限部分的面积,取 x 作积分变量,$0\leqslant x\leqslant a$,面积元素

$$\mathrm{d}A=y\mathrm{d}x=\frac{b}{a}\sqrt{a^{2}-x^{2}}\,\mathrm{d}x$$

所以

$$A=4\int_{0}^{a}\frac{b}{a}\sqrt{a^{2}-x^{2}}\,\mathrm{d}x.$$

应用定积分换元法,令

$$x=a\sin t\quad\left(-\frac{\pi}{2}\leqslant t\leqslant\frac{\pi}{2}\right),$$

则

$$\mathrm{d}x=a\cos t\mathrm{d}t,$$

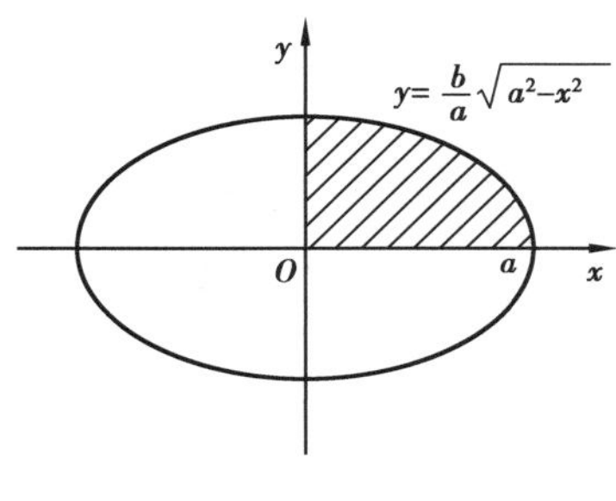

图 6.8

当 $x=0$ 时，$t=0$；当 $x=a$ 时，$t=\frac{\pi}{2}$.

于是

$$\begin{aligned}A &= 4\int_0^{\frac{\pi}{2}} b\cos t\cdot(a\cos t)\,\mathrm{d}t\\ &= 4ab\int_0^{\frac{\pi}{2}}\cos^2 t\,\mathrm{d}t = 4ab\int_0^{\frac{\pi}{2}}\frac{1+\cos 2t}{2}\mathrm{d}t.\\ &= 4ab\left(\frac{1}{2}t+\frac{1}{4}\sin 2t\right)\Bigg|_0^{\frac{\pi}{2}} = \pi ab.\end{aligned}$$

例 4　求由曲线 $y=\sin x$，$y=\cos x$ 及直线 $x=0$，$x=\frac{\pi}{2}$所围的平面图形的面积 A.

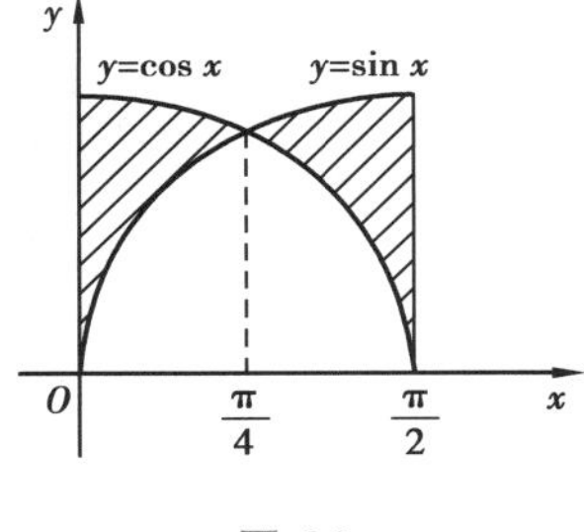

图 6.9

解　由方程组

$$\begin{cases}y=\sin x,\\ y=\cos x\end{cases}$$

解得两曲线的交点为$\left(\frac{\pi}{4},\frac{\sqrt{2}}{2}\right)$，如图 6.9 所示.

取 x 作积分变量，当 $0\leqslant x\leqslant\frac{\pi}{4}$时，面积元素 $\mathrm{d}A=(\cos x-\sin x)\mathrm{d}x$，

当$\frac{\pi}{4}\leqslant x\leqslant\frac{\pi}{2}$时，面积元素 $\mathrm{d}A=(\sin x-\cos x)\mathrm{d}x$；

因此有

$$\begin{aligned}A &= \int_0^{\frac{\pi}{4}}(\cos x-\sin x)\mathrm{d}x+\int_{\frac{\pi}{4}}^{\frac{\pi}{2}}(\sin x-\cos x)\mathrm{d}x\\ &= (\sin x+\cos x)\Bigg|_0^{\frac{\pi}{4}}+(-\sin x-\cos x)\Bigg|_{\frac{\pi}{4}}^{\frac{\pi}{2}}\\ &= 2(\sqrt{2}-1).\end{aligned}$$

6.4.3 旋转体的体积

所谓旋转体就是由一平面图形绕它所在平面内的一条定直线旋转一周而成的立体.

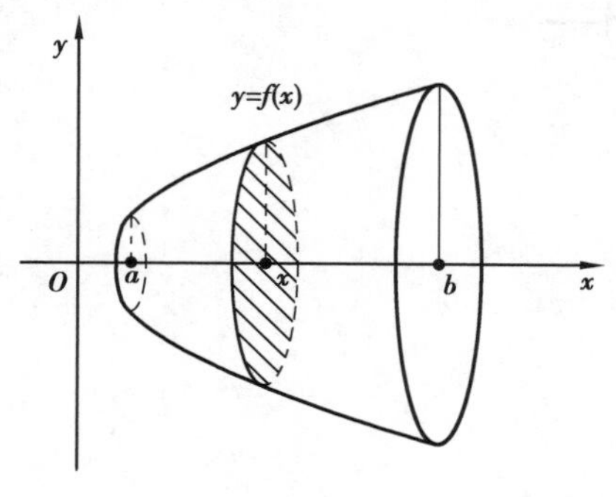

图 6.10

如图 6.10 所示,设旋转体是由连续曲线 $y=f(x)$、直线 $x=a,x=b(a<b)$ 和 x 轴所围成的曲边梯形绕 x 轴旋转一周而成的.

取 x 作积分变量,它的变化区间为 $[a,b]$,在 $[a,b]$ 上任取一小区间 $[x,x+dx]$,相应的窄边梯形绕 x 轴旋转而成的薄片的体积近似等于以 $|f(x)|$ 为底半径、以 dx 为高的扁圆柱体的体积.从而得体积元素

$$dV_x=\pi[f(x)]^2dx.$$

于是所求旋转体的体积为

$$V_x=\pi\int_a^b f^2(x)\,dx.$$

类似地,若旋转体是由曲线 $x=\varphi(y)$、直线 $y=c,y=d\ (c<d)$ 和 y 轴所围成的曲边梯形绕 y 轴旋转一周而成的,则其体积为

$$V_y=\pi\int_c^d\varphi^2(y)\,dy.$$

例 5 计算由椭圆 $\dfrac{x^2}{a^2}+\dfrac{y^2}{b^2}=1$ 所围图形绕 x 轴旋转而成的旋转体(称为旋转椭球体,如图 6.11 所示的体积.

解 这个旋转体实际上就是半个椭圆 $y=\dfrac{b}{a}\sqrt{a^2-x^2}$ 及 x 轴所围曲边梯形绕 x 轴旋转而成的立体,取 x 作积分变量,$-a\leqslant x\leqslant a$,体积元素

$$dV_x=\pi\left[\frac{b}{a}\sqrt{a^2-x^2}\right]^2dx=\frac{b^2}{a^2}\pi(a^2-x^2)\,dx.$$

所以,所求体积

$$V_x=\pi\int_{-a}^{a}\frac{b^2}{a^2}(a^2-x^2)\,dx=2\pi\int_0^a\frac{b^2}{a^2}(a^2-x^2)\,dx=2\pi\frac{b^2}{a^2}\left(a^2x-\frac{x^3}{3}\right)\Bigg|_0^a=\frac{4}{3}\pi ab^2.$$

特别地,当 $a=b$ 时就可得到半径为 a 的球的体积 $\dfrac{4}{3}\pi a^3$.

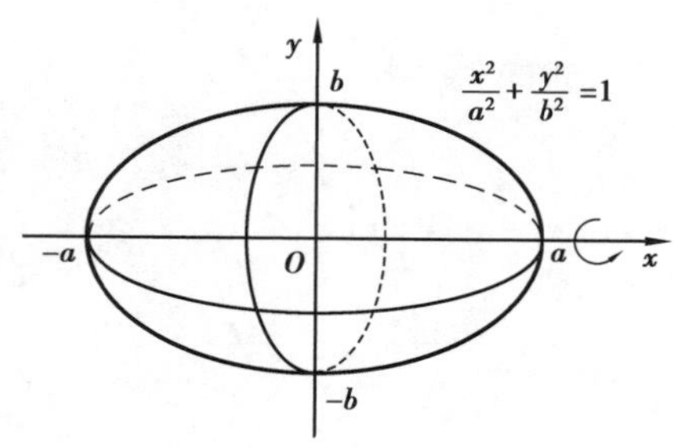

图 6.11

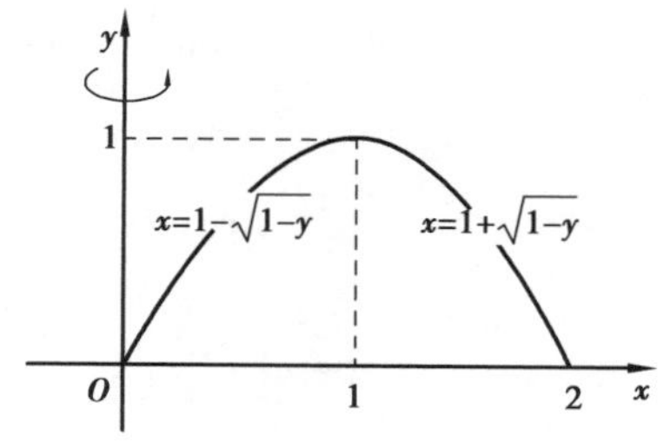

图 6.12

例 6　求由曲线 $y=2x-x^2$ 和 x 轴所围图形绕 y 轴旋转一周所得旋转体的体积.

解　如图 6.12 所示，$y=2x-x^2$ 的反函数分为两支，$x=1-\sqrt{1-y}$ $(0\leqslant y\leqslant 1)$ 和 $x=1+\sqrt{1-y}$ $(0\leqslant y\leqslant 1)$. 因此，所求的旋转体的体积为

$$\begin{aligned}V_y &= \pi\int_0^1 (1+\sqrt{1-y})^2 \mathrm{d}y - \pi\int_0^1 (1-\sqrt{1-y})^2 \mathrm{d}y \\ &= \pi\int_0^1 [(1+\sqrt{1-y})^2-(1-\sqrt{1-y})^2]\mathrm{d}y \\ &= 4\pi\int_0^1 \sqrt{1-y}\,\mathrm{d}y \\ &= -4\pi\cdot\frac{2}{3}(1-y)^{\frac{3}{2}}\Big|_0^1 = \frac{8}{3}\pi.\end{aligned}$$

6.4.4　定积分在经济学中的应用

假设某产品的固定成本为 C_0、边际成本函数为 $C'(Q)$、边际收益函数为 $R'(Q)$，其中 Q 为产量，并假定该产品处于产销平衡状态，则根据经济学的有关理论及定积分的微元分析法易知：

总成本函数

$$C(Q)=\int_0^Q C'(Q)\mathrm{d}Q + C_0;$$

总收益函数

$$R(Q)=\int_0^Q R'(Q)\mathrm{d}Q;$$

总利润函数

$$L(Q)=R(Q)-C(Q)=\int_0^Q [R'(Q)-C'(Q)]\mathrm{d}Q - C_0.$$

例 7　设某产品的边际成本为 $C'(Q)=4+\frac{Q}{4}$（万元/百台）、固定成本为 $C_0=1$（万元）、边际收益为 $R'(Q)=8-Q$（万元/百台），求：

(1) 产量从 100 台增加到 500 台的成本增量；

(2) 总成本函数 $C(Q)$ 和总收益函数 $R(Q)$；

(3) 产量为多少时，总利润最大？并求最大利润.

解　(1) 产量从 100 台增加到 500 台的成本增量为

$$\int_1^5 C'(Q)\mathrm{d}Q = \int_1^5\left(4+\frac{Q}{4}\right)\mathrm{d}Q = \left(4Q+\frac{Q^2}{8}\right)\Big|_1^5 = 19 \text{ 万元}.$$

(2) 总成本函数

$$C(Q)=\int_0^Q C'(Q)\mathrm{d}Q + C_0 = \int_0^Q\left(4+\frac{Q}{4}\right)\mathrm{d}Q + 1 = 4Q+\frac{Q^2}{8}+1,$$

总收益函数

$$R(Q)=\int_0^Q R'(Q)\mathrm{d}Q + C_0 = \int_0^Q (8-Q)\mathrm{d}Q = 8Q-\frac{Q^2}{2}.$$

(3)总利润函数

$$L(Q)=R(Q)-C(Q)=\left(8Q-\frac{Q^2}{2}\right)-\left(4Q+\frac{Q^2}{8}+1\right)=-\frac{5}{8}Q^2+4Q-1,$$

$$L'(Q)=-\frac{5}{4}Q+4.$$

令 $L'(Q)=0$,得唯一驻点 $Q=3.2$(百台),又因为 $L''(3.2)=-\frac{5}{4}<0$,所以当 $Q=3.2$(百台)时,总利润最大,最大利润为 $L(3.2)=5.4$(万元).

例 8 已知生产某产品 Q 单位时,边际收益函数 $R'(Q)=200-\frac{Q}{50}$(元/单位),试求生产 Q 单位产品时的总收益 $R(Q)$ 以及平均单位收益$\overline{R}(Q)$.并求生产 2000 单位产品时总收益及平均单位收益.

解 生产 Q 单位产品时的总收益为:

$$R(Q)=\int_0^Q R'(Q)dQ=\int_0^Q\left(200-\frac{Q}{50}\right)\mathrm{d}Q$$

$$=\left[200Q-\frac{Q^2}{100}\right]_0^Q=200Q-\frac{Q^2}{100}.$$

平均收益函数为:

$$\overline{R}(Q)=\frac{R(Q)}{Q}=200-\frac{Q}{100}.$$

生产 2 000 单位产品时的总收益为:

$$R(2\ 000)=400\ 000\text{ 元}-\frac{(2\ 000)^2}{100}\text{ 元}=360\ 000\text{ 元}.$$

平均收益为:

$$\overline{R}(2\ 000)=180\text{ 元}.$$

习题 6.4

1.求由下列曲线所围成的平面图形的面积.

(1)$y=x^2$ 与 $y=2-x^2$;

(2)$y=\mathrm{e}^x$ 与 $x=0$ 及 $y=\mathrm{e}$;

(3)$y=4-x^2$ 与 $y=0$;

(4)$y=x^2$ 与 $y=x$ 及 $y=2x$;

(5)$y=\frac{1}{x}$与 $y=x$ 及 $x=2$;

(6)$y^2=x$ 与 $y=x-2$;

(7)$y=\mathrm{e}^x$,$y=\mathrm{e}$ 与 $x=1$;

(8)$y=\sin x$ $\left(0\leqslant x\leqslant\frac{\pi}{2}\right)$ 与 $x=0$,$y=1$.

2.求由下列曲线围成的平面图形绕指定坐标轴旋转而成的旋转体的体积.

(1) $y=\sqrt{x}$, $x=1$, $x=4$, $y=0$,绕 x 轴;

(2) $y=x^3$, $x=2$, x 轴,分别绕 x 轴与 y 轴;

(3) $y=x^2$, $x=y^2$,绕 y 轴;

(4) $(x-5)^2+y^2=1$,绕 y 轴.

3.设某企业边际成本是产量 Q 的函数 $C'(Q)=2e^{0.2Q}$(万元/单位),其固定成本为 $C_0=90$(万元),求总成本函数.

4.设某产品的边际收益是产量 Q 的函数 $R'(Q)=15-2Q$(元/单位),试求总收益函数与需求函数.

5.已知某产品产量的变化率是时间 t 的函数 $f(t)=2t+5$, $t\geqslant 0$,问:第一个5月和第二个5月的总产量各是多少?

6.某厂生产某产品 Q 的总成本 $C(Q)$(万元)的变化率为 $C'(Q)=2$(设固定成本为零),总收益 $R(Q)$(万元)的变化率为产量 Q(百台)的函数 $R'(Q)=7-2Q$.问:

(1)生产量为多少时,总利润最大?最大利润是多少?

(2)在利润最大的基础上又多生产了50台,总利润减少了多少?

*6.5　反常积分初步

前面我们讨论的定积分,要求积分区间 $[a,b]$ 是有限区间,被积函数是有界函数.但在一些实际问题中,不得不考虑无穷区间上的积分或无界函数的积分.它们已不属于前面所讨论的定积分,因此对定积分作如下两种推广.这两种积分统称为反常积分(或称为广义积分).

6.5.1　无穷区间上的反常积分

定义1　设函数 $f(x)$ 在区间 $[a,+\infty)$ 上连续,取任意 $t>a$,记

$$\int_a^{+\infty} f(x)\,dx = \lim_{t\to+\infty}\int_a^t f(x)\,dx, \tag{6.6}$$

称 $\int_a^{+\infty} f(x)\,dx$ 为函数 $f(x)$ 在无穷区间 $[a,+\infty)$ 上的反常积分(或简称为无穷积分).若式(6.6)中的极限存在,则称该反常积分收敛,且其极限值为该无反常积分的值;否则,称该反常积分发散.

类似地可定义:

(1)函数 $f(x)$ 在区间 $(-\infty,b]$ 上反常积分:

$$\int_{-\infty}^b f(x)\,dx = \lim_{t\to-\infty}\int_t^b f(x)\,dx \quad (t<b); \tag{6.7}$$

(2)函数 $f(x)$ 在区间 $(-\infty,+\infty)$ 上的反常积分:

$$\begin{aligned}\int_{-\infty}^{+\infty} f(x)\,dx &= \int_{-\infty}^{c} f(x)\,dx + \int_c^{+\infty} f(x)\,dx \\ &= \lim_{s\to-\infty}\int_s^c f(x)\,dx + \lim_{t\to+\infty}\int_c^t f(x)\,dx\end{aligned} \tag{6.8}$$

对积分$\int_{-\infty}^{+\infty} f(x)\mathrm{d}x$,其收敛的充要条件是$\int_{-\infty}^{c} f(x)\mathrm{d}x$及$\int_{c}^{+\infty} f(x)\mathrm{d}x$同时收敛.

例 1 计算反常积分$\int_0^{+\infty} x\mathrm{e}^{-x^2}\mathrm{d}x$.

解 $\int_0^{+\infty} x\mathrm{e}^{-x^2}\mathrm{d}x = \lim\limits_{t\to+\infty}\int_0^t x\mathrm{e}^{-x^2}\mathrm{d}x = \lim\limits_{t\to+\infty}\left(-\frac{1}{2}\mathrm{e}^{-x^2}\right)\Big|_0^t = \frac{1}{2}$.

例 2 计算反常积分$\int_{-\infty}^{+\infty}\frac{\mathrm{d}x}{1+x^2}$.

解 由定义有

$$\begin{aligned}
\int_{-\infty}^{+\infty}\frac{\mathrm{d}x}{1+x^2} &= \int_{-\infty}^{0}\frac{\mathrm{d}x}{1+x^2} + \int_0^{+\infty}\frac{\mathrm{d}x}{1+x^2}\\
&= \lim_{s\to-\infty}\int_s^0\frac{\mathrm{d}x}{1+x^2} + \lim_{t\to+\infty}\int_0^t\frac{\mathrm{d}x}{1+x^2}\\
&= \lim_{s\to-\infty}(\arctan x)\Big|_s^0 + \lim_{t\to+\infty}(\arctan x)\Big|_0^t\\
&= -\lim_{s\to-\infty}\arctan s + \lim_{t\to+\infty}\arctan t\\
&= -\left(-\frac{\pi}{2}\right) + \frac{\pi}{2} = \pi.
\end{aligned}$$

设$F(x)$是$f(x)$的一个原函数,对于反常积分$\int_a^{+\infty} f(x)\mathrm{d}x$,为了书写方便起见,可简记为

$$\int_a^{+\infty} f(x)\mathrm{d}x = \lim_{t\to+\infty}\left(F(x)\Big|_a^t\right) = F(x)\Big|_a^{+\infty} = F(+\infty) - F(a).$$

同理,记

$$\int_{-\infty}^{b} f(x)\mathrm{d}x = \lim_{s\to-\infty}\left(F(x)\Big|_s^b\right) = F(x)\Big|_{-\infty}^{b} = F(b) - F(-\infty).$$

比如,对于例 1 有

$$\int_0^{+\infty} x\mathrm{e}^{-x^2}\mathrm{d}x = -\frac{1}{2}\int_0^{+\infty}\mathrm{e}^{-x^2}\mathrm{d}(-x^2) = -\frac{1}{2}\mathrm{e}^{-x^2}\Big|_0^{+\infty} = \frac{1}{2}.$$

例 3 计算$\int_0^{+\infty} x\mathrm{e}^{-x}\mathrm{d}x$.

解 $\int_0^{+\infty} x\mathrm{e}^{-x}\mathrm{d}x = -\int_0^{+\infty} x\mathrm{d}\mathrm{e}^{-x} = -x\mathrm{e}^{-x}\Big|_0^{+\infty} + \int_0^{+\infty}\mathrm{e}^{-x}\mathrm{d}x$

$$= -\lim_{x\to+\infty} x\mathrm{e}^{-x} - \mathrm{e}^{-x}\Big|_0^{+\infty} = -\lim_{x\to+\infty}\frac{x}{\mathrm{e}^x} + 1 = -\lim_{x\to+\infty}\frac{1}{\mathrm{e}^x} + 1 = 1.$$

*6.5.2 被积函数具有无穷间断点的反常积分(自学)

定义 2 设函数$f(x)$在区间$(a,b]$上连续,而$\lim\limits_{x\to a^+} f(x)=\infty$,取$\varepsilon>0$,记

$$\int_a^b f(x)\mathrm{d}x = \lim_{\varepsilon\to0}\int_{a+\varepsilon}^b f(x)\mathrm{d}x, \tag{6.9}$$

称其为$f(x)$在区间$[a,b]$上的反常积分(或称为瑕积分).若式(6.9)中的极限存在,则称此反

常积分收敛,其极限值即为反常积分值;否则,称此反常积分发散.

设函数$f(x)$在区间$[a,b)$上连续,而$\lim\limits_{x\to b^-}f(x)=\infty$,类似于定义3可定义函数$f(x)$在区间$[a,b]$上的反常积分:

$$\int_a^b f(x)\,dx=\lim_{\varepsilon\to 0^+}\int_a^{b-\varepsilon}f(x)\,dx. \tag{6.10}$$

设$f(x)$在$[a,b]$上除点$c(a<c<b)$外连续,而$\lim\limits_{x\to c}f(x)=\infty$,我们定义:函数$f(x)$在区间$[a,b]$上的反常积分:

$$\begin{aligned}\int_a^b f(x)\,dx&=\int_a^c f(x)\,dx+\int_c^b f(x)\,dx\\&=\lim_{\varepsilon_1\to 0^+}\int_a^{c-\varepsilon_1}f(x)\,dx+\lim_{\varepsilon_2\to 0^+}\int_{c+\varepsilon_2}^b f(x)\,dx.\end{aligned} \tag{6.11}$$

此时$\int_a^b f(x)\,dx$收敛的充要条件是$\int_a^c f(x)\,dx$及$\int_c^b f(x)\,dx$同时收敛.

例4 计算$\int_0^1\frac{1}{x^2}dx$.

解 因为$\lim\limits_{x\to 0^+}\frac{1}{x^2}=\infty$,所以$x=0$是被积函数的一个无穷间断点,于是

$$\int_0^1\frac{1}{x^2}dx=\lim_{\varepsilon\to 0^+}\int_\varepsilon^1\frac{1}{x^2}dx=\lim_{\varepsilon\to 0^+}\left(-\frac{1}{x}\bigg|_\varepsilon^1\right)=\lim_{\varepsilon\to 0^+}\left(-1+\frac{1}{\varepsilon}\right)=\infty.$$

设$F(x)$是$f(x)$在$(a,b]$上的一个原函数,且$\lim\limits_{x\to a^+}f(x)=\infty$,用记号$[F(x)]_a^b$来表示$F(b)-F(a+0)$,这样式(6.9)也可以写成:

$$\int_a^b f(x)\,dx=F(x)\bigg|_a^b=F(b)-F(a+0),$$

类似地,式(6.10)也可以写成:

$$\int_a^b f(x)\,dx=F(x)\bigg|_a^b=F(b-0)-F(a).$$

其中$F(a+0)=\lim\limits_{x\to a^+}F(x)$,$F(b-0)=\lim\limits_{x\to b^-}F(x)$.

例5 求反常积分$\int_0^2\frac{x}{\sqrt{4-x^2}}dx$.

解 因为$\lim\limits_{x\to 2^-}\frac{x}{\sqrt{4-x^2}}=\infty$,所以$x=2$是被积函数的一个无穷间断点.于是

$$\int_0^2\frac{x}{\sqrt{4-x^2}}dx=-\frac{1}{2}\int_0^2(4-x^2)^{-\frac{1}{2}}d(4-x^2)=-(4-x^2)^{\frac{1}{2}}\bigg|_0^2=2.$$

例6 计算$\int_0^1\ln x\,dx$.

解 因为$\lim\limits_{x\to 0^+}\ln x=-\infty$,所以$x=0$是被积函数的无穷间断点.于是

$$\int_0^1\ln x\,dx=x\ln x\bigg|_0^1-\int_0^1 dx=0-0-1=-1.$$

例7 计算 $\int_{-1}^{1}\frac{\mathrm{d}x}{x^2}$.

解 因为$\lim\limits_{x\to 0}\frac{1}{x^2}=\infty$,所以 $x=0$ 是被积函数的无穷间断点.于是

$$\int_{-1}^{1}\frac{\mathrm{d}x}{x^2}=\int_{-1}^{0}\frac{\mathrm{d}x}{x^2}+\int_{0}^{1}\frac{\mathrm{d}x}{x^2}.$$

而$\int_{0}^{1}\frac{\mathrm{d}x}{x^2}=-\frac{1}{x}\bigg|_{0}^{1}=+\infty$,所以反常积分$\int_{-1}^{1}\frac{\mathrm{d}x}{x^2}$发散.

本例中,如果疏忽了 $x=0$ 是被积函数的无穷间断点,就会得以下错误的结果:

$$\int_{-1}^{1}\frac{\mathrm{d}x}{x^2}=-\frac{1}{x}\bigg|_{-1}^{1}=-2.$$

由于无界函数的反常积分与定积分形式上没有什么区别,因此在计算有限区间积分时应注意被积函数是否有界.忽略了这个问题,就可能得出错误的结果.一般地,若被积函数在积分区间内有无穷间断点时,应用无穷间断点划分积分区间,然后在每个小区间上积分.也就是说,积分时,无穷间断点应为积分区间的端点.

习题 6.5

1.判断下列反常积分的敛散性,若收敛,则求其值.

(1) $\int_{1}^{+\infty}\frac{\mathrm{d}x}{x^4}$;　　(2) $\int_{1}^{+\infty}\frac{\mathrm{d}x}{\sqrt{x}}$;

(3) $\int_{0}^{+\infty}\mathrm{e}^{-x}\mathrm{d}x$;　　(4) $\int_{0}^{+\infty}\sin x\mathrm{d}x$;

(5) $\int_{-1}^{1}\frac{\mathrm{d}x}{\sqrt{1-x^2}}$;　　(6) $\int_{-\infty}^{+\infty}\frac{\mathrm{d}x}{x^2+2x+2}$;

(7) $\int_{1}^{2}\frac{x\mathrm{d}x}{\sqrt{x-1}}$;　　(8) $\int_{0}^{1}x\ln x\mathrm{d}x$;

(9) $\int_{1}^{\mathrm{e}}\frac{\mathrm{d}x}{x\sqrt{1-\ln^2 x}}$;　　(10) $\int_{0}^{2}\frac{\mathrm{d}x}{(1-x)^3}$.

2.当 k 为何值时,反常积分 $\int_{2}^{+\infty}\frac{\mathrm{d}x}{x(\ln x)^k}$ 收敛?当 k 为何值时,该反常积分发散?

3.利用递推公式计算反常积分 $I_n=\int_{0}^{+\infty}x^n\mathrm{e}^{-x}\mathrm{d}x$.

复习题 6

1.填空题.

(1) $\frac{\mathrm{d}}{\mathrm{d}x}\int_{x^2}^{0}x\cos t^2\mathrm{d}x=$________.

(2) 设 $f(x)$ 连续,$F(x)=\int_{0}^{x^2}xf(t^2)\mathrm{d}t$,则 $F'(x)=$________.

(3) $\dfrac{\mathrm{d}}{\mathrm{d}x}\displaystyle\int_0^x \sin(x-t)^2\mathrm{d}t =$ ________.

(4) 设 $f(x)$ 连续,则 $\dfrac{\mathrm{d}}{\mathrm{d}x}\displaystyle\int_0^x tf(x^2-t^2)\mathrm{d}t =$ ________.

(5) 设 $f(x)=\displaystyle\int_0^x \frac{\cos t}{1+\sin^2 t}\mathrm{d}t$,则 $\displaystyle\int_0^{\frac{\pi}{2}} \frac{f'(x)}{1+f^2(x)}\mathrm{d}x =$ ________.

(6) 设 $f(x)$ 连续,且 $f(x)=x+2\displaystyle\int_0^1 f(x)\mathrm{d}x$,,则 $f(x)=$ ________.

(7) 设 $f(x)$ 连续,且 $\displaystyle\int_0^x tf(x-t)\mathrm{d}t = 1-\cos x$,则 $\displaystyle\int_0^{\frac{\pi}{2}} f(x)\mathrm{d}x =$ ________.

(8) $\displaystyle\int_0^{+\infty} \frac{\mathrm{d}x}{(x+7)\sqrt{x-2}} =$ ________.

2.求下列积分.

(1) $\displaystyle\int_{-1}^1 \frac{\tan x}{\sin^2 x+1}\mathrm{d}x$;　　(2) $\displaystyle\int_0^1 \sqrt{2x-x^2}\mathrm{d}x$;

(3) $\displaystyle\int_0^2 x^2\sqrt{4-x^2}\mathrm{d}x$;　　(4) $\displaystyle\int_0^{\ln 2} \sqrt{\mathrm{e}^x-1}\mathrm{d}x$;

(5) $\displaystyle\int_0^1 \frac{x^2}{(1+x^2)^2}\mathrm{d}x$;　　(6) $\displaystyle\int_1^2 \frac{\sqrt{x^2-1}}{2}\mathrm{d}x$;

(7) $\displaystyle\int_0^1 x^2\mathrm{e}^{-x}\mathrm{d}x$;　　(8) $\displaystyle\int_1^{\mathrm{e}} (\ln x)^2\mathrm{d}x$;

(9) $\displaystyle\int_0^{\frac{\pi}{4}} \frac{x}{1+\cos 2x}\mathrm{d}x$;　　(10) $\displaystyle\int_0^{\frac{\pi}{2}} \mathrm{e}^{-x}\cos x\mathrm{d}x$;

(11) $\displaystyle\int_0^{\frac{\pi}{2}} \frac{x+\sin x}{1+\cos x}\mathrm{d}x$;　　(12) $\displaystyle\int_0^{\frac{\pi}{4}} \ln(1+\tan x)\mathrm{d}x$.

3.设 $f(x)$ 在 $[a,b]$ 上连续,且 $\displaystyle\int_a^b f(x)\mathrm{d}x = 1$,求 $\displaystyle\int_a^b f(a+b+x)\mathrm{d}x$.

4.设 $f(x)$ 为连续函数,试证明: $\displaystyle\int_0^x f(t)(x-t)\mathrm{d}t = \int_0^x\left(\int_0^t f(u)\mathrm{d}u\right)\mathrm{d}t$.

5.设 $\varphi(u)$ 为连续函数,试证明: $\displaystyle\int_{-a}^a \varphi(x^2)\mathrm{d}x = 2\int_0^a \varphi(x^2)\mathrm{d}x$.

6.计算下列反常积分.

(1) $\displaystyle\int_0^{+\infty} \frac{\mathrm{d}x}{x^2+4x+8}$;　　(2) $\displaystyle\int_1^{+\infty} \frac{\arctan x}{x^2}\mathrm{d}x$;

(3) $\displaystyle\int_0^{\frac{\pi}{2}} \ln\sin x\mathrm{d}x$;　　(4) $\displaystyle\int_1^{\mathrm{e}} \frac{\mathrm{d}x}{x\sqrt{\ln x}}$.

7.设 $f(x)=\dfrac{1}{1+x^2}+x^3\displaystyle\int_0^1 f(x)\mathrm{d}x$,求 $\displaystyle\int_0^1 f(x)\mathrm{d}x$.

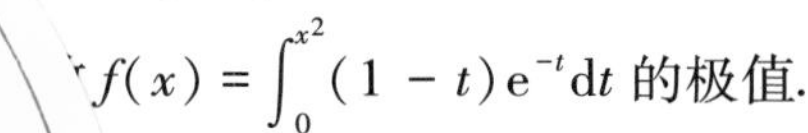

$f(x)=\displaystyle\int_0^{x^2}(1-t)\mathrm{e}^{-t}\mathrm{d}t$ 的极值.

$=\displaystyle\int_1^{x^2}\frac{\sin t}{t}\mathrm{d}t$,求 $\displaystyle\int_0^1 xf(x)\mathrm{d}x$.

10.求曲线 $y=(x-1)(x-2)$ 和 x 轴围成的平面图形绕 y 轴旋转所成的旋转体的体积.

11.设 $\Phi(x)=\int_a^x (x-t)^2 f(t)\,\mathrm{d}t$,证明:$\Phi'(x)=2\int_a^x (x-t)f(t)\,\mathrm{d}t$.

12.设连续函数 $f(x)$ 满足 $f(2x)=2f(x)$,证明:$\int_1^2 xf(x)\,\mathrm{d}x=7\int_0^1 xf(x)\,\mathrm{d}x$.

13.求抛物线 $y^2=2px$ 及其在点 $\left(\dfrac{p}{2},p\right)$ 处的法线所围成的平面图形的面积.

14.求由曲线 $y=x^{\frac{3}{2}}$ 与直线 $x=4$,x 轴所围的图形绕 y 轴旋转而成的旋转体的体积.

15.设某产品的边际成本为 $C'(Q)=2-Q$(万元/台),其中 Q 代表产量,固定成本 $C_0=22$(万元),边际收益 $R'(Q)=20-4Q$(万元/台).试求:

(1)总成本函数和总收益函数;

(2)获得最大利润时的产量;

(3)在最大利润时的产量基础上又生产了 4 台,总利润的变化.

第 6 章参考答案

第 7 章 多元函数微分学

在上册中，涉及的函数都只有一个自变量，这种函数是一元函数.但在社会、经济、科技等研究领域中，经常需要研究多个变量之间的关系，这在数学上，就表现为一个变量与另外多个变量的相互依赖关系.因而，需要研究多元函数的概念及其微分与积分问题.

一元函数微积分建立在平面解析几何的基础上，要过渡到二元函数，就会出现新的实质性问题.因此，本章先介绍空间解析几何，然后进一步讨论以二元函数为主要对象的多元函数微分学.

7.1 空间解析几何基础

空间解析几何是用代数的方法研究空间几何图形，本节将介绍空间直角坐标系、空间两点间的距离、空间曲面及其方程等基本概念，这些内容对多元函数的微分学和积分学将起到重要的作用.

7.1.1 空间直角坐标系

在空间取定一点 O，过点 O 作 3 条具有长度单位且两两相互垂直的数轴：x 轴（横轴）、y 轴（纵轴）、z 轴（竖轴），将这 3 轴统称为坐标轴.规定 3 条坐标轴的正向构成右手系，如图 7.1 所示，由此构成一个空间直角坐标系，称为 $Oxyz$ 直角坐标系，点 O 称为该坐标系的原点.

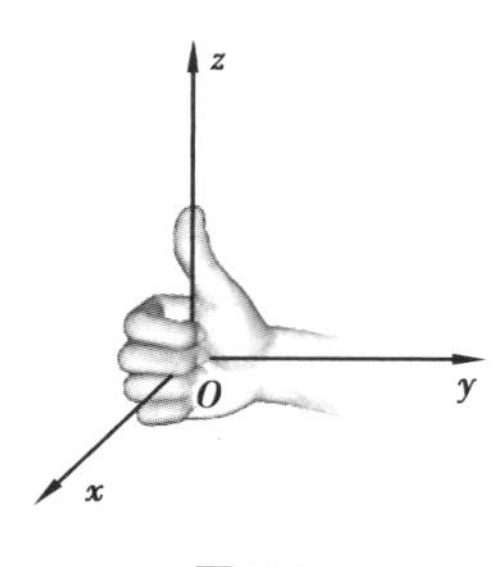

图 7.1

任意两条坐标轴均可确定一个平面，称为坐标平面，由 x 轴和 y 轴确定的平面称为 xOy 面.类似地，有 yOz 面和 zOx 面.3 个坐标平面把空间分成 8 个部分，每一部分称为卦限.8 个卦限分别用罗马数字Ⅰ，Ⅱ，Ⅲ，Ⅳ，Ⅴ，Ⅵ，Ⅶ，Ⅷ表示第 1 至第 8 卦限.位于 xOy 面的上方，含有 3 个正半轴的卦限是Ⅰ卦限，在 xOy 面的上方，按逆时针方向排列着的是Ⅱ，Ⅲ，Ⅳ卦限.与之对应，在 xOy 面下方的 4 个卦限依次是Ⅴ，Ⅵ，Ⅶ，Ⅷ卦限，如图 7.2 所示.

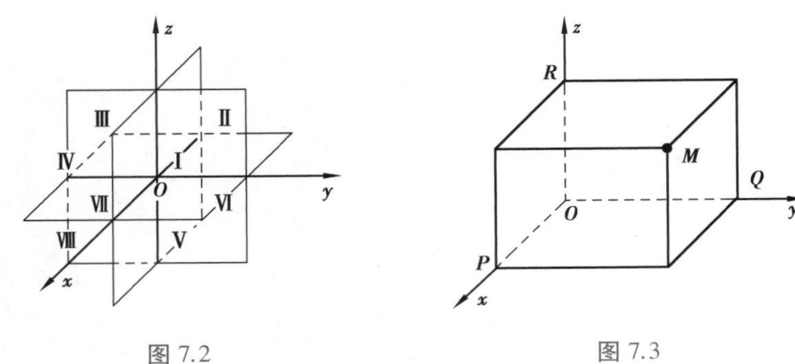

图 7.2　　　　图 7.3

任给空间中的一点 M,过点 M 作 3 个平面分别垂直于 x 轴、y 轴和 z 轴并与 x 轴、y 轴和 z 轴的交点依次为 P,Q,R,如图 7.3 所示.这 3 个点在各坐标轴的坐标依次为 x,y,z,于是点 M 唯一确定了一个有序三元数组 (x,y,z).反之,任给一个有序三元数组 (x,y,z),在 x 轴、y 轴和 z 轴上分别取点 P,Q,R,使其坐标为 x,y,z,然后过点 P,Q,R 分别作 x 轴、y 轴和 z 轴的垂直平面,这 3 个平面的交点 M 就是由有序数组 (x,y,z) 唯一确定的点.因此,空间的点 M 与有序三元数组 (x,y,z) 之间建立了一一对应关系,称 (x,y,z) 为点 M 的坐标,依次称 x,y 和 z 为横坐标、纵坐标和竖坐标,点 M 可记为 $M(x,y,z)$.

例 1　坐标轴上、坐标面上及卦限中点的坐标各有什么特点?

解　(1) x 轴上的点,有 $y=z=0$;y 轴上的点,有 $x=z=0$;z 轴上的点,有 $x=y=0$.

(2) xOy 面上的点,有 $z=0$;yOz 面上的点,有 $x=0$;zOx 面上的点,有 $y=0$.

(3)考察 8 个卦限中点的坐标的正、负号,有如下特点:

Ⅰ(+,+,+),Ⅱ(-,+,+),Ⅲ(-,-,+),Ⅳ(+,-,+),Ⅴ(+,+,-),Ⅵ(-,+,-),Ⅶ(-,-,-),Ⅷ(+,-,-).

例 2　已知点 $M(1,-2,3)$,求点 M 关于坐标原点、各坐标轴及各坐标面的对称点的坐标.

解　设所求对称点的坐标为 (x,y,z),则

(1)由 $x+1=0,y+(-2)=0,z+3=0$,得到点 M 关于坐标原点的对称点的坐标为 $(-1,2,-3)$.

(2)由 $x=1,y+(-2)=0,z+3=0$,得到点 M 关于 x 轴的对称点的坐标为 $(1,2,-3)$.

同理可得,点 M 关于 y 轴的对称点的坐标为 $(-1,-2,-3)$;关于 z 轴的对称点的坐标为 $(-1,2,3)$.

(3)由 $x=1,y=-2,z+3=0$,得到点 M 关于 xOy 面的对称点的坐标为 $(1,-2,-3)$.

同理,点 M 关于 yOz 面的对称点的坐标为 $(-1,-2,3)$;点 M 关于 zOx 面的对称点的坐标为 $(1,2,3)$.

7.1.2　空间两点间的距离

设 $M_1(x_1,y_1,z_1)$,$M_2(x_2,y_2,z_2)$ 是空间任意两点,分别过 M_1 和 M_2 作 3 个垂直于坐标轴的平面,这 6 个平面构成了以 M_1M_2 为对角线的长方体,如图 7.4 所示.可知,该长方体的棱长分别是

$$|x_2-x_1|,|y_2-y_1|,|z_2-z_1|.$$

于是得到空间两点 M_1,M_2 的距离公式为

$$d=|M_1M_2|=\sqrt{(x_2-x_1)^2+(y_2-y_1)^2+(z_2-z_1)^2}. \tag{7.1}$$

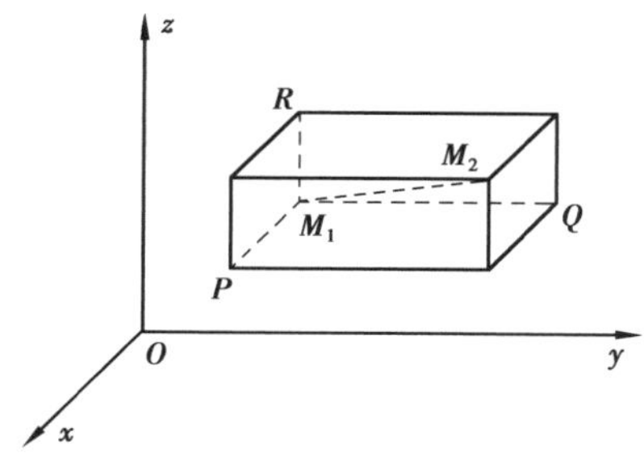

图 7.4

例 3　在 z 轴上求与两点 $A(4,-2,2)$ 和 $B(1,6,-3)$ 等距离的点.

解　设所求的点为 $M(0,0,z)$，依题意有 $|MA|\cdot 2=|MB|\cdot 2$，即

$(4-0)\cdot 2+(-2-0)\cdot 2+(2-z)\cdot 2=(1-0)\cdot 2+(6-0)\cdot 2+(-3-z)\cdot 2$

解之得 $z=11$，故所求的点为 $M(0,0,11)$.

7.1.3　空间曲面及其方程

在平面解析几何中，平面上的曲线可以看成平面上满足一定条件的动点的轨迹.同样，空间曲面也是由动点的几何轨迹形成的，如球面就可看成与一定点等距离的点的轨迹.在空间解析几何中，曲面上任意一点 $M(x,y,z)$ 都满足一定条件，则可用含有 x,y,z 的方程表示.

定义 1　在空间直角坐标系中，如果曲面 S 上任一点的坐标都满足方程 $F(x,y,z)=0$，而不在曲面 S 上的任何点的坐标都不满足该方程，则方程 $F(x,y,z)=0$ 称为曲面 S 的方程，而曲面 S 就称为方程 $F(x,y,z)=0$ 的图形，如图 7.5 所示.

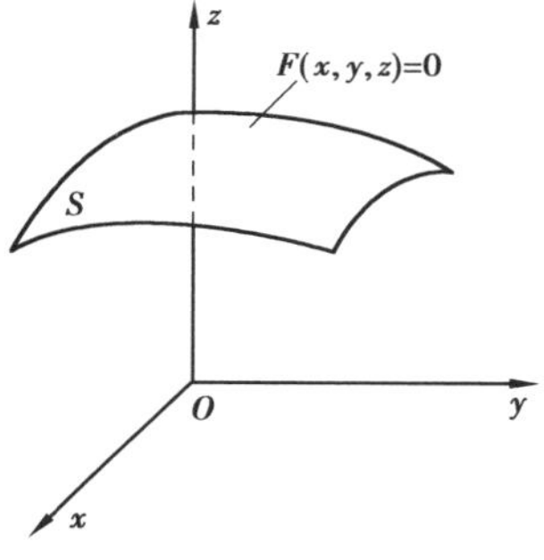

图 7.5

关于空间曲面的两个基本问题：

①已知曲面上的点所满足的条件，建立曲面的方程；

②已知曲面方程，研究曲面的几何形状.

1）平面

平面是空间中最简单且最重要的曲面，先看一个例子.

例 4　已知 $M_1(1,-2,0)$，$M_2(-1,0,3)$，求 M_1M_2 的垂直平分面的方程.

解　设 $M(x,y,z)$ 是所求垂直平分面上的任意一点，则点 M 必与 M_1，M_2 的距离相等：$|MM_2|=|MM_2|$.

因此，由式(7.1)有

$$\sqrt{(x-1)^2+(y+2)^2+(z-0)^2}=\sqrt{(x+1)^2+(y-0)^2+(z-3)^2}$$

整理可得所求垂直平分面方程为 $4x-4y-6z+5=0$.

可以证明空间中任一平面的方程为三元一次方程

$$Ax+By+Cz+D=0 \tag{7.2}$$

其中 A,B,C,D 均为常数，且 A,B,C 不全为零.方程(7.2)称为**平面的一般方程**.

例 5　求过点 $P(a,0,0)$，$Q(0,b,0)$，$R(0,0,c)$ 的平面方程（a,b,c 均不为零).

解　设所求平面方程为 $Ax+By+Cz+D=0$，由于点 P,Q,R 在平面上，因此其点的坐标满足所设方程：

$$a \cdot A + D = 0, b \cdot B + D = 0, c \cdot C + D = 0.$$

解得

$$a = -\frac{D}{A}, b = -\frac{D}{B}, c = -\frac{D}{C}.$$

显然 $D \neq 0$,代入所设方程,整理后可得所求平面方程为

$$\frac{x}{a} + \frac{y}{b} + \frac{z}{c} = 1, \tag{7.3}$$

式(7.3)称为**截距式方程**,a,b,c 依次称为平面在 x 轴、y 轴、z 轴的**截距**.

例如,过点 $P(2,0,0)$,$Q(0,4,0)$,$R(0,0,1)$ 的平面方程为

$$\frac{x}{2} + \frac{y}{4} + z = 1,$$

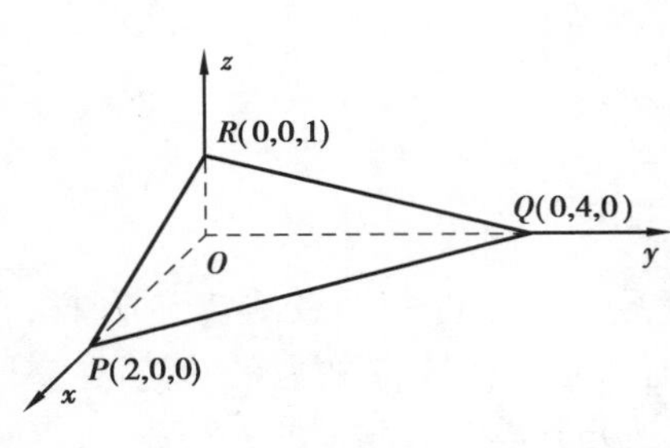

图 7.6

在 x 轴、y 轴和 z 轴的截距依次为 2,4,1,如图 7.6 所示.

有几种特殊的平面方程:

①过原点的平面.当 $D=0$ 时,$Ax+By+Cz=0$ 表示过原点的平面.

②平行于坐标轴的平面.当 $C=0$ 时,$Ax+By+D=0$ 表示平行于 z 轴的平面.事实上,因为方程不含 z 项,即不论空间点 (x,y,z) 的竖坐标如何变化,只要 x,y 满足方程,点 (x,y,z) 就在平面上,因此该平面必平行于 z 轴.同理可知:

$By+Cz+D=0$ 表示平行于 x 轴的平面;

$Ax+Cz+D=0$ 表示平行于 y 轴的平面.

③平行于坐标面的平面.$Ax+D=0$ 表示平行于 yOz 平面;$By+D=0$ 表示平行 zOx 平面.$Cz+D=0$ 表示平行于 xOy 平面.

例 6 求平行于 z 轴且过 $M_1(1,0,0)$,$M_2(0,1,0)$ 两点的平面方程.

解 因所求平面平行于 z 轴,故可设其方程为

$$Ax + By + D = 0.$$

又因点 M_1 和 M_2 都在平面上,于是

$$\begin{cases} A + D = 0, \\ B + D = 0 \end{cases}$$

可得关系式:$A=B=-D$,代入方程得:$-Dx-Dy+D=0$.

显然 $D \neq 0$,消去 D 并整理,可得所求的平面方程为 $x+y-1=0$.

2)球面

例 7 建立球心在点 $M_0(x_0,y_0,z_0)$,半径为 R 的球面的方程.

解 设 $M(x,y,z)$ 是球面上的任意一点,那么

$$|M_0M| = R.$$

即

$$\sqrt{(x-x_0)^2 + (y-y_0)^2 + (z-z_0)^2} = R,$$

或

$$(x-x_0)^2+(y-y_0)^2+(z-z_0)^2=R^2.$$

这就是球面上的点的坐标所满足的方程.未在球面上的点的坐标都不满足这个方程.

因此方程

$$(x-x_0)^2+(y-y_0)^2+(z-z_0)^2=R^2 \tag{7.4}$$

就是球心在点 $M_0(x_0,y_0,z_0)$、半径为 R 的**球面的方程**.

特别地,$x^2+y^2+z^2=R^2$ 表示球心为原点的球面.$z=\sqrt{R^2-x^2-y^2}$ 表示球面的上半部,如图 7.7(a)所示,$z=-\sqrt{R^2-x^2-y^2}$ 表示球面的下半部,如图 7.7(b)所示.

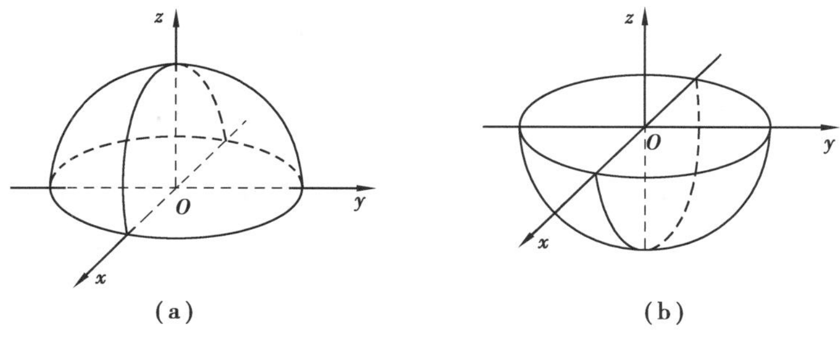

图 7.7

例 8　方程 $x^2+y^2+z^2-6x+8y=0$ 表示怎样的曲面?

解　通过配方,原方程可以改写成

$$(x-3)^2+(y+4)^2+z^2=25.$$

由方程(7.4)可知,$x^2+y^2+z^2-6x+8y=0$ 表示球心在点 $M_0(3,-4,0)$、半径为 $R=5$ 的球面.

3)柱面

定义 2　平行于某定直线 l 并沿定曲线 C 移动的直线 L 所形成的曲面称为**柱面**.这条定曲线 C 称为柱面的**准线**,动直线 L 称为柱面的**母线**,如图 7.8 所示.

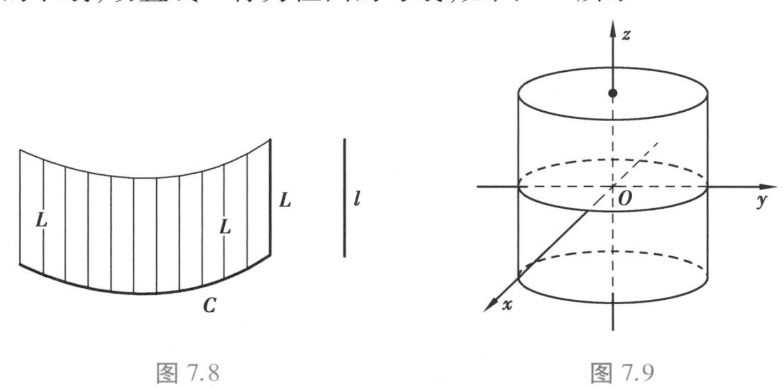

图 7.8　　图 7.9

例 9　方程 $x^2+y^2=R^2$ 表示怎样的曲面?

解　在 xOy 面上,方程 $x^2+y^2=R^2$ 表示圆心在原点 O、半径为 R 的圆.

在空间直角坐标系中,方程 $x^2+y^2=R^2$ 不含竖坐标 z,即不论空间点的竖坐标 z 怎样变化,只要 x 和 y 能满足方程,那么这些点就在这个曲面上.

于是,过 xOy 面上的圆 $x^2+y^2=R^2$,且平行于 z 轴的直线一定在 $x^2+y^2=R^2$ 表示的曲面上.

所以,方程 $x^2+y^2=R^2$ 表示的曲面是由平行于 z 轴的直线沿准线为 xOy 面上的圆 $x^2+y^2=R^2$ 移动而成的圆柱面,如图 7.9 所示.

一般地,只含 x,y 而缺 z 的方程 $F(x,y)=0$,在空间直角坐标系中表示母线平行于 z 轴的柱面,其准线是 xOy 面上的曲线 $C:F(x,y)=0$.

例如,方程 $y^2=2x$ 表示母线平行于 z 轴的柱面,它的准线是 xOy 面上的抛物线 $y^2=2x$,该柱面叫作**抛物柱面**.方程 $\frac{x^2}{3}+\frac{y^2}{4}=1$ 表示母线平行于 z 轴的**椭圆柱面**;$\frac{x^2}{3}-\frac{y^2}{4}=1$ 表示母线平行于 z 轴的**双曲柱面**.

类似地,只含 x,z 而缺 y 的方程 $G(x,z)=0$ 和只含 y,z 而缺 x 的方程 $H(y,z)=0$ 分别表示母线平行于 y 轴和 x 轴的柱面.

4)几种常见的二次曲面

与平面解析几何中规定的二次曲线相同,由变量 x,y,z 构成的三元二次方程所表示的曲面称为**二次曲面**.

研究一般的三元二次方程 $F(x,y,z)=0$ 所表示的曲面的方法是:用坐标面和平行于坐标面的平面与曲面相截,考查其交线的形状,然后综合分析,从而了解曲面的立体形状.这种方法叫作**截痕法**.

常见的二次曲面有:

(1)**椭球面** $\frac{x^2}{a^2}+\frac{y^2}{b^2}+\frac{z^2}{c^2}=1$ $(a>0,b>0,c>0)$.

显然,令 $z=0$,即知该曲面与 xOy 面的交线(截痕)为 xOy 面的椭圆:$\frac{x^2}{a^2}+\frac{y^2}{b^2}=1$.类似地,可得各坐标面以及平行于坐标面的平面与曲面的截痕都是椭圆,如图 7.10 所示.

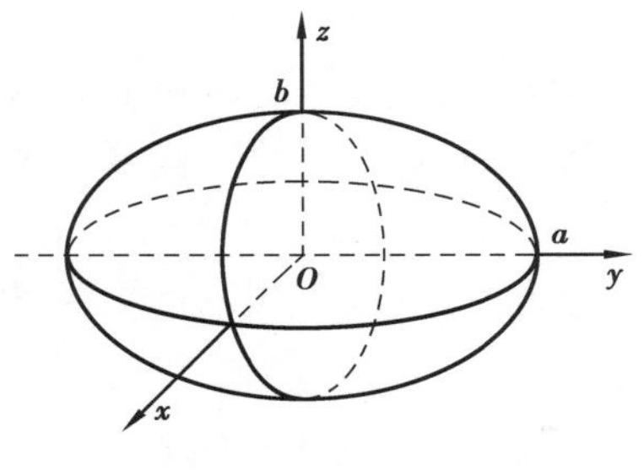

图 7.10

(2)**椭圆抛物面** $z=\frac{x^2}{2p}+\frac{y^2}{2q}$ (p 与 q 同号).

对如图 7.11(a)所示的椭球面($p>0,q>0$),用平行于 xOy 面的平面得到的截痕是椭圆(与 xOy 面的交点为原点),用平行于 yOz 面和 zOx 面的平面得到的截痕为抛物线.

(3)**双曲抛物面(马鞍面)** $-\frac{x^2}{2p}+\frac{y^2}{2q}=z$ (p 与 q 同号).

双曲抛物面,如图 7.11(b)所示.

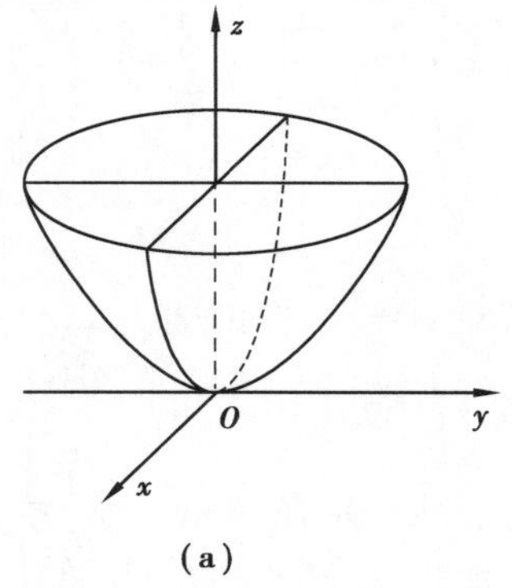

(a)

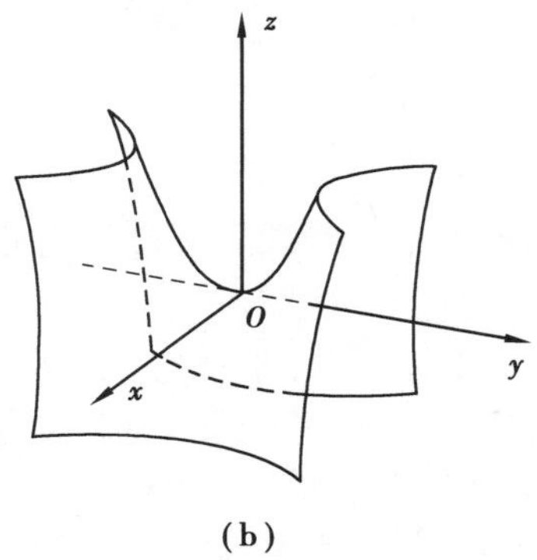

(b)

图 7.11

（4）**单叶双曲面**$\frac{x^2}{a^2}+\frac{y^2}{b^2}-\frac{z^2}{c^2}=1$ $(a>0,b>0,c>0)$.

单叶双曲面，如图 7.12(a)所示.

（5）**双叶双曲面**$\frac{x^2}{a^2}-\frac{y^2}{b^2}+\frac{z^2}{c^2}=-1$ $(a>0,b>0,c>0)$.

双叶双曲面，如图 7.12(b)所示.

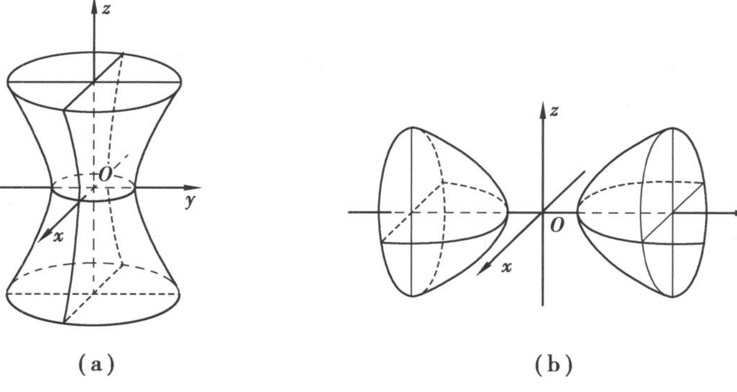

(a)　　(b)

图 7.12

习题 7.1

1. 指出下列各点所在的坐标轴、坐标面或卦限：

$$A(2,1,-6),B(0,2,0),C(-3,0,5),D(1,-1,-7).$$

2. 已知点 $M(-1,2,3)$，求点 M 关于坐标原点、各坐标轴及各坐标面的对称点的坐标.

3. 在 z 轴上求与两点 $A(-4,1,7)$ 和 $B(3,5,-2)$ 等距离的点.

4. 证明以 $M_1(4,3,1)$，$M_2(7,1,2)$，$M_3(5,2,3)$ 3 点为顶点的三角形是一个等腰三角形.

5. 设平面在坐标轴上的截距分别为 $a=2,b=-3,c=5$，求这个平面方程.

6. 求通过 x 轴和点 $(4,-3,-1)$ 的平面方程.

7. 求平行于 y 轴且过 $M_1(1,0,0)$，$M_2(0,0,1)$ 两点的平面方程.

8. 方程 $x^2+y^2+z^2-2x+4y=0$ 表示怎样的曲面？

9. 指出下列方程在平面解析几何与空间解析几何中分别表示什么几何图形？

（1）$x-2y=1$；　　（2）$x^2+y^2=1$；

（3）$2x^2+3y^2=1$；　　（4）$y=x^2$.

7.2　多元函数的概念

7.2.1　多元函数的定义

一元函数研究的是一个自变量对一个因变量的关系，但在很多实际问题中，需要研究多个变[illegible]间的依赖关系，比如圆柱体的体积 V 和它的底面半径 r、高 h 之间具有关系

$$V=\pi r^2h.$$

当 r,h 在一定范围内($r>0,h>0$)取定一组值(r,h)时,V 对应的值就随之确定.这里,自变量有两个:r 和 h,故称 V 是 r 和 h 的**二元函数**.

再如,某工厂生产的 3 种产品日产量为 x,y,z(件),其价格分别为 4,5,6(元/件),则其日产值为

$$u = 4x + 5y + 6z(\text{元}).$$

这里,u 是 x,y,z 的**三元函数**.二元及二元以上的函数统称为**多元函数**,由于二元以上的函数与二元函数的所有特性没有本质差别,故着重讨论二元函数.

定义 1 设 D 是平面上的一个非空点集,如果对于 D 内的每一点(x,y),按照某种法则 f,都有唯一的实数 z 与之对应,则称 f 是 D 上的**二元函数**,记为 $z=f(x,y)$.

其中 x,y 称为**自变量**,z 称为**因变量**.点集 D 称为该函数的**定义域**,数集 $\{z|z=f(x,y),(x,y)\in D\}$ 称为该函数的**值域**.

类似地,可定义三元及三元以上的函数.当 $n\geqslant 2$ 时,n 元函数统称为**多元函数**.

二元函数 $z=f(x,y)$ 的定义域在几何上表示为坐标平面上的一个平面区域.围成平面区域的曲线称为该区域的**边界**.

平面区域可分类如下:包括边界在内的区域称为**闭区域**;不包括边界的区域称为**开区域**;包括部分边界的区域称为:如果区域延伸到无穷远,则称为**无界区域**;否则,称为**有界区域**.

例如,集合 $\{(x,y)\,|\,1<x^2+y^2<4\}$ 是开区域,如图 7.13(a)所示,集合 $\{(x,y)\,|\,1\leqslant x^2+y^2\leqslant 4\}$ 是闭区域.集合 $\{(x,y)\,|\,1\leqslant x^2+y^2\leqslant 4\}$ 是有界闭区域;$\{(x,y)\,|\,1<x^2+y^2<4\}$ 是有界开区域,集合 $\{(x,y)\,|\,x+y>0\}$ 是无界开区域,如图 7.13(b)所示;集合 $\{(x,y)\,|\,x+y\geqslant 0\}$ 是无界闭区域.

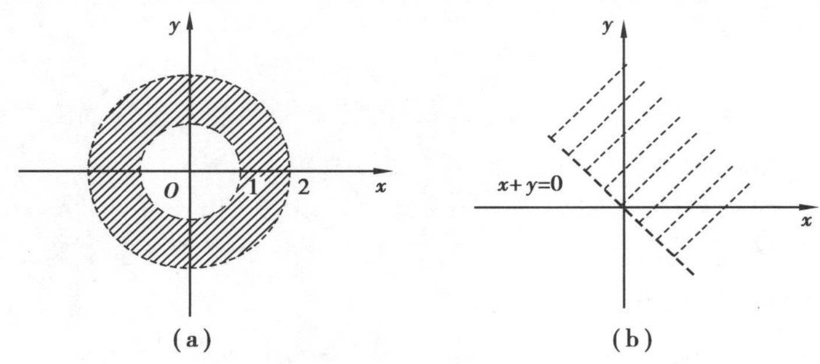

图 7.13

如同一元函数一样,多元函数的两个要素也是定义域和对应法则.

对二元函数的定义域作如下约定:

(1)若函数与实际问题有关,则由问题的实际意义确定.例如,圆柱体的体积 $V=\pi r^2h$ 的定义域为:$r>0,h>0$.

(2)若用某一公式表示函数(不需考虑实际意义),则其定义域为使函数表达式有意义的自变量的变化范围.

例如,函数 $z=\ln(x+y)$ 的定义域为 $\{(x,y)\,|\,x+y>0\}$,在几何上表示:xOy 坐标平面上不包含直线 $x+y=0$ 的右侧半平面,这是一个无界开区域,如图 7.13(b)所示.

又如,函数 $z=\arcsin(x^2+y^2)$ 的定义域为 $\{(x,y)\,|\,x^2+y^2\leqslant 1\}$,在几何上表示:圆心在原点,半径为 1 的单位圆,这是一个有界闭区域,如图 7.14 所示.

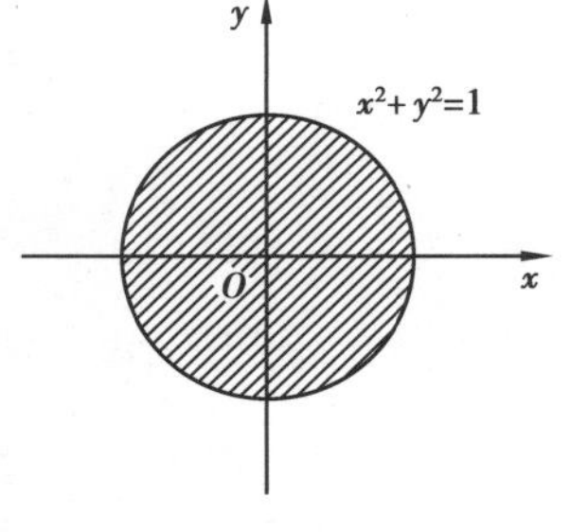

图 7.14

例 1　求二元函数 $f(x,y)=\dfrac{\ln(x^2+y^2-1)}{\sqrt{4-x^2-y^2}}$ 的定义域.

解　由

$$\begin{cases}x^2+y^2-1>0,\\4-x^2-y^2>0\end{cases}$$

得

$$\begin{cases}x^2+y^2>1,\\x^2+y^2<4.\end{cases}$$

故所求定义域为 $D=\{(x,y)\ 1<x^2+y^2<4\}$ 表示不包含圆周的圆环域,如图 7.16(a)所示.

例 2　已知函数 $f(x+y,x-y)=\dfrac{x^2-y^2}{x^2+y^2}$,求 $f(x,y)$.

解　设 $u=x+y,v=x-y$,则

$$x=\frac{u+v}{2},\ y=\frac{u-v}{2},$$

代入得

$$f(u,v)=\frac{\left(\dfrac{u+v}{2}\right)^2-\left(\dfrac{u-v}{2}\right)^2}{\left(\dfrac{u+v}{2}\right)^2+\left(\dfrac{u-v}{2}\right)^2}=\frac{2uv}{u^2+v^2},$$

故有

$$f(x,y)=\frac{2xy}{x^2+y^2}.$$

由 7.1 节可知,二元函数 $z=f(x,y)$ 的图形是空间直角坐标系中的一张曲面.例如,函数 $z=ax+by+c$ 的图形是一张平面,函数 $z=\sqrt{R^2-x^2-y^2}$ 表示球面的上半部,如图 7.7(a)所示,而函数 $z=-x^2+y^2$ 的图形是双曲抛物面(马鞍面),如图 7.11(b)所示.

7.2.2　二元函数的极限

为了探讨二元函数的极限,先介绍邻域的概念.

以 $\mathbf{R}^2=\{(x,y)\mid x,y\in\mathbf{R}\}$ 表示坐标平面,设 $P_0(x_0,y_0)$ 是 $\mathbf{R}^2$ 的一个点,δ 是某一正数.与点 $P_0(x_0,y_0)$ 距离小于 δ 的点 $P(x,y)$ 的全体称为点 P_0 的 δ 邻域,简称**邻域**,记为 $U(P_0,\delta)$,即

$$U(P_0,\delta)=\{P\in\mathbf{R}^2\mid |PP_0|<\delta\},$$

或

$$U(P_0,\delta)=\{(x,y)\mid\sqrt{(x-x_0)^2+(y-y_0)^2}<\delta\},$$

注:邻域 $U(P_0,\delta)$ 的几何意义是 xOy 平面上以点 $P_0(x_0,y_0)$ 为中心、$\delta(\delta>0)$ 为半径的圆的内部的点 $P(x,y)$ 的全体,如图 7.15 所示.

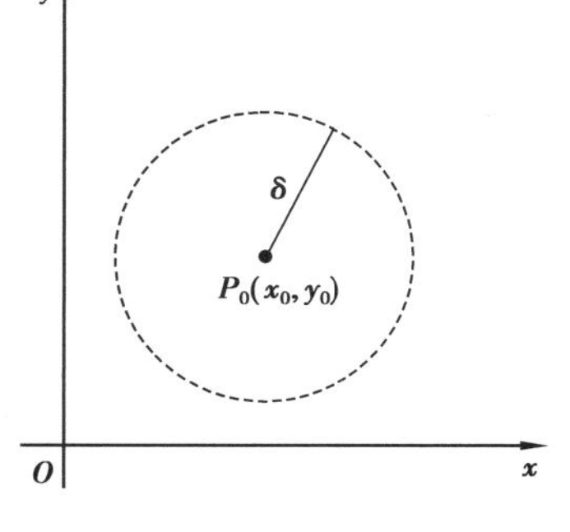

图 7.15

$U(P_0,\delta)$ 中除去点 P_0 后的部分称为点 P_0 的去心 δ 邻

域,记作$\mathring{U}(P_0,\delta)$,即

$$\mathring{U}(P_0,\delta)=\{P\mid 0<|P_0P|<\delta\}$$

注:如果不需要强调邻域的半径δ,则用$U(P_0)$或$\mathring{U}(P_0)$分别表示点P_0的某个邻域或去心邻域.

定义 2 设函数$z=f(x,y)$在点$P_0(x_0,y_0)$的某一去心邻域内有定义,如果当点$P(x,y)$无限趋于点$P_0(x_0,y_0)$时,函数$f(x,y)$无限趋于一个常数A,则称A为函数$z=f(x,y)$当$(x,y)\to(x_0,y_0)$时的**极限**.记为

$$\lim_{\substack{x\to x_0\\y\to y_0}}f(x,y)=A \text{ 或 } \lim_{(x,y)\to(x_0,y_0)}f(x,y)=A,$$

或

$$f(x,y)\to A((x,y)\to(x_0,y_0)).$$

也记作

$$\lim_{P\to P_0}f(P)=A \text{ 或 } f(P)\to A(P\to P_0).$$

注:定义 2 作为二元函数极限的描述性定义比较直观易懂.

二元函数极限的精确定义可作如下表述:

定义 2′ 设二元函数$f(P)=f(x,y)$的定义域为D,$P_0(x_0,y_0)$是D的聚点.如果存在常数A,对于任意给定的正数ε,总存在正数δ,使得当$P(x,y)\in D\cap\mathring{U}(P_0,\delta)$时,都有

$$|f(P)-A|=|f(x-y)-A|<\varepsilon$$

成立,则称常数A为**函数$f(x,y)$当$(x,y)\to(x_0,y_0)$时的极限**.

二元函数的极限与一元函数的极限具有相同的性质和运算法则,为了区别于一元函数的极限,称二元函数的极限为**二重极限**.

由二元函数的极限定义可推广到$n(n\geqslant3)$元函数的极限定义.

例 3 证明$\lim\limits_{\substack{x\to0\\y\to0}}(x^2+y^2)\sin\dfrac{1}{x^2+y^2}=0$.

证法 1(依据定义 2′) 设$f(x,y)=(x^2+y^2)\sin\dfrac{1}{x^2+y^2}$,因为

$$|f(x,y)-0|=\left|(x^2+y^2)\sin\frac{1}{x^2+y^2}-0\right|=|x^2+y^2|\cdot\left|\sin\frac{1}{x^2+y^2}\right|\leqslant x^2+y^2,$$

可见$\forall\varepsilon>0$,取$\delta=\sqrt{\varepsilon}$,则当

$$0<\sqrt{(x-0)^2+(y-0)^2}<\delta,$$

即$P(x,y)\in D\cap\mathring{U}(O,\delta)$时,总有

$$|f(x,y)-0|<\varepsilon.$$

因此$\lim\limits_{\substack{x\to0\\y\to0}}f(x,y)=\lim\limits_{\substack{x\to0\\y\to0}}(x^2+y^2)\sin\dfrac{1}{x^2+y^2}=0$.

证法 2 令$u=x^2+y^2$,则

$$\lim_{\substack{x\to0\\y\to0}}(x^2+y^2)\sin\frac{1}{x^2+y^2}=\lim_{u\to0}u\sin\frac{1}{u}=0.$$

注:上式证明过程简单快捷,依照一元函数求极限的方法,采用代入法求极限.

例4 求 $\lim\limits_{(x,y)\to(3,0)}\dfrac{\sin(xy)}{y}$.

解
$$\begin{aligned}\lim_{(x,y)\to(3,0)}\frac{\sin(xy)}{y}&=\lim_{(x,y)\to(3,0)}\frac{\sin(xy)}{xy}\cdot x\\&=\lim_{(x,y)\to(3,0)}\frac{\sin(xy)}{xy}\cdot\lim_{(x,y)\to(3,0)}x\\&=1\times3=3.\end{aligned}$$

根据二重极限的定义,需要特别注意以下两点:

①二重极限存在,是指 P 以任何方式趋于 P_0 时,函数都无限接近于 A.

②如果当 P 以两种不同方式趋于 P_0 时,函数趋于不同的值,则函数的极限不存在.

例5 讨论函数

$$f(x,y)=\begin{cases}\dfrac{xy}{x^2+y^2}, & x^2+y^2\neq0,\\ 0, & x^2+y^2=0\end{cases}$$

在点(0,0)的极限是否存在?

解 (1)当点 $P(x,y)$ 沿 x 轴趋于点(0,0)时,有

$$\lim_{(x,y)\to(0,0)}f(x,y)=\lim_{x\to0}f(x,0)=\lim_{x\to0}0=0.$$

(2)当点 $P(x,y)$ 沿 y 轴趋于点(0,0)时,有

$$\lim_{(x,y)\to(0,0)}f(x,y)=\lim_{y\to0}f(0,y)=\lim_{y\to0}0=0.$$

(3)当点 $P(x,y)$ 沿直线 $y=kx$ 趋于点(0,0)时,有

$$\lim_{\substack{(x,y)\to(0,0)\\ y=kx}}\frac{xy}{x^2+y^2}=\lim_{x\to0}\frac{kx^2}{x^2+k^2x^2}=\frac{k}{1+k^2}.$$

显然,此时的极限值随 k 的变化而变化.

因此,函数 $f(x,y)$ 在点(0,0)处的极限不存在,需要注意的是,不能因为(1)和(2)的两种情形极限相同而得出极限存在的结论!

例6 证明 $\lim\limits_{\substack{x\to0\\ y\to0}}\dfrac{x^2y}{x^4+y^2}$ 不存在.

证 取 $y=kx^2$,

$$\lim_{\substack{x\to0\\ y\to0}}\frac{x^2y}{x^4+y^2}=\lim_{\substack{x\to0\\ y=kx^2}}\frac{x^2\cdot kx^2}{x^4+k^2x^4}=\frac{k}{1+k^2},$$

其值随 k 的不同而不同,故极限不存在.

7.2.3 二元函数的连续性

定义3 设二元函数 $z=f(x,y)$ 在点 (x_0,y_0) 的某一邻域内有定义,如果

$$\lim_{\substack{x\to x_0\\ y\to y_0}}f(x,y)=f(x_0,y_0),\tag{7.5}$$

则称 $z=f(x,y)$ 在点 (x_0,y_0) 处**连续**,并称点 (x_0,y_0) 为**连续点**.

如果函数 $z=f(x,y)$ 在点 (x_0,y_0) 处不连续，则称函数 $z=f(x,y)$ 在 (x_0,y_0) 处**间断**，称点 (x_0,y_0) 为**间断点**.

例 7 讨论点 $O(0,0)$ 是否为函数

$$f(x,y)=\begin{cases}(x^2+y^2)\sin\dfrac{1}{x^2+y^2}, & x^2+y^2\neq 0,\\ 0, & x^2+y^2=0\end{cases}$$

的连续点.

解 由例 3 可知，$\lim\limits_{\substack{x\to 0\\ y\to 0}} f(x,y)=\lim\limits_{\substack{x\to 0\\ y\to 0}}(x^2+y^2)\sin\dfrac{1}{x^2+y^2}=0$，又 $f(0,0)=0$，

于是

$$\lim_{\substack{x\to 0\\ y\to 0}} f(x,y)=f(0,0)=0.$$

故点 $O(0,0)$ 是连续点.

由例 5 可知，点 $O(0,0)$ 是函数 $f(x,y)=\begin{cases}\dfrac{xy}{x^2+y^2}, & x^2+y^2\neq 0\\ 0, & x^2+y^2=0\end{cases}$ 的间断点.

与一元函数类似，二元连续函数经过四则运算和复合运算后仍为二元连续函数. 由 x 和 y 的基本初等函数经过有限次的四则运算和复合所构成的可用一个式子表示的二元函数称为**二元初等函数**. 例如 $\dfrac{x+x^2-y^2}{1+y^2}$，$\ln(1-x+y)$，$e^{x^2+y^2}$ 都是二元初等函数.

可得结论：**一切二元初等函数在其定义区域内是连续的**. 这里的定义区域是指包含在定义域内的区域或闭区域.

这个结论表明：若要计算某个二元初等函数在其定义区域内一点的极限，则只需算出函数在该点的函数值即可.

例 8 求 $\lim\limits_{\substack{x\to 0\\ y\to 1}}\dfrac{ye^x}{x^2+y^2+1}$.

解 因初等函数 $f(x,y)=\dfrac{ye^x}{x^2+y^2+1}$ 在点 $(0,1)$ 处连续，故有

$$\lim_{\substack{x\to 0\\ y\to 1}}\frac{ye^x}{x^2+y^2+2}=\frac{1\times e^0}{0+1^2+2}=\frac{1}{3}.$$

例 9 求 $\lim\limits_{(x,y)\to(0,0)}\dfrac{\sqrt{xy+1}-1}{xy}$.

解
$$\lim_{(x,y)\to(0,0)}\frac{\sqrt{xy+1}-1}{xy}=\lim_{(x,y)\to(0,0)}\frac{(\sqrt{xy+1}-1)(\sqrt{xy+1}+1)}{xy(\sqrt{xy+1}+1)}$$
$$=\lim_{(x,y)\to(0,0)}\frac{1}{\sqrt{xy+1}+1}=\frac{1}{2}.$$

类似于一元连续函数在闭区间上的性质，在有界闭区域 D 上连续的二元函数有如下对应的性质：

性质 1(最大值和最小值定理) 在有界闭区域 D 上的二元连续函数，在 D 上至少取得它

的最大值和最小值各一次.

性质 2(有界性定理)　在有界闭区域 D 上的二元连续函数,在 D 上一定有界.

性质 3(介值定理)　在有界闭区域 D 上的二元连续函数,若在 D 上取得两个不同的函数值,则它在 D 上取得介于这两值之间的任何值至少一次.

习题 7.2

1.下列各函数表达式.

(1)已知 $f(x,y)=x^2+y^2$,求 $f(x-y,\sqrt{xy})$;

(2)已知 $f(x-y,\sqrt{xy})=x^2+y^2$,求 $f(x,y)$.

2.求下列函数的定义域,并指出其在平面直角坐标系中的图形.

(1)$z=\sin\dfrac{1}{x^2+y^2-1}$;　　(2)$z=\sqrt{1-x^2}+\sqrt{y^2-1}$;

(3)$f(x,y)=\sqrt{1-x}\ln(x-y)$;　　(4)$f(x,y)=\dfrac{\arcsin(3-x^2-y^2)}{\sqrt{x-y^2}}$.

3.证明下列极限不存在.

(1)$\lim\limits_{\substack{x\to0\\y\to0}}\dfrac{x-y}{x+y}$;　　(2)$\lim\limits_{\substack{x\to0\\y\to0}}\dfrac{x^3y}{x^6+y^2}$.

4.计算下列极限.

(1)$\lim\limits_{\substack{x\to0\\y\to1}}\dfrac{e^x+y}{x+y}$;　　(2)$\lim\limits_{(x,y)\to(0,3)}\dfrac{\sin(xy)}{x}$;

(3)$\lim\limits_{(x,y)\to(0,0)}\dfrac{\sin(x^3+y^3)}{x+y}$;　　(4)$\lim\limits_{(x,y)\to(0,0)}\dfrac{\sqrt{xy+4}-2}{xy}$.

5.求下列函数的连续性.

(1)$f(x,y)=\begin{cases}\dfrac{x^2-y^2}{x+y}, & (x,y)\neq(0,0)\\ 0, & (x,y)=(0,0)\end{cases}$;

(2)$f(x,y)=\begin{cases}\dfrac{x^2-y^2}{x^2+y^2}, & (x,y)\neq(0,0)\\ 0, & (x,y)=(0,0)\end{cases}$.

6.下列函数在何处间断?

(1)$z=\dfrac{1}{x^2-y^2}$;　　(2)$z=\ln\sqrt{1-x^2-y^2}$.

7.3　偏导数及其应用

一元函数的导数刻画了函数相对于自变量的变化率.多元函数的自变量有两个或两个以上,函数对于自变量的变化率问题将更为复杂,但有规律可循.比如,某新产品上市的销售量 Q 与定价 P 和广告投入费用 S 两大因素有关,在研究每种因素对销售量的影响时,分析在广告

投入费用 S 一定的前提下,销售量 Q 对定价 P 的变化率;反之,也分析了在定价 P 一定的前提下,销售量 Q 对广告投入费用 S 的变化率.这就是本节要研究的多元函数偏导数的问题.

7.3.1 偏导数的定义与计算

定义 1 设函数 $z=f(x,y)$ 在点 (x_0,y_0) 的某一邻域内有定义,当 y 固定在 y_0,而 x 在 x_0 处有改变量 Δx 时,相应地,函数有改变量

$$f(x_0+\Delta x,y_0)-f(x_0,y_0),$$

如果极限

$$\lim_{\Delta x\to 0}\frac{f(x_0+\Delta x,y_0)-f(x_0,y_0)}{\Delta x}$$

存在,则称此极限为函数 $z=f(x,y)$ 在点 (x_0,y_0) 处**对 x 的偏导数**,记为 $f_x(x_0,y_0)$,即

$$f_x(x_0,y_0)=\lim_{\Delta x\to 0}\frac{f(x_0+\Delta x,y_0)-f(x_0,y_0)}{\Delta x}. \tag{7.6}$$

函数 $z=f(x,y)$ 在点 (x_0,y_0) 处**对 y 的偏导数** $f_y(x_0,y_0)$ 可类似定义,即

$$f_y(x_0,y_0)=\lim_{\Delta y\to 0}\frac{f(x_0,y_0+\Delta y)-f(x_0,y_0)}{\Delta y}. \tag{7.7}$$

对 $f_x(x_0,y_0)$,还可使用以下记号:

$$\left.\frac{\partial z}{\partial x}\right|_{\substack{x=x_0\\y=y_0}},\left.\frac{\partial f}{\partial x}\right|_{(x_0,y_0)},z_x\Big|_{\substack{x=x_0\\y=y_0}},z_x(x_0,y_0).$$

对 $f_y(x_0,y_0)$,还可使用以下记号:

$$\left.\frac{\partial z}{\partial y}\right|_{\substack{x=x_0\\y=y_0}},\left.\frac{\partial f}{\partial y}\right|_{(x_0,y_0)},z_y\Big|_{\substack{x=x_0\\y=y_0}},z_y(x_0,y_0).$$

定义 2 如果函数 $z=f(x,y)$ 在区域 D 内每一点 (x,y) 处对 x 的偏导数都存在,那么这个偏导数就是 x,y 的函数,称为函数 $z=f(x,y)$ 对 x 的**偏导函数**,记作

$$\frac{\partial z}{\partial x},\frac{\partial f}{\partial x},z_x,\text{或}f_x(x,y).$$

显然有

$$f_x(x,y)=\lim_{\Delta x\to 0}\frac{f(x+\Delta x,y)-f(x,y)}{\Delta x}. \tag{7.8}$$

类似地,可定义函数 $z=f(x,y)$ 对 y 的**偏导函数**,记作

$$\frac{\partial z}{\partial y},\frac{\partial f}{\partial y},z_y(\text{或}f_y(x,y)).$$

即

$$f_y(x,y)=\lim_{\Delta y\to 0}\frac{f(x,y+\Delta y)-f(x,y)}{\Delta y}. \tag{7.9}$$

注:在不致产生误解的情况下,偏导函数也简称偏导数.从式(7.8)可以看出,$f_x(x,y)$ 实际上是将 x 看成常量而对 y 求导数,因而本质上是一元函数的导数.所谓"偏",就是指偏于某个变量求导,而将其余变量看成常数.

偏导数的概念还可推广到二元以上的函数.例如,三元函数 $u=f(x,y,z)$ 在点 (x,y,z) 处对 x 的偏导数为

$$f_x(x,y,z)=\lim_{\Delta x\to 0}\frac{f(x+\Delta x,y,z)-f(x,y,z)}{\Delta x}.$$

注:由于偏导数本质上是一元函数的导数,因此在求多元函数对某个自变量的偏导数时,只需把其余自变量看成常数,然后直接利用一元函数的求导法则进行计算.

例 1　求 $f(x,y)=x^2+3xy-y^2$ 在点 $(2,1)$ 处的偏导数.

解　把 y 看成常数,对 x 求导得

$$f_x(x,y)=2x+3y,$$

把 x 看成常数,对 y 求导得

$$f_y(x,y)=3x-2y.$$

代入 $x=2,y=1$,故所求偏导数为

$$f_x(2,1)=2\times 2+3\times 1=7,$$

$$f_y(2,1)=3\times 2-2\times 1=5.$$

注:例 1 的解法是先求出函数的偏导数,再代入点 (x,y) 的值求出该点的偏导数.

例 2　求 $f(x,y)=e^{\arctan\frac{x}{y}}\ln(x^3+y^3)$, 求 $f_y(0,1)$.

解　(如果沿用例 1 的解法比较繁杂)根据定义,把 x 固定在 $x=0$,则

$$f(0,y)=\ln y^3=3\ln y,$$

因此

$$f_y(0,1)=(3\ln y)'\big|_{x=1}=\frac{3}{y}\bigg|_{x=1}=3.$$

例 3　求 $z=x^2\sin 3y$ 的偏导数.

解　$\dfrac{\partial z}{\partial x}=2x\sin 3y,\dfrac{\partial z}{\partial y}=3x^2\cos 3y.$

例 4　设 $z=x^y\quad(x>0,x\neq 1)$,求证:$\dfrac{x}{y}\dfrac{\partial z}{\partial x}+\dfrac{1}{\ln x}\dfrac{\partial z}{\partial y}=2z.$

证　求偏导数:$\dfrac{\partial z}{\partial x}=yx^{y-1},\dfrac{\partial z}{\partial y}=x^y\ln x.$

故

$$\frac{x}{y}\frac{\partial z}{\partial x}+\frac{1}{\ln x}\frac{\partial z}{\partial y}=\frac{x}{y}yx^{y-1}+\frac{1}{\ln x}x^y\ln x=x^y+x^y=2z.$$

例 5　求 $r=\sqrt{x^2+y^2+z^2}$ 的偏导数.

解　把 y 和 z 看成常数,对 x 求导得

$$\frac{\partial r}{\partial x}=\frac{x}{\sqrt{x^2+y^2+z^2}}=\frac{x}{r},$$

利用函数关于自变量的对称性,可推断得

$$\frac{\partial r}{\partial y}=\frac{y}{r},\frac{\partial r}{\partial z}=\frac{z}{r}.$$

例 6　已知理想气体的状态方程为 $pV=RT$ (R 为常数),求证:

$$\frac{\partial p}{\partial V}\cdot\frac{\partial V}{\partial T}\cdot\frac{\partial T}{\partial p}=-1.$$

证 因为 $p=\frac{RT}{V}$,将 p 看成 R,T,V 的三元函数,于是 $\frac{\partial p}{\partial V}=-\frac{RT}{V^2}$;

同理,由 $V=\frac{RT}{p}$,知 $\frac{\partial V}{\partial T}=\frac{R}{p}$;由 $T=\frac{pV}{R}$,得 $\frac{\partial T}{\partial p}=\frac{V}{R}$;

所以

$$\frac{\partial p}{\partial V}\cdot\frac{\partial V}{\partial T}\cdot\frac{\partial T}{\partial p}=-\frac{RT}{V^2}\cdot\frac{R}{p}\cdot\frac{V}{R}=-\frac{RT}{pV}=-1.$$

注:例 5 的证明过程表明,偏导数的记号 $\frac{\partial f}{\partial x}$ 是一个整体记号,不能像导数 $\frac{\mathrm{d}y}{\mathrm{d}x}$ 一样,看成分子 ∂f 与分母 ∂x 的商,单独的记号 ∂f,∂x 没有任何意义.

7.3.2 偏导数的几何意义

偏导数的几何意义可直接由一元函数导数的几何意义得出,由于 $f_x(x_0,y_0)$ 就是 $z=f(x,y_0)$ 在 $x=x_0$ 的导数,而 $z=f(x,y_0)$ 在几何上可以看成平面 $y=y_0$ 截曲面 $S:z=f(x,y)$ 得到的截线 C_x.因此,$f_x(x_0,y_0)$ 的几何意义是:截线 C_x 在点 $M_0(x_0,y_0,z_0)$ 的切线 M_0T_x 对 x 轴的斜率,如图 7.16 所示.

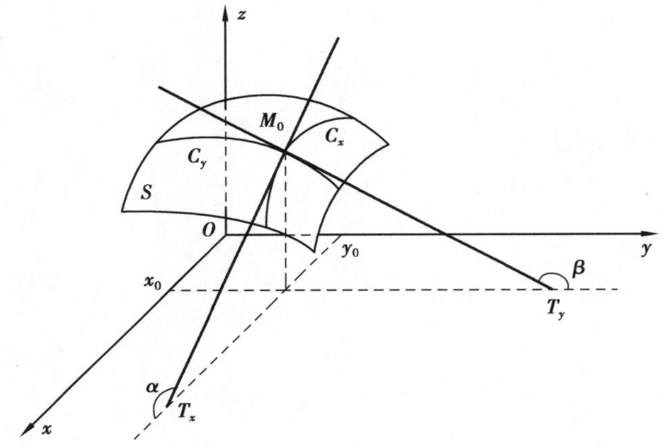

图 7.16

同理,若 C_y 是平面 $x=x_0$ 截曲面 $S:z=f(x,y)$ 得到的截线,则偏导数 $f_x(x_0,y_0)$ 的几何意义是:截线 C_y 在点 $M_0(x_0,y_0,z_0)$ 的切线 M_0T_y 对 y 轴的斜率,如图 7.16 所示.

例如,函数 $z=\frac{x^2+y^2}{4}$ 在点(2,4)的偏导数 $z_x(2,4)=z_x(2,1)=\left.\frac{x}{2}\right|_{x=2}=1$ 的几何意义是:椭圆抛物面被平面 $y=4$ 截得的抛物线在点 $M_0(2,4,5)$ 的切线 M_0T_x 对 x 轴的斜率.

7.3.3 高阶偏导数

设函数 $z=f(x,y)$ 在区域 D 内具有偏导数 $f_x(x,y)$ 和 $f_y(x,y)$,如果这两个函数又存在偏导数，则称为函数 $z=f(x,y)$ 的**二阶偏导数**.按照对变量求导次序的不同，共有下列 4 种不同的二阶偏导数(等号右边为记号)：

$$\frac{\partial}{\partial x}\left(\frac{\partial z}{\partial x}\right)=\frac{\partial^2 z}{\partial x^2}=f_{xx}(x,y),\frac{\partial}{\partial y}\left(\frac{\partial z}{\partial x}\right)=\frac{\partial^2 z}{\partial x\partial y}=f_{xy}(x,y),$$

$$\frac{\partial}{\partial x}\left(\frac{\partial z}{\partial y}\right)=\frac{\partial^2 z}{\partial y\partial x}=f_{yx}(x,y),\frac{\partial}{\partial y}\left(\frac{\partial z}{\partial y}\right)=\frac{\partial^2 z}{\partial y^2}=f_{yy}(x,y),$$

其中 $f_{xy}(x,y)$ 与 $f_{yx}(x,y)$ 称为**二阶混合偏导数**.

类似地，可以定义三阶、四阶、……、n 阶偏导数.把二阶及二阶以上的偏导数统称为**高阶偏导数**.

例 7　验证函数 $z=\ln\sqrt{x^2+y^2}$ 满足方程 $\frac{\partial^2 z}{\partial x^2}+\frac{\partial^2 z}{\partial y^2}=0$.

证　因为 $z=\ln\sqrt{x^2+y^2}=\frac{1}{2}\ln(x^2+y^2)$，所以

$$\frac{\partial z}{\partial x}=\frac{x}{x^2+y^2},\frac{\partial z}{\partial y}=\frac{y}{x^2+y^2},$$

$$\frac{\partial^2 z}{\partial x^2}=\frac{(x^2+y^2)-x\cdot 2x}{(x^2+y^2)^2}=\frac{y^2-x^2}{(x^2+y^2)^2},$$

$$\frac{\partial^2 z}{\partial y^2}=\frac{(x^2+y^2)-y\cdot 2y}{(x^2+y^2)^2}=\frac{x^2-y^2}{(x^2+y^2)^2}.$$

因此

$$\frac{\partial^2 z}{\partial x^2}+\frac{\partial^2 z}{\partial y^2}=\frac{x^2-y^2}{(x^2+y^2)^2}+\frac{y^2-x^2}{(x^2+y^2)^2}=0.$$

例 8　设 $z=\mathrm{e}^{-x}\cos 2y$，求二阶偏导数.

解　$\frac{\partial z}{\partial x}=-\mathrm{e}^{-x}\cos 2y,\frac{\partial z}{\partial y}=-2\mathrm{e}^{-x}\sin 2y$；

$\frac{\partial^2 z}{\partial x^2}=\mathrm{e}^{-x}\cos 2y,\frac{\partial^2 z}{\partial y^2}=-4\mathrm{e}^{-x}\cos 2y$；

$\frac{\partial^2 z}{\partial x\partial y}=2\mathrm{e}^{-x}\sin 2y,\frac{\partial^2 z}{\partial y\partial x}=2\mathrm{e}^{-x}\sin 2y$.

从例 8 中观察到两个混合偏导数相等：$\frac{\partial^2 z}{\partial x\partial y}=\frac{\partial^2 z}{\partial y\partial x}$，这并非偶然，下面的定理说明了原因所在(定理的证明从略).

定理　如果函数 $z=f(x,y)$ 的两个二阶混合偏导数 $\frac{\partial^2 z}{\partial y\partial x}$ 及 $\frac{\partial^2 z}{\partial x\partial y}$ 在区域 D 内连续，则在该区域内有 $\frac{\partial^2 z}{\partial y\partial x}=\frac{\partial^2 z}{\partial x\partial y}$.

注：定理 1 表明，二阶混合偏导数在连续的条件下，与求导的次序无关，该定理可推广到高阶混合偏导数的情形.至于偏导数是否连续只要考察其是否有意义即可.

例 9　验证函数 $u=\frac{1}{\sqrt{x^2+y^2+z^2}}$ 满足拉普拉斯方程

$$\frac{\partial^2 u}{\partial x^2}+\frac{\partial^2 u}{\partial y^2}+\frac{\partial^2 u}{\partial z^2}=0.$$

证 令 $r=\sqrt{x^2+y^2+z^2}$,则 $u=\frac{1}{r},\frac{\partial r}{\partial x}=\frac{x}{r}$.于是

$$\frac{\partial u}{\partial x}=-\frac{1}{r^2}\frac{\partial r}{\partial x}=-\frac{1}{r^2}\cdot\frac{x}{r}=-\frac{x}{r^3},$$

$$\frac{\partial^2 u}{\partial x^2}=-\frac{1}{r^3}+\frac{3x}{r^4}\cdot\frac{\partial r}{\partial x}=-\frac{1}{r^3}+\frac{3x^2}{r^5}.$$

由函数关于自变量的对称性,可推断

$$\frac{\partial^2 u}{\partial y^2}=-\frac{1}{r^3}+\frac{3y^2}{r^5},\frac{\partial^2 u}{\partial z^2}=-\frac{1}{r^3}+\frac{3z^2}{r^5}.$$

$$\frac{\partial^2 u}{\partial x^2}+\frac{\partial^2 u}{\partial y^2}+\frac{\partial^2 u}{\partial z^2}=-\frac{3}{r^3}+\frac{3(x^2+y^2+z^2)}{r^5}=-\frac{3}{r^3}+\frac{3r^2}{r^5}=0.$$

注:拉普拉斯方程描述了很多物理现象,对解决热传导、静电学等问题有着重要作用.

*7.3.4 偏导数在经济中的应用

在第 4 章 4.6 节中,通过边际分析和弹性分析,知道了导数在经济学中的广泛应用,由此可推广到多元函数微分学中,并赋予更丰富的含义.

1)边际分析

定义 3 设函数 $z=f(x,y)$ 在点的偏导数存在,称

$$f_x(x_0,y_0)=\lim_{\Delta x\to 0}\frac{f(x_0+\Delta x,y_0)-f(x_0,y_0)}{\Delta x}$$

为函数 $z=f(x,y)$ 在点 (x_0,y_0) 处**对 x 的边际**,称 $f_x(x,y)$ 是**对 x 的边际函数**.

类似地,称 $f_y(x_0,y_0)$ 为 $z=f(x,y)$ 在点 (x_0,y_0) 处**对 y 的边际**,称 $f_y(x,y)$ 是**对 y 的边际函数**.

边际 $f_x(x_0,y_0)$ 的经济含义:在点 (x_0,y_0) 处,当 y 保持不变而 x 多生产一个单位,$z=f(x,y)$ 近似地改变 $f_x(x_0,y_0)$ 个单位.

例 10 某汽车生产商生产 A,B 两种型号的小车,其日产量分别用 x,y(单位:百辆)表示,总成本(单位:百万元)为

$$C(x,y)=10+5x^2+xy+2y^2,$$

求当 $x=5,y=3$ 时,两种型号的小车的边际成本,并解释其经济含义.

解 求总成本函数的偏导数

$$C_x(x,y)=10x+y,C_y(x,y)=x+4y.$$

当 $x=5,y=3$ 时,A 型小车的边际成本为

$$C_x(5,3)=10\times 500\text{ 万元}+300\text{ 万元}=5300\text{ 万元}.$$

B 型小车的边际成本为

$$C_y(5,3)=500\text{ 万元}+4\times 300\text{ 万元}=1700\text{ 万元}.$$

其经济含义:当 A 型小车日产量为 500 辆,B 型小车日产量为 300 辆的条件下.

(1)如果 B 型小车日产量不变而 A 型小车日产量每增加 100 辆,则总成本大约增加 5 300 万元;

(2)如果 A 型小车日产量不变而 B 型小车日产量每增加 100 辆,则总成本大约增加 1 700 万元.

2)偏弹性分析

定义 4　设函数 $z=f(x,y)$ 在点的偏导数存在,$z=f(x,y)$ 对 x 的偏改变量记为

$$\Delta_x z=f(x+x_0,y_0)-f(x_0,y_0).$$

称 $\Delta_x z$ 的相对改变量 $\frac{\Delta_x z}{z_0}$ 与自变量 x 的相对改变量 $\frac{\Delta x}{x_0}$ 之比

$$\frac{\frac{\Delta_x z}{z_0}}{\frac{\Delta x}{x_0}}=\frac{\Delta_x z}{\Delta x}\cdot\frac{x_0}{z_0} \tag{7.10}$$

为函数 $f(x,y)$ 在点 (x_0,y_0) 处对 x 从 x_0 到 $x_0+\Delta x$ **两点间的弹性**.

令 $\Delta x\to 0$,则式(7.10)的极限称为 $f(x,y)$ 在点 (x_0,y_0) 处**对 x 的偏弹性**,记为 E_x,即

$$E_x=\lim_{\Delta x\to 0}\frac{\Delta_x z}{\Delta x}\cdot\frac{x_0}{z_0}=f_x(x_0,y_0)\cdot\frac{x_0}{f(x_0,y_0)}. \tag{7.11}$$

注:偏弹性 E_x 反映在点 (x_0,y_0) 处 $f(x,y)$ 随 x 变化的强弱程度.其经济含义:在 (x_0,y_0) 处,当 y 不变而 x 产生 1%的改变时,$f(x,y)$ 近似地改变 E_x%.

类似地,可定义 $f(x,y)$ 在点 (x_0,y_0) 处**对 y 的偏弹性**,记为 E_y,即

$$E_y=\lim_{\Delta y\to 0}\frac{\Delta_y z}{\Delta y}\cdot\frac{y_0}{z_0}=f_y(x_0,y_0)\cdot\frac{y_0}{f(x_0,y_0)}.$$

一般地,称

$$E_x=f_x(x,y)\cdot\frac{x}{f(x,y)}\text{ 及 }E_y=f_y(x,y)\cdot\frac{y}{f(x,y)}$$

为 $f(x,y)$ 分别对 x 和 y 的**偏弹性函数**.

(1)需求偏弹性分析

设某产品的需求量 $Q=Q(p,y)$,其中 p 为该产品的价格,y 为消费者收入,则称

$$E_p=\lim_{\Delta p\to 0}\frac{\frac{\Delta_p Q}{Q}}{\frac{\Delta p}{p}}=\frac{\partial Q}{\partial p}\cdot\frac{p}{Q}$$

为**需求 Q 对价格 p 的偏弹性**.称

$$E_y=\lim_{\Delta y\to 0}\frac{\frac{\Delta_y Q}{Q}}{\frac{\Delta y}{y}}=\frac{\partial Q}{\partial y}\cdot\frac{y}{Q}$$

为**需求 Q 对收入 y 的偏弹性**.

例 11　设某城市计划建设一批经济住房,如果价格(单位:百元/平方米)为 p,需求量(单

位:百间)为 Q,当地居民年均收入(单位:万元)为 y,根据分析调研,得到需求函数为

$$Q = 10 + py - \frac{p^2}{10}.$$

求当 $p=30,y=3$ 时,需求 Q 对价格 p 和收入 y 的偏弹性,并解释其经济含义.

解 因 $\frac{\partial Q}{\partial p}=y-\frac{2p}{10},\frac{\partial Q}{\partial y}=p$,代入 $p=30,y=3$,得

$$\left.\frac{\partial Q}{\partial p}\right|_{(30,3)} = 3 - \frac{2\times 30}{10} = -3,\left.\frac{\partial Q}{\partial y}\right|_{(30,3)} = 30.$$

又 $Q(30,3)=10+30\times 3-\frac{30^2}{10}=10$,因此,需求 Q 对价格 p 和收入 y 的偏弹性分别为

$$E_p = -3\cdot\frac{30}{10} = -9,\ E_y = 30\cdot\frac{3}{10} = 9.$$

其经济含义:当价格定在每平方米 3 000 元,人均年收入 3 万元的条件下,若价格每平方米提高 30 元而人均年收入不变,则需求量将减少 9%;若价格不变而人均年收入增加 100 元,则需求量将增加 9%.

(2)交叉弹性分析

设有 A,B 两种相关商品,价格分别为 p_1 和 p_2,消费者对这两种商品的需求量 Q_1 和 Q_2 由这两种商品的价格决定,需求函数分别表示为

$$Q_1 = Q_1(p_1,p_2)\text{ 及 }Q_2 = Q_2(p_1,p_2).$$

对需求函数 $Q_1=Q_1(p_1,p_2)$,当 p_2 不变时,需求量 Q_1 对价格 p_1 的偏弹性 E_{p1} 称为**直接价格弹性**,即

$$E_{p_1} = \frac{\partial Q_1}{\partial p_1}\cdot\frac{p_1}{Q_1}.$$

注:直接价格弹性用于度量商品对自身价格变化所引起的需求反应.

对需求函数 $Q_1=Q_1(p_1,p_2)$,当 p_1 不变时,需求量 Q_1 对价格 p_2 的偏弹性 E_{p2} 称为**交叉价格弹性**,即

$$E_{p_2} = \frac{\partial Q_1}{\partial p_2}\cdot\frac{p_2}{Q_1}.$$

注:交叉价格弹性用于度量某商品对与之相关的商品的价格变化所引起的需求反应.

需求量 Q_1 的交叉价格弹性 E_{p2},可用于分析两种商品的相互关系:

(1)若 $E_{p2}<0$,则表示当商品 A 的价格 p_1 不变,而商品 B 的价格 p_2 上升时,商品 A 的需求量将相应地减少.这时称商品 A 和商品 B 是**相互补充关系**.

(2)若 $E_{p2}>0$,则表示当商品 A 的价格 p_1 不变,而商品 B 的价格 p_2 上升时,商品 A 的需求量将相应地增加.这时称商品 A 和商品 B 是**相互竞争(替代)关系**.

(3)若 $E_{p2}=0$,则称两种商品**相互独立**.

例 12 某品牌数码相机的需求量 Q,除与自身价格(单位:百元)p_1 有关外,还与彩色喷墨打印机的价格(单位:百元)p_2 有关,需求函数为

$$Q = 120 + \frac{100}{p_1} - 10p_2 - p_2^2.$$

求 $p_1=20,p_2=5$ 时需求量 Q 的直接价格弹性和交叉价格弹性，并说明数码相机和彩色喷墨打印机是相互补充关系还是相互竞争关系？

解　$p_1=20,p_2=5$ 时，需求量

$$Q(20,5)=120+\frac{100}{20}-10\times5-5^2=50,$$

$$\left.\frac{\partial Q}{\partial p_1}\right|_{(20,5)}=-\left.\frac{100}{p_1^2}\right|_{(20,5)}=-\frac{1}{4},$$

$$\left.\frac{\partial Q}{\partial p_2}\right|_{(20,5)}=(-10-2p_2)\big|_{(20,5)}=-20.$$

故需求量 Q 的直接价格弹性为

$$E_{p_1}=\frac{\partial Q}{\partial p_1}\cdot\frac{p_1}{Q}=-\frac{1}{4}\cdot\frac{20}{50}=-0.1.$$

需求量 Q 的交叉价格弹性为

$$E_{p_2}=\frac{\partial Q}{\partial p_2}\cdot\frac{p_2}{Q}=-20\cdot\frac{5}{50}=-2.$$

由 $E_{p2}<0$，故数码相机和彩色喷墨打印机是相互补充关系.

习题 7.3

1.求下列函数的偏导数.

(1) $z=x^3+3xy+y^3$；　　(2) $z=\dfrac{\sin y^2}{x}$；

(3) $z=\ln(x-3y)$；　　(4) $z=x^y+\ln xy\quad(x>0,y>0,x\neq1)$；

(5) $u=x^{\frac{z}{y}}$；　　(6) $u=\cos(x^2-y^2+e^{-z})$.

2.求下列函数在指定点处的偏导数.

(1) $f(x,y)=x^2-xy+y^2$，求 $f_x(1,2)$，$f_y(1,2)$；

(2) $f(x,y)=\arctan\dfrac{x^2+y^2}{x-y}$，求 $f_x(1,0)$；

(3) $f(x,y)=\ln\sqrt{x^2+y^2}+\sin(x^2-1)e^{\arctan(x2+\sqrt{x2+y2})}$；求 $f_x(1,2)$；

(4) $f(x,y,z)=\ln(x-yz)$，求 $f_x(2,0,1)$，$f_y(2,0,1)$，$f_z(2,0,1)$.

3.设 $r=\sqrt{x^2+y^2+z^2}$，证明：

(1) $\left(\dfrac{\partial r}{\partial x}\right)^2+\left(\dfrac{\partial r}{\partial y}\right)^2+\left(\dfrac{\partial r}{\partial z}\right)^2=1$；

(2) $\dfrac{\partial^2 r}{\partial x^2}+\dfrac{\partial^2 r}{\partial y^2}+\dfrac{\partial^2 r}{\partial z^2}=\dfrac{2}{r}$；

(3) $\dfrac{\partial^2(\ln r)}{\partial x^2}+\dfrac{\partial^2(\ln r)}{\partial y^2}+\dfrac{\partial^2(\ln r)}{\partial z^2}=\dfrac{1}{r^2}$.

4.求下列函数的二阶偏导数 $\dfrac{\partial^2 z}{\partial x^2},\dfrac{\partial^2 z}{\partial y^2},\dfrac{\partial^2 z}{\partial y\partial x}$.

(1)$z=4x^3+3x^2y-3xy^2-x+y$;　　　　(2)$z=x\ln(x+y)$.

5.某水泥厂生产 A,B 两种标号的水泥,其日产量分别记作 x,y(单位:吨),总成本(单位:元)为

$$C(x,y)=20+30x^2+10xy+20y^2,$$

求当 $x=4,y=3$ 时,两种标号水泥的边际成本,并解释其经济含义.

6.设某商品需求量 Q 与价格为 p 和收入 y 的关系为

$$Q=400-2p+0.03y.$$

求当 $p=25,y=5\ 000$ 时,需求 Q 对价格 p 和收入 y 的偏弹性,并解释其经济含义.

7.4　全微分及其应用

7.4.1　全微分的定义

在一元函数微分学中,如果函数 $y=f(x)$ 在点 x_0 可微,意味着函数的改变量

$$\Delta y=f(x_0+\Delta x)-f(x_0)$$

可表示为

$$\Delta y=A\cdot\Delta x+o(\Delta x),$$

其中 $A=f'(x_0)$ 是与 Δx 无关的常数 A.类似地,可给出二元函数可微的定义.

定义 1　如果函数 $z=f(x,y)$ 在点 $P(x,y)$ 的某邻域内有定义,并设 $M(x+\Delta x,y+\Delta y)$ 为这一邻域内的任意一点,则称

$$f(x+\Delta x,y+\Delta y)-f(x,y)$$

为函数在点 P 对应于自变量增量 $\Delta x,\Delta y$ 的**全增量**,记为 Δz,即

$$\Delta z=f(x+\Delta x,y+\Delta y)-f(x,y).\tag{7.12}$$

一般来说,计算全增量比较复杂.与一元函数的微分相类似,我们也希望利用关于自变量增量 $\Delta x,\Delta y$ 的线性函数来近似地代替函数的全增量 Δz,由此引入关于二元函数全微分的定义.

定义 2　如果函数 $z=f(x,y)$ 在点(x,y)的某邻域内有定义,全增量 Δz 可以表示为

$$\Delta z=A\Delta x+B\Delta y+o(\rho),\tag{7.13}$$

其中 A,B 不依赖于 $\Delta x,\Delta y$ 而仅与 x,y 有关,$\rho=\sqrt{(\Delta x)^2+(\Delta y)^2}$,则称函数 $z=f(x,y)$ 在点(x,y)**可微**,$A\Delta x+B\Delta y$ 称为函数 $z=f(x,y)$ 在点(x,y)的**全微分**,记为 $\mathrm{d}z$,即

$$\mathrm{d}z=A\Delta x+B\Delta y.\tag{7.14}$$

若函数 $z=f(x,y)$ 在区域 D 内各点处可微,则称 $z=f(x,y)$ 在 D 内**可微**.

习惯将 Δx 与 Δy 写成 $\mathrm{d}x$ 与 $\mathrm{d}y$,并分别称为自变量 x 与 y 的微分.于是,函数 $z=f(x,y)$ 的全微分可写成

$$\mathrm{d}z=A\mathrm{d}x+B\mathrm{d}y.\tag{7.15}$$

前面已经学习了多元函数的连续、偏导数存在,现在又学习了全微分,那么这三者之间又有什么样的关系呢?

定理 1(必要条件)　如果函数 $z=f(x,y)$ 在点(x,y)处可微,则

(1)$f(x,y)$在点(x,y)处连续；

(2)$f(x,y)$在点(x,y)的偏导数$\frac{\partial z}{\partial x},\frac{\partial z}{\partial y}$必存在，且$f(x,y)$在点$(x,y)$处的全微分为

$$\mathrm{d}z = \frac{\partial z}{\partial x}\mathrm{d}x + \frac{\partial z}{\partial y}\mathrm{d}y. \tag{7.16}$$

证(1)由已知条件，在式(7.13)中，令$\Delta x \to 0$，$\Delta y \to 0$，即$\rho \to 0$，则$\Delta z \to 0$.

再由式(7.12)，即得

$$\lim_{\substack{\Delta x \to 0 \\ \Delta y \to 0}} f(x + \Delta x, y + \Delta y) = f(x,y).$$

因此，$f(x,y)$在点(x,y)处连续.

(2)在式(7.13)中，令$\Delta y = 0$，$\Delta x \neq 0$，$\rho = |\Delta x|$，有

$$f(x + \Delta x, y) - f(x,y) = A\Delta x + o(|\Delta x|).$$

上式两边各除以Δx，再令$\Delta x \to 0$而取极限，则可得

$$\lim_{\Delta x \to 0}\frac{f(x + \Delta x, y) - f(x,y)}{\Delta x} = \lim_{\Delta x \to 0}\left[A + \frac{o(|\Delta x|)}{\Delta x}\right] = A,$$

从而$\frac{\partial z}{\partial x}$存在，且$\frac{\partial z}{\partial x} = A$.

同理$\frac{\partial z}{\partial y}$存在，且$\frac{\partial z}{\partial y} = B$.

所以$\mathrm{d}z = \frac{\partial z}{\partial x}\mathrm{d}x + \frac{\partial z}{\partial y}\mathrm{d}y$.

注：偏导数$\frac{\partial z}{\partial x},\frac{\partial z}{\partial y}$存在是可微分的必要条件，但不是充分条件(见本节例 1).这里要与一元函数区分开来，一元函数可微与可导是等价的.

例 1　考察函数

$$f(x,y) = \begin{cases} \dfrac{xy}{\sqrt{x^2 + y^2}}, & (x,y) \neq (0,0) \\ 0, & (x,y) = (0,0) \end{cases}$$

在点(0,0)的偏导数、连续性和可微性.

解　由 7.3 节的例 7 知，同理可得：

(1)函数$f(x,y)$在点(0,0)的偏导数存在，且为$f_x(0,0) = 0$，$f_y(0,0) = 0$.

(2)因为函数$f(x,y)$在(0,0)处的极限不存在，所以$f(x,y)$在点(0,0)处不连续.

由定理 1(1)可知连续是可微的必要条件，故由$f(x,y)$在点(0,0)处不连续，即知$f(x,y)$在点(0,0)处不可微.

事实上，如果用定义 2 进行考察，可知$\Delta z - [f_x(0,0)\Delta x + f_y(0,0)\Delta y]$不是较$\rho$高阶的无穷小.这是因为当$(\Delta x, \Delta y)$沿直线$y = x$趋于(0,0)时，

$$\frac{\Delta z - [f_x(0,0)\cdot\Delta x + f_y(0,0)\cdot\Delta y]}{\rho} = \frac{\Delta x\cdot\Delta y}{(\Delta x)^2 + (\Delta y)^2} = \frac{\Delta x\cdot\Delta x}{(\Delta x)^2 + (\Delta x)^2} = \frac{1}{2} \neq 0.$$

由此可知，对于多元函数而言，偏导数存在并不一定可微.因为函数的偏导数仅描述了函数在一点处沿坐标轴的变化率，而全微分描述了函数沿各个方向的变化情况.但如果对偏导

数再加一些条件,就可保证函数的可微性.一般地,有如下定理.

定理 2(充分条件) 如果函数 $z=f(x,y)$ 的偏导数$\frac{\partial z}{\partial x},\frac{\partial z}{\partial y}$在点$(x,y)$连续,则函数在该点处可微.

定理 2 的证明需要用到拉格朗日中值定理,此处从略(可参考相关教材).

7.4.2 全微分的计算

由定理 1 的式(7.16)可知,二元函数全微分的计算实质就是计算两个偏导数,再分别计算它们与两个自变量的乘积之和.

关于二元函数全微分的定义和可微的必要条件和充分条件,可以类似地推广到三元及三元以上的多元函数中去.例如,三元函数 $u=f(x,y,z)$ 的全微分可表示为

$$du=\frac{\partial u}{\partial x}dx+\frac{\partial u}{\partial y}dy+\frac{\partial u}{\partial z}dz. \tag{7.17}$$

例 2 求函数 $z=2xy^3-x^2y^6$ 的全微分.

解 因为

$$\frac{\partial z}{\partial x}=2y^3-2xy^6,\frac{\partial z}{\partial y}=6xy^2-6x^2y^5,$$

所以

$$dz=2y^3(1-xy^3)dx+6xy^2(1-xy^3)dy.$$

例 3 计算函数 $z=e^{xy}$在点(1,2)处的全微分.

解 因为

$$\frac{\partial z}{\partial x}=ye^{xy},\frac{\partial z}{\partial y}=xe^{xy},$$

则

$$\left.\frac{\partial z}{\partial x}\right|_{\substack{x=1\\y=2}}=2e^2,\left.\frac{\partial z}{\partial y}\right|_{\substack{x=1\\y=2}}=e^2,$$

所以

$$dz=2e^2dx+e^2dy.$$

例 4 求函数 $u=xy+\cos 2y+e^{yz}$的全微分.

解 由

$$\frac{\partial u}{\partial x}=y,\frac{\partial u}{\partial y}=x-2\sin 2y+ze^{yz},\frac{\partial u}{\partial z}=ye^{yz},$$

故所求全微分

$$du=ydx+(x-2\sin 2y+ze^{yz})dy+ye^{yz}dz.$$

*7.4.3 全微分在近似计算中的应用(自学)

由二元函数 $z=f(x,y)$ 全微分的定义及全微分存在的充分条件可知,如果二元函数 $z=f(x,y)$在点 $P(x,y)$的两个偏导数$f_x(x,y)$,$f_y(x,y)$连续,且$|\Delta x|$,$|\Delta y|$都较小时,则有近似式

$$\Delta z\approx dz,$$

即

$$\Delta z \approx f_x(x,y)\Delta x + f_y(x,y)\Delta y.$$

由 $\Delta z=f(x+\Delta x,y+\Delta y)-f(x,y)$，即可得到二元函数的全微分近似计算公式

$$f(x+\Delta x,y+\Delta y) \approx f(x,y) + f_x(x,y)\Delta x + f_y(x,y)\Delta y. \tag{7.18}$$

例 5　计算 $(1.05)^{3.02}$ 的近似值.

解　设函数 $f(x,y)=x^y$，$x=1$，$y=3$，$\Delta x=0.05$，$\Delta y=0.02$.

$$f(1,3) = 1^3 = 1, f_x(x,y) = yx^{y-1}, f_y(x,y) = x^y \ln x,$$

$$f_x(1,3) = 3, f_y(1,3) = 0.$$

由二元函数全微分近似计算式(7.18)，得

$$(1.05)^{3.02} \approx 1 + 3 \times 0.05 + 0 \times 0.02 = 1.15.$$

注：若用计算器计算，取小数点后 5 位，$(1.05)^{3.02}$ 的值为 1.158 76.

例 6　设计一个无盖的混凝土圆柱形的蓄水池，要求内径 3 m，高 4 m，厚度 0.1 m，问：大约需要多少立方米的混凝土？

解　设圆柱的直径和高分别用 x,y 表示，则其体积为

$$V = f(x,y) = \pi\left(\frac{x}{2}\right)^2 y = \frac{1}{4}\pi x^2 y.$$

于是，将所需的混凝土量看成当 $x+\Delta x=3+2\times0.1$，$y+\Delta y=4+0.1$ 与 $x=3$，$y=4$ 时的两个圆柱体的体积之差 ΔV(不考虑底部的混凝土)，因此可用近似计算式

$$\Delta V \approx \mathrm{d}V = f_x(x,y)\Delta x + f_y(x,y)\Delta y.$$

又 $f_x(x,y)=\frac{1}{2}\pi xy$，$f_y(x,y)=\frac{1}{4}\pi x^2$，代入 $x=3$，$y=4$，$\Delta x=0.2$，$\Delta y=0.1$，得

$$\Delta V \approx \mathrm{d}V = \frac{1}{2}\pi \times 3 \times 4 \times 0.2 + \frac{1}{4}\pi \times 3^2 \times 0.1 = 1.65\pi\ \mathrm{m}^3 \approx 5.184\ \mathrm{m}^3.$$

因此，大约需要 5.184 m^3 的混凝土.

习题 7.4

1.求下列函数的全微分.

(1) $z=4xy^3+5x^2y^6$；　　(2) $z=\sqrt{1-x^2-y^2}$；

(3) $u=\ln(x-yz)$；　　(4) $u=x+\sin\frac{y}{2}+e^{yz}$.

2.计算函数 $z=x^y$ 在点(3,1)处的全微分.

3.求函数 $z=xy$ 在点(2,3)处，关于 $\Delta x=0.1$，$\Delta y=0.2$ 的全增量与全微分.

4.计算 $(1.04)^{2.02}$ 的近似值.

5.设有一个无盖圆柱形玻璃容器，容器的内高为 20 cm，内半径为 4 cm，容器的壁与底的厚度均为 0.1 cm，求容器外壳体积的近似值.

7.5 多元复合函数与隐函数的微分法

7.5.1 多元复合函数的求导法

在一元函数微分学中,求复合函数导数的"链式法则"有着直观而重要的作用(参考第 3 章 3.2 节),现将其推广到多元复合函数的情形.下面分几种情形来讨论.

1)复合函数的中间变量为一元函数的情形

定理 1 如果函数 $u=u(t)$,$v=v(t)$都在点 t 可导,函数 $z=f(u,v)$在对应点(u,v)具有连续偏导数,则复合函数 $z=f[u(t),v(t)]$在点 t 可导,且有

$$\frac{\mathrm{d}z}{\mathrm{d}t}=\frac{\partial z}{\partial u}\cdot\frac{\mathrm{d}u}{\mathrm{d}t}+\frac{\partial z}{\partial v}\cdot\frac{\mathrm{d}v}{\mathrm{d}t}. \tag{7.19}$$

证 因为 $z=f(u,v)$具有连续的偏导数,所以它是可微的,即有

$$\mathrm{d}z=\frac{\partial z}{\partial u}\mathrm{d}u+\frac{\partial z}{\partial v}\mathrm{d}v.$$

又因为 $u=u(t)$及 $v=v(t)$都可导,因而可微,即有

$$\mathrm{d}u=\frac{\mathrm{d}u}{\mathrm{d}t}\mathrm{d}t,\mathrm{d}v=\frac{\mathrm{d}v}{\mathrm{d}t}\mathrm{d}t,$$

代入上式得

$$\mathrm{d}z=\frac{\partial z}{\partial u}\cdot\frac{\mathrm{d}u}{\mathrm{d}t}\mathrm{d}t+\frac{\partial z}{\partial v}\cdot\frac{\mathrm{d}v}{\mathrm{d}t}\mathrm{d}t=\left(\frac{\partial z}{\partial u}\cdot\frac{\mathrm{d}u}{\mathrm{d}t}+\frac{\partial z}{\partial v}\cdot\frac{\mathrm{d}v}{\mathrm{d}t}\right)\mathrm{d}t$$

从而

$$\frac{\mathrm{d}z}{\mathrm{d}t}=\frac{\partial z}{\partial u}\cdot\frac{\mathrm{d}u}{\mathrm{d}t}+\frac{\partial z}{\partial v}\cdot\frac{\mathrm{d}v}{\mathrm{d}t}.$$

u
z t
v

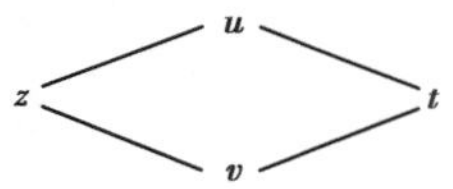

图 7.17

定理 1 中的函数 z 通过中间变量与自变量 t 相关联,其复合关系如图 7.17 所示.

定理 1 可推广到中间变量多于两个的情形.如设 $z=f(u,v,w)$,$u=u(t)$,$v=v(t)$,$w=w(t)$,则 $z=f[u(t),v(t),w(t)]$对 t 的导数为

$$\frac{\mathrm{d}z}{\mathrm{d}t}=\frac{\partial z}{\partial u}\frac{\mathrm{d}u}{\mathrm{d}t}+\frac{\partial z}{\partial v}\frac{\mathrm{d}v}{\mathrm{d}t}+\frac{\partial z}{\partial w}\frac{\mathrm{d}w}{\mathrm{d}t}. \tag{7.20}$$

式(7.19)和式(7.20)中的导数$\frac{\mathrm{d}z}{\mathrm{d}t}$称为**全导数**.

例 1 设 $z=u\ln v$,而 $u=\sin t$,$v=\cos t$,求导数$\frac{\mathrm{d}z}{\mathrm{d}t}$.

解 因为$\frac{\partial z}{\partial u}=\ln v$,$\frac{\partial z}{\partial v}=\frac{u}{v}$,$\frac{\mathrm{d}u}{\mathrm{d}t}=\cos t$,$\frac{\mathrm{d}v}{\mathrm{d}t}=-\sin t$,因此由式(7.19)可得

$$\begin{aligned}\frac{\mathrm{d}z}{\mathrm{d}t}&=\frac{\partial z}{\partial u}\cdot\frac{\mathrm{d}u}{\mathrm{d}t}+\frac{\partial z}{\partial v}\cdot\frac{\mathrm{d}v}{\mathrm{d}t}\\&=(\ln v)\cos t-\frac{u}{v}\sin t\end{aligned}$$

$$= \cos t \cdot \ln \cos t - \tan t \cdot \sin t.$$

例 2　设 $z=u^2 v \sin t$，而 $u=e^t$，$v=\cos t$，求导数 $\frac{dz}{dt}$.

解

$$\begin{aligned}\frac{dz}{dt} &= \frac{\partial z}{\partial u} \cdot \frac{du}{dt} + \frac{\partial z}{\partial v} \cdot \frac{dv}{dt} + \frac{\partial z}{\partial t} \\ &= 2uv \sin t \cdot e^t + u^2 \sin t(-\sin t) + u^2 v \cos t \\ &= 2e^t \cos t \cdot e^t - e^{2t}\sin^2 t + e^{2t}\cos^2 t \\ &= e^{2t}(\cos 2t - 2\cos t).\end{aligned}$$

2）复合函数的中间变量均为多元函数的情形

定理 2　如果函数 $u=u(x,y)$，$v=v(x,y)$ 都在点 (x,y) 具有对 x 及 y 的偏导数，函数 $z=f(u,v)$ 在对应点 (u,v) 具有连续偏导数，则复合函数 $z=f[u(x,y),v(x,y)]$ 在点 (x,y) 的两个偏导数存在，且有

$$\frac{\partial z}{\partial x} = \frac{\partial z}{\partial u} \cdot \frac{\partial u}{\partial x} + \frac{\partial z}{\partial v} \cdot \frac{\partial v}{\partial x}, \tag{7.21}$$

$$\frac{\partial z}{\partial y} = \frac{\partial z}{\partial u} \cdot \frac{\partial u}{\partial y} + \frac{\partial z}{\partial v} \cdot \frac{\partial v}{\partial y}. \tag{7.22}$$

定理 2 中的函数 z 通过中间变量 u,v 与自变量 x,y 相关联的复合关系如图 7.18 所示.

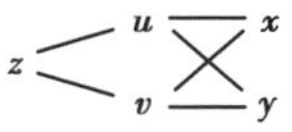

图 7.18

定理 2 可看成定理 1 的推广，如将式（7.19）的 t 分别换成 x 和 y，微分符号 d 换成∂，则立即得式（7.21）和式（7.22）. 这再次提醒我们，如果函数的自变量只有一个，则求导时要用微分符号 d；否则，就要用符号.

例 3　设 $z=e^u \sin v$，而 $u=xy$，$v=x+y$，求 $\frac{\partial z}{\partial x}$ 和 $\frac{\partial z}{\partial y}$.

解　直接应用式（7.21）得

$$\begin{aligned}\frac{\partial z}{\partial x} &= \frac{\partial z}{\partial u} \cdot \frac{\partial u}{\partial x} + \frac{\partial z}{\partial v} \cdot \frac{\partial v}{\partial x} = e^u \sin v \cdot y + e^u \cos v \cdot 1 \\ &= e^u(y \sin v + \cos v) = e^{xy}[y \sin(x+y) + \cos(x+y)],\end{aligned}$$

$$\begin{aligned}\frac{\partial z}{\partial y} &= \frac{\partial z}{\partial u} \cdot \frac{\partial u}{\partial y} + \frac{\partial z}{\partial v} \cdot \frac{\partial v}{\partial y} = e^u \sin v \cdot x + e^u \cos v \cdot 1 \\ &= e^u(x \sin v + \cos v) = e^{xy}[x \sin(x+y) + \cos(x+y)].\end{aligned}$$

定理 2 可进一步推广到多个中间变量的情形：设 $z=f(u,v,w)$，$u=u(x,y)$，$v=v(x,y)$，$w=w(x,y)$，则

$$\frac{\partial z}{\partial x} = \frac{\partial z}{\partial u} \cdot \frac{\partial u}{\partial x} + \frac{\partial z}{\partial v} \cdot \frac{\partial v}{\partial x} + \frac{\partial z}{\partial w} \cdot \frac{\partial w}{\partial x},$$

$$\frac{\partial z}{\partial y} = \frac{\partial z}{\partial u} \cdot \frac{\partial u}{\partial y} + \frac{\partial z}{\partial v} \cdot \frac{\partial v}{\partial y} + \frac{\partial z}{\partial w} \cdot \frac{\partial w}{\partial y}.$$

特别地，当 $v=x$，$w=y$ 时，$z=f[u(x,y),x,y]$ 对 x 和 y 的偏导数为

$$\frac{\partial z}{\partial x} = \frac{\partial f}{\partial u}\frac{\partial u}{\partial x} + \frac{\partial f}{\partial x}, \frac{\partial z}{\partial y} = \frac{\partial f}{\partial u}\frac{\partial u}{\partial y} + \frac{\partial f}{\partial y}.$$

注:这里$\frac{\partial z}{\partial x}$与$\frac{\partial f}{\partial x}$是不同的,$\frac{\partial z}{\partial x}$是把复合函数$z=f[u(x,y),x,y]$中的$y$看成不变而对$x$的偏导数,$\frac{\partial f}{\partial x}$是把函数$z=f(u,x,y)$中的$u$及$y$看成不变而对$x$的偏导数.$\frac{\partial z}{\partial y}$与$\frac{\partial f}{\partial y}$也有类似区别.

例 4 设$u=f(x,y,z)=\mathrm{e}^{x^2+y^2+z^2}$,$z=x^2\sin y$,求$\frac{\partial u}{\partial x}$和$\frac{\partial u}{\partial y}$.

解
$$\begin{aligned}\frac{\partial u}{\partial x}&=\frac{\partial f}{\partial x}+\frac{\partial f}{\partial z}\frac{\partial z}{\partial x}\\&=2x\mathrm{e}^{x^2+y^2+z^2}+2z\mathrm{e}^{x^2+y^2+z^2}\cdot 2x\sin y\\&=2x(1+2x^2\sin^2 y)\mathrm{e}^{x^2+y^2+x^4\sin^2 y},\end{aligned}$$
$$\begin{aligned}\frac{\partial u}{\partial y}&=\frac{\partial f}{\partial y}+\frac{\partial f}{\partial z}\frac{\partial z}{\partial y}\\&=2y\mathrm{e}^{x^2+y^2+z^2}+2z\mathrm{e}^{x^2+y^2+z^2}\cdot x^2\cos y\\&=2(y+x^4\sin y\cos y)\mathrm{e}^{x^2+y^2+x^4\sin^2 y}.\end{aligned}$$

定理 2 还可推广到多个中间变量是三元及三元以上函数的情形:设$w=f(u,v)$,$u=u(x,y,z)$,$v=v(x,y,z)$,则

$$\frac{\partial w}{\partial x}=\frac{\partial w}{\partial u}\cdot\frac{\partial u}{\partial x}+\frac{\partial w}{\partial v}\cdot\frac{\partial v}{\partial x},$$
$$\frac{\partial w}{\partial y}=\frac{\partial w}{\partial u}\cdot\frac{\partial u}{\partial y}+\frac{\partial w}{\partial v}\cdot\frac{\partial v}{\partial y},$$
$$\frac{\partial w}{\partial z}=\frac{\partial w}{\partial u}\cdot\frac{\partial u}{\partial z}+\frac{\partial w}{\partial v}\cdot\frac{\partial v}{\partial z}.$$

例 5 设$w=f(x+y+z,xyz)$,f具有二阶连续偏导数,求$\frac{\partial w}{\partial x}$及$\frac{\partial^2 w}{\partial x\partial z}$.

解 令$u=x+y+z$,$v=xyz$,则$w=f(u,v)$.

引入记号:$f_1=\frac{\partial f(u,v)}{\partial u}$,$f_{12}=\frac{\partial f(u,v)}{\partial u\partial v}$;其中下标 1 表示对第 1 个变量$u$求偏导数,下标 2 表示对第 2 个变量$v$求偏导数.同理有$f_2$,$f_{11}$,$f_{22}$等(这种记号的好处是简便,不必写出中间变量).

由定理 2 可得

$$\frac{\partial w}{\partial x}=\frac{\partial f}{\partial u}\cdot\frac{\partial u}{\partial x}+\frac{\partial f}{\partial v}\cdot\frac{\partial v}{\partial x}=f_1+yzf_2,$$

上式再对变量z求偏导数,得

$$\frac{\partial^2 w}{\partial x\partial z}=\frac{\partial}{\partial z}(f_1+yzf_2)=\frac{\partial f_1}{\partial z}+yf_2+yz\frac{\partial f_2}{\partial z},$$

又

$$\frac{\partial f_1}{\partial z}=\frac{\partial f_1}{\partial u}\cdot\frac{\partial u}{\partial z}+\frac{\partial f_1}{\partial v}\cdot\frac{\partial v}{\partial z}=f_{11}+xyf_{12},$$
$$\frac{\partial f_2}{\partial z}=\frac{\partial f_2}{\partial u}\cdot\frac{\partial u}{\partial z}+\frac{\partial f_2}{\partial v}\cdot\frac{\partial v}{\partial z}=f_{21}+xyf_{22}$$

代入得

$$\frac{\partial^2 w}{\partial x \partial z} = f_{11} + xyf_{12} + yf_2 + yzf_{21} + xy^2zf_{22}$$

$$= f_{11} + y(x+z)f_{12} + yf_2 + xy^2zf_{22}.$$

3)复合函数的中间变量既有一元又有多元函数的情形

定理3 如果函数 $u=u(x,y)$ 在点 (x,y) 具有对 x 及对 y 的偏导数,函数 $v=v(y)$ 在点 y 可导,函数 $z=f(u,v)$ 在对应点 (u,v) 具有连续偏导数,则复合函数 $z=f[u(x,y),v(y)]$ 在对应点 (x,y) 的两个偏导数存在,且有

$$\frac{\partial z}{\partial x} = \frac{\partial z}{\partial u}\frac{\partial u}{\partial x}, \tag{7.23}$$

$$\frac{\partial z}{\partial y} = \frac{\partial z}{\partial u}\frac{\partial u}{\partial y} + \frac{\partial z}{\partial v}\frac{\mathrm{d}v}{\mathrm{d}y}. \tag{7.24}$$

情形3可看成情形2的特例,在式(7.21)中,若 v 与 x 无关,则$\frac{\partial v}{\partial x}=0$,从而式(7.21)变成了式(7.23);在式(7.22)中,函数 $v=v(y)$ 是一元函数,故$\frac{\partial v}{\partial y}$换成$\frac{\mathrm{d}v}{\mathrm{d}y}$,从而式(7.22)变成了式(7.24).

例6 求 $z=(3x^2+y^2)^{\cos 2y}$ 的偏导数.

解 设 $u=3x^2+y^2, v=\cos 2y$,则 $z=u^v$.

可得

$$\frac{\partial z}{\partial u} = v \cdot u^{v-1}, \frac{\partial z}{\partial v} = u^v \cdot \ln u,$$

$$\frac{\partial u}{\partial x} = 6x, \frac{\partial u}{\partial y} = 2y, \frac{\mathrm{d}v}{\mathrm{d}y} = -2\sin 2y.$$

则

$$\frac{\partial z}{\partial x} = \frac{\partial z}{\partial u}\frac{\partial u}{\partial x} = v \cdot u^{v-1} \cdot 6x = 6x(3x^2+y^2)^{\cos 2y-1}\cos 2y$$

$$\frac{\partial z}{\partial y} = \frac{\partial z}{\partial u}\frac{\partial u}{\partial y} + \frac{\partial z}{\partial v}\frac{\mathrm{d}v}{\mathrm{d}y}$$

$$= v \cdot u^{v-1} \cdot 2y + u^v \cdot \ln u \cdot (-2\sin 2y)$$

$$= 2y(3x^2+y^2)^{\cos 2y-1}\cos 2y - 2(3x^2+y^2)^{\cos 2y}\sin 2y \cdot \ln(3x^2+y^2).$$

7.5.2 全微分形式不变性

由7.4节全微分的定义与计算可知,如果函数 $z=f(u,v)$ 具有连续偏导数,则有全微分

$$\mathrm{d}z = \frac{\partial z}{\partial u}\mathrm{d}u + \frac{\partial z}{\partial v}\mathrm{d}v.$$

如果 $z=f(u,v)$ 具有连续偏导数,而 $u=u(x,y), v=v(x,y)$ 也具有连续偏导数,则

$$\mathrm{d}z = \frac{\partial z}{\partial x}\mathrm{d}x + \frac{\partial z}{\partial y}\mathrm{d}y$$

$$= \left(\frac{\partial z}{\partial u}\frac{\partial u}{\partial x} + \frac{\partial z}{\partial v}\frac{\partial v}{\partial x}\right)\mathrm{d}x + \left(\frac{\partial z}{\partial u}\frac{\partial u}{\partial y} + \frac{\partial z}{\partial v}\frac{\partial v}{\partial y}\right)\mathrm{d}y$$

$$= \frac{\partial z}{\partial u}\left(\frac{\partial u}{\partial x}\mathrm{d}x + \frac{\partial u}{\partial y}\mathrm{d}y\right) + \frac{\partial z}{\partial v}\left(\frac{\partial v}{\partial x}\mathrm{d}x + \frac{\partial v}{\partial y}\mathrm{d}y\right)$$

$$= \frac{\partial z}{\partial u}\mathrm{d}u + \frac{\partial z}{\partial v}\mathrm{d}v.$$

由此可知,无论 z 是自变量 u,v 的函数还是中间变量 u,v 的函数,它的全微分形式是一样的.这个性质叫作**全微分形式不变性**.

例 7 利用全微分形式不变性解本节的例 3.即设 $z=\mathrm{e}^u\sin v$,而 $u=xy,v=x+y$,求$\frac{\partial z}{\partial x}$和$\frac{\partial z}{\partial y}$.

解 $\mathrm{d}z=\mathrm{d}(\mathrm{e}^u\sin v)=\mathrm{e}^u\sin v\mathrm{d}u+\mathrm{e}^u\cos v\mathrm{d}v$.

因 $\mathrm{d}u=\mathrm{d}(xy)=y\mathrm{d}x+x\mathrm{d}y$,$\mathrm{d}v=\mathrm{d}(x+y)=\mathrm{d}x+\mathrm{d}y$,代入后归并含 $\mathrm{d}x$ 及 $\mathrm{d}y$ 的项,得

$$\mathrm{d}z = (\mathrm{e}^u\sin v\cdot y + \mathrm{e}^u\cos v)\mathrm{d}x + (\mathrm{e}^u\sin v\cdot x + \mathrm{e}^u\cos v)\mathrm{d}y,$$

即

$$\frac{\partial z}{\partial x}\mathrm{d}x + \frac{\partial z}{\partial y}\mathrm{d}y = \mathrm{e}^{xy}[y\sin(x+y)+\cos(x+y)]\mathrm{d}x + \mathrm{e}^{xy}[x\sin(x+y)+\cos(x+y)]\mathrm{d}y.$$

比较上式两边的 $\mathrm{d}x,\mathrm{d}y$ 的系数,得

$$\frac{\partial z}{\partial x} = \mathrm{e}^{xy}[y\sin(x+y)+\cos(x+y)],$$

$$\frac{\partial z}{\partial y} = \mathrm{e}^{xy}[x\sin(x+y)+\cos(x+y)].$$

该例所得结果与例 3 的结果一样.

例 8 已知 $\mathrm{e}^{-xy}-z^2+\mathrm{e}^z=0$,求$\frac{\partial z}{\partial x}$和$\frac{\partial z}{\partial y}$.

解 因为 $\mathrm{d}(\mathrm{e}^{-xy}-z^2+\mathrm{e}^z)=0$,所以

$$\mathrm{e}^{-xy}\mathrm{d}(-xy) - 2z\mathrm{d}z + \mathrm{e}^z\mathrm{d}z = 0,$$

$$(\mathrm{e}^z - 2z)\mathrm{d}z = \mathrm{e}^{-xy}(x\mathrm{d}y + y\mathrm{d}x),$$

$$\mathrm{d}z = \frac{y\mathrm{e}^{-xy}}{\mathrm{e}^z - 2z}\mathrm{d}x + \frac{x\mathrm{e}^{-xy}}{\mathrm{e}^z - 2z}\mathrm{d}y.$$

故所求偏导数

$$\frac{\partial z}{\partial x} = \frac{y\mathrm{e}^{-xy}}{\mathrm{e}^z - 2z},\frac{\partial z}{\partial y} = \frac{x\mathrm{e}^{-xy}}{\mathrm{e}^z - 2z}.$$

7.5.3 隐函数微分法

在一元函数微分学中,已经知道由形如 $F(x,y)=0$ 的方程所确定函数 $y=f(x)$ 称为隐函数,其求导的方法是利用复合函数求导法则,不必经过显化而直接由方程求出导数(参见第 3 章 3.3 节).这里将进一步从理论上阐明隐函数的存在性,并通过多元复合函数的求导法则建立隐函数的求导公式,给出一套所谓的"隐式"求导法则.

定理 4(隐函数存在定理)　设函数 $F(x,y)$ 在点 $P(x_0,y_0)$ 的某一邻域内具有连续的偏导数 F_x,F_y，且 $F_y(x_0,y_0)\neq 0$，$F(x_0,y_0)=0$，则方程 $F(x,y)=0$ 在点 $P(x_0,y_0)$ 的某一邻域内恒能唯一确定一个连续且具有连续导数的函数 $y=f(x)$，它满足 $y_0=f(x_0,y_0)$ 并有

$$\frac{\mathrm{d}y}{\mathrm{d}x}=-\frac{F_x}{F_y}. \tag{7.25}$$

定理 4 的证明难点在于指明 $y=f(x)$ 存在且可微，这一部分的证明从略. 式(7.25)的推导则不困难：将等式 $F[x,f(x)]=0$ 的左边看成 x 的复合函数，求其全导数，利用式(7.19)可得

$$\frac{\partial F}{\partial x}+\frac{\partial F}{\partial y}\cdot\frac{\mathrm{d}y}{\mathrm{d}x}=0.$$

由于 F_y 连续，且 $F_y(x_0,y_0)\neq 0$，因此存在 (x_0,y_0) 的一个邻域，在这个邻域内有 $F_y\neq 0$，于是得

$$\frac{\mathrm{d}y}{\mathrm{d}x}=-\frac{F_x}{F_y}.$$

例 9　求由方程 $xy+\mathrm{e}^{-x}-\mathrm{e}^{y}=0$ 所确定的隐函数 y 的导数 $\frac{\mathrm{d}y}{\mathrm{d}x},\frac{\mathrm{d}y}{\mathrm{d}x}\Big|_{x=0}$.

解　此题在第 3 章 3.3 节例 2 中的解决方法是两边求导，这里直接用公式求之.

令 $F=xy+\mathrm{e}^{-x}-\mathrm{e}^{y}$，则

$$F_x=y-\mathrm{e}^{-x},F_y=x-\mathrm{e}^{y},$$

故

$$\frac{\mathrm{d}y}{\mathrm{d}x}=-\frac{F_x}{F_y}=\frac{\mathrm{e}^{-x}-y}{x-\mathrm{e}^{y}},$$

由原方程知 $x=0$ 时，$y=0$，所以

$$\frac{\mathrm{d}y}{\mathrm{d}x}\Big|_{x=0}=\frac{\mathrm{e}^{-x}-y}{x-\mathrm{e}^{y}}\Big|_{\substack{x=0\\y=0}}=-1.$$

式(7.25)可朝两个方向推广：

一是应用于 F 含两个以上变量的情况. 例如，若方程 $F(x,y,z)=0$ 确定隐函数 $z=f(x,y)$，则分别将 y 和 x 看成常数，应用式(7.25)得

$$\frac{\partial z}{\partial x}=-\frac{F_x}{F_z},\frac{\partial z}{\partial y}=-\frac{F_y}{F_z}. \tag{7.26}$$

其中，F_x 表示函数 $F(x,y,z)$ 对 x 求偏导数，F_y 与 F_z 的含义类似.

二是推广到由方程组确定的隐函数. 例如，设由方程组

$$\begin{cases}F(x,u,v)=0,\\G(x,u,v)=0\end{cases}$$

确定一组隐函数 $u=u(x),v=v(x)$，则与式(7.25)相应的求导公式为

$$\frac{\partial u}{\partial x}=-\frac{1}{J}\begin{vmatrix}F_x & F_v\\G_x & G_v\end{vmatrix},\frac{\partial v}{\partial x}=-\frac{1}{J}\begin{vmatrix}F_u & F_x\\G_u & G_x\end{vmatrix}. \tag{7.27}$$

其中 $J=\begin{vmatrix}F_u & F_v\\G_u & G_v\end{vmatrix}\neq 0$，称行列式 J 为**雅可比(Jacobi)行列式**.

注:行列式为算式 $\begin{vmatrix} a & b \\ c & d \end{vmatrix}=ad-bc.$

式(7.26)和式(7.27)成立的条件可类比隐函数存在定理导出,这里不再赘述.事实上,式(7.26)成立的证明比较简单:将 $z=f(x,y)$ 代入 $F(x,y,z)=0$,得 $F(x,y,f(x,y))\equiv 0$,将上式两端分别对 x 和 y 求导,得

$$F_x+F_z\cdot\frac{\partial z}{\partial x}=0,F_y+F_z\cdot\frac{\partial z}{\partial y}=0.$$

移项即可证得式(7.26).

式(7.27)的成立可由两个方程分别对 x 求偏导数而得

$$\begin{cases} F_x+F_u\dfrac{\partial u}{\partial x}+F_v\dfrac{\partial v}{\partial x}=0, \\ G_x+G_u\dfrac{\partial u}{\partial x}+G_v\dfrac{\partial v}{\partial x}=0, \end{cases}$$

从上面的方程组按解二元一次方程组的方法而求出偏导数 $\frac{\partial u}{\partial x},\frac{\partial v}{\partial x}$.

式(7.27)还可推广到 u 和 v 是二元函数的情形,即 $u=u(x,y)$,$v=v(x,y)$,在此不再赘述.

例 10 求由方程 $\frac{x}{z}=\ln\frac{z}{y}$ 所确定的隐函数 $z=f(x,y)$ 的偏导数 $\frac{\partial z}{\partial x},\frac{\partial z}{\partial y}$.

解 令 $F(x,y,z)=\frac{x}{z}-\ln\frac{z}{y}=\frac{x}{z}-\ln z+\ln y$,则

$$F_x=\frac{1}{z},F_y=\frac{1}{y},F_z=-\frac{x}{z^2}-\frac{1}{z}=-\frac{x+z}{z^2}.$$

利用式(7.26),得

$$\frac{\partial z}{\partial x}=-\frac{F_x}{F_z}=\frac{z}{x+z},\frac{\partial z}{\partial y}=-\frac{F_y}{F_z}=\frac{z^2}{y(x+z)}.$$

例 11 设 $z=f(x+y+z,xyz)$,求 $\frac{\partial z}{\partial x},\frac{\partial z}{\partial y}$.

解法 1 令 $F(x,y,z)=z-f(x+y+z,xyz)$,则

$$F_x=-f_1-yzf_2,F_y=-f_1-xzf_2,F_z=1-f_1-xyf_2.$$

利用式(7.26),得

$$\frac{\partial z}{\partial x}=-\frac{F_x}{F_z}=\frac{f_1+yzf}{1-f_1-xyf_2},\frac{\partial z}{\partial y}=-\frac{F_y}{F_z}=\frac{f_1+xzf_2}{1-f_1-xyf_2}.$$

解法 2 将 z 看成 x,y 的函数,直接用 $z=f(x+y+z,xyz)$,对 x 求偏导数得

$$\frac{\partial z}{\partial x}=f_1\cdot\left(1+\frac{\partial z}{\partial x}\right)+f_2\cdot\left(yz+xy\frac{\partial z}{\partial x}\right),$$

解得

$$\frac{\partial z}{\partial x}=\frac{f_1+yzf}{1-f_1-xyf_2}.$$

同理可得

$$\frac{\partial z}{\partial y}=\frac{f_1+xzf_2}{1-f_1-xyf_2}.$$

注:在实际应用中,求方程所确定的多元函数的偏导数时,不一定非得套公式,尤其在方程中含有抽象函数时,利用求偏导或求微分的过程则更为清楚.

例 12　设方程 $x+y-z=\mathrm{e}^z$ 确定了隐函数 $z=z(x,y)$,求$\frac{\partial^2 z}{\partial x^2},\frac{\partial^2 z}{\partial x\partial y},\frac{\partial^2 z}{\partial y^2}$.

解　方程两边分别对 x 和对 y 求偏导,得

$$1-\frac{\partial z}{\partial x}=\mathrm{e}^z\frac{\partial z}{\partial x},1-\frac{\partial z}{\partial y}=\mathrm{e}^z\frac{\partial z}{\partial x}.$$

所以

$$\frac{\partial z}{\partial x}=\frac{1}{\mathrm{e}^z+1},\frac{\partial z}{\partial y}=\frac{1}{\mathrm{e}^z+1}.$$

$$\frac{\partial^2 z}{\partial x^2}=\frac{\partial}{\partial x}\left(\frac{\partial z}{\partial x}\right)=\frac{1}{(\mathrm{e}^z+1)^2}\cdot\mathrm{e}^z\frac{\partial z}{\partial x}=-\frac{\mathrm{e}^z}{(\mathrm{e}^z+1)^2}\cdot\frac{1}{\mathrm{e}^z+1}=-\frac{\mathrm{e}^z}{(\mathrm{e}^z+1)^3}.$$

同理

$$\frac{\partial^2 z}{\partial y^2}=\frac{\partial^2 z}{\partial x\partial y}=-\frac{\mathrm{e}^z}{(\mathrm{e}^z+1)^3}.$$

例 13　设 $y=y(x)$ 与 $z=z(x)$ 由方程 $x+y+z=0$ 与 $x^2+y^2+z^2=1$ 确定,求$\frac{\partial y}{\partial x},\frac{\partial z}{\partial x}$.

解法 1　令 $F(x,y,z)=x+y+z,G(x,y,z)=x^2+y^2+z^2-1$,则

$$F_x=F_y=F_z=1,G_x=2x,G_y=2y,G_z=2z.$$

$$\begin{vmatrix}F_x & F_z\\ G_x & G_z\end{vmatrix}=\begin{vmatrix}1 & 1\\ 2x & 2z\end{vmatrix}=2(z-x),$$

$$\begin{vmatrix}F_y & F_x\\ G_y & G_x\end{vmatrix}=\begin{vmatrix}1 & 1\\ 2y & 2x\end{vmatrix}=2(x-y),$$

$$J=\begin{vmatrix}F_y & F_z\\ G_y & G_z\end{vmatrix}=\begin{vmatrix}1 & 1\\ 2y & 2z\end{vmatrix}=2(z-y).$$

于是,利用式(7.27)即得

$$\frac{\partial y}{\partial x}=-\frac{1}{J}\begin{vmatrix}F_x & F_z\\ G_x & G_z\end{vmatrix}=\frac{z-x}{y-z},\frac{\partial z}{\partial x}=-\frac{1}{J}\begin{vmatrix}F_y & F_x\\ G_y & G_x\end{vmatrix}=\frac{x-y}{y-z}.$$

解法 2　分别对方程 $x+y+z=0$ 与 $x^2+y^2+z^2=1$ 两边求 x 的偏导,得

$$1+\frac{\partial y}{\partial x}+\frac{\partial z}{\partial x}=0,2x+2y\frac{\partial y}{\partial x}+2z\frac{\partial z}{\partial x}=0.$$

按二元一次方程组求解,即得

$$\frac{\partial y}{\partial x}=\frac{z-x}{y-z},\frac{\partial z}{\partial x}=\frac{x-y}{y-z}.$$

显然,解法 2 的方法更加方便快捷.

习题 7.5

1.求下列函数的全导数.

(1)设 $z=e^{3u+2v}$,而 $u=t^2$,$v=\cos t$,求导数$\dfrac{dz}{dt}$;

(2)设 $z=\arctan(u-v)$,而 $u=3x$,$v=4x^3$,求导数$\dfrac{dz}{dx}$;

(3)设 $z=xy+\sin t$,而 $x=e^t$,$y=\cos t$,求导数$\dfrac{dz}{dt}$.

2.求下列函数的偏导数(其中 f 具有一阶连续偏导数).

(1)设 $z=u^2v-uv^2$,而 $u=x\sin y$,$v=x\cos y$,求$\dfrac{\partial z}{\partial x}$和$\dfrac{\partial z}{\partial y}$;

(2)设 $z=(3x^2+y^2)^{4x+2y}$,求$\dfrac{\partial z}{\partial x}$和$\dfrac{\partial z}{\partial y}$;

(3)设 $u=f(x,y,z)=e^{x+2y+3z}$,$z=x^2\cos y$,求$\dfrac{\partial u}{\partial x}$和$\dfrac{\partial u}{\partial y}$;

(4)设 $w=f(x,x^2y,xy^2z)$,求$\dfrac{\partial w}{\partial x}$,$\dfrac{\partial w}{\partial y}$,$\dfrac{\partial w}{\partial z}$.

3.应用全微分形式的不变性,求函数 $z=\arctan\dfrac{x+y}{1-xy}$的全微分.

4.已知 $\sin xy-2z+e^z=0$,求$\dfrac{\partial z}{\partial x}$和$\dfrac{\partial z}{\partial y}$.

5.若 f 的导数存在,验证下列各式:

(1)设 $u=yf(x^2-y^2)$,则 $y^2\dfrac{\partial u}{\partial x}+xy\dfrac{\partial u}{\partial y}=xu$;

(2)设 $z=xy+xf\left(\dfrac{y}{x}\right)$,则 $x\dfrac{\partial z}{\partial x}+y\dfrac{\partial z}{\partial y}=z+xy$.

6.求下列函数的二阶偏导数(其中 f 具有二阶连续偏导数).

(1)$z=\arctan\dfrac{x+y}{1-xy}$;　　(2)$z=y^{\ln x}$;

(3)$z=f(xy,x^2-y^2)$.

7.求由下列方程所确定的隐函数 $z=f(x,y)$ 的偏导数$\dfrac{\partial z}{\partial x}$,$\dfrac{\partial z}{\partial y}$.

(1)$x^2+y^2+z^2-4z=0$;　　(2)$z^3-3xyz=1$.

7.6　多元函数的极值及其应用

在大量的经济和科技实际问题中,常常需要解决多元函数的最大值和最小值的问题.与一元函数的情形类似,多元函数的最大值、最小值与极大值、极小值联系密切.下面以二元函数为例来讨论多元函数的极值问题.

7.6.1 二元函数的极值

定义 设函数 $z=f(x,y)$ 在点 (x_0,y_0) 的某一邻域内有定义，对于该邻域内异于 (x_0,y_0) 的任意一点 (x,y)，如果

$$f(x,y) < f(x_0,y_0),$$

则称函数在 (x_0,y_0) 有**极大值**；如果

$$f(x,y) > f(x_0,y_0),$$

则称函数在 (x_0,y_0) 有**极小值**；极大值、极小值统称为**极值**.使函数取得极值的点称为**极值点**.

例 1 证明函数 $z=\frac{x^2}{4}+\frac{y^2}{9}$ 在点 $(0,0)$ 处有极小值.

证 当 $(x,y)=(0,0)$ 时，$z=0$，而当 $(x,y)\neq(0,0)$ 时，$z>0$，因此 $z=0$ 是函数的极小值，点 $(0,0)$ 是极小值点，从几何上看，$z=\frac{x^2}{4}+\frac{y^2}{9}$ 表示一开口向上的椭圆抛物面，点 $(0,0,0)$ 是它的顶点.

例 2 证明函数 $u=x+\sin\frac{y}{2}+e^{yz}$ 在点 $(0,0)$ 处有极大值.

证 当 $(x,y)=(0,0)$ 时，$z=1$，而当 $(x,y)\neq(0,0)$ 时，$z<1$，因此 $z=1$ 是函数的极大值.从几何上看，$z=\sqrt{1-x^2-y^2}$ 表示一开口向下的半球面，点 $(0,0,0)$ 是它的顶点.

例 3 证明函数 $z=y^2-x^2$ 在点 $(0,0)$ 处无极值.

证 因为在点 $(0,0)$ 处的函数值为零，而在点 $(0,0)$ 的任一邻域内，总有使函数值为正的点，也有使函数值为负的点，从几何上看，$z=y^2-x^2$ 表示双曲抛物面（马鞍面）.

以上关于二元函数的极值概念，可推广到 $n(n\geqslant3)$ 元函数.设 n 元函数 $u=f(P)$ 在点 P_0 的某一邻域内有定义，如果对于该邻域内任何异于 P_0 的点 P，都有

$$f(P) < f(P_0)\ (\text{或} f(P) > f(P_0)),$$

则称函数 $f(P)$ 在点 P_0 有**极大值**（或**极小值**）$f(P_0)$.

在一元函数中，可导函数在点 x_0 有极值的必要条件是该点处的导数为 0，对于多元函数也有类似的结论.

定理 1（必要条件） 设函数 $z=f(x,y)$ 在点 (x_0,y_0) 具有偏导数，且在点 (x_0,y_0) 处有极值，则它在该点的偏导数必然为零，即

$$f_x(x_0,y_0)=0, f_y(x_0,y_0)=0.$$

证 由已知条件，可知一元函数 $z=f(x,y_0)$ 在 x_0 的某邻域内有定义且以 x_0 为极值点，因此，$f_x(x_0,y_0)=0$；同理，可证 $f_y(x_0,y_0)=0$.

称使 $f_x(x,y)=0, f_y(x,y)=0$ 同时成立的点 (x_0,y_0) 为函数 $z=f(x,y)$ 的驻点.

注：具有偏导数的函数的极值点必定是驻点，但函数的驻点不一定是极值点.

例如，函数 $f(x,y)=y^2-x^2$ 在点 $(0,0)$ 处的两个偏导数都为零，即点 $(0,0)$ 是 $f(x,y)=y^2-x^2$ 的驻点，但函数 $f(x,y)=y^2-x^2$ 在点 $(0,0)$ 处无极值.

如同一元函数一样，为使驻点成为极值点，必须附加一定的条件.下面的结果正好与第 4 章 4.5 节的定理 3 相对应.

定理 2(充分条件) 设函数 $z=f(x,y)$ 在点 (x_0,y_0) 的某邻域内有直到二阶的连续偏导数,又因点 (x_0,y_0) 是 $f(x,y)$ 的驻点,记

$$f_{xx}(x_0,y_0)=A,\ f_{xy}(x_0,y_0)=B,\ f_{yy}(x_0,y_0)=C, AC-B^2=\Delta.$$

(1)当 $\Delta>0$ 时,函数 $z=f(x,y)$ 在点 (x_0,y_0) 处有极值,且当 $A>0$ 时有极小值,当 $A<0$ 时有极大值;

(2)当 $\Delta<0$ 时,函数 $z=f(x,y)$ 在点 (x_0,y_0) 处没有极值;

(3)当 $\Delta=0$ 时,函数 $z=f(x,y)$ 在点 (x_0,y_0) 处可能有极值,也可能没有极值(需另作讨论).

定理的证明从略.从结论(1)可知,只有当 A 和 C 同号时,才可能有极值;从结论(2)可知,若 A 和 C 异号,则函数 $z=f(x,y)$ 在点 (x_0,y_0) 处没有极值.

根据定理 1 和定理 2,如果函数 $f(x,y)$ 具有二阶连续偏导数,则求 $z=f(x,y)$ 的极值的一般步骤为:

第一步,解方程组 $f_x(x,y)=0, f_y(x,y)=0$,求出 $f(x,y)$ 的所有驻点;

第二步,求出函数 $f(x,y)$ 的二阶偏导数的值 A,B,C;

第三步,根据 $AC-B^2=\Delta$ 的符号逐一判定驻点是否为极值点.最后求出函数 $f(x,y)$ 在极值点处的极值.

例 4 求函数 $f(x,y)=x^3-y^3+3x^2+3y^2-9x-1$ 的极值.

解 先解方程组 $\begin{cases} f_x(x,y)=3x^2+6x-9=0, \\ f_y(x,y)=-3y^2+6y=0 \end{cases}$

求得 $x=1,-3; y=0,2$.于是得驻点为 $(1,0),(1,2),(-3,0),(-3,2)$.

再求出二阶偏导数 $f_{xx}(x,y)=6x+6, f_{xy}(x,y)=0, f_{yy}(x,y)=-6y+6$.

在点 $(1,0)$ 处,$\Delta=AC-B^2=12\times6>0$,又因为 $A>0$,所以函数在 $(1,0)$ 处有极小值 $f(1,0)=-6$,

在点 $(1,2)$ 处,$\Delta=12\times(-6)<0$,所以 $f(1,2)$ 不是极值;

在点 $(-3,0)$ 处,$\Delta=-12\times6<0$,所以 $f(-3,0)$ 不是极值;

在点 $(-3,2)$ 处,$\Delta=-12\times(-6)>0$,又因为 $A<0$,所以函数在 $(-3,2)$ 处有极大值 $f(-3,2)=30$.

注:不是驻点的点也可能是极值点.

例如,函数 $z=-\sqrt{x^2+y^2}$ 在点 $(0,0)$ 处有极大值,而该函数在点 $(0,0)$ 处的偏导数不存在,即点 $(0,0)$ 不是该函数的驻点.因此,在考虑函数的极值问题时,除了考虑函数的驻点外,还要考虑偏导数不存在的点.

7.6.2 二元函数的最大值与最小值

由 7.2 节的性质 1 最大值和最小值定理可知,在有界闭区域 D 上的二元连续函数一定有最大值或最小值.求函数 $f(x,y)$ 的最大值和最小值的一般步骤为:

第一步,求函数 $f(x,y)$ 在 D 内所有驻点处的函数值;

第二步,求 $f(x,y)$ 在 D 边界上的最大值和最小值;

第三步,将前两步得到的所有函数值进行比较,其中最大者即为最大值,最小者即为最小值.

在通常遇到的实际问题中，如果根据问题的性质，可以判断出函数 $f(x,y)$ 的最大值（最小值）一定在 D 的内部取得，而函数 $f(x,y)$ 在 D 内只有一个驻点，则可以肯定该驻点处的函数值就是函数 $f(x,y)$ 在 D 上的最大值（最小值）.

例 5　求二元函数 $f(x,y)=x^2y(4-x-y)$ 在直线 $x+y=6$，x 轴和 y 轴所围成的闭三角形区域 D 上的最大值与最小值.

解　(1) 先求函数在 D 内的驻点，解方程组

$$\begin{cases} f_x(x,y)=2xy(4-x-y)-x^2y=xy(8-3x-2y)=0, \\ f_y(x,y)=x^2(4-x-y)-x^2y=x^2(4-x-2y)=0. \end{cases}$$

因在 D 内部，$x>0$，$y>0$，故得唯一驻点 $(2,1)$，如图 7.19 所示，且 $f(2,1)=4$.

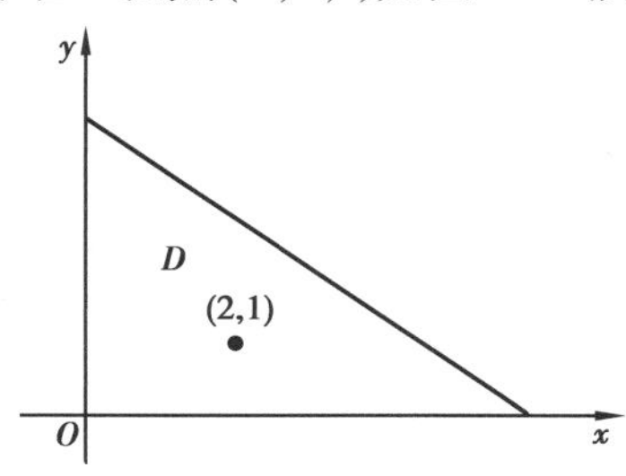

图 7.19

(2) 再求 $f(x,y)$ 在 D 边界上的最值.

在边界 $x+y=6$ 上，即 $y=6-x$，于是

$$f(x,y)=x^2(6-x)(-2).$$

由 $f_x'=4x(x-6)+2x^2=0$，得 $x_1=0$，$x_2=4$. 又因为 $y=6-x\big|_{x=4}=2$，因此，在边界 $x+y=6$ 上，$f(4,2)=-64$，而在三角形域 D 的两条直角边处，$f(x,y)=0$.

(3) 比较上述得到的函数值，从而得到 $f(2,1)=4$ 为最大值，$f(4,2)=-64$ 为最小值.

例 6　某工厂生产甲、乙两种产品，甲种产品的售价为每吨 900 元，乙种产品的售价为每吨 1 000 元，已知生产 x t 甲种产品和 y t 乙种产品的总成本为

$$C(x,y)=30\ 000+300x+200y+3x^2+xy+3y^2,$$

问甲、乙两种产品的产量为多少时，利润最大？

解　设 $L(x,y)$ 为生产 x t 甲种产品和 y t 乙种产品所获得的总利润，则

$$\begin{aligned} L(x,y) &= 900x+1\ 000y-C(x,y) \\ &= -3x^2-xy-3y^2+600x+800y-30\ 000. \end{aligned}$$

解方程组

$$\begin{cases} L_x(x,y)=-6x-y+600=0, \\ L_y(x,y)=-x-6y+800=0, \end{cases}$$

得 $x=80$，$y=120$，得唯一驻点 $(80,120)$. 又因

$$A=L_{xx}=-6<0, B=L_{xy}=-1, C=L_{yy}=-6,$$

因此

$$\Delta=AC-B^2=(-6)\cdot(-6)-(-1)^2=35>0.$$

故 $L(x,y)$ 在驻点 $(80,120)$ 处有极大值. 于是可以断定，当生产 80 t 甲种产品和 120 t 乙种产品时，利润最大，且最大利润值为

$$L(80,120)=42\ 000\ \text{元}.$$

7.6.3 条件极值与拉格朗日乘数法

在例 5 的求解过程中,涉及求二元函数 $z=f(x,y)$ 在条件 $x+y=6\ (0\leqslant x\leqslant 6)$ 上的极值问题.这种对自变量有附加条件(称为约束条件)的极值称为条件极值,而将无其他限制条件的极值称为无条件极值.

对于有些实际问题,可以把条件极值问题化为无条件极值问题,例如,求表面积为 a^2 的长方体的最大体积问题.设长方体的三棱长分别为 x,y,z,这个问题就是求函数 $V=xyz$ 在约束条件:$2(xy+yz+xz)=a^2$ 下的最大值问题,由条件 $2(xy+yz+xz)=a^2$,解得 $z=\dfrac{a^2-2xy}{2(x+y)}$,于是 $V=\dfrac{xy}{2}\cdot\dfrac{a^2-2xy}{x+y}$,故只需求 V 的无条件极值问题.

在很多情形下,将条件极值化为无条件极值并不容易,因而需要寻找另一种求条件极值的专用方法,这就是下面要着重介绍的比较巧妙的拉格朗日(Lagrange)乘数法.

设二元函数 $f(x,y)$ 和 $\varphi(x,y)$ 在区域 D 内有一阶连续偏导数,则求 $z=f(x,y)$ 在 D 内满足条件 $\varphi(x,y)$ 的极值问题,可以转化为求拉格朗日函数

$$L(x,y,\lambda)=f(x,y)+\lambda\varphi(x,y)$$

的无条件极值问题.其中 λ 为某一常数,称为拉格朗日乘数.

用拉格朗日乘数法求函数 $z=f(x,y)$ 在条件 $\varphi(x,y)$ 下极值的基本步骤为:

①构造拉格朗日函数

$$L(x,y,\lambda)=f(x,y)+\lambda\varphi(x,y);$$

②由方程组

$$\begin{cases}L_x=f_x(x,y)+\lambda\varphi_x(x,y)=0,\\ L_y=f_y(x,y)+\lambda\varphi_y(x,y)=0,\\ L_\lambda=\varphi(x,y)=0\end{cases}$$

解出 x,y,λ,其中 x,y 就是所求条件极值的可能的极值点.

拉格朗日乘数法可推广到自变量多于两个而条件多于一个的情形.例如,要求函数 $u=f(x,y,z)$ 在约束条件

$$\varphi(x,y,z)=0,\psi(x,y,z)=0$$

下的极值问题.可以先作拉格朗日函数

$$L(x,y,z,\lambda,\mu)=f(x,y,z)+\lambda\varphi(x,y,z)+\mu\psi(x,y,z),$$

其中 λ,μ 均为常数,再按类似的步骤求出极值.

注:拉格朗日乘数法只给出函数取极值的必要条件,因此按照这种方法求出来的点是否为极值点,还需要加以讨论.不过在实际问题中,往往可根据问题本身的性质来判定所求的点是不是极值点.

例 7 求函数 $z=xy$ 在圆周 $x_2+y_2=1$ 上的最小值.

解 这是一个条件极值问题,作拉格朗日函数 $L(x,y,\lambda)=xy+\lambda(x_2+y_2-1)$.写出方程组

$$\begin{cases} L_x = y + 2\lambda x = 0, \\ L_y = x + 2\lambda y = 0, \\ L_\lambda = x^2 + y^2 - 1 = 0. \end{cases}$$

第 1 个方程乘以 y 减去第 2 个方程乘以 x 得 $y_{2=}x_2$，再与第 3 个方程联立解出 $x=\pm\frac{\sqrt{2}}{2}$，$y=\pm\frac{\sqrt{2}}{2}$，$x^2+y^2=1$，于是得到圆周 $x_2+y_2=1$ 上的 4 个点：

$$P_1\left(\frac{\sqrt{2}}{2},\frac{\sqrt{2}}{2}\right),P_2\left(\frac{\sqrt{2}}{2},-\frac{\sqrt{2}}{2}\right),P_3\left(-\frac{\sqrt{2}}{2},\frac{\sqrt{2}}{2}\right),P_4\left(-\frac{\sqrt{2}}{2},-\frac{\sqrt{2}}{2}\right).$$

因此，函数在点 P_2 和 P_3 处有最小值：$\min z=-\frac{1}{2}$.

例 8　求表面积为 a^2 的长方体的最大体积.

解　设长方体的三棱长分别为 x,y,z，则问题就是在约束条件

$$2(xy + yz + xz) = a^2$$

下求函数 $V=xyz$ 的最大值.

构成辅助函数

$$F(x,y,z) = xyz + \lambda(2xy + 2yz + 2xz - a^2),$$

解方程组

$$\begin{cases} F_x(x,y,z) = yz + 2\lambda(y + z) = 0, \\ F_y(x,y,z) = xz + 2\lambda(x + z) = 0, \\ F_z(x,y,z) = xy + 2\lambda(y + x) = 0, \\ 2xy + 2yz + 2xz = a^2 = 0 \end{cases}$$

得 $x=y=z=\frac{\sqrt{6}}{6}a$，这是唯一可能的极值点.

因为由问题本身可知最大值一定存在，所以最大值就在这个可能的极值点处取得.即在表面积为 a^2 的长方体中，以棱长为$\frac{\sqrt{6}a}{6}$的正方体的体积为最大，最大体积 $V=\frac{\sqrt{6}}{36}a^3$.

例 9　设某公司销售收入 R(单位：万元)与花费在两种广告的宣传费用 x,y(单位：万元)之间的关系为

$$R = \frac{200x}{x + 5} + \frac{100y}{10 + y},$$

而利润额是销售收入的两成，并要扣除广告费用.已知广告费用总预算金额是 15 万元，试问如何分配两种广告费用使利润最大?

解　设利润为 z，则问题是在约束条件 $x+y=15$ $(x>0,y>0)$下，函数

$$z = \frac{1}{5}R - x - y = \frac{40x}{x + 5} + \frac{20y}{10 + y} - x - y$$

的条件极值问题.令

$$L(x,y,\lambda) = \frac{40x}{x + 5} + \frac{20y}{10 + y} - x - y + \lambda(x + y - 15),$$

从

$$L_x = \frac{200}{(5+x)^2} - 1 + \lambda = 0, L_y = \frac{200}{(10+y)^2} - 1 + \lambda = 0$$

解得

$$(5+x)^2 = (10+y)^2.$$

又因 $y=15-x$,解得 $x=10, y=5$.

根据问题本身的意义及驻点的唯一性知,当投入两种广告的费用分别为 10 万元和 5 万元时,可使利润最大.

例 10 在经济学中有著名的柯布-道格拉斯(Cobb-Douglas)生产函数模型

$$f(x,y) = cx^a y^{1-a},$$

其中 x 表示劳动力的数量,y 表示资本数量(确切地说是 y 个单位资本),c 与 $a(0<a<1)$是常数,由各企业的具体情形而定,函数值表示生产量.

现在已知某制造商的柯布-道格拉斯生产函数是

$$f(x,y) = 100x^{\frac{3}{4}}y^{\frac{1}{4}},$$

每个劳动力与每单位资本的成本分别是 150 元及 250 元.该制造商的总预算是 50 000 元.问他该如何分配这笔钱用于雇用劳动力与投入资本,以使生产量最高?

解 这是个条件极值问题:

求目标函数

$$f(x,y) = 100x^{\frac{3}{4}}y^{\frac{1}{4}}$$

在约束条件

$$150x + 250y = 50\,000$$

下的最大值.

令 $L(x,y,\lambda)=100x^{\frac{3}{4}}y^{\frac{1}{4}}+\lambda(50\,000-150x-250y)$,由方程组

$$\begin{cases} L_x = 75x^{-\frac{1}{4}}y^{\frac{1}{4}} - 150\lambda = 0, \\ L_x = 25x^{\frac{3}{4}}y^{-\frac{3}{4}} - 250\lambda = 0, \\ L_\lambda = 50\,000 - 150x - 250y = 0, \end{cases}$$

其中,第 1 个方程解得 $\lambda=\frac{1}{2}x^{-\frac{1}{4}}y^{\frac{1}{4}}$,将其代入第 2 个方程中,得

$$25x^{\frac{3}{4}}y^{-\frac{3}{4}} - 125x^{-\frac{1}{4}}y^{\frac{1}{4}} = 0,$$

在该式两边同乘 $x^{\frac{1}{4}}y^{\frac{3}{4}}$,有 $25x-125y=0$,即 $x=5y$.将此结果代入方程组的第 3 个方程得 $x=250, y=50$,即该制造商应该雇用 250 个劳动力而把其余的 12 500 元作为资本投入,这时可获得最高生产量 $f(250,50)=16\,719$.

习题 7.6

1.求下列函数的极值.

(1)$f(x,y)=x^2+y^3-6xy+18x-39y+16$;

(2) $f(x,y)=3xy-x^3-y^3+1$.

2.求函数 $f(x,y)=x^2-2xy+2y$ 在矩形区域 $D=\{(x,y)\mid 0\leqslant x\leqslant 3,0\leqslant y\leqslant 2\}$ 上的最大值和最小值.

3.求函数 $f(x,y)=3x^2+3y^2-x^3$ 在区域 $D:x^2+y^2\leqslant 16$ 上的最小值.

4.求下列函数的条件极值：

(1) $z=xy,x+y=1$；

(2) $u=x-2y+2z,\ x^2+y^2+z^2=1$.

5.要用铁板做成一个体积为 8 m^3 的有盖长方体水箱，如何设计才能使用料最省？

6.某工厂生产甲、乙两种产品的日产量分别为 x 件和 y 件，总成本函数为

$$C(x,y)=1\ 000+8x^2-xy+12y^2,$$

要求每天生产这两种产品的总量为 42 件，问甲、乙两种产品的日产量为多少时，成本最低？

7.某公司通过电视和报纸两种媒体做广告，已知销售收入 R(单位：万元)与电视广告费 x(单位：万元)和报纸广告费 y(单位：万元)之间的关系为

$$R(x,y)=15+14x+32y-8xy-2x^2-10y^2,$$

(1)若广告费用不设限，求最佳广告策略.

(2)若广告费用总预算是 2 万元，分别用求条件极值和无条件极值的方法求最佳广告策略.

复习题 7

1.设 $z=\sqrt{y}+f(\sqrt[3]{x}-1)$ 且已知 $y=1$ 时，$z=x$ 则 $f(x)=$________，$z=$________.

2.设 $f(x,y)=\begin{cases}\dfrac{x^3}{x^2+y^2}, & (x,y)\neq(0,0)\\ 0, & (x,y)=(0,0)\end{cases}$，则 $f_x(0,0)=$________，$f_y(0,0)=$________.

3.求下列极限：

(1) $\lim\limits_{(x,y)\to(0,0)}(x^2+y^2)\sin\dfrac{1}{xy}$；　　(2) $\lim\limits_{(x,y)\to(0,0)}\dfrac{\sqrt{xy+1}-1}{x^2+y^2}$.

4.设 $z=\mathrm{e}^{-x}+f(x-2y)$，且已知 $y=0$ 时，$z=x^2$，则 $\dfrac{\partial z}{\partial x}=$________.

5.设 $z=\ln(\sqrt{x}+\sqrt{y})$，则 $x\dfrac{\partial z}{\partial x}+y\dfrac{\partial z}{\partial y}=$________.

6.设 $z=\dfrac{1}{x}f(xy)+yg(x+y)$，其中 f,g 具有二阶连续偏导数，则 $\dfrac{\partial^2 z}{\partial x\partial y}=$________.

7.设 $z=\arctan\dfrac{x+y}{x-y}$，则 $\mathrm{d}z=$________.

8.设 $z=yf\left(\dfrac{y}{x}\right)+xg\left(\dfrac{x}{y}\right)$，其中 f,g 具有二阶连续偏导数，则 $x\dfrac{\partial^2 u}{\partial x^2}+y\dfrac{\partial^2 u}{\partial x\partial y}=$________.

9.若函数 $z=f(x,y)$ 在点 (x_0,y_0) 处的偏导数存在，则在该点处函数 $z=f(x,y)$(　　).

A.有极限　　B.连续　　C.可微　　D.以上各项都不成立

10.函数$f(x,y)=e^{\sqrt{x^2+y^4}}$在点(0,0)处的偏导数存在的情况是( ).

A.$f_x(0,0)$,$f_y(0,0)$都存在　　B.$f_x(0,0)$存在,$f_y(0,0)$不存在

C.$f_x(0,0)$不存在,$f_y(0,0)$存在　　D.$f_x(0,0)$,$f_y(0,0)$都不存在

11.设$f(x,y)$,$g(x,y)$均为可微函数,且$g_y(x,y)\neq 0$,已知(x_0,y_0)是$f(x,y)$在约束条件$g(x,y)=0$下的一个极值点,下列结论正确的是( ).

A.若$f_x(x_0,y_0)=0$,则$f_y(x_0,y_0)=0$　　B.若$f_x(x_0,y_0)=0$,则$f_y(x_0,y_0)\neq 0$

C.若$f_x(x_0,y_0)\neq 0$,则$f_y(x_0,y_0)=0$　　D.若$f_x(x_0,y_0)\neq 0$,则$f_y(x_0,y_0)\neq 0$

12.偏导数$f_x(x_0,y_0)$,$f_y(x_0,y_0)$存在是函数$z=f(x,y)$在点(x_0,y_0)处连续的( ).

A.充分条件　　B.必要条件

C.充要条件　　D.既非充分也非必要条件

13.设函数$f(x,y)=1-x^2+y^2$,则下列结论正确的是( ).

A.点(0,0)是$f(x,y)$的极小值点　　B.点(0,0)是$f(x,y)$的极大值点

C.点(0,0)不是$f(x,y)$的驻点　　D.$f(0,0)$不是$f(x,y)$的极值

14.设函数$u=f(x,y,z)$有连续偏导数,且$z=z(x,y)$是由$xe^x-ye^y=ze^z$所确定的隐函数,求du.

15.设函数$u=f(x,y,z)$有连续偏导数,且$y=y(x)$,$z=z(x)$分别由下列两式确定:

$$e^{xy}-xy=2,e^x=\int_0^{x-z}\frac{\sin t}{t}dt,$$

求$\frac{du}{dx}$.

16.设$u=e^{3x-y}$,而$x^2+y=t^2$,$x-y=t+2$,求$\left.\frac{du}{dt}\right|_{t=0}$.

17.设$z=f(x,y)$由方程$xy+yz+xz=1$所确定,求$\frac{\partial z}{\partial x},\frac{\partial^2 z}{\partial x^2},\frac{\partial^2 z}{\partial x\partial y}$.

18.设$f(u,v)$具有二阶连续偏导数,且满足$\frac{\partial^2 f}{\partial u^2}+\frac{\partial^2 f}{\partial v^2}=1$,又$g(x,y)=f\left[xy,\frac{1}{2}(x^2-y^2)\right]$,试证

$$\frac{\partial^2 g}{\partial x^2}+\frac{\partial^2 g}{\partial y^2}=x^2+y^2.$$

19.设$f(x,y,z)=e^xyz^2$,其中$z=z(x,y)$是由$x+y+z+xyz=0$确定的隐函数,则$f_x(0,1,-1)=$________.

20.求函数$f(x,y)=x^2(2+y^2)+y\ln y$的极值.

21.设$z=z(x,y)$由方程$x^2+y^2-z=g(x+y+z)$所确定,其中g具有二阶连续偏导数且$g'\neq -1$.

(1)求dz;

(2)$u(x,y)=\frac{1}{x-y}\left(\frac{\partial z}{\partial x}-\frac{\partial z}{\partial y}\right)$,求$\frac{\partial u}{\partial x}$.

第7章参考答案

22.求函数$u=x^2+y^2+z^2$在约束条件$z=x^2+y^2$和$x+y+z=4$下的最大值和最小值.

第 8 章 二重积分及其应用

由一元函数的积分学可知,定积分是定义在区间上的一元函数的某种特定形式的和的极限.本章把定积分的概念推广到定义在某个平面区域上的二元函数的情形,建立二重积分的概念、性质,并讨论它的计算方法.

8.1 二重积分的概念与性质

8.1.1 二重积分的概念

1)引例:求曲顶柱体的体积

设有一立体,它的底是 xOy 平面上的有界闭区域 D,它的侧面是以 D 的边界曲线为准线而母线平行于 z 轴的柱面,它的顶是曲面 $z=f(x,y)$.这里假设 $f(x,y)\geqslant 0$,且 $f(x,y)$ 在 D 上连续,如图 8.1(a)所示.现在来讨论如何求这个曲顶柱体的体积.

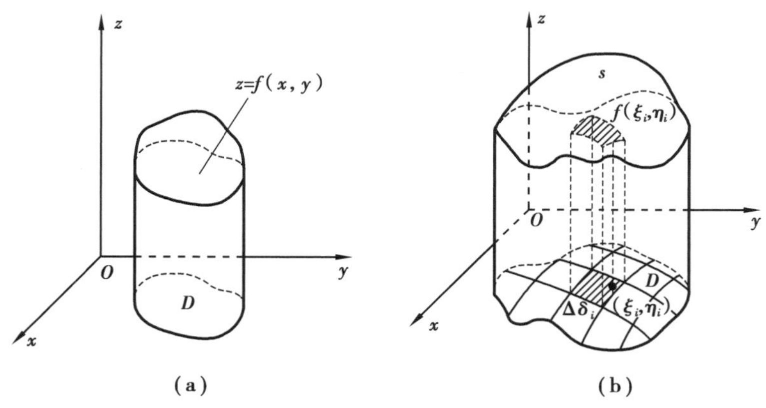

图 8.1

我们知道平顶柱体的高是不变的,它的体积可用公式

$$\text{体积}=\text{底面积}\times\text{高}$$

来计算.但曲顶柱体的高是变化的,不能按上述公式来计算体积.在求曲边梯形面积时,也曾遇

到过这类问题.当时是这样解决的:先在局部上“以直代曲”求得曲边梯形面积的近似值;然后通过取极限,由近似值得到精确值.同样用“分割、近似、求和、取极限”的方法来求曲顶柱体的体积.

(1)分割

先将区域 D 分割成 n 个小区域:$\Delta\sigma_1,\Delta\sigma_2,\cdots,\Delta\sigma_n$,同时也可用 $\Delta\sigma_i(i=1,2,\cdots,n)$ 表示第 i 个小区域的面积.以每个小区域的边界线为准线,作母线平行于 z 轴的柱面,这样就把给定的曲顶柱体分割成了 n 个小曲顶柱体.用 d_i 表示第 i 个小区域内任意两点之间的距离的最大值(也称为第 i 个**小区域的直径**)$(i=1,2,\cdots,n)$,并记

$$\lambda=\max\{d_1,d_2,\cdots,d_n\}.$$

(2)近似

当分割很细密,即 $\lambda\to0$ 时,由于 $z=f(x,y)$ 是连续变化的,在每个小区域 $\Delta\sigma_i$ 上,各点高度变化不大,可近似看成平顶柱体.并在 $\Delta\sigma_i$ 中任意取一点(ξ_i,η_i),把这点的高度 $f(\xi_i,\eta_i)$ 作为这个小平顶柱体的高度,如图 8.1(b)所示.所以第 i 个小曲顶柱体的体积的近似值为

$$\Delta V_i\approx f(\xi_i,\eta_i)\Delta\sigma_i.$$

(3)求和

将 n 个小平顶柱体的体积相加,得曲顶柱体体积的近似值

$$V\approx V_n=\sum_{i=1}^{n}\Delta V_i=\sum_{i=1}^{n}f(\xi_i,\eta_i)\Delta\sigma_i.$$

(4)取极限

当分割越来越细,小区域 $\Delta\sigma_i$ 的直径越来越小,并逐渐收缩至接近一点时,V_n 就越来越接近 V.若令 $\lambda\to0$,对 V_n 取极限,该极限值就是曲顶柱体的体积 V,即

$$V=\lim_{\lambda\to0}V_n=\lim_{\lambda\to0}\sum_{i=1}^{n}f(\xi_i,\eta_i)\Delta\sigma_i.$$

许多实际问题都可按以上做法,归结为和式 $\sum\limits_{i=1}^{n}f(\xi_i,\eta_i)\Delta\sigma_i$ 的极限.撇开上述问题的几何特征,可从这类问题抽象地概括出它们的共同数学本质,得出二重积分的定义.

2)二重积分的定义

定义 设二元函数 $f(x,y)$ 在有界闭区域 D 上有界,将 D 任意划分成 n 个小区域 $\Delta\sigma_1$,$\Delta\sigma_2,\cdots,\Delta\sigma_n$,并以 $\Delta\delta_i$ 和 d_i 分别表示第 i 个小区域的面积和直径,记 $\lambda=\max\{d_1,d_2,\cdots,d_n\}$.在每个小区域 $\Delta\delta_i$ 上任取一点(x_i,y_i) $(i=1,2,\cdots,n)$,作乘积 $f(x_i,y_i)\Delta\sigma_i$ $(i=1,2,\cdots,n)$,并作和 $\sum\limits_{i=1}^{n}f(x_i,y_i)\Delta\sigma_i$.如果极限

$$\lim_{\lambda\to0}\sum_{i=1}^{n}f(x_i,y_i)\Delta\sigma_i$$

存在,则称此极限为函数 $f(x,y)$ 在闭区域 D 上的**二重积分**,记作 $\iint\limits_D f(x,y)\mathrm{d}\sigma_i$ 即

$$\iint\limits_D f(x,y)\mathrm{d}\sigma=\lim_{\lambda\to0}\sum_{i=1}^{n}f(x_i,y_i)\Delta\sigma_i.$$

其中,$f(x,y)$ 叫作**被积函数**,x,y 称为**积分变量**,$f(x,y)\mathrm{d}\sigma$ 称为**被积表达式**,$\mathrm{d}\sigma$ 称为**面积元**

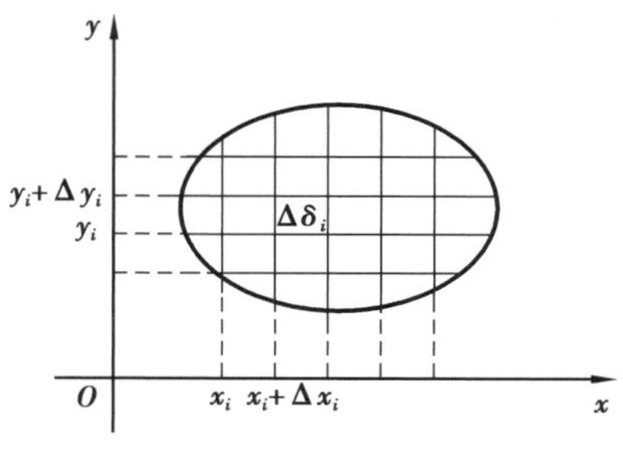

图 8.2

素，D 称为**积分区域**. 而 $\sum\limits_{i=1}^{n} f(x_i,y_i)\Delta\sigma_i$ 称为积分和，如图 8.2 所示.

注：①这里积分和的极限存在与区域 D 分成小区域 $\Delta\sigma_i$ 的分法和点 (x_i,y_i) 的取法无关. 当 $f(x,y)$ 在区域 D 上可积时，常采用特殊的分割方式和取特殊的点来计算二重积分. 在直角坐标系中，常用分别平行于 x 轴和 y 轴的两组直线来分割积分区域 D，这样小区域 $\Delta\sigma_i$ 都是小矩形. 这时小区域的面积 $\Delta\sigma_i=\Delta x_i\cdot\Delta y_i$，因此面积元素为 $\mathrm{d}\sigma=\mathrm{d}x\mathrm{d}y$，在直角坐标系下

$$\iint\limits_D f(x,y)\,\mathrm{d}\sigma=\iint\limits_D f(x,y)\,\mathrm{d}x\mathrm{d}y. \tag{8.1}$$

②可以证明，若 $f(x,y)$ 在有界闭区域 D 上连续，则二重积分 $\iint\limits_D f(x,y)\,\mathrm{d}\sigma$ 一定存在.

③当 $f(x,y)\geqslant 0$ 且连续时，二重积分 $\iint\limits_D f(x,y)\,\mathrm{d}\sigma$ 在数值上等于以区域 D 为底、以曲面 $z=f(x,y)$ 为顶的曲顶柱体的体积；当 $f(x,y)\leqslant 0$ 时，二重积分 $\iint\limits_D f(x,y)\,\mathrm{d}\sigma$ 表示该柱体体积的相反数；当 $f(x,y)$ 有正有负时，二重积分 $\iint\limits_D f(x,y)\,\mathrm{d}\sigma$ 表示以曲面 $z=f(x,y)$ 为顶、以 D 为底的被 xOy 面分割的上方和下方的曲顶柱体体积的代数和. 这就是二重积分的几何意义.

8.1.2　二重积分的性质

二重积分与一元函数定积分有类似的性质. 为了叙述简便，假设以下提到的二重积分都存在.

性质 1　若 α,β 为常数，则

$$\iint\limits_D [\alpha f(x,y)+\beta g(x,y)]\,\mathrm{d}\sigma=\alpha\iint\limits_D f(x,y)\,\mathrm{d}\sigma+\beta\iint\limits_D g(x,y)\,\mathrm{d}\sigma.$$

性质 2　若积分区域 D 由 D_1,D_2 组成（其中 D_1 与 D_2 除边界外无公共点），则

$$\iint\limits_D f(x,y)\,\mathrm{d}\sigma=\iint\limits_{D_1} f(x,y)\,\mathrm{d}\sigma+\iint\limits_{D_2} f(x,y)\,\mathrm{d}\sigma.$$

性质 3　若区域 D 的面积为 σ，则 $\iint\limits_D \mathrm{d}x\mathrm{d}y=\sigma$.

性质 4　如果在区域 D 上总有 $f(x,y)\leqslant g(x,y)$，则

$$\iint\limits_D f(x,y)\,\mathrm{d}\sigma\leqslant\iint\limits_D g(x,y)\,\mathrm{d}\sigma.$$

特别地，有

$$\left|\iint\limits_D f(x,y)\,\mathrm{d}\sigma\right|\leqslant\iint\limits_D |f(x,y)|\,\mathrm{d}\sigma.$$

性质 5　设 M,m 是函数 $f(x,y)$ 在闭区域 D 上的最大值与最小值，σ 是 D 的面积，则

$$m\sigma \leqslant \iint_D f(x,y)\mathrm{d}\sigma \leqslant M\sigma.$$

性质6(二重积分的中值定理) 设$f(x,y)$在有界闭区域D上连续,σ是D的面积,则在D内至少存在一点(ξ,η),使得

$$\iint_D f(x,y)\mathrm{d}\sigma = f(\xi,\eta)\cdot\sigma.$$

以上性质证明从略.

例1 设$D=\{(x,y)\mid 1\leqslant x^2+y^2\leqslant 4\}$,求$\iint_D 5\mathrm{d}\sigma$.

解 区域D是由半径分别为1和2的两个同心圆围成的圆环,其面积为

$$S=\pi\cdot 2^2-\pi\cdot 1^2=3\pi,$$

由性质1和性质3,得

$$\iint_D 5\mathrm{d}\sigma = 5\times 3\pi = 15\pi.$$

例2 利用二重积分的性质比较$\iint_D (x+y)^2\mathrm{d}\sigma$与$\iint_D (x+y)^3\mathrm{d}\sigma$的大小,其中积分区域$D$由直线$x=1,y=1$及$x+y=1$所围成.

解 由于区域D上有

$$x+y\geqslant 1,$$

于是

$$(x+y)^2\leqslant (x+y)^3,$$

由性质4,得

$$\iint_D (x+y)^2\mathrm{d}\sigma \leqslant \iint_D (x+y)^3\mathrm{d}\sigma.$$

习题8.1

1.设有一平面薄片,在xOy平面上形成闭区域D,它在点(x,y)处的面密度为$\mu(x,y)$,且$\mu(x,y)$在D连续,试用二重积分表示该薄片的质量.

2.利用二次重积分的性质试比较下列积分的大小:

(1) $\iint_D (x+y)^2\mathrm{d}\sigma$与$\iint_D (x+y)^3\mathrm{d}\sigma$,其中$D$由$x$轴、$y$轴及直线$x+y=1$围成;

(2) $\iint_D \ln(x+y)\mathrm{d}\sigma$与$\iint_D [\ln(x+y)]^2\mathrm{d}\sigma$,其中$D$是以$A(1,0)$,$B(1,1)$,$C(2,0)$为顶点的三角形闭区域.

8.2 直角坐标系中二重积分的计算

与定积分类似,根据定义计算二重积分一般比较困难.下面介绍把二重积分的计算化为两次定积分的计算问题,称为累次积分法.

8.2.1　矩形区域上的二重积分

设二元函数 $f(x,y)$ 在矩形区域 $D=\{(x,y)\mid a\leqslant x\leqslant b,c\leqslant y\leqslant d\}$ 上连续,用记号

$$\int_c^d f(x,y)\mathrm{d}y$$

表示 x 固定,y 从 $y=c$ 到 $y=d$ 的积分,$\int_c^d f(x,y)\mathrm{d}y$ 就是一个依赖 x 取值的函数,即 x 的函数

$$A(x)=\int_c^d f(x,y)\mathrm{d}y.$$

将函数 $A(x)$ 对 x 从 a 到 b 积分,就会得到

$$\int_a^b A(x)\mathrm{d}x=\int_a^b\left[\int_c^d f(x,y)\mathrm{d}y\right]\mathrm{d}x$$

等式右端的积分为累次积分,通常省略括号,即

$$\int_a^b\int_c^d f(x,y)\mathrm{d}y\mathrm{d}x=\int_a^b\left[\int_c^d f(x,y)\mathrm{d}y\right]\mathrm{d}x,$$

表示先对变量 y 从 c 到 d 积分,再对变量 x 从 a 到 b 积分.

同样地,累次积分

$$\int_c^d\int_a^b f(x,y)\mathrm{d}x\mathrm{d}y=\int_c^d\left[\int_a^b f(x,y)\mathrm{d}x\right]\mathrm{d}y,$$

表示先对变量 x 从 a 到 b 积分,再对变量 y 从 c 到 d 积分.

例 1　计算下列累次积分:

(1) $\int_0^3\int_1^2 x^2y\mathrm{d}y\mathrm{d}x$;　　(2) $\int_1^2\int_0^3 x^2y\mathrm{d}x\mathrm{d}y$.

解　(1) 把 x 视为常数,得到

$$\int_1^2 x^2y\mathrm{d}y=x^2\left.\frac{y^2}{2}\right|_1^2=x^2\frac{2^2}{2}-x^2\frac{1^2}{2}=\frac{3x^2}{2},$$

即 $A(x)=\dfrac{3x^2}{2}$.

对于 $A(x)$ 关于 x 从 0 到 3 积分,有

$$\int_0^3\int_1^2 x^2y\mathrm{d}y\mathrm{d}x=\int_0^3\left[\int_1^2 x^2y\mathrm{d}y\right]\mathrm{d}x=\int_0^3\frac{3x^2}{2}\mathrm{d}x=\left.\frac{x^3}{2}\right|_0^3=\frac{27}{2}.$$

(2) 这里先对 x 积分,有

$$\int_1^2\int_0^3 x^2y\mathrm{d}x\mathrm{d}y=\int_1^2\left[\int_0^3 x^2y\mathrm{d}x\right]\mathrm{d}y=\int_1^2\left.\frac{x^3}{3}y\right|_0^3\mathrm{d}y=\int_1^2 9y\mathrm{d}y$$

$$=9\left.\frac{y^2}{2}\right|_1^2=\frac{27}{2}.$$

注:例 1 中,无论先对 y 或 x 积分,都有相同的结果,即积分结果与积分次序无关,一般地,有如下定理.

定理　如果函数 $f(x,y)$ 是矩形区域 $D=\{(x,y)\mid a\leqslant x\leqslant b,c\leqslant y\leqslant d\}$ 上的连续函数,则

$$\iint_D f(x,y)\mathrm{d}\sigma=\int_a^b\int_c^d f(x,y)\mathrm{d}y\mathrm{d}x=\int_c^d\int_a^b f(x,y)\mathrm{d}x\mathrm{d}y.$$

证明从略.

例 2 计算二重积分 $\iint\limits_D (x-3y^2)\,\mathrm{d}\sigma$，其中 $D=\{(x,y)\mid 0\leqslant x\leqslant 2,1\leqslant y\leqslant 2\}$.

解法 1 先对 y 积分，有

$$\iint\limits_D (x-3y^2)\,\mathrm{d}\sigma = \int_0^2\int_1^2 (x-3y^2)\,\mathrm{d}y\mathrm{d}x = \int_0^2 (xy-y^3)\Big|_1^2 \mathrm{d}x$$

$$= \int_0^2 (x-7)\,\mathrm{d}x = \left(\frac{x^2}{2}-7x\right)\Big|_0^2 = -12.$$

解法 2 先对 x 积分，有

$$\iint\limits_D (x-3y^2)\,\mathrm{d}\sigma = \int_1^2\int_0^2 (x-3y^2)\,\mathrm{d}x\mathrm{d}y = \int_1^2 \left(\frac{x^2}{2}-3xy^2\right)\Big|_0^2 \mathrm{d}y$$

$$= \int_1^2 (2-6y^2)\,\mathrm{d}y = (2y^2-2y^3)\Big|_1^2 = -12.$$

8.2.2 一般区域上的二重积分

1)两类区域

先介绍两种区域：X-型区域和 Y-型区域.

***X*-型区域**：$D=\{(x,y)\mid a\leqslant x\leqslant b,\varphi_1(x)\leqslant y\leqslant \varphi_2(x)\}$，其中 $\varphi_1(x)$ 和 $\varphi_2(x)$ 在区间 $[a,b]$ 上连续，这种区域的特点是：穿过 D 内部且平行于 y 轴的直线与 D 的边界的交点不多于两个，如图 8.3 所示.

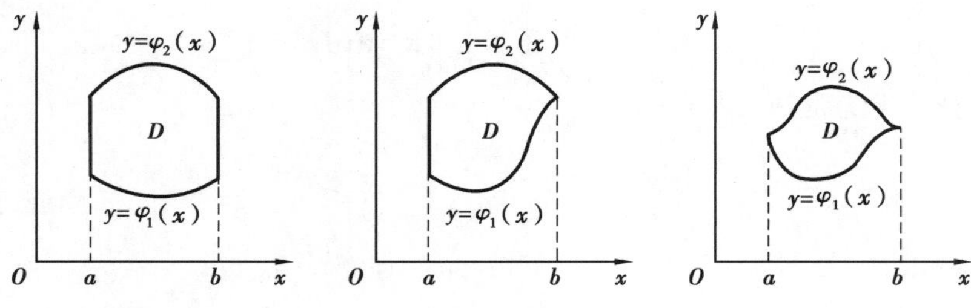

图 8.3

***Y*-型区域**：$D=\{(x,y)\mid c\leqslant y\leqslant d,\varphi_1(y)\leqslant x\leqslant \varphi_2(y)\}$，其中 $\varphi_1(y)$ 和 $\varphi_2(y)$ 在区间 $[c,d]$ 上连续，这种区域的特点：穿过 D 内部且平行于 x 轴的直线与 D 的边界的交点不多于两个，如图 8.4 所示.

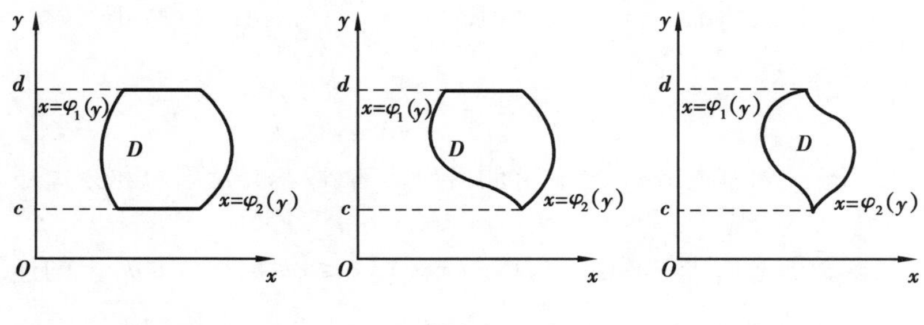

图 8.4

2)二重积分的计算

由二重积分的几何意义知，$\iint\limits_D f(x,y)\,d\sigma$ 的值等于以 D 为底，以曲面 $z=f(x,y)$ 为顶的曲顶柱体的体积，如图 8.5 所示.

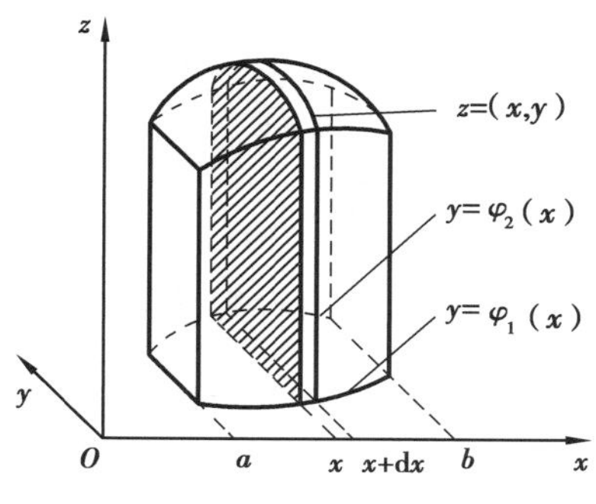

图 8.5

用"切片法"来求这个体积. 首先在区间$[a,b]$上任取一子区间$[x, x+dx]$，用过点$(x,0,0)$且平行于 yOz 坐标面的平面去截曲顶柱体，截得的截面是以空间曲线 $z=f(x,y)$ 为曲边，以$[\varphi_1(x),\varphi_2(x)]$为底边的曲边梯形. 其面积为

$$A(x)=\int_{\varphi_1(x)}^{\varphi_2(x)} f(x,y)\,dy.$$

再用过点$(x+dx,0,0)$且平行于 yOz 坐标面的平面去截曲顶柱体，得一夹在两平行平面之间的小曲顶柱体. 它们可近似看成以截面面积 $A(x)$ 为底面积，dx 为高的薄柱体，其体积元素为

$$dV=A(x)\,dx.$$

所以曲顶柱体的体积为

$$V=\int_a^b A(x)\,dx=\int_a^b\left[\int_{\varphi_1(x)}^{\varphi_2(x)} f(x,y)\,dy\right]dx,$$

或记为

$$V=\int_a^b dx\int_{\varphi_1(x)}^{\varphi_2(x)} f(x,y)\,dy.$$

于是得到二重积分的计算式

$$\iint\limits_D f(x,y)\,dx\,dy=\int_a^b dx\int_{\varphi_1(x)}^{\varphi_2(x)} f(x,y)\,dy. \tag{8.2}$$

式(8.2)右端是一个先对 y、后对 x 的累次积分. 求内层积分时，将 x 看成常数，y 是积分变量，积分上、下限可以是随 x 变化的函数，积分的结果是 x 的函数. 然后再对 x 求外层积分，这时积分上、下限为常数.

对于 Y-型区域，由类似分析，可得

$$\iint\limits_D f(x,y)\,dx\,dy=\int_c^d dy\int_{\varphi_1(y)}^{\varphi_2(y)} f(x,y)\,dx. \tag{8.3}$$

从上述计算公式可以看出将二重积分化为两次定积分,关键是确定积分限,而确定积分限又依赖于区域 D 的几何形状.因此,首先必须正确地画出 D 的图形,将 D 表示为 X-型区域或 Y-型区域.如果 D 不能直接表示成 X-型区域或 Y-型区域,则应将 D 划分成若干个无公共内点的小区域,并使每个小区域能表示成 X-型区域或 Y-型区域.再利用二重积分对区域具有可加性可知,区域 D 上的二重积分就是这些小区域上的二重积分之和,如图 8.6 所示.

实际上,以上讨论中做了 $f(x,y)\geqslant 0$ 的假设,实际上把二重积分化为两次定积分时,并不需要被积函数满足此条件,只要 $f(x,y)$ 可积就行.即式(8.2)、式(8.3)对一般可积函数均成立.

例 3 计算 $\iint\limits_D xy^2\mathrm{d}x\mathrm{d}y$,其中 D 是由直线 $y=x,x=1$ 及 $y=0$ 围成的区域.

解法 1 区域 D 如图 8.7 所示.若将 D 表示为 X-型区域 $D=\{(x,y)\mid 0\leqslant x\leqslant 1,0\leqslant y\leqslant x\}$,则由式(8.2)得

$$\iint\limits_D xy^2\mathrm{d}x\mathrm{d}y=\int_0^1\mathrm{d}x\int_0^x xy^2\mathrm{d}y=\int_0^1 x\cdot\left(\frac{y^3}{3}\Bigg|_0^x\right)\mathrm{d}x=\int_0^1\frac{1}{3}x^4\mathrm{d}x=\frac{1}{15}.$$

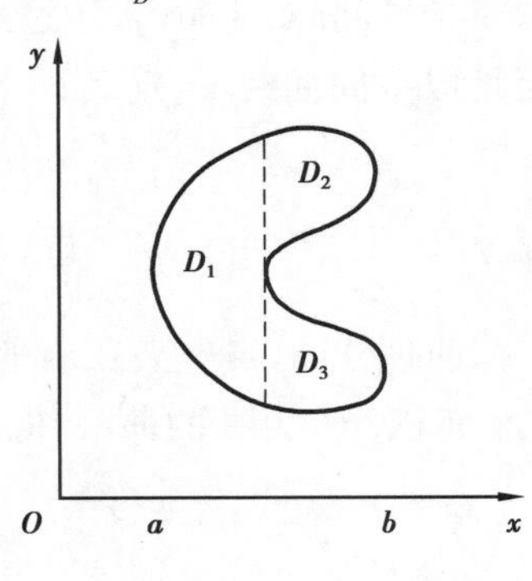

图 8.6

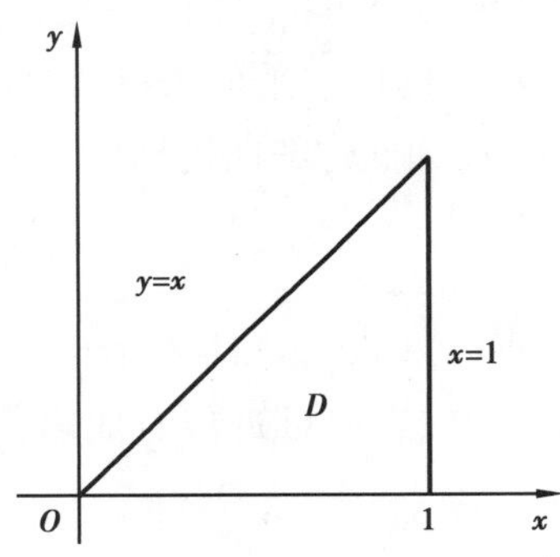

图 8.7

解法 2 将 D 表示成 Y-型区域,$D=\{(x,y)\mid 0\leqslant y\leqslant 1,y\leqslant x\leqslant 1\}$,由式(8.3)得

$$\iint\limits_D xy^2\mathrm{d}x\mathrm{d}y=\int_0^1\mathrm{d}y\int_y^1 xy^2\mathrm{d}x=\int_0^1 y^2\cdot\left(\frac{x^2}{2}\Bigg|_y^1\right)\mathrm{d}y=\int_0^1\left(\frac{y^2}{2}-\frac{y^4}{2}\right)\mathrm{d}y=\frac{1}{15}.$$

例 4 交换积分次序 $\int_0^1\mathrm{d}y\int_y^{1+\sqrt{1-y^2}}f(x,y)\mathrm{d}x$.

解 由所给积分的上、下限可知,积分区域 D 用 Y-型区域表示为

$$D=\{(x,y)\mid 0\leqslant y\leqslant 1,y\leqslant x\leqslant 1+\sqrt{1-y^2}\},$$

即区域 D 由 $y=0,y=1,y=x$ 及 $x=1+\sqrt{1-y^2}$ 围成,如图 8.8 阴影部分所示.

D 用 X-型区域表示为

$$D=\{(x,y)\mid 0\leqslant x\leqslant 1,\ 0\leqslant y\leqslant x\}\cup\{(x,y)\mid 1\leqslant x\leqslant 2,\ 0\leqslant y\leqslant\sqrt{2x-x^2}\},$$

所以

$$\int_0^1\mathrm{d}y\int_y^{1+\sqrt{1-y^2}}f(x,y)\mathrm{d}x=\int_0^1\mathrm{d}x\int_0^x f(x,y)\mathrm{d}y+\int_1^2\mathrm{d}x\int_0^{\sqrt{2x-x^2}}f(x,y)\mathrm{d}y.$$

由例 2 可知,交换积分次序的关键是,根据所给积分的上、下限准确地画出积分区域 D.

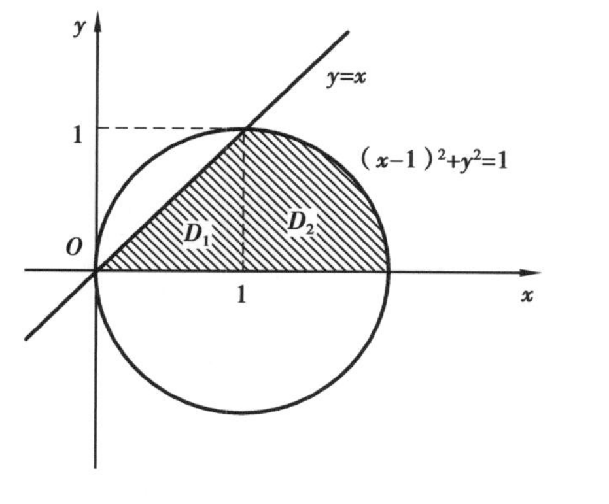

图 8.8

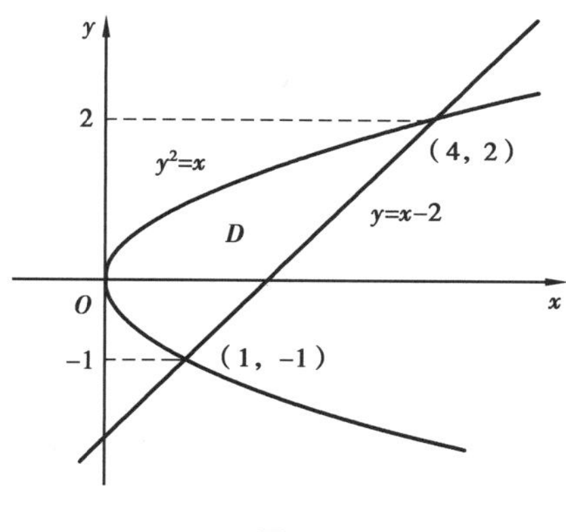

图 8.9

例 5　计算 $\iint\limits_D xy\mathrm{d}x\mathrm{d}y$,其中 D 由 $y^2=x$ 及 $y=x-2$ 围成.

解　画出区域 D,如图 8.9 所示.

联立

$$\begin{cases} y^2 = x, \\ y = x - 2, \end{cases}$$

得交点(1,-1),(4,2).

将 D 表示为 Y-型区域

$$D = \{(x,y) \mid -1 \leqslant y \leqslant 2, y^2 \leqslant x \leqslant y + 2\},$$

所以

$$\begin{aligned} \iint\limits_D xy\mathrm{d}x\mathrm{d}y &= \int_{-1}^{2}\mathrm{d}y\int_{y^2}^{y+2} xy\mathrm{d}x = \int_{-1}^{2}\left(\frac{y}{2}x^2\right)\Bigg|_{y^2}^{y+2}\mathrm{d}y \\ &= \frac{1}{2}\int_{-1}^{2}(-y^5 + y^3 + 4y^2 + 4y)\mathrm{d}y \\ &= \frac{1}{2}\left(-\frac{1}{6}y^6 + \frac{1}{4}y^4 + \frac{4}{3}y^3 + 2y^2\right)\Bigg|_{-1}^{2} \\ &= \frac{45}{8}. \end{aligned}$$

下面再用另一种积分次序计算这个二重积分.

将 D 表示成 X-型区域

$$D = \{(x,y) \mid 0 \leqslant x \leqslant 1, -\sqrt{x} \leqslant y \leqslant \sqrt{x}\} \cup \{(x,y) \mid 1 \leqslant x \leqslant 4, x - 2 \leqslant y \leqslant \sqrt{x}\},$$

$$\iint\limits_D xy\mathrm{d}x\mathrm{d}y = \int_0^1\mathrm{d}x\int_{-\sqrt{x}}^{\sqrt{x}} xy\mathrm{d}y + \int_1^4\mathrm{d}x\int_{x-2}^{\sqrt{x}} xy\mathrm{d}y = \frac{45}{8}.$$

可见,积分次序的选取关系到二重积分计算的繁简程度.

例 6　计算二重积分 $\iint\limits_D \frac{\sin y}{y}\mathrm{d}x\mathrm{d}y$,其中 D 由直线 $y=1$,$y=x$ 及 $x=0$ 围成.

解 如图 8.10 所示,D 可表示为

$$D=\{(x,y)\mid 0\leqslant x\leqslant 1,x\leqslant y\leqslant 1\}\text{ 或 }D=\{(x,y)\mid 0\leqslant y\leqslant 1,0\leqslant x\leqslant y\}.$$

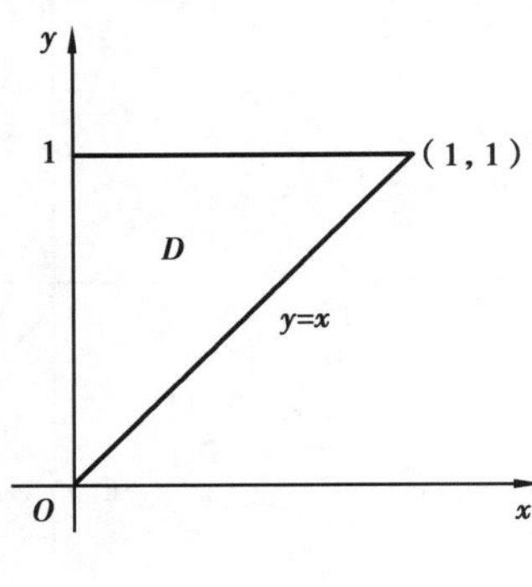

图 8.10

若先对 y 积分再对 x 积分,则

$$\iint\limits_D \frac{\sin y}{y}\mathrm{d}x\mathrm{d}y=\int_0^1\mathrm{d}x\int_x^1\frac{\sin y}{y}\mathrm{d}y.$$

$\frac{\sin y}{y}$的原函数不能用初等函数表示,因此积分 $\int_x^1\frac{\sin y}{y}\mathrm{d}y$ 无法计算出来.改用先对 x 积分再对 y 积分,则

$$\iint\limits_D \frac{\sin y}{y}\mathrm{d}x\mathrm{d}y=\int_0^1\mathrm{d}y\int_0^y\frac{\sin y}{y}\mathrm{d}x=\int_0^1\frac{\sin y}{y}\left(x\Big|_0^y\right)\mathrm{d}y=\int_0^1\sin y\mathrm{d}y=1-\cos 1.$$

可见,积分次序的选取有时会关系到积分能否算出.

习题 8.2

1.画出积分区域,并计算下列二重积分:

(1) $\iint\limits_D(x+y)\mathrm{d}\sigma$,其中 D 为矩形闭区域:$|x|\leqslant 1,|y|\leqslant 1$;

(2) $\iint\limits_D(3x+2y)\mathrm{d}\sigma$,其中 D 是由两坐标轴及直线 $x+y=2$ 所围成的闭区域;

(3) $\iint\limits_D(x^2+y^2-x)\mathrm{d}\sigma$,其中 D 是由直线 $y=2,y=x,y=2x$ 所围成的闭区域;

(4) $\iint\limits_D x^2y\mathrm{d}\sigma$,其中 D 是半圆形闭区域:$x^2+y^2\leqslant 4,x\geqslant 0$;

(5) $\iint\limits_D x\ln y\mathrm{d}\sigma$,其中 D 为:$0\leqslant x\leqslant 4,1\leqslant y\leqslant \mathrm{e}$;

(6) $\iint\limits_D \frac{x^2}{y^2}\mathrm{d}\sigma$,其中 D 是由曲线 $xy=1,y=1,y=x$ 所围成的闭区域.

2.将二重积分 $\iint\limits_D f(x,y)\mathrm{d}\sigma$ 化为二次积分(两种次序),其中积分区域 D 分别如下:

(1)以点(0,0),(2,0),(1,1)为顶点的三角形;

(2) 由直线 $y=x$ 及抛物线 $y^2=4x$ 所围成的闭区域;

(3) 由直线 $y=x,x=2$ 及双曲线 $y=\dfrac{1}{x}$ 所围成的闭区域;

(4) 由曲线 $y=x^2$ 及 $y=1$ 所围成的闭区域.

3. 交换下列二次积分的积分次序:

(1) $\int_0^1 dy\int_0^y f(x,y)dx$;　　(2) $\int_0^2 dy\int_{y^2}^{2y} f(x,y)dx$;

(3) $\int_1^e dx\int_0^{\ln x} f(x,y)dy$;　　(4) $\int_0^1 dy\int_0^{2y} f(x,y)dx + \int_1^3 dy\int_0^{3-y} f(x,y)dx$.

4. 求由平面 $x=0,y=0,x=1,y=1$ 所围成的柱体被平面 $z=0$ 及 $2x+3y+z=6$ 截得的立体体积.

*8.3　极坐标系中二重积分的计算

有些二重积分,积分区域 D 的边界曲线和被积函数用极坐标表示会比较方便,这时考虑用极坐标来计算二重积分 $\iint\limits_D f(x,y)d\sigma$,这里假定 $f(x,y)$ 在区域 D 上连续.

平面上任意一点的极坐标 (r,θ) 与它的直角坐标 (x,y) 的变换公式为

$$x = r\cos\theta, y = r\sin\theta.$$

在直角坐标系中,以平行 x 轴和 y 轴的两族直线分割区域 D 为一系列小矩形,从而得面积元素 $d\sigma=dxdy$.

在极坐标系下,与此类似,用一组以极点为圆心的同心圆($r=$常数)及过极点的一组射线($\theta=$常数)将区域 D 分割成 n 个小区域,如图 8.11 所示.

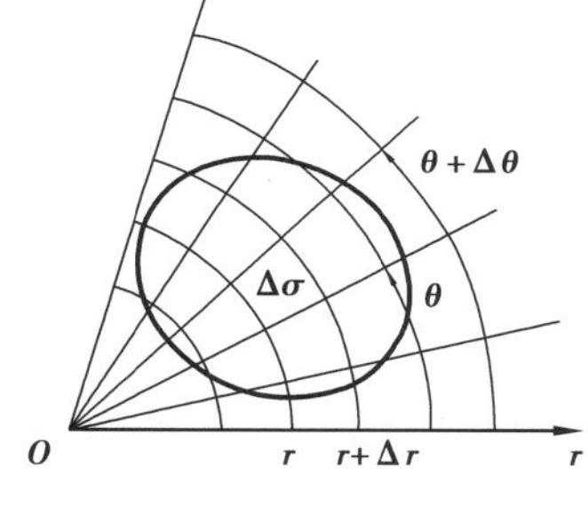

图 8.11

设其中一个小区域 $\Delta\sigma$ 由半径分别为 r 与 $r+\Delta r$ 的同心圆和极角分别为 θ 及 $\theta+\Delta\theta$ 的射线所围成,则小区域 $\Delta\sigma$ 的面积为

$$\Delta\sigma = \frac{1}{2}(r+\Delta r)^2\cdot\Delta\theta - \frac{1}{2}r^2\Delta\theta = \frac{1}{2}(2r+\Delta r)\cdot\Delta r\cdot\Delta\theta$$

$$= \frac{r+(r+\Delta r)}{2}\Delta r\cdot\Delta\theta \approx r\cdot\Delta r\cdot\Delta\theta.$$

所以面积元素为

$$d\sigma = r dr d\theta.$$

于是得到直角坐标系与极坐标系中二重积分的转换公式

$$\iint\limits_D f(x,y)d\sigma = \iint\limits_{D'} f(r\cos\theta, r\sin\theta) r dr d\theta, \tag{8.4}$$

其中,D' 是将 D 变换成极坐标 (r,θ) 所对应的区域.

与直角坐标系相似,在极坐标系下计算二重积分同样要化为关于坐标变量 r 和 θ 的累次

积分来计算.以下根据区域 D 的 3 种情形加以讨论.

①若极点 O 在区域 D'之外,且 D'由射线 $\theta=\alpha,\theta=\beta$ 和两条连续曲线 $r=r_1(\theta),r=r_2(\theta)$ 围成.如图 8.12(a)所示,则

$$D'=\{(r,\theta)\mid\alpha\leqslant\theta\leqslant\beta,r_1(\theta)\leqslant r\leqslant r_2(\theta)\},$$

$$\iint\limits_{D'}f(r\cos\theta,r\sin\theta)r\mathrm{d}r\mathrm{d}\theta=\int_\alpha^\beta\mathrm{d}\theta\int_{r_1(\theta)}^{r_2(\theta)}f(r\cos\theta,r\sin\theta)r\mathrm{d}r \tag{8.5}$$

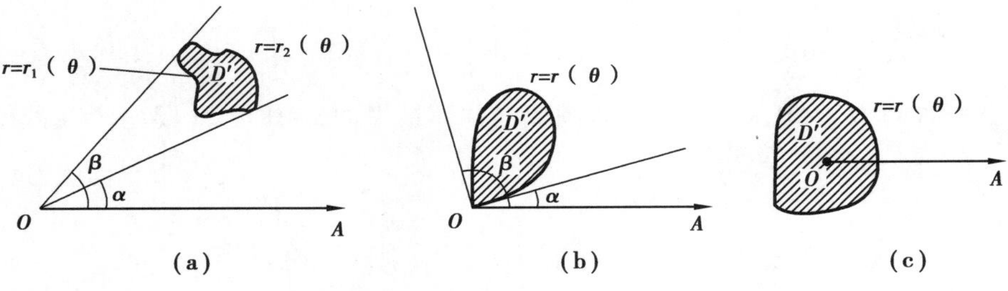

图 8.12

②若 $r_1(\theta)=0$,即极点 O 在区域 D'的边界上,且 D'由射线 $\theta=\alpha,\theta=\beta$ 和连续曲线 $r=r(\theta)$ 所围成,如图 8.12(b)所示,则

$$D'=\{(r,\theta)\mid\alpha\leqslant\theta\leqslant\beta,0\leqslant r\leqslant r(\theta)\},$$

$$\iint\limits_{D^*}f(r\cos\theta,r\sin\theta)r\mathrm{d}r\mathrm{d}\theta=\int_\alpha^\beta\mathrm{d}\theta\int_\theta^{r(\theta)}f(r\cos\theta,r\sin\theta)r\mathrm{d}r. \tag{8.6}$$

③若极点 O 在区域 D'内,且 D'的边界曲线为连续封闭曲线 $r=r(\theta)(0\leqslant\theta\leqslant2\pi)$,如图 8.12(c)所示,则

$$D'=\{(r,\theta)\mid0\leqslant\theta\leqslant2\pi,0\leqslant r\leqslant r(\theta)\},$$

$$\iint\limits_{D^*}f(r\cos\theta,r\sin\theta)r\mathrm{d}r\mathrm{d}\theta=\int_0^{2\pi}\mathrm{d}\theta\int_\theta^{r(\theta)}f(r\cos\theta,r\sin\theta)r\mathrm{d}r. \tag{8.7}$$

例 1 计算 $\iint\limits_D\mathrm{e}^{-y^2-x^2}\mathrm{d}x\mathrm{d}y$,$D$ 为圆 $x^2+y^2=4$ 所围成的区域.

解 积分区域是一个圆域,且 $D'=\{(r,\theta)\mid0\leqslant\theta\leqslant2\pi,0\leqslant r\leqslant2\}$,于是

$$\iint\limits_D\mathrm{e}^{-y^2-x^2}\mathrm{d}x\mathrm{d}y=\iint\limits_{D^*}\mathrm{e}^{-r^2}r\mathrm{d}r\mathrm{d}\theta=\int_0^{2\pi}\mathrm{d}\theta\int_0^2 r\mathrm{e}^{-r^2}\mathrm{d}r$$

$$=\int_0^{2\pi}\left(-\frac{1}{2}\mathrm{e}^{-r^2}\right)\Bigg|_0^2\mathrm{d}\theta=\frac{1}{2}\int_0^{2\pi}(1-\mathrm{e}^{-4})\mathrm{d}\theta=\pi(1-\mathrm{e}^{-4}).$$

例 2 求 $\iint\limits_D(\sqrt{x^2+y^2}+y)\mathrm{d}\sigma$,其中 D 是由圆 $x^2+y^2=4$ 和 $(x+1)^2+y^2=1$ 所围成的平面区域.

解 画出积分区域 D 如图 8.13 所示.注意区域 D 关于 x 轴对称,y 是奇函数,所以 $\iint\limits_D y\mathrm{d}\sigma=0$.

设大圆 $x^2+y^2=4$ 所围区域为 D_1,小圆 $(x+1)^2+y^2=1$ 所围区域为 D_2,则

$$\begin{aligned}\iint_D (\sqrt{x^2+y^2}+y)\mathrm{d}\sigma &= \iint_D \sqrt{x^2+y^2}\,\mathrm{d}\sigma \\ &= \iint_{D_1} \sqrt{x^2+y^2}\,\mathrm{d}\sigma - \iint_{D_2} \sqrt{x^2+y^2}\,\mathrm{d}\sigma \\ &= \int_0^{2\pi}\mathrm{d}\theta\int_0^2 r^2\mathrm{d}r - \int_{\frac{\pi}{2}}^{\frac{3\pi}{2}}\mathrm{d}\theta\cdot\int_0^{-2\cos\theta} r^2\mathrm{d}r = \frac{16}{3}\pi - \frac{32}{9}.\end{aligned}$$

本例用到两个技巧:一个是奇偶对称性;另一个是将积分区域进行延拓,再将所求积分化为两个区域上的积分之差.

例 3　计算二重积分 $\iint\limits_D \frac{y}{x}\mathrm{d}\sigma$,其中积分区域 $D=\{(x,y)\mid 1\leqslant x^2+y^2\leqslant -2x\}$.

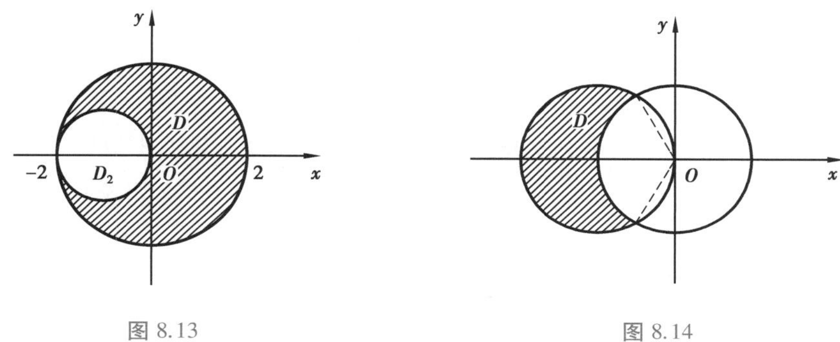

图 8.13　　图 8.14

解　画出积分区域 D 如图 8.14 所示,D 用极坐标表示为

$$D'=\left\{(r,\theta)\,\middle|\,\frac{2\pi}{3}\leqslant\theta\leqslant\frac{4\pi}{3},1\leqslant r\leqslant -2\cos\theta\right\},$$

于是

$$\begin{aligned}\iint_D \frac{y}{x}\mathrm{d}\sigma &= \iint_D \tan\theta\cdot r\cdot\mathrm{d}r\mathrm{d}\theta = \int_{\frac{2\pi}{3}}^{\frac{4\pi}{3}}\mathrm{d}\theta\int_1^{-2\cos\theta}\tan\theta r\mathrm{d}r \\ &= \int_{\frac{2\pi}{3}}^{\frac{4\pi}{3}}\tan\theta\left(\frac{1}{2}r^2\Big|_1^{-2\cos\theta}\right)\mathrm{d}\theta = \int_{\frac{2\pi}{3}}^{\frac{4\pi}{3}}\tan\theta\left(2\cos^2\theta-\frac{1}{2}\right)\mathrm{d}\theta \\ &= \left(-\frac{1}{2}\cos 2\theta+\frac{1}{2}\ln|\cos\theta|\right)\Bigg|_{\frac{2\pi}{3}}^{\frac{4\pi}{3}} \\ &= -\frac{1}{2}\cos\frac{8\pi}{3}+\frac{1}{2}\cos\frac{4\pi}{3}+\frac{1}{2}\ln\left|\cos\frac{4\pi}{3}\right|-\frac{1}{2}\ln\left|\cos\frac{2\pi}{3}\right| = 0.\end{aligned}$$

一般地,当二重积分的积分区域为圆域或圆域的一部分,被积函数为 $f(\sqrt{x^2+y^2})$,$f\left(\frac{y}{x}\right)$ 或 $f\left(\frac{x}{y}\right)$ 等形式时,用极坐标计算比较方便.

习题 8.3

1.画出积分区域,把二重积分 $\iint\limits_D f(x,y)\mathrm{d}\sigma$ 化为极坐标系下的二次积分,其中积分区域 D 是:

(1) $x^2+y^2\leqslant a^2\quad(a>0)$; (2) $x^2+y^2\leqslant 2x$;

(3) $1\leqslant x^2+y^2\leqslant 4$; (4) $0\leqslant y\leqslant 1-x,0\leqslant x\leqslant 1$.

2.把下列积分化为极坐标形式,并计算积分值.

(1) $\int_0^a \mathrm{d}y\int_0^{\sqrt{a^2-x^2}}(x^2+y^2)\mathrm{d}x$; (2) $\int_0^1 \mathrm{d}x\int_{x^2}^{x}\sqrt{x^2+y^2}\,\mathrm{d}y$.

3.在极坐标系下计算下列二重积分:

(1) $\iint\limits_D \mathrm{e}^{x^2+y^2}\mathrm{d}\sigma$,其中 D 是圆形闭区域:$x^2+y^2\leqslant 1$;

(2) $\iint\limits_D \ln(1+x^2+y^2)\mathrm{d}\sigma$,其中 D 是由圆周 $x^2+y^2=1$ 及坐标轴所围成的在第一象限内的闭区域;

(3) $\iint\limits_D \arctan\dfrac{y}{x}\mathrm{d}\sigma$,其中 D 是由圆周 $x^2+y^2=1$,$x^2+y^2=4$ 及直线 $y=0$,$y=x$ 所围成的在第一象限内的闭区域;

(4) $\iint\limits_D \sqrt{R^2-x^2-y^2}\,\mathrm{d}\sigma$,其中 D 由圆周 $x^2+y^2=Rx(R>0)$ 所围成.

4.求由曲面 $z=x^2+y^2$ 与 $z=\sqrt{x^2+y^2}$ 所围成的立体体积.

*8.4 无界区域上简单反常二重积分的计算

与一元函数在无限区间上的反常积分类似,如果允许二重积分的积分区域 D 为无界区域(如全平面、半平面、有界区域的外部等),则可定义无界区域上的反常二重积分.

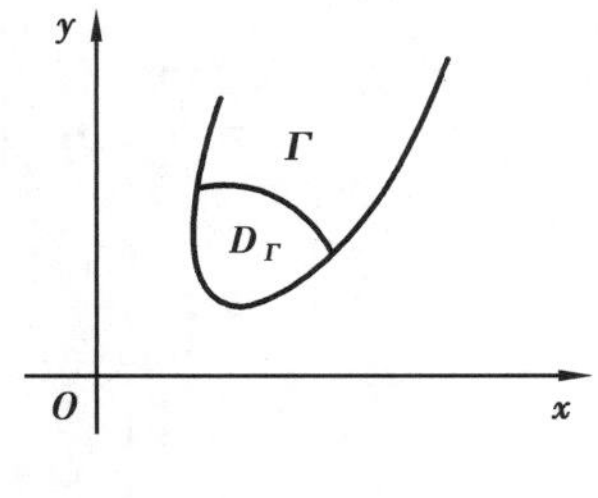

图 8.15

定义 设 D 是平面上一无界区域,函数 $f(x,y)$ 在其上有定义,用任意光滑曲线 Γ 在 D 中划出有界区域 D_Γ,如图 8.15 所示.设 $f(x,y)$ 在 D_Γ 上可积,当曲线 Γ 连续变动,使 D_Γ 无限扩展趋于区域 D 时,不论 Γ 的形状如何,也不论扩展的过程怎样,若极限

$$\lim_{D_\Gamma\to D}\iint\limits_{D_\Gamma} f(x,y)\mathrm{d}\sigma$$

存在且取相同的值 I,则称 I 为 $f(x,y)$ 在**无界区域 D 上的反常二重积分**,记作

$$\iint\limits_D f(x,y)\mathrm{d}\sigma=\lim_{D_\Gamma\to D}\iint\limits_{D_\Gamma} f(x,y)\mathrm{d}\sigma=I.$$

此时也称反常二重积分 $\iint\limits_D f(x,y)\,\mathrm{d}\sigma$ **收敛**,否则称反常二重积分 $\iint\limits_D f(x,y)\,\mathrm{d}\sigma$ **发散**.

判别反常二重积分的敛散性本节不作讨论.如果已知反常二重积分 $\iint\limits_D f(x,y)\,\mathrm{d}\sigma$ 收敛,为了简化计算,常常选取一些特殊的 D_Γ 趋于区域 D.

例 1　设 D 为全平面,已知 $\iint\limits_D \mathrm{e}^{-x^2-y^2}\mathrm{d}\sigma$ 收敛,求其值.

解　设 D_R 为中心在原点、半径为 R 的圆域,则

$$\iint\limits_{D_R}\mathrm{e}^{-(x^2+y^2)}\,\mathrm{d}\sigma=\int_0^{2\pi}\mathrm{d}\theta\int_0^R\mathrm{e}^{-r^2}r\mathrm{d}r=2\pi\left(-\frac{1}{2}\mathrm{e}^{-r^2}\right)\Bigg|_0^R=\pi(1-\mathrm{e}^{-R^2}),$$

显然,当 $R\to+\infty$ 时,有 $D_R\to D$,因此有

$$\iint\limits_D\mathrm{e}^{-(x^2+y^2)}\,\mathrm{d}\sigma=\lim_{R\to+\infty}\iint\limits_{D_R}\mathrm{e}^{-(x^2+y^2)}\,\mathrm{d}\sigma=\lim_{R\to+\infty}\pi(1-\mathrm{e}^{-R^2})=\pi.$$

例 2　证明 $\int_0^{+\infty}\mathrm{e}^{-x^2}\mathrm{d}x=\frac{\sqrt{\pi}}{2}$.

证　如图 8.16 所示,令

$$D=\{(x,y)\mid 0\leqslant x\leqslant a,0\leqslant y\leqslant a\},$$
$$D_1=\{(x,y)\mid x^2+y^2\leqslant a^2,\ x\geqslant 0,\ y\geqslant 0\},$$
$$D_2=\{(x,y)\mid x^2+y^2\leqslant 2a^2,\ x\geqslant 0,\ y\geqslant 0\},$$

则有

$$\iint\limits_{D_1}\mathrm{e}^{-(x^2+y^2)}\,\mathrm{d}x\mathrm{d}y\leqslant\iint\limits_{D}\mathrm{e}^{-(x^2+y^2)}\,\mathrm{d}x\mathrm{d}y\leqslant\iint\limits_{D_2}\mathrm{e}^{-(x^2+y^2)}\,\mathrm{d}x\mathrm{d}y.$$

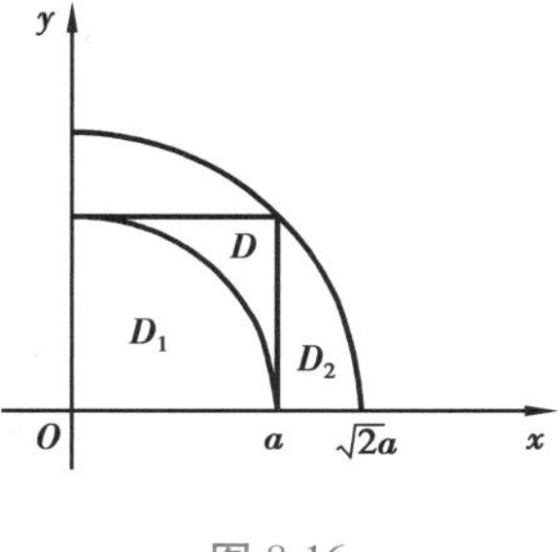

图 8.16

而

$$\iint\limits_D\mathrm{e}^{-(x^2+y^2)}\,\mathrm{d}x\mathrm{d}y=\int_0^a\mathrm{e}^{-x^2}\mathrm{d}x\cdot\int_0^a\mathrm{e}^{-y^2}\mathrm{d}y=\left(\int_0^a\mathrm{e}^{-x^2}\mathrm{d}x\right)^2,$$

由例 1 知

$$\iint\limits_{D_1}\mathrm{e}^{-(x^2+y^2)}\,\mathrm{d}x\mathrm{d}y=\frac{\pi}{4}(1-\mathrm{e}^{-a^2}),\quad\iint\limits_{D_2}\mathrm{e}^{-(x^2+y^2)}\,\mathrm{d}x\mathrm{d}y=\frac{\pi}{4}(1-\mathrm{e}^{-2a^2}),$$

从而得

$$\frac{\pi}{4}(1-\mathrm{e}^{-a^2})\leqslant\left(\int_0^a\mathrm{e}^{-x^2}\mathrm{d}x\right)^2\leqslant\frac{\pi}{4}(1-\mathrm{e}^{-2a^2}).$$

令 $a\to+\infty$,得

$$\int_0^{+\infty}\mathrm{e}^{-x^2}\mathrm{d}x=\frac{\sqrt{\pi}}{2}.$$

习题 8.4

1.计算反常二重积分 $\iint\limits_D\mathrm{e}^{-(x+y)}\,\mathrm{d}x\mathrm{d}y$,其中 $D:x\geqslant 0,y\geqslant x$.

2.计算反常二重积分 $\iint\limits_D \dfrac{\mathrm{d}x\mathrm{d}y}{(x^2+y^2)^2}$,其中 $D:x^2+y^2\geqslant 1$.

复习题 8

1.将二重积分 $\iint\limits_D f(x,y)\,\mathrm{d}x\mathrm{d}y$ 化为二次积分(两种次序都要),其中积分区域 D 是:

(1) $|x|\leqslant 1,\ |y|\leqslant 2$;

(2)由直线 $y=x$ 及抛物线 $y^2=4x$ 所围成.

2.交换下列两次积分的次序.

(1) $\int_0^1 \mathrm{d}y\int_y^{\sqrt{y}} f(x,y)\,\mathrm{d}x$;

(2) $\int_0^{2a}\mathrm{d}x\int_0^{\sqrt{2ax-x^2}} f(x,y)\,\mathrm{d}y$;

(3) $\int_0^1\mathrm{d}x\int_0^x f(x,y)\,\mathrm{d}y+\int_1^2\mathrm{d}x\int_0^{2-x} f(x,y)\,\mathrm{d}y$.

3.计算下列二重积分.

(1) $\iint\limits_D \mathrm{e}^{x+y}\mathrm{d}\sigma,\ D:|x|\leqslant 1,\ |y|\leqslant 1$;

(2) $\iint\limits_D x^2y\,\mathrm{d}x\mathrm{d}y$,$D$ 由直线 $y=1,x=2$ 及 $y=x$ 围成;

(3) $\iint\limits_D (x-1)\,\mathrm{d}x\mathrm{d}y$,$D$ 由 $y=x$ 和 $y=x^3$ 围成;

(4) $\iint\limits_D (x^2+y^2)\,\mathrm{d}x\mathrm{d}y,D:|x|+|y|\leqslant 1$;

(5) $\iint\limits_D \dfrac{1}{y}\sin y\,\mathrm{d}\sigma$,$D$ 由 $y^2=\dfrac{\pi}{2}x$ 与 $y=x$ 围成;

(6) $\iint\limits_D (4-x-y)\,\mathrm{d}\sigma$,$D$ 是圆域 $x^2+y^2\leqslant R^2$.

4.已知反常二重积分 $\iint\limits_D x\mathrm{e}^{-y^2}\mathrm{d}\sigma$ 收敛,求其值.其中 D 是由曲线 $y=4x^2$ 与 $y=9x^2$ 在第一象限所围成的区域.

5.计算 $\int_{-\infty}^{+\infty}\mathrm{e}^{-x^2}\mathrm{d}x$.

6.求由曲面 $z=0$ 及 $z=4-x^2-y^2$ 所围空间立体的体积.

7.已知曲线 $y=\ln x$ 及过此曲线上点$(\mathrm{e},1)$的切线 $y=\dfrac{1}{\mathrm{e}}x$.

(1)求由曲线 $y=\ln x$,直线 $y=\dfrac{1}{\mathrm{e}}x$ 和 $y=0$ 所围成的平面图形 D 的面积;

(2)求以平面图形 D 为底,以曲面 $z=\mathrm{e}^y$ 为顶的曲顶柱体的体积.

第 8 章参考答案

第 9 章 微分方程与差分方程初步

微积分研究的对象是函数关系,但在实际问题中,往往很难直接得到所研究的变量之间的函数关系,却比较容易建立起这些变量与它们的导数或微分之间的联系,从而得到一个关于未知函数的导数或微分的方程,即微分方程.通过求解这种方程,同样可以找到指定未知量之间的函数关系.因此微分方程是数学联系实际,并应用于实际的重要途径和桥梁,是各个学科进行科学研究的强有力的工具.

本章主要介绍微分方程的基本概念及几类常见微分方程的求解方法.

在经济管理等实际问题中,许多数据都是以等间隔进行处理的,如银行中的定期存款按所设定的时间间隔计息、国家财政预算按年制定等.因此,本章节还专门介绍与此相关的差分方程的知识.

9.1 微分方程的基本概念

9.1.1 典型实例

从以下几个典型的实例中可体会到微分方程的概念及应用.

例 1(几何问题) 如果一条曲线通过点(0,1),且在该曲线上任一点 $M(x,y)$ 处的切线的斜率为 x^2,求这条曲线的方程.

解 设所求的曲线为 $y=y(x)$,则根据已知条件,有

$$y' = x^2,$$

这是一个微分方程.显然,函数

$$y = \frac{1}{3}x^3 + C \quad (\text{其中 } C \text{ 为任意常数})$$

满足方程 $y'=x^2$.由于曲线通过点(0,1),故将 $x=0,y=1$ 代入上式可得

$$C = 1.$$

因此所求曲线为

$$y = \frac{1}{3}x^3 + 1.$$

例 2(商品的价格调整模型) 如果设某商品在时刻 t 的售价为 P,社会对该商品的需求量和供给量分别是 P 的函数 $D(P)$,$S(P)$,则在时刻 t 的价格对于时间 t 的变化率可认为与该商品在同一时刻的超额需求量 $D(P)-S(P)$ 成正比,即有

$$\frac{\mathrm{d}P}{\mathrm{d}t}=k[D(P)-S(P)]\quad(k>0)$$

在 $D(P)$ 和 $S(P)$ 确定的情况下,可解出价格与 t 的函数关系,这就是**商品的价格调整模型**.

例 3(人口问题) 英国学者马尔萨斯认为相对增长率为常数,即如果设 t 时刻人口数量为 $N(t)$,则相对增长率 $\frac{\mathrm{d}N}{\mathrm{d}t}=kN$ 与人口总量 $N(t)$ 成正比,从而建立了马尔萨斯模型

$$\begin{cases}\frac{\mathrm{d}N}{\mathrm{d}t}=kN\\ N(t_0)=N_0\end{cases},$$

其中 $k>0$,这是一个含有未知函数的一阶导数模型.

9.1.2 基本概念

在上述典型实例中,都涉及了微分方程.

定义 1 含有未知函数的导数(或微分)的方程称为**微分方程**.未知函数为一元函数的微分方程称为**常微分方程**,简称**微分方程**.如

$$\frac{\mathrm{d}P}{\mathrm{d}t}=k[D(P)-S(P)]\quad(k>0)$$

$$y'=x,$$

$$\frac{\mathrm{d}p}{\mathrm{d}t}=kp(N-p),$$

$$L\frac{\mathrm{d}^2Q}{\mathrm{d}t^2}+R\frac{\mathrm{d}Q}{\mathrm{d}t}+\frac{Q}{c}=0,$$

$$xy'''+2y''+x^2y=0$$

等都是微分方程.

微分方程中未知函数的导数的最高阶数称为**微分方程的阶**.例如,上述 5 个方程中,第一至第三个是一阶方程,第四个是二阶方程,第五个是三阶方程.n 阶微分方程有下面两种一般形式:

$$F(x,y,y',\cdots,y^{(n)})=0,$$

$$y^{(n)}=f(x,y,y',\cdots,y^{(n-1)}),$$

其中,x 为自变量,y 为未知函数,F 和 f 为已知函数,且 $y^{(n)}$ 必须出现.

定义 2 如果将函数 $y=y(x)$ 代入微分方程能使两端恒等,则称函数 $y=y(x)$ 为该微分方程的解.

从例 1 中可知,微分方程的解可能含有任意常数,也可能不含任意常数.

定义 3 若微分方程的解中含有相互独立的任意常数,且任意常数的个数与微分方程的阶数相等,称这样的解为微分方程的**通解**(或**一般解**).而称不含任意常数的解为方程的**特解**.

用于确定通解中常数值的条件称为**初始条件**.求微分方程满足初始条件的解的问题称为

初值问题.

微分方程的解的图形是一条曲线,叫作微分方程的积分曲线.

注:这里所说的相互独立的任意常数,是指它们不能通过合并而使通解中的任意常数的个数减少.所谓通解是指,当其中的任意常数取遍所有实数时,就可以得到微分方程的所有解(至多有个别例外).

例 4　验证函数 $x(t)=C_1\cos t+C_2\sin t$ 是微分方程 $x''(t)+x=0$ 的通解,并求满足初始条件 $x(t)\big|_{t=0}=1, x'(t)\big|_{t=0}=3$ 的特解.

解　要验证一个函数是否是方程的通解,只要将函数代入方程,看是否恒等,再看函数式中所含的独立的任意常数的个数是否与方程的阶数相同.

对 $x(t)$ 求导得:$x'(t)=-C_1\sin t+C_2\cos t, x''(t)=-C_1\cos t-C_2\sin t$.

将 $x=C_1\cos t+C_2\sin t$ 和 $x''(t)=-C_1\cos t-C_2\sin t$ 代入原方程得:

$$x''(t)+x(t)=-(C_1\cos t+C_2\sin t)+(C_1\cos t+C_2\sin t)=0.$$

故含有两个独立的任意常数的函数 $x(t)=C_1\cos t+C_2\sin t$ 是原方程的通解.

将 $x(t)\big|_{t=0}=1, x'(t)\big|_{t=0}=3$ 代入 $x(t)=C_1\cos t+C_2\sin t$ 和 $x'(t)=-C_1\sin t+C_2\cos t$,得

$$C_1=1, C_2=3.$$

故所求的解为

$$x(t)=\cos t+3\sin t.$$

习题 9.1

1.指出下列方程的阶数.

(1) $x^4y'''-y''+2xy^6=0$;　　(2) $L\dfrac{d^2Q}{dt^2}+R\dfrac{dQ}{dt}+\dfrac{Q}{c}=0$;

(3) $\dfrac{d\rho}{d\theta}+\rho=\cos^2\theta$;　　(4) $(y-xy)dx+2x^2dy=0$.

2.验证下列给出的函数是否为相应方程的解.

(1) $xy'=2y$,　$y=Cx^2$.

(2) $(x+1)dy=y^2dx$,　$y=x+1$.

(3) $y''+2y'+y=0$,　$y=xe^{-x}$.

(4) $\dfrac{d^2s}{dt^2}=-0.4$,　$s=-0.2t^2+C_1t+C_2$.

3.验证:函数 $x=C_1\cos kt+C_2\sin kt\ (k\neq0)$ 是微分方程

$$\frac{d^2x}{dt^2}+k^2x=0$$

的通解.

4.已知函数 $x=C_1\cos kt+C_2\sin kt\ (k\neq0)$ 是微分方程$\dfrac{d^2x}{dt^2}+k^2x=0$ 的通解,求满足初始条件

$$x\big|_{t=0}=2, x'\big|_{t=0}=0$$

的特解.

9.2 一阶微分方程

一阶微分方程的一般形式为

$$F(x,y,y')=0,$$

或

$$y'=f(x,y).$$

其中,$F(x,y,y')$是x,y,y'的已知函数,$f(x,y)$是x,y的已知函数.本节介绍求解特殊形式的一阶微分方程的一种有效方法——分离变量法.

9.2.1 可分离变量的微分方程

定义 如果一个一阶微分方程能写成

$$y'=f(x)g(y) \tag{9.1}$$

的形式,那么原方程就称为可分离变量的微分方程.

例 1 下列方程中哪些是可分离变量的微分方程?

(1)$y'=1+x+y^2+xy^2$;

(2)$(x^2+y^2)\mathrm{d}x-xy\mathrm{d}y=0$;

(3)$y'=10^{x+y}$;

(4)$y'=\dfrac{x}{y}+\dfrac{y}{x}$.

解 (1)是.方程可化为$y'=(1+x)(1+y^2)$.

(2)不是.

(3)是.方程可化为$10^{-y}\mathrm{d}y=10^x\mathrm{d}x$.

(4)不是.

分离变量法是解可分离变量方程的有效方法,其求解步骤如下:

第一步,分离变量,即当$g(y)\neq 0$时,原方程可化为

$$\frac{1}{g(y)}\mathrm{d}y=f(x)\mathrm{d}x.$$

第二步,对上式两端分别积分

$$\int\frac{1}{g(y)}\mathrm{d}y=\int f(x)\mathrm{d}x.$$

得通解

$$G(y)=F(x)+C.$$

其中$G(y)$与$F(x)$分别是$\dfrac{1}{g(y)}$与$f(x)$的一个原函数,C是任意常数,上式就是原方程的隐式通解.

第三步,在第一步中,用$g(y)$除以方程的两边,而$g(y)=0$是不能做除数的,所以对$g(y)=0$要单独考虑.由$g(y)=0$解出的y是常数,它显然满足原方程,是原方程的特解,这种特解可能包含在所求出的通解中,也可能不包含在所求出的通解中(此时要将其单独列出).

例 2　求方程 $y'=2xy$ 的通解.

解　方程两边同除以 y,再乘以 $\mathrm{d}x$,得

$$\frac{1}{y}\mathrm{d}y = 2x\mathrm{d}x$$

两端分别积分

$$\int \frac{1}{y}\mathrm{d}y = \int 2x\mathrm{d}x,$$

$$\ln|y| = x^2 + C_1.$$

由上式可得

$$y = \pm \mathrm{e}^{x^2+C_1} = \pm \mathrm{e}^{C_1} \cdot \mathrm{e}^{x^2}.$$

记常数 $C=\pm \mathrm{e}^{C_1}$,原方程的通解为:

$$y = C\mathrm{e}^{x^2}.$$

又因 $y=0$ 是方程的解,且它已包含在通解中(当 $C=0$ 时),故原方程的通解为 $y=C\mathrm{e}^{x^2}$.

需要指出的是,$\ln|y|=x^2+C_1$ 也是方程的通解,是其**隐式通解**,而 $y=C\mathrm{e}^{x^2}$ 是**显式通解**(并不是每个方程都能求出显式通解,如果在这种情况下,则只需写出隐式通解).

例 3　求微分方程 $\frac{\mathrm{d}y}{\mathrm{d}x}=1+x+y^2+xy^2$ 的通解.

解　方程可化为

$$\frac{\mathrm{d}y}{\mathrm{d}x} = (1 + x)(1 + y^2),$$

分离变量得

$$\frac{1}{1 + y^2}\mathrm{d}y = (1 + x)\mathrm{d}x,$$

两边积分得

$$\int \frac{1}{1 + y^2}\mathrm{d}y = \int (1 + x)\mathrm{d}x, \text{即 } \arctan y = \frac{1}{2}x^2 + x + C.$$

于是原方程的通解为 $y=\tan\left(\frac{1}{2}x^2+x+C\right)$.

例 4　求方程 $y'=y^2\cos x$ 的通解及满足初始条件 $y(0)=1$ 的特解.

解　分离变量

$$\frac{1}{y^2}\mathrm{d}y = \cos x\mathrm{d}x.$$

两端分别积分

$$\int \frac{1}{y^2}\mathrm{d}y = \int \cos x\mathrm{d}x.$$

解得

$$-\frac{1}{y} = \sin x + C.$$

由 $y^2=0$,知 $y=0$,它也是方程的解,且不包含在通解中,但不满足初始条件.

将 $y(0)=1$ 代入通解中,求得 $C=-1$.故所求特解为

$$-\frac{1}{y}=\sin x-1, \text{或 } y=\frac{1}{1-\sin x}.$$

例 5 某公司 t 年净资产有 $W(t)$(万元),并且资产本身以每年5%的速度连续增长,同时该公司每年要以300万元的数额连续支付职工工资.

(1)给出描述净资产 $W(t)$ 的微分方程;

(2)求解方程,假设初始净资产为 W_0;

(3)讨论在 $W_0=500,600,700$ 的3种情况下,$W(t)$ 变化的特点.

解 (1)利用平衡法,即由

净资产增长速度 = 资产本身增长速度 - 职工工资支付速度

得到所求微分方程

$$\frac{dW}{dt}=0.05W-30.$$

(2)分离变量,得

$$\frac{dW}{W-600}=0.05dt.$$

两边积分,得

$$\ln|W-600|=0.05t+\ln C_1 \quad (C_1 \text{ 为正常数}),$$

于是

$$|W-600|=C_1e^{0.05t}, \text{ 或 } \quad W-600=Ce^{0.05t} \quad (C=\pm C_1).$$

将 $W(0)=W_0$ 代入上式,得方程的通解

$$W=600+(W_0-600)e^{0.05t}.$$

在上述推导过程中 $W\neq600$,但当 $W=600$ 时,$\frac{dW}{dt}=0$,仍包含在通解表达式中.将 $W_0=600$ 称为**平衡解**.

(3)由通解表达式可知,当 $W_0=500$ 万元时,净资产额单调递减,公司将在第36年破产;当 $W_0=600$ 万元时,公司将收支平衡,将资产保持在600万元不变;当 $W_0=700$ 万元时,公司净资产将按指数不断增大.

9.2.2 齐次方程

如果一阶微分方程可写成

$$y'=f\left(\frac{y}{x}\right) \tag{9.2}$$

的方程称,称为**齐次方程**.

对于齐次方程(9.2),可通过变量代换将其化为可分离变量的方程进行求解.

令 $u=\frac{y}{x}$，则 $y=xu$，$\frac{\mathrm{d}y}{\mathrm{d}x}=u+x\frac{\mathrm{d}u}{\mathrm{d}x}$.代入齐次方程(9.2)，得

$$u+x\frac{\mathrm{d}u}{\mathrm{d}x}=f(u).$$

分离变量并积分得

$$\int\frac{\mathrm{d}u}{f(u)-u}=\int\frac{1}{x}\mathrm{d}x.$$

由上式解出 $u=u(x,C)$，即可得到齐次方程(9.2)的通解：$y=xu(x,C)$.

例 6　求微分方程 $y'=\frac{y}{x+y}$ 的通解.

解　将原方程化为

$$\frac{\mathrm{d}y}{\mathrm{d}x}=\frac{\frac{y}{x}}{1+\frac{y}{x}}.$$

令 $u=\frac{y}{x}$，则 $y=xu$，$\frac{\mathrm{d}y}{\mathrm{d}x}=u+x\frac{\mathrm{d}u}{\mathrm{d}x}$.代入上式并整理得

$$\frac{1+u}{u^2}\mathrm{d}u=-\frac{1}{x}\mathrm{d}x.$$

两端分别积分得

$$-\frac{1}{u}+\ln|u|=-\ln|x|+C_1.$$

将 $u=\frac{y}{x}$ 回代到上式，得通解

$$-\frac{x}{y}+\ln\left|\frac{y}{x}\right|=-\ln|x|+C_1,$$

或

$$x-cy-y\ln|y|=0.$$

例 7　求微分方程 $x(\ln x-\ln y)\mathrm{d}y-y\mathrm{d}x=0$ 的通解，并解其初值问题 $y(1)=1$.

解　原方程变形为 $\ln\frac{y}{x}\mathrm{d}y+\frac{y}{x}\mathrm{d}x=0$，令 $u=\frac{y}{x}$，则$\frac{\mathrm{d}y}{\mathrm{d}x}=u+\frac{\mathrm{d}u}{\mathrm{d}x}$，代入原方程并整理

$$\frac{\ln u}{u(\ln u+1)}\mathrm{d}u=-\frac{\mathrm{d}x}{x}.$$

两边积分得

$$\ln u-\ln(\ln u+1)=-\ln x+\ln C, \text{即 } y=C(\ln u+1).$$

变量回代得所求通解

$$y=C\left(\ln\frac{y}{x}+1\right).$$

由 $y(1)=1$ 代入通解，得 $C=1$，故所求初值问题的解为

$$y=\left(\ln\frac{y}{x}+1\right).$$

例 8 设商品 A 和商品 B 的售价分别为 P_1, P_2,已知价格 P_1 与 P_2 相关,且价格 P_1 相对 P_2 的弹性为 $\frac{P_2 \mathrm{d}P_1}{P_1 \mathrm{d}P_2}=\frac{P_2-P_1}{P_2+P_1}$,求 P_1 与 P_2 的函数关系式.

解 所给方程为齐次方程,整理得

$$\frac{\mathrm{d}P_1}{\mathrm{d}P_2}=\frac{1-\frac{P_1}{P_2}}{1+\frac{P_1}{P_2}}\cdot\frac{P_1}{P_2}.$$

令 $u=\frac{P_1}{P_2}$,则

$$u+P_2\frac{\mathrm{d}u}{\mathrm{d}P_2}=\frac{1-u}{1+u}\cdot u.$$

分离变量,得

$$\left(-\frac{1}{u}-\frac{1}{u^2}\right)\mathrm{d}u=2\frac{\mathrm{d}P_2}{P_2};$$

两边积分,得

$$\frac{1}{u}-\ln u=\ln(C_1P_2)^2.$$

将 $u=\frac{P_1}{P_2}$ 回代,则得到所求通解(即 P_1 与 P_2 的函数关系式)是

$$\frac{P_2}{P_1}\mathrm{e}^{\frac{P_2}{P_1}}=CP_2^2 \quad (C=C_1^2 \text{ 为任意正常数}).$$

习题 9.2

1.求下列微分方程的通解.

(1) $(y+1)^2y'+x^3=0$;

(2) $y'=2^{x+y}$;

(3) $\sin x\cos y\mathrm{d}y=\sin y\cos x\mathrm{d}x$;

(4) $\mathrm{d}x+xy\mathrm{d}y=y^2\mathrm{d}x+y\mathrm{d}y$;

(5) $y^2+x^2\frac{\mathrm{d}y}{\mathrm{d}x}=xy\frac{\mathrm{d}y}{\mathrm{d}x}$;

(6) $\frac{\mathrm{d}y}{\mathrm{d}x}=\frac{x-y}{x+y}$;

(7) $\frac{\mathrm{d}y}{\mathrm{d}x}=\frac{y^2}{xy+x^2}$;

(8) $y'=\frac{1}{2}\tan^2(x+2y)$.

2.求下列微分方程满足所给初始条件的特解.

(1) $y'=y^3\sin x,\quad y(0)=1$;

(2) $y'=\frac{x(y^2+1)}{(x^2+1)^2},\quad y(0)=0$;

(3) $\frac{\mathrm{d}y}{\mathrm{d}x}=\frac{y}{x}+\tan\frac{y}{x},\quad y(1)=\frac{\pi}{6}$;

(4) $\frac{\mathrm{d}x}{x^2-xy+y^2}=\frac{\mathrm{d}y}{2y^2-xy},\quad y(0)=1$.

3. 一曲线在两坐标轴间的任一切线线段均被切点所平分，且通过点(1,2)，求该曲线方程.

4. 物体冷却的数学模型在多个领域有广泛的应用. 例如，警方破案时，法医要根据尸体当时的温度推断这个人的死亡时间，就可以利用这个模型来计算解决.

现设一物体的温度为 90 ℃，将其放置在空气温度为 20 ℃的环境中冷却. 试求物体温度随时间 t 的变化规律.

*9.3　一阶线性微分方程

形如

$$\frac{\mathrm{d}y}{\mathrm{d}x}+P(x)y=Q(x) \tag{9.3}$$

的方程称为**一阶线性微分方程**. 其中函数 $P(x)$，$Q(x)$ 是某一区间 I 上的连续函数. 当 $Q(x)$ 不恒为 0 时，方程(9.3)称为**一阶线性非齐次微分方程**.

当 $Q(x)\equiv 0$ 时，方程(9.3)变成

$$\frac{\mathrm{d}y}{\mathrm{d}x}+P(x)y=0. \tag{9.4}$$

这个方程称为**一阶齐次线性微分方程**.

注：这里所说的齐次方程与 9.2 节中所说的齐次方程完全不同！

显然，一阶线性齐次微分方程是可分离变量的方程. 分离变量后得

$$\frac{\mathrm{d}y}{y}=-P(x)\,\mathrm{d}x$$

两边积分，得

$$\ln|y|=-\int P(x)\,\mathrm{d}x+C_1,$$

即

$$y=C\mathrm{e}^{-\int P(x)\mathrm{d}x}, \tag{9.5}$$

这就是齐次线性方程(9.4)的通解($C=\pm\mathrm{e}^{C_1}$，积分中不再加任意常数).

对齐次方程(9.4)，显然有**解的迭加原理**，即若 $y_1(x)$，$y_2(x)$ 是方程(9.4)的解，则对任意常数 C_1，C_2，

$$y=C_1y_1(x)+C_2y_2(x)$$

也是方程(9.4)的解.

求解一阶非齐次线性微分方程可采用巧妙的**常数变易法**，其方法步骤如下.

第一步，先求其对应的齐次方程 $y'+P(x)y=0$ 的通解，得到式(9.5)：$y=C\mathrm{e}^{-\int P(x)\mathrm{d}x}$.

第二步，将式(9.5)中的常数 C 换成函数 $C(x)$，猜想方程的通解为 $y=C(x)\mathrm{e}^{-\int P\mathrm{d}x}$ 将其代入 $y'+P(x)y=Q(x)$ 得

$$C'(x)\mathrm{e}^{-\int P\mathrm{d}x}+C(x)\mathrm{e}^{-\int P\mathrm{d}x}\cdot(-P)+P\cdot C(x)\mathrm{e}^{-\int P\mathrm{d}x}=Q.$$

整理得 $C'(x)=Qe^{\int P\mathrm{d}x}$.因此得

$$C(x)=\int Qe^{\int P\mathrm{d}x}\mathrm{d}x+C.$$

故一阶线性非齐次微分方程 $y'+P(x)y=Q(x)$ 的通解为

$$y=e^{-\int P\mathrm{d}x}\left(\int Qe^{\int P\mathrm{d}x}\mathrm{d}x+C\right).\tag{9.6}$$

把通解形式(9.6)写成

$$y=Ce^{-\int P\mathrm{d}x}+e^{-\int P\mathrm{d}x}\int Qe^{\int P\mathrm{d}x}\mathrm{d}x.$$

则上式右边第二项是方程(9.3)的一个特解(即在通解中取 $C=0$),而且对方程(9.3)的任何一个特解 y^*,$y=ce^{-\int P\mathrm{d}x}+y^*$ 都是(9.3)的解(可直接代入验证).所以有下面的结构定理.

定理(结构定理) 一阶线性非齐次微分方程 $y'+P(x)y=Q(x)$ 的通解有如下的结构特征:

通解 = 对应齐次方程的通解 + 一个特解.

例 1 求方程 $\frac{\mathrm{d}y}{\mathrm{d}x}-\frac{2y}{x+1}=(x+1)^{\frac{5}{2}}$ 的通解.

解 这是一个非齐次线性方程.

先求对应的齐次线性方程 $\frac{\mathrm{d}y}{\mathrm{d}x}-\frac{2y}{x+1}=0$ 的通解.

分离变量得

$$\frac{\mathrm{d}y}{y}=\frac{2\mathrm{d}x}{x+1},$$

两边积分得

$$\ln y=2\ln(x+1)+\ln C,$$

故齐次线性方程的通解为

$$y=C(x+1)^2.$$

用常数变易法,把 C 换成 $C(x)$,即令 $y=C(x)\cdot(x+1)^2$,代入所给非齐次线性方程,得

$$C'(x)\cdot(x+1)^2+2C(x)\cdot(x+1)-\frac{2}{x+1}C(x)\cdot(x+1)^2=(x+1)^{\frac{5}{2}},$$

即

$$C'(x)=(x+1)^{\frac{1}{2}},$$

两边积分,得

$$C(x)=\frac{2}{3}(x+1)^{\frac{3}{2}}+C.$$

再把上式代入 $y=C(x)(x+1)^2$ 中,即得所求方程的通解为

$$y=(x+1)^2\left[\frac{2}{3}(x+1)^{\frac{3}{2}}+C\right].$$

注:如不用常数变易法,可直接应用通解形式(9.6)进行求解.

例 2　求微分方程 $xy'+y=\cos x$ 的通解及满足初始条件 $y(\pi)=1$ 的特解.

解　把方程化为标准形式

$$y'+\frac{y}{x}=\frac{\cos x}{x},$$

于是 $P(x)=\frac{1}{x}, Q(x)=\frac{\cos x}{x}$.

首先求出 $\int P\mathrm{d}x=\int\frac{1}{x}\mathrm{d}x=\ln|x|$（积分后，不再加任意常数），然后用式(9.6)可得所求通解为

$$y=\mathrm{e}^{-\ln|x|}\left(\int\frac{\cos x}{x}\cdot\mathrm{e}^{\ln|x|}\mathrm{d}x+C_1\right)=\frac{1}{|x|}\left(\int\frac{\cos x}{x}\cdot|x|\mathrm{d}x+C_1\right).$$

当 $x>0$ 时，

$$y=\frac{1}{x}\left(\int\cos x\mathrm{d}x+C\right)=\frac{1}{x}(\sin x+C).$$

当 $x<0$ 时，

$$y=-\frac{1}{x}\left(\int(-\cos x)\mathrm{d}x+C_1\right)=\frac{1}{x}(\sin x+C).$$

综上所述，原方程的通解为

$$y=\frac{1}{x}\left(\int\cos x\mathrm{d}x+C\right)=\frac{1}{x}(\sin x+C).$$

将初始条件 $y(\pi)=1$ 代入上式，可得 $C=\pi$，故所求特解为

$$y=\frac{1}{x}(\sin x+\pi).$$

注：有些方程本身并非线性方程，但经过适当变形后可转化为线性方程.

例 3　求微分方程 $y'=\frac{y}{x-y^3}$ 的通解及满足初始条件 $y(2)=1$ 的特解.

解　这个方程不是一阶线性微分方程，不便求解.如果将 x 看成 y 的函数，即对 $x=x(y)$ 进行求解，可将原方程化为未知函数为 $x=x(y)$ 的线性方程

$$\frac{\mathrm{d}x}{\mathrm{d}y}=\frac{x-y^3}{y}, \text{即} \frac{\mathrm{d}x}{\mathrm{d}y}-\frac{x}{y}=-y^2.$$

于是，$P(y)=-\frac{1}{y}, Q(y)=-y^2$.

首先求出 $\int P\mathrm{d}y=-\int\frac{1}{y}\mathrm{d}y=-\ln y$，然后代入通解公式，可得所求通解为

$$\begin{aligned}x&=\mathrm{e}^{\ln y}\left(-\int y^2\cdot\mathrm{e}^{-\ln y}\mathrm{d}y+C\right)\\&=y\left(-\int y\mathrm{d}y+C\right)=Cy-\frac{1}{2}y^3.\end{aligned}$$

将初始条件 $y(1)=2$ 代入上式,可得 $C=\frac{5}{2}$.故所求特解为

$$x = \frac{5y - y^3}{2}.$$

例 4 设某企业在 t 时刻产值 $y(t)$ 的增长率与产值以及新增投资 $2bt$ 有关,并有如下关系:

$$y' = -2aty + 2bt,$$

其中 a,b 均为正常数,$y(0)=y_0<b$,求产值函数 $y(t)$.

解 方程 $y'=-2aty+2bt$ 是一阶线性非齐次方程,化为标准形式

$$\frac{\mathrm{d}y}{\mathrm{d}x} + 2aty = 2bt,$$

于是 $P(t)=2aty, Q(t)=2bt$.

由 $\int P\mathrm{d}t = \int 2at\mathrm{d}t = at^2$,代入通解公式,可得通解为

$$\begin{aligned} y &= \mathrm{e}^{-at^2}\left(\int 2bt \cdot \mathrm{e}^{at^2}\mathrm{d}t + C\right) \\ &= \mathrm{e}^{-at^2}\left(\frac{b}{a}\int \mathrm{e}^{at^2}\mathrm{d}(at^2) + C\right) \\ &= C\mathrm{e}^{-at^2} + \frac{b}{a}. \end{aligned}$$

将初始条件 $y(0)=y_0$ 代入上式,可得 $C=y_0-\frac{b}{a}$.故所求产值函数为

$$y(t) = \left(y_0 - \frac{b}{a}\right)\mathrm{e}^{-at^2} + \frac{b}{a}.$$

习题 9.3

1.求下列微分方程的通解.

(1) $y' + y\sin x = \mathrm{e}^{\cos x}$;　　(2) $2y' - y = \mathrm{e}^x$;

(3) $xy' = (x-1)y + \mathrm{e}^{2x}$;　　(4) $y^2\mathrm{d}x + (x - 2xy - y^2)\mathrm{d}y = 0$;

(5) $(x - \mathrm{e}^y)y' = 1$;　　(6) $y' = \frac{y}{2(x-1)} + \frac{3(x-1)}{2y}$.

2.求解下列初值问题.

(1) $(y - 2xy)\mathrm{d}x + x^2\mathrm{d}y = 0, y\big|_{x=1} = \mathrm{e}$;

(2) $xy' + y = \sin x, y(\pi) = 1$;

(3) $y' = \frac{y}{x - y^2}, y(2) = 1$;

(4) $y' - y = xy^5, y(0) = 1$.

3.通过适当变换求下列微分方程的通解.

(1) $\frac{dy}{dx}-\frac{1}{x-y}=1$；　　　　(2) $\frac{dy}{dx}-\frac{4}{x}y=x^2\sqrt{y}$.

4. 求过原点的曲线，使其每一点的切线斜率等于横坐标的 2 倍与纵坐标之和.

*9.4　可降阶的高阶微分方程

二阶及二阶以上的微分方程统称为**高阶微分方程**. 对于高阶方程，没有普遍有效的实际解法. 本节仅介绍 3 种特殊类型的高阶方程，都是采取逐步降低方程阶数的方法——**降阶法**进行求解.

9.4.1　类型Ⅰ $y^{(n)}=f(x)$

特点：方程右边只含自变量 x.

解法：采用逐次积分法，即相继积分 n 次便可求出通解.

例 1　求方程 $y''=e^{2x}-\cos x$ 的通解.

解　对所给方程相继积分两次，得

$$y'=\frac{1}{2}e^{2x}-\sin x+C_1,$$

$$y=\frac{1}{4}e^{2x}+\cos x+C_1x+C_2,$$

上式即为所求通解.

例 2　求方程 $y'''=\sin x+24x$ 的通解及满足条件 $y(0)=1, y'(0)=y''(0)=-1$ 的特解.

解　相继积分 3 次，得

$$y''=\int(\sin x+24x)dx=-\cos x+12x^2+2C_1,$$

$$y'=\int(-\cos x+12x^2+2C_1)dx=-\sin x+4x^3+2C_1x+C_2,$$

$$y=\int(-\sin x+4x^3+2C_1x+C_2)dx=\cos x+x^4+C_1x^2+C_2x+C_3.$$

后者即为方程的通解，其中 C_1, C_2, C_3 为任意常数. 第一次积分后的任意常数写作 $2C_1$，是为了使最终结果更整齐，并保证符号的统一性.

以 $y(0)=1, y'(0)=y''(0)=-1$ 代入后可得出 $C_1=1, C_2=-1, C_3=-2$，于是所求特解为

$$y=\cos x+\frac{1}{4}x^3+x^2-x-2.$$

9.4.2　类型Ⅱ（不显含 y 的方程）$y''=f(x,y')$

特点：方程右端不显含未知函数 y，只含有自变量 x 和未知函数的一阶导数 y'.

解法：令 $y'=p$，则 $y''=\frac{dp}{dx}$，将原方程化为关于 p 的一阶方程 $p'=f(x,p)$，求出该方程的通

解为

$$p=\varphi(x,C_1),$$

然后再根据关系式 $y'=p$,又得到一个一阶微分方程

$$\frac{\mathrm{d}p}{\mathrm{d}x}=\varphi(x,C_1).$$

对它积分一次即可得出原方程的通解:

$$y=\int\varphi(x,C_1)\mathrm{d}x+C_2.$$

例 3 求方程 $xy''+y'=0$ 的通解.

解 该方程是不显含 y 的方程,令 $y'=p$,则 $y''=p'$.原方程化为一阶方程

$$xp'+p=0.$$

分离变量,得

$$\frac{1}{p}\mathrm{d}p=-\frac{1}{x}\mathrm{d}x.$$

两边积分得:$p=\dfrac{C_1}{x}$,再积分一次即得原方程的通解为

$$y=C_1\ln|x|+C_2.$$

需要提醒读者注意的是,在解题过程中曾以 p 作为除数,而由 $p=0$ 得到的解 $y=C$(任意常数)已包含在通解中($C_1=0$).

例 4 求解微分方程的初值问题.

$$(1+x^2)y''=2xy',y\big|_{x=0}=1,y'\big|_{x=0}=3.$$

解 题设方程属 $y''=f(x,y')$ 型.令 $y'=p$,代入方程并分离变量后,有$\dfrac{\mathrm{d}p}{p}=\dfrac{2x}{1+x^2}\mathrm{d}x$.

两端积分,得

$$\ln|p|=\ln(1+x^2)+C,\text{即 } p=y'=C_1(1+x^2)\quad(C_1=\pm\mathrm{e}^C).$$

由条件 $y'\Big|_{x=0}=3$,得 $C_1=3$,所以 $y'=3(1+x^2)$.

两端再积分,得 $y=x^3+3x+C_2$.

又由条件 $y\Big|_{x=0}=1$,得 $C_2=1$.

于是所求初值问题的解为

$$y=x^3+3x+1.$$

*9.4.3 类型Ⅲ(不显含 x 的方程)$y''=f(y,y')$

特点:方程右端不显含自变量 x,只含有未知函数 y 及 y'.

解法:把 y 暂时看成自变量,并作变换 $y'=p(y)$,于是,由复合函数的求导法则有

$$y''=\frac{\mathrm{d}p}{\mathrm{d}x}=\frac{\mathrm{d}p}{\mathrm{d}y}\frac{\mathrm{d}y}{\mathrm{d}x}=p\frac{\mathrm{d}p}{\mathrm{d}y}.$$

这样就将原方程化为关于 p 的一阶方程

$$p\frac{\mathrm{d}p}{\mathrm{d}y}=f(y,p).$$

求出该方程的通解为

$$y'=p=\varphi(y,C_1),$$

这是可分离变量的方程,对其积分即得到原方程的通解

$$\int\frac{\mathrm{d}y}{\varphi(y,C_1)}=x+C_2.$$

例5　求方程 $yy''-(y')^2=0$ 的通解.

解　该方程是不显含 x 的方程,令 $y'=p$,则 $y''=p\frac{\mathrm{d}p}{\mathrm{d}y}$,原方程化为

$$y\cdot p\frac{\mathrm{d}p}{\mathrm{d}y}-p^2=0.$$

分离变量得$\frac{\mathrm{d}p}{p}=\frac{\mathrm{d}y}{y}$.两边积分得:

$$\ln|p|=\ln|y|+\ln|C_1|=\ln|C_1y|\Rightarrow p=C_1y\quad(C_1\neq 0).$$

再由$\frac{\mathrm{d}y}{\mathrm{d}x}=C_1y$,解得 $y=C_2\mathrm{e}^{C_1x}$.

在分离变量时以 py 除方程两边.若 $p=0$,或 $y=0$,得 $y=C$,它显然是原方程的解,已包含在通解中(如果能取 $C_1=0$).还需要说明的一点是,上面用到的常数 $\ln|C_1|$ 能取$(-\infty,+\infty)$中的任何值,所以是任意常数.综上所述,所求的通解为

$$y=C_2\mathrm{e}^{C_1x}\quad(C_1,C_2\text{ 为任意常数}).$$

例6　求微分方程 $yy''=2(y'^2-y')$ 满足初始条件 $y(0)=1,y'(0)=2$ 的特解.

解　令 $y'=p$,将 $y''=p\frac{\mathrm{d}p}{\mathrm{d}y}$代入方程并化简得

$$y\frac{\mathrm{d}p}{\mathrm{d}y}=2(p-1).$$

上式为可分离变量的一阶微分方程,解得 $p=y'=Cy^2+1$,
再分离变量,得

$$\frac{\mathrm{d}y}{Cy^2+1}=\mathrm{d}x,$$

由初始条件 $y(0)=1,y'(0)=2$ 得出 $C=1$,
从而得

$$\frac{\mathrm{d}y}{1+y^2}=\mathrm{d}x,$$

再两边积分,得

$$\arctan y=x+C_1\text{ 或 }y=\tan(x+C_1),$$

由 $y(0)=1$ 得出 $C_1=\arctan 1=\frac{\pi}{4}$,从而所求特解为

$$y=\tan\left(x+\frac{\pi}{4}\right).$$

习题 9.4

1.求下列微分方程的通解.

(1) $y'' = \sin x - 2x$;　　(2) $y''' = e^{2x} - \cos x$;

(3) $xy'' - 2y' = 0$;　　(4) $xy'' + y' = 4x$;

(5) $y'' = 2(y')^2$;　　(6) $y^3 y'' = 1$.

2.求解下列初值问题.

(1) $y''' = 12x + \cos x, y(0) = -1, y'(0) = y''(0) = 1$;

(2) $x^2 y'' + xy' = 1, y\big|_{x=1} = 0, y'\big|_{x=1} = 1$;

(3) $yy'' = (y')^2, y(0) = y'(0) = 1$.

3.已知平面曲线 $y=f(x)$ 的曲率为$\dfrac{y''}{(1+y')^{\frac{3}{2}}}$,求具有常曲率 $K(K>0)$ 的曲线方程.

*9.5　二阶常系数线性微分方程

形如

$$y'' + py' + qy = f(x). \tag{9.7}$$

的微分方程称为**二阶常系数线性微分方程**,其中 p,q 为常数,$f(x)$ 为已知函数.

当方程右端 $f(x)\equiv 0$ 时,方程称为**齐次**的,否则称为**非齐次**的.

9.5.1　二阶常系数齐次线性微分方程解的结构

二阶常系数齐次线性微分方程的形式是

$$y'' + py' + qy = 0. \tag{9.8}$$

在 9.3 节中学习了一阶线性微分方程,知道其解有很特殊的结构,这是由其线性的特点决定的.二阶线性微分方程也有类似的结论.

定理 1(解的迭加原理)　如果函数 $y_1(x)$ 与 $y_2(x)$ 都是二阶常系数线性齐次方程(9.8)的解,则其线性组合

$$y = C_1 y_1(x) + C_2 y_2(x)$$

也是方程(9.8)的解,其中 C_1, C_2 是任意常数.

证　将 $y=C_1y_1(x)+C_2y_2(x)$ 代入方程(9.9)的左边,得

$$\begin{aligned}&(C_1y_1 + C_2y_2)'' + p(C_1y_1 + C_2y_2)' + q(C_1y_1 + C_2y_2)\\&= C_1[y_1'' + py_1' + qy_1] + C_2[y_2'' + py_2' + q(x)y_2]\\&= C_1 \cdot 0 + C_2 \cdot 0 = 0.\end{aligned}$$

所以 $y=C_1y_1(x)+C_2y_2(x)$ 是方程(9.8)的解.

由此提出问题:既然 $y=C_1y_1(x)+C_2y_2(x)$ 是方程(9.8)的解又含有两个任意常数,那么它是否就是方程的通解呢? 我们来看一个简单的例子.

例 1　验证 $y_1=e^x, y_2=2e^x$ 是方程

$$y'' - y = 0$$

的解，但 $y=C_1y_1+C_2y_2$ 不是方程的通解.

证　将 $y_1=e^x$，$y_2=2e^x$ 代入，易知其均为方程的解，从而 $y=C_1y_1+C_2y_2$ 也是方程的解.但由于

$$C_1y_1+C_2y_2=C_1e^x+2C_2e^x=(C_1+2C_2)e^x=Ce^x \quad (C=C_1+2C_2),$$

这里的 $y=C_1y_1+C_2y_2$ 实质上只有一个任意常数，因此不能作为方程的通解.

这个例子表明，不能将方程任意两个解的组合 $y=C_1y_1+C_2y_2$ 作为通解，但在一定条件下，这种组合确实是通解.

定义(函数的线性相关性)　如果存在不全为零的常数 a_1,a_2，使得

$$a_1y_1(x)+a_2y_2(x)=0,$$

则称 y_1 与 y_2 **线性相关**.

当且仅当 $a_1=a_2=0$ 时，$a_1y_1(x)+a_2y_2(x)=0$ 才成立，则称 y_1 与 y_2 **线性无关**.

注：判断两个函数是线性相关还是线性无关，只要看它们的比是否为一个常数.

在例 1 中，$y_1=e^x$ 与 $y_2=2e^x$ 是线性相关的，因为 $2y_1-y_2=0$.可以验证 $y_1=e^x$ 与 $y_2=e^{-x}$ 是方程 $y''-y=0$ 的两个线性无关的特解，此时 $y=C_1y_1+C_2y_2$ 就是方程的通解.

定理 2　如果函数 $y_1(x)$ 与 $y_2(x)$ 是二阶常系数线性齐次方程(9.8)的两个线性无关的特解，则 $y=C_1y_1+C_2y_2$ 是此方程的通解.

注：定理 1 和定理 2 对于一般的二阶线性齐次方程(系数不一定是常数)的情形也成立.

9.5.2　二阶常系数齐次线性微分方程的通解求法

由定理 2 可知，要求二阶常系数线性齐次方程

$$y''+py'+qy=0$$

的通解，就归结为如何求方程的两个线性无关的特解.

因为方程左端的系数都是常数，y'' 和 y' 都应该是 y 的同类项，而 $y=e^{rx}$ 的一阶和二阶导数恰有此性质，所以，可猜想方程有形如 $y=e^{rx}$ 的特解，其中 r 是待定系数.

将 $y=e^{rx}$，$y'=re^{rx}$，$y''=r^2e^{rx}$ 代入方程(9.8)，得

$$e^{rx}(r^2+pr+q)=0.$$

因为 $e^{rx}\neq0$，所以有

$$r^2+pr+q=0. \tag{9.9}$$

一元二次方程(9.8)称为方程 $r^2+pr+q=0$ 的**特征方程**.特征方程的解称为**特征根**.

由于特征方程的特征根有 3 种不同情形，因此需要分 3 种情形讨论方程 $y''+py'+qy=0$ 的通解.

1)特征根是两个不相等的实根的情形

当特征方程的判别式 $\Delta=p^2-4q>0$ 时，有两个不相等的实根：

$$r_1=\frac{-p+\sqrt{p^2-4q}}{2},r_2=\frac{-p-\sqrt{p^2-4q}}{2}$$

这时方程 $y''+py'+qy=0$ 有两个线性无关的特解：

$$y_1=e^{r_1x},y_2=e^{r_2x}.$$

因此方程的通解为

$$y = C_1 e^{r_1 x} + C_2 e^{r_2 x}.$$

例 2 求方程 $y''-5y'+6y=0$ 的通解.

解 特征方程为

$$r^2 - 5r + 6 = 0,$$
$$(r-2)(r-3) = 0.$$

特征根为 $r_1=2, r_2=3$.

故所求微分方程的通解为

$$y = C_1 e^{2x} + C_2 e^{3x}.$$

2)特征根是重根的情形

当特征方程的判别式 $\Delta=p^2-4q=0$ 时,有重根

$$r_1 = r_2 = \frac{-p}{2} = r.$$

这时,方程 $y''+py'+qy=0$ 只有一个特解:$y_1=e^{rx}$.为了得到另一个与 $y_1=e^{rx}$ 线性无关的特解,可设 $y_2=u(x)e^{rx}$($u(x)$是待定的函数).将 $y_2=u(x)e^{rx}$ 代入原方程

$$\begin{aligned}&(ue^{rx})'' + p(ue^{rx})' + q(ue^{rx})\\ &= e^{rx}(u'' + 2ru' + r^2u) + pe^{rx}(u' + ru) + que^{rx}\\ &= e^{rx}[u'' + (2r + p)u' + (r^2 + pr + q)u] = 0,\end{aligned}$$

约去 e^{rx},且因 r 是特征方程的重根,因此 $2r+p=0, r^2+pr+q=0$.

于是得 $u''=0$,由于 $u(x)$ 不能是常数,故选取最简单的一个函数 $u(x)=x$.

所以 $y_2=xe^{r_1 x}$ 也是方程 $y''+py'+qy=0$ 的解,且 $\frac{y_2}{y_1}=\frac{xe^{r_1 x}}{e^{r_1 x}}=x$ 不是常数.

因此方程 $y''+py'+qy=0$ 的通解为

$$y = C_1 e^{r_1 x} + C_2 x e^{r_1 x}.$$

例 3 求方程 $y''-4y'+4y=0$ 的通解及满足条件 $y(0)=y'(0)=1$ 的特解.

解 特征方程为

$$r^2 - 4r + 4 = 0.$$

特征根为重根 $r_1=r_2=2$.

故所求微分方程的通解为

$$y = (C_1 + C_2 x)e^{2x}.$$

由 $y'(0)=1$ 代入上式得 $C_1=1$,从而 $y=(1+C_2x)e^{2x}$.求导得

$$y' = (C_2 + 2 + 2C_2 x)e^{2x}.$$

将 $y'(0)=1$ 代入上式得 $C_2=-1$.

故所求特解为 $y=(1-x)e^{2x}$.

3)特征根是一对共轭复根的情形

当特征方程的判别式 $\Delta=p^2-4q<0$ 时,有一对共轭复根:

$$r_1 = \alpha + i\beta, r_2 = \alpha - i\beta.$$

这时方程 $y''+py'+qy=0$ 的两个线性无关特解为

$$y_1 = e^{(\alpha+i\beta)x}, y_2 = e^{(\alpha-i\beta)x}.$$

为了得到实数解,由

$$y_1 = e^{\alpha x}(\cos \beta x + i \sin x), y_2 = e^{\alpha x}(\cos \beta x - i \sin x),$$

进行代数运算,可得

$$\bar{y}_1 = e^{\alpha x}\cos \beta x, \quad \bar{y}_2 = e^{\alpha x}\sin \beta x$$

是方程 $y''+py'+qy=0$ 的两个线性无关的解.故通解为

$$y = e^{\alpha x}(C_1\cos \beta x + C_2\sin \beta x).$$

例 4　求方程 $y''-4y'+13y=0$ 的通解.

解　从特征方程 $r^2-4r+13=0$ 得出 $r_{1,2}=2\pm 3i$.

故所求通解为

$$y = e^{2x}(C_1\cos 3x + C_2\sin 3x).$$

综上所述,二阶常系数齐次线性微分方程 $y''+py'+qy=0$ 的通解求法如下:

第一步,写出微分方程的特征方程 $r^2+pr+q=0$.

第二步,求特征方程的根.

第三步,根据 3 种不同情形按表 9.1 写出微分方程的通解.

表 9.1

特征方程 $r^2+pr+q=0$ 根的情形	微分方程 $y''+py'+qy=0$ 的通解
(1)有两个不相等的实根 $r_1 \neq r_2$	$y=C_1e^{r_1x}+C_2e^{r_2x}$
(2)重根 $r_1=r_2=r$	$y=(C_1+C_2x)e^{rx}$
(3)一对共轭复根 $r_{1,2}=\alpha\pm i\beta$	$y=e^{\alpha x}(C_1\cos \beta x+C_2\sin \beta x)$

9.5.3　二阶常系数非齐次线性微分方程解的结构

二阶常系数非齐次线性微分方程的一般形式是

$$y'' + py' + qy = f(x), \tag{9.10}$$

其中 p,q 为常数,且 $f(x)$ 不恒为 0.通常称方程 $y''+py'+qy=0$ 为方程(9.10)对应的**齐次方程**.

与一阶线性微分方程解的结构类似,方程(9.10)的通解由两部分构成:一部分是对应的齐次方程的通解,另一部分是非齐次方程本身的一个特解.

定理 3　设 y^* 是方程(9.10)的一个特解,Y 是方程(9.10)对应的齐次方程的通解,则方程(9.10)的通解为

$$y = Y + y^*.$$

证　因为 y^* 是方程(9.10)的一个特解,所以

$$(y^*)'' + p(y^*)' + qy^* = f(x).$$

又因 Y 是相应的齐次方程的通解,所以

$$Y'' + pY' + qY = 0.$$

将 $y=Y+y^*$ 代入方程(9.10)的左端,得

$$\begin{aligned}&(Y + y^*)'' + p(Y + y^*)' + q(Y + y^*)\\&= (Y'' + pY' + qY) + ((y^*)'' + p(y^*)' + qy^*) = f(x).\end{aligned}$$

所以 $y=Y+y^*$ 是方程(9.10)的通解.

定理 4(迭加原理) 设 y_1,y_2 分别是方程

$$y''+py'+qy=f_1(x),\quad y''+py'+qy=f_2(x)$$

的解,则 $y=y_1+y_2$ 是方程

$$y''+py'+qy=f_1(x)+f_2(x)$$

的解.

证 由 $y_1''+py_1'+qy_1=f_1(x)$ 与 $y_2''+py_2'+qy_2=f_2(x)$ 相加即得

$$(y_1+y_2)''+p(y_1+y_2)'+q(y_1+y_2)=f_1(x)+f_2(x).$$

所以定理的结论成立.

9.5.4 三种特殊形式的非齐次方程的解

下面介绍当 $f(x)$ 为三种特殊形式时特解的求法.

1) 多项式的情形 $f(x)=P_n(x)$

此时,二阶常系数线性非齐次方程为

$$y''+py'+qy=P_n(x),$$

其中 $P_n(x)$ 为一个 n 次多项式:

$$P_n(x)=a_0x^n+a_1x^{n-1}+\cdots+a_{n-1}x+a_n.$$

因为方程中 p,q 均为常数且多项式的导数仍为多项式,所以可以推测,$y''+py'+qy=P_n(x)$ 的特解的形式为

$$y*=x^kQ_n(x),$$

其中 $Q_n(x)$ 与 $P_n(x)$ 是同次多项式,$k\in\{0,1,2\}$.k 的取值原则是使得等式两边 x 的最高阶的幂次相同,具体做法如下:

①当 $q\neq0$ 时,取 $k=0$;

②当 $q=0$,但 $p\neq0$ 时,取 $k=1$;

③当 $q=0$,且 $p=0$ 时,取 $k=2$.

将所设的特解代入原方程,使等式两边 x 同次幂的系数相等,从而确定 $Q_n(x)$ 的各项系数,便得到所求的特解.

例 5 求方程 $y''-2y'+y=x^2$ 的一个特解.

解 因为 $f(x)=x^2$ 是 x 的二次式,且 y 的系数 $q=1\neq0$,所以取 $k=0$.设特解为

$$y^*=Ax^2+Bx+C.$$

则 $(y^*)'=2Ax+B$,$(y^*)''=2A$,代入原方程,得

$$Ax^2+(-4A+B)x+(2A-2B+C)=x^2,$$

使两端 x 同次幂的系数相等:

$$\begin{cases}A=1,\\-4A+B=0,\\2A-2B+C=0.\end{cases}$$

解之得:$A=1,B=4,C=6$,故所求特解为

$$y^*=x^2+4x+6.$$

例 6　求方程 $y''+y'=x^3-x+1$ 的一个特解.

解　因为 $f(x)=x^3-x+1$ 是 x 的 3 次多项式,且 $q=0,p=1\neq 0$,所以取 $k=1$.设方程的特解为

$$y^*=x(Ax^3+Bx^2+Cx+D).$$

按例 5 的方法进行求导、代入、比较系数等环节(此处省略,请读者自己完成).最后求得特解为

$$y^*=x\left(\frac{1}{4}x^3-x^2+\frac{5}{2}x-4\right).$$

2)指数函数的情形 $f(x)=Ae^{\alpha x}$

这时二阶常系数线性非齐次方程为

$$y''+py'+qy=Ae^{\alpha x},$$

其中 α,A 为常数.因为方程中 p,q 均为常数,且指数函数的导数仍为指数函数,因此,可以推测 $y''+py'+qy=Ae^{\alpha x}$ 的特解具有形式

$$\bar{y}=Bx^k e^{\alpha x},$$

其中 B 为待定常数.k 的取值由 α 是否为特征方程的根的情况而定,具体方法如下:

①当 α 不是特征方程的根时,取 $k=0$;

②当 α 是特征方程的单根时,取 $k=1$;

③当 α 是特征方程的重根时,取 $k=2$.

例 7　求方程 $y''+y'+y=2e^{2x}$ 的一个特解.

解　因为 $\alpha=2$ 不是特征方程 $r^2+r+1=0$ 的根,取 $k=0$,所以可设原方程的特解为 $\bar{y}=Be^{2x}$,则 $\bar{y}'=2Be^{2x},\bar{y}''=4Be^{2x}$,代入原方程得

$$7Be^{2x}=2e^{2x}.$$

解得 $B=\dfrac{2}{7}$,故方程有一特解为

$$\bar{y}=\frac{2}{7}e^{2x}.$$

例 8　求方程 $y''+2y'-3y=e^x$ 的通解.

解　特征方程 $r^2+2r-3=0$ 的根为:$r_1=1,r_2=-3$.

因为 $\alpha=1$ 是特征方程 $r^2+2r-3=0$ 的单根,所以取 $k=1$.设特解为 $\bar{y}=Bxe^x$,代入原方程后,解得 $B=\dfrac{1}{4}$,故方程的一个特解为:$\bar{y}=\dfrac{1}{4}xe^x$.所求的通解为

$$y=C_1e^x+C_2e^{3x}+\frac{1}{4}xe^x.$$

3)$f(x)=e^{\alpha x}(A\cos\omega x+B\sin\omega x)$ 的情形

此时二阶常系数线性非齐次方程为

$$y''+py'+qy=e^{\alpha x}(A\cos\omega x+B\sin\omega x),$$

其中 α,ω,A,B 均为常数.

因为方程中 p,q 均为常数,且指数函数的导数仍为指数函数,正弦函数与余弦函数的导数仍是正弦函数与余弦函数,因此可推断原方程具有如下形式的特解:

$$\bar{y}=x^k e^{\alpha x}(C\cos\omega x+D\sin\omega x),$$

其中 C,D 为待定常数.k 取值 0 或 1.具体方法如下:

①当 $\alpha+\mathrm{i}\omega$ 不是特征方程的根时,取 $k=0$;

②当 $\alpha+\mathrm{i}\omega$ 是特征方程的根时,取 $k=1$.

例 9 求方程 $y''+y=\sin x$ 的通解.

解 $f(x)=\sin x$ 为 $e^{\alpha x}(A\cos\omega x+B\sin\omega x)$ 型的函数,且 $\alpha=0,\omega=1,\alpha+\omega\mathrm{i}=\mathrm{i}$ 是特征方程 $r^2+1=0$ 的根,所以取 $k=1$.设特解为

$$\bar{y}=x(C\cos x+D\sin x).$$

$$\bar{y}'=C\cos x+D\sin x+x(D\cos x-C\sin x).$$

$$\bar{y}''=2D\cos x-2C\sin x-x(C\cos x+D\sin x).$$

代入原方程,得

$$2D\cos x-2C\sin x=\sin x.$$

比较两端 $\sin x$ 与 $\cos x$ 的系数,得

$$C=-\frac{1}{2},D=0.$$

故原方程的特解为

$$\bar{y}=-\frac{1}{2}x\cos x.$$

而对应齐次方程 $y''+y=0$ 的通解为

$$Y=C_1\cos x+C_2\sin x.$$

于是原方程的通解为

$$y=\bar{y}+Y=-\frac{1}{2}x\cos x+C_1\cos x+C_2\sin x.$$

例 10 求方程 $y''+4y=3x+2+\sin x$ 的通解.

解 因为 $f(x)=3x+2+\sin x$ 可以看成 $f_1(x)=3x+2$ 与 $f_2(x)=\sin x$ 之和.所以分别考察方程 $y''+4y=3x+2$ 与方程 $y''+4y=\sin x$ 的特解.

容易求得方程 $y''+4y=3x+2$ 的一个特解为

$$\bar{y}_1=\frac{3}{4}x+\frac{1}{2}.$$

按例 9 的方法可求得方程 $y''+4y=\sin x$ 的一个特解为

$$\bar{y}_2=\frac{1}{3}\sin x.$$

于是原方程的一个特解为

$$\bar{y}=\bar{y}_1+\bar{y}_2=\frac{3}{4}x+\frac{1}{2}+\frac{1}{3}\sin x.$$

又因原方程所对应的齐次方程 $y''+4y=0$ 的通解为

$$Y=C_1\cos 2x+C_2\sin 2x,$$

故原方程的通解为

$$y=\bar{y}+Y=\frac{3}{4}x+\frac{1}{2}+\frac{1}{3}\sin x+C_1\cos 2x+C_2\sin 2x.$$

习题 9.5

1. 下列函数组在其定义区间内哪些是线性无关的?

(1) e^{x^2},xe^{x^2};　(2) $e^{ax},e^{bx}\quad(a\neq b)$;

(3) $1+\cos 2x,\sin^2 x$;　(4) $\cos x,\sin x$.

2. 验证 $y_1=x$ 与 $y_2=e^x$ 是方程 $(x-1)y''-xy'+y=0$ 的线性无关解,并写出其通解.

3. 求下列微分方程的通解.

(1) $y''-2y'-3y=0$;　(2) $y''-2y'-8y=0$;

(3) $y''+4y'+4y=0$;　(4) $y''-6y'+9y=0$;

(5) $y''+2y'+5y=0$;　(6) $y''+16y=0$;

(7) $y''+y=x+e^x$;　(8) $y''+y=4\sin x$.

4. 求解下列初值问题.

(1) $y''+2y'+y=0,y\big|_{x=0}=4,y'\big|_{x=0}=-2$;

(2) $y''-2y'+y=0,y(0)=y'(0)=1$.

5. 求下列微分方程的一个特解.

(1) $y''-2y'-3y=3x+1$;　(2) $y''+9y'=x-4$;

(3) $y''-2y'+y=e^x$;　(4) $y''+9y=\cos x+2x+1$.

*9.6　差分方程的基本概念

在经济管理的许多实际问题中,经济变量的数据大多按等间隔时间周期统计,如银行中的定期存贷款按所设定的时间等间隔计息,国家财政预算按年制定等.通常称这类变量为**离散型变量**.对这类变量,可以得到在不同取值点上的各离散变量之间的关系,如递推关系等.描述各离散变量之间关系的数学模型称为**离散型模型**.求解这类模型就可得到各离散型变量的运行规律.本节将介绍在经济学和管理科学中最常见的一种离散型数学模型——**差分方程**.

9.6.1　差分的概念与性质

一般地,在连续变化的时间范围内,变量 y 关于时间 t 的变化率是用$\frac{dy}{dt}$来刻画的;但在某些场合,时间 t 是离散型变量,从而 y 也只能按规定的时间而相应地离散变化,这时常取在规定的时间区间上的差商$\frac{\Delta y}{\Delta t}$来刻画变量 y 的变化率.如果选择 $\Delta t=1$,则

$$\Delta y=y(t+1)-y(t)$$

可以近似表示变量 y 的变化率.

定义 1　设函数 $y_t=y(t)$.当自变量 t 依次取遍非负整数时,相应的函数值可以排成一个数列

$$y(0),y(1),\cdots,y(t),y(t+1),\cdots,$$

即

$$y_0,y_1,\cdots,y_t,y_{t+1},\cdots.$$

当自变量从 t 变到 $t+1$ 时,函数的改变量 $y_{t+1}-y_t$ 称为函数 y_t 在点 t 的**差分**,也称为函数 y_t 的**一阶差分**,记为 Δy_t,即

$$\Delta y_t = y_{t+1} - y_t \text{ 或 } \Delta y(t) = y(t+1) - y(t) \quad (t=0,1,2,\cdots).$$

符号 Δ 称为**差分符号**,也称为**差分算子**.

例 1 设 $y_t=C$ (C 为常数),求 $\Delta(y_t)$.

解 $\Delta y_t=y_{t+1}-y_t=C-C=0$.

注:常数的差分为零,该结果与常数的导数为零相类似.

例 2 设 $y_t=t^2$,求 $\Delta(y_t)$.

解 $\Delta y_t=y_{t+1}-y_t=(t+1)^2-t^2=2t+1$.

例 3 已知阶乘函数 $t^{(n)}=t(t-1)(t-2)\cdots(t-n+1)$,$t^{(0)}=1$.求 $\Delta t^{(n)}$.

解 设 $y_n=t^{(n)}=t(t-1)(t-2)\cdots(t-n+1)$,则

$$\begin{aligned}\Delta y_t &= (t+1)^{(n)} - t^{(n)}\\ &= (t+1)t(t-1)\cdots(t+1-n+1) - t(t-1)\cdots(t-n+2)(t-n+1)\\ &= [(t+1)-(t-n+1)]t(t-1)\cdots(t-n+2)\\ &= nt^{(n-1)}.\end{aligned}$$

该结果与幂函数的导数相似.

例 4 设 $y_t=a^t$ (其中 $a>0$ 且 $a\neq 1$),求 $\Delta(y_t)$.

解 $\Delta y_t=y_{t+1}-y_t=a^{t+1}-a^t=a^t(a-1)$.

注:指数函数的差分等于指数函数乘一个常数.

例 5 设 $y_t=\sin t$,求 $\Delta(y_t)$.

解 $\Delta y_t=\sin(t+1)-\sin t=2\cos\left(t+\dfrac{1}{2}\right)\sin\dfrac{1}{2}$.

由一阶差分的定义,可得差分的基本运算性质:

①$\Delta(Cy_t)=C\Delta y_t$ (C 为常数);

②$\Delta(y_t\pm z_t)=\Delta y_t\pm\Delta z_t$;

③$\Delta(y_t\cdot z_t)=z_t\Delta y_t+y_{t+1}\Delta z_t$;

④$\Delta\left(\dfrac{y_t}{z_t}\right)=\dfrac{z_t\Delta y_t-y_t\Delta z_t}{z_{t+1}\cdot z_t}$ ($z_t\neq 0$).

例 6 求 $y_t=t^2\cdot 2^t$ 的差分.

解法 1 由差分的定义,有

$$\Delta y_t = (t+1)^2 2^{t+1} - t^2 2^t = 2^t(t^2+4t+2).$$

解法 2 由差分的性质,有

$$\begin{aligned}\Delta y_t &= \Delta(t^2\cdot 2^t) = 2^t\Delta t^2 + (t+1)^2\Delta(2^t)\\ &= 2^t(2t+1) + (t+1)^2\cdot 2^t(2-1) = 2^t(t^2+4t+2).\end{aligned}$$

由一阶差分可推广到二阶及二阶以上的差分.

定义 2 当自变量从 t 变到 $t+1$ 时,一阶差分的差分称为**二阶差分**,记为 $\Delta^2 y_t$,即

$$\begin{aligned}\Delta^2 y_t &= \Delta(\Delta y_t) = \Delta y_{t+1} - \Delta y_t \\ &= (y_{t+2} - y_{t+1}) - (y_{t+1} - y_t) \\ &= y_{t+2} - 2y_{t+1} + y_t.\end{aligned}$$

类似可定义三阶差分、四阶差分……

$$\Delta^3 y_t = \Delta(\Delta^2 y_t),\Delta^4 y_t = \Delta(\Delta^3 y_t),\cdots$$

一般地,函数 y_t 的 $n-1$ 阶差分的差分称为 n **阶差分**,记为 $\Delta^n y_t$,即

$$\Delta^n y_t = \Delta^{n-1} y_{t+1} - \Delta^{n-1} y_t = \sum_{i=0}^{n} (-1)^i C_n^i y_{t+n-i}$$

二阶及二阶以上的差分统称为**高阶差分**.

例 7　设 $y_t=t^2$,求 $\Delta^2(y_t),\Delta^3(y_t)$.

解　从例 2 已经得到 $\Delta y_t=2t+1$,于是

$$\Delta^2 y_t = \Delta(2t+1) = [2(t+1)+1] - (2t+1) = 2.$$

$$\Delta^3 y_t = \Delta(\Delta^2 y_t) = 2 - 2 = 0.$$

例 8　设 $y=t^2+2t$,求 $\Delta y_t,\Delta^2 y_t,\Delta^3 y_t$.

解　由一阶差分的定义,有

$$\Delta y_t = [(t+1)^2 + 2(t+1)] - (t^2 + 2t) = 2t + 3,$$

由二阶差分的定义及性质,有

$$\Delta^2 y_t = \Delta(\Delta y_t) = \Delta(2t+3) = 2\Delta(t) + \Delta(3) = 2 \times 1 = 2,$$

由三阶差分的定义,有

$$\Delta^3 y_t = \Delta(\Delta^2 y_t) = \Delta(2) = 0.$$

注:若 $f(t)$ 为 n 次多项式,则 $\Delta^n f(t)$ 为常数,且 $\Delta^m f(t)=0\ (m>n)$.

例 9　设 $y_t=a^t$ (其中 $a>0$ 且 $a\neq 1$),求 $\Delta^2(y_t),\Delta^3(y_t)$.

解　从例 4 已经得到 $\Delta y_t=a^t(a-1)$,于是

$$\Delta^2 y_t = \Delta[a^t(a-1)] = [a^{t+1}(a-1)] - [a^t(a-1)] = a^t(a-1)^2;$$

$$\Delta^3 y_t = [a^{t+1}(a-1)^2] - [a^t(a-1)^2] = a^t(a-1)^3.$$

由此可见,$\Delta^n a^t = a^t(a-1)^n$ (n 是正整数).

9.6.2　差分方程的概念

定义 3　含有未知函数 y_t 的差分的方程称为**差分方程**.差分方程的一般形式为

$$F(t,y_t,\Delta y_t,\Delta^2 y_t,\cdots,\Delta^n y_t) = 0.$$

其中,F 是 $t,y_t,\Delta y_t,\Delta^2 y_t,\cdots,\Delta^n y_t$ 的已知函数,且 $\Delta^n y_t$ 一定要在方程中出现.

由差分的定义及性质可知,任何阶的差分都可以表示为函数在不同时刻的函数值的代数和.因此,差分方程也可如下定义.

定义 3′　含有两个或两个以上函数值 $y_t,y_{t+1},\cdots$ 的函数方程,称为**差分方程**.其一般形式为

$$G(t,y_t,y_{t+1},y_{t+2},\cdots,y_{t+n}) = 0,$$

其中,G 是 $t,y_t,y_{t+1},y_{t+2},\cdots,y_{t+n}$ 的已知函数,且 $y_t,y_{t+1},y_{t+2},\cdots,y_{t+n}$ 中至少有两个一定要在方程中出现.未知函数的最大下标与最小下标的差称为差分方程的阶.

注:不能以方程中差分的最高阶数作为方程的阶.在经济模型等实际问题中,后一种定义的差分方程使用更为普通.

例 10 将差分方程 $\Delta^3 y_t+\Delta^2 y_t=0$ 表示成不含差分的形式.

解 因 $\Delta^2 y_t=y_{t+2}-2y_{t+1}+y_t$,

$$\Delta^3 y_t = y_{t+3} - 3y_{t+2} + 3y_{t+1} - y_t,$$

代入原方程,得

$$(y_{t+3} - 3y_{t+2} + 3y_{t+1} - y_t) + (y_{t+2} - 2y_{t+1} + y_t) = 0,$$

化简得

$$y_{t+3} - 2y_{t+2} + y_{t+1} = 0.$$

因此原方程可改写为

$$y_{t+3} - 2y_{t+2} + y_{t+1} = 0.$$

例 11 指出下列等式哪一个是差分方程,若是,确定差分方程的阶:

(1) $y_{t+3} - y_{t-2} + y_{t-4} = 0$;

(2) $5y_{t+5} + 3y_{t+1} = 7$;

(3) $\Delta^3 y_t + \Delta^2 y_t = 0$;

(4) $-3\Delta y_t=3y_t+a^t$.

解 (1)是差分方程.由于方程中未知函数下标的最大差为 7,因此方程的阶为 7;

(2)是差分方程.由于方程中未知函数下标的最大差为 4,因此方程的阶为 4;

(3)由例 9 可知,该等式是差分方程.由于未知函数下标的最大差为 2,因此方程的阶为 2;

(4)将原方程变形为 $-3(y_{t+1}-y_t)=3y_t+a^t$,即

$$-3y_{t+1} = a^t.$$

不符合定义 3′,因此,该等式不是差分方程.

定义 4 满足差分方程的函数称为**差分方程的解**.如果差分方程的解中含有相互独立的任意常数的个数恰好等于方程的阶数,则称这个解为该差分方程的**通解**.

我们通常根据系统在初始时刻所处的状态,对差分方程附加一定的条件,这种附加条件称为**初始条件**,满足初始条件的解称为**特解**.

例 12 验证 $y_t=C+2t$ 是差分方程 $y_{t+1}-y_t=2$ 的通解.

证 将 $y_t=C+2t$ 代入差分方程的左边得

$$y_{t+1} - y_t = [C + 2(t + 1)] - [C + 2t] = 2.$$

因此 $y_t=C+2t$ 是差分方程 $y_{t+1}-y_t=2$ 的解,且该解含有一个任意常数,而差分方程的阶为 1,故 $y_t=C+2t$ 是差分方程 $y_{t+1}-y_t=2$ 的通解.

习题 9.6

1.求下列函数的一阶与二阶差分.

(1) $y_t=3t^2-t^3$; (2) $y_t=e^{2t}$;

(3) $y_t=\ln t$; (4) $y_t=t^2\cdot 3^t$.

2.将差分方程 $\Delta^2 y_t+2\Delta y_t=0$ 表示成不含差分的形式.

3. 指出下列等式哪一个是差分方程，若是，确定差分方程的阶.

(1) $y_{t+5}-y_{t+2}+y_{t-1}=0$;

(2) $\Delta^2 y_t-2y_t=t$;

(3) $\Delta^3 y_t+y_t=1$;

(4) $2\Delta y_t=3t-2y_t$;

(5) $\Delta^2 y_t=y_{t+2}-2y_{t+2}+y_t$.

4. 验证 $y_t=C(-2)^t$ 是差分方程 $y_{t+1}+2y_t=0$ 的通解.

*9.7　一阶常系数线性差分方程及其应用

一阶常系数线性差分方程的一般形式为

$$y_{t+1}-ay_t=f(t). \tag{9.11}$$

其中，a 为非零常数，$f(t)$ 为已知函数. 如果 $f(t)\equiv 0$，则方程变为

$$y_{t+1}-ay_t=0. \tag{9.12}$$

方程(9.12)称为**一阶常系数线性齐次差分方程**. 相应地，当 $f(t)$ 不恒为零时，方程(9.11)称为**一阶常系数线性非齐次差分方程**.

9.7.1　一阶常系数线性齐次差分方程的通解

对于一阶常系数线性齐次差分方程(9.12)，通常有两种求解方法.

1) 迭代法

将齐次方程(9.12)改写为

$$y_{t+1}=ay_t.$$

若 y_0 已知，则依次得出

$$\begin{aligned} y_1&=ay_0,\\ y_2&=ay_1=a^2y_0,\\ y_3&=ay_2=a^3y_0,\\ &\vdots\\ y_t&=a^ty_0. \end{aligned}$$

令 $y_0=C$ 为任意常数，则齐次方程的通解为 $y_t=Ca^t$.

2) 特征根法

由于齐次方程 $y_{t+1}-ay_t=0$ 等同于 $\Delta y_t+(1-a)y_t=0$，可以看出 y_t 的形式一定为指数函数. 于是，设 $y_t=\lambda^t(\lambda\neq 0)$，代入方程

$$\lambda^{t+1}-a\lambda^t=0,$$

即

$$\lambda-a=0. \tag{9.13}$$

得 $\lambda=a$. 因此 $y_t=a^t$ 是齐次方程的一个解，从而

$$y_t=Ca^t$$

是齐次方程的通解.称方程(9.13)为齐次方程(9.12)的**特征方程**,而 $\lambda=a$ 为**特征根**(特征方程的根).

例 1 求差分方程 $y_{t+1}-3y_t=0$ 的通解.

解 特征方程为

$$\lambda-3=0.$$

特征根为 $\lambda=3$,于是原方程的通解为 $y_t=C3^t$.

例 2 求差分方程 $2y_{t+1}+y_t=0$ 满足初始条件 $y_0=3$ 的解.

解 特征方程为

$$2\lambda+1=0.$$

其特征根为 $\lambda=-\frac{1}{2}$,于是原方程的通解为

$$y_t=C\left(-\frac{1}{2}\right)^t.$$

将初始条件 $y_0=3$ 代入,得 $C=3$,故所求解为

$$y_t=3\left(-\frac{1}{2}\right)^t.$$

9.7.2 一阶常系数线性非齐次差分方程的求解

在 9.3 节中,可知一阶线性非齐次微分方程 $y'+P(x)y=Q(x)$ 的通解结构为

对应齐次方程的通解 + 一个特解.

类似地,可得下列一阶常系数线性非齐次差分方程的结构定理.

定理(结构定理) 若一阶常系数线性非齐次差分方程(9.11)的一个特解为 y_t^*,Y_t 为其所对应的齐次方程(9.12)的通解,则非齐次方程(9.11)的通解为

$$y_t=Y_t+y_t^*.$$

该结构定理表明,若要求非齐次差分方程的通解,则只要求出其对应齐次方程的通解,再找出非齐次方程的一个特解,然后相加即可.

如前所述,对应齐次方程的通解已经解决,因此非齐次差分方程(9.11)的解的结构为

$$y_t=Ca^t+y_t^*.$$

现讨论非齐次方程(9.11)的一个特解 y_t^* 的求法.当非齐次方程 $y_{t+1}-ay_t=f(t)$ 的右端是下列特殊形式的函数时,可采用待定系数法求出 y_t^*.

1)$f(t)=k$ 型(k 为非零常数)

此时,方程变为

$$y_{t+1}-ay_t=k.$$

当 $a\neq1$ 时,设 $y_t^*=A$(待定系数),代入方程得 $A-aA=k$,从而 $A=\frac{k}{1-a}$,即 $y_t^*=\frac{k}{1-a}$.

当 $a=1$ 时,设 $y_t^*=At$,代入方程得 $A(t+1)-At=k$,从而 $A=k$,即 $y_t^*=kt$.

2)$f(t)=P_n(t)$ 型 ($P_n(t)$ 为 t 的 n 次多项式)

此时,方程变为

$$y_{t+1}-ay_t=P_n(t).$$

由 $\Delta y_t=y_{t+1}-y_t$，上式可改写为

$$\Delta y_t+(1-a)y_t=P_n(t).$$

设 y_t^* 为其特解，代入上式得

$$\Delta y_t^*+(1-a)y_t^*=P_n(t).$$

因为 $P_n(t)$ 为多项式，所以 y_t^* 也应为多项式.显然，当 y_t^* 为 t 次多项式时，Δy_t^* 为$(t-1)$次多项式.以下分两种情况讨论：

①当 $a\neq 1$ 时，则 y_t^* 必为 n 次多项式，于是可设

$$y_t^*=A_0+A_1t+\cdots+A_nt^n,$$

代入原方程确定常数.

②当 $a=1$ 时，有 $\Delta y_t^*=P_n(t)$，则 y_t^* 必为 $n+1$ 次多项式，于是可设

$$y_t^*=t(A_0+A_1t+\cdots+A_nt^n),$$

代入原方程确定常数.

例 3　求差分方程 $y_{t+1}-3y_t=-4$ 的通解.

解　由于 $a=3,k=-4$，令 $y_t^*=A$（待定系数），代入方程得 $A-3A=-4$，从而 $A=2$，即 $y_t^*=2$，故原方程的通解为

$$y_t=C3^t+2.$$

例 4　求差分方程 $y_{t+1}-2y_t=t^2$ 的通解.

解　设 $y_t^*=A_0+A_1t+A_2t^2$ 为原方程的解，将 y_t^* 代入原方程并整理得

$$(-A_0+A_1+A_2)+(-A_1+2A_2)t-A_2t^2=t^2.$$

比较同次幂系数得

$$A_0=-3,A_1=-2,A_2=-1.$$

从而

$$y_t^*=-(3+2t+t^2).$$

故原方程的通解为

$$y_t=-(3+2t+t^2)+C2^t.$$

3) $f(t)=k\cdot b^t$ 型（k,b 为非零常数且 $b\neq 1$）

试设 $y_t^*=Ab^t$，代入原方程得

$$Ab^{t+1}-aAb^t=kb^t.$$

约去 b^t 得

$$A(b-a)=k,$$

因此，当 $a\neq b$ 时，令 $y_t^*=Ab^t$，解得 $A=\dfrac{k}{b-a}$，从而 $y_t^*=\dfrac{k}{b-a}b^t$；

当 $a=b$ 时，令 $y_t^*=Atb^t$，解得 $A=\dfrac{k}{b}$，从而 $y_t^*=ktb^{t-1}$.

例 5　求差分方程 $y_{t+1}-3y_t=3\cdot 2^t$ 在初始条件 $y_0=5$ 时的特解.

解　由 $a=3,k=3,b=2$，令原方程有一个特解为 $y_t^*=A\cdot 2^t$，解得

$$A=\frac{3}{2-3}=-3.$$

于是原方程的通解为

$$y_t=-3\cdot 2^t+C3^t.$$

将 $y_0=5$ 代入上式,得 $A=8$.故所求原方程的特解为

$$y_t=-3\cdot 2^t+8\cdot 3^t.$$

4)$f(t)=t^n\cdot b^t$ 型(n 为正整数,b 为非零常数且 $b\neq 1$)

从以上讨论易知:

当 $a\neq b$ 时,可设 $y_t^*=(A_0+A_1t+\cdots+A_nt^n)b^t$.

当 $a=b$ 时,可设 $y_t^*=t(A_0+A_1t+\cdots+A_nt^n)b^t$.

代入原方程确定常数.

例 6 求差分方程 $y_{t+1}-3y_t=t\cdot 2^t$ 的通解.

解 显然原方程对应的齐次方程的通解为 $y_t=C3^t$,

由 $a=3,b=2$,可设原方程有一特解为

$$y_t^*=(A_0+A_1t)2^t,$$

代入原方程,得

$$[A_0+A_1(t+1)]2^{t+1}-3(A_0+A_1t)2^t=t2^t,$$

即

$$-A_0+2A_1-A_1t=t.$$

解得

$$A_0=-2,A_1=-1.$$

故原方程的通解为

$$y_t=-(2+t)2^t+C3^t.$$

注:若 $f(t)$ 由形如以上特殊类型的线性组合时,其特解也可由这几种相应的特解形式组合而成.

例 7 求差分方程 $y_{t+1}-y_t=3^t+2$ 的通解.

解 由 $a=1$ 可知,对应的齐次方程的通解为 $y_t=C$.

设 $f_1(t)=3^t,f_2(t)=2$,则 $f(t)=f_1(t)+f_2(t)$.

对于 $f_1(t)=3^t$,因 $a=1\neq 3$,可令 $y_{t1}^*=A3^t$;对于 $f_2(t)=2$,因 $a=1$,可令 $y_{t2}^*=Bt$.故原方程的特解可设为 $y_t^*=A3^t+Bt$,代入原方程,得

$$A\cdot 3^{t+1}+B(t+1)-A\cdot 3^t-Bt=3^t+2,$$

即

$$2A\cdot 3^t+B=3^t+2.$$

解得

$$A=\frac{1}{2},B=2,$$

于是 $y_t^*=\dfrac{3^t}{2}+2t$,故所求通解为

$$y_t=C+\frac{3^t}{2}+2t$$

9.7.3　差分方程在经济中的应用

下面从几个常见的经济问题阐述差分方程的应用.

1)存款与贷款模型

例 8(存款模型)　设初始存款为 s_0(元),年利率为 r,又 s_t 表示 t 年末的存款总额,显然有下列差分方程

$$s_{t+1}=s_t+rs_t$$

成立,试求 t 年末的本利和.

解　将方程 $s_{t+1}=s_t+rs_t$ 改写为

$$s_{t+1}-(1+r)s_t=0.$$

这是一个一阶常系数线性齐次差分方程,其特征方程为

$$\lambda-(1+r)=0,$$

特征方程的根为 $\lambda=1+r$.

因此齐次差分方程的通解为

$$s_t=C(1+r)^t.$$

代入初始条件 s_0,得 $C=s_0$.于是,所求 t 年末的本利和为

$$s_t=s_0(1+r)^t.$$

结果表明:初始本金 s_0 存入银行之后,年利率为 r,按年复利计息,t 年末的本利和为 $s_0(1+r)^t$.

例 9(贷款模型)　某人购买了一套新房,向银行申请 9 年期的贷款 20 万元,现约定贷款的月利率为 0.4%,试问此人需要每月还银行多少钱?

解　先对这类问题的一般情况进行分析,设此人需要每月还银行 x 元,贷款总额为 y_0,月利率为 r,则:

第 1 个月后还需偿还的贷款为

$$y_1=y_0-x+ry_0=(1+r)y_0-x;$$

第 2 个月后还需偿还的贷款为

$$y_2=y_1-x+ry_1=(1+r)y_1-x;$$

$$\vdots$$

第 $t+1$ 个月后还需偿还的贷款为

$$y_{t+1}=(1+r)y_t-x,$$

即

$$y_{t+1}-(1+r)y_t=-x.$$

这是一个一阶常系数线性非齐次差分方程,其对应的齐次方程的特征根为 $\lambda=1+r\neq1$,设差分方程有特解 $y_t^*=A$,代入得 $A=\dfrac{x}{r}$,于是有通解

$$y_t=C(1+r)^t+\frac{x}{r}.$$

代入初始条件 y_0，得 $C=y_0-\frac{x}{r}$，于是非齐次差分方程的通解为

$$y_t=\left(y_0-\frac{x}{r}\right)(1+r)^t+\frac{x}{r}.$$

现计划 n 年还清贷款，故 $y_{12n}=0$，代入上式通解，得

$$0=\left(y_0-\frac{x}{r}\right)(1+r)^{12n}+\frac{x}{r}.$$

从上面的等式解得

$$x=y_0r\cdot\frac{(1+r)^{12n}}{(1+r)^{12n}-1}.$$

将例 9 的数据代入：$y_0=200\ 000$，$r=0.004$，$n=9$，可得 $x=2\ 91.81$ 元，即此人需要每月还银行 2 91.81 元.

2)价格变化模型

例 10　设某种商品在 t 时期的供给量 S_t 和需求量 Q_t 都是这一时期该产品的价格 P_t 的函数：

$$S_t=-a+bP_t,Q_t=m-nP_t,$$

其中 a,b,m,n 均为正常数，根据实际情况知，t 时期的价格 P_t 由 $t-1$ 时期的价格 P_{t-1} 与供给量及需求量之差 $S_{t-1}-Q_{t-1}$，按关系

$$P_t=P_{t-1}-k(S_{t-1}-Q_{t-1})$$

确定(其中 k 为常数).

(1)求供需相等时的价格 P_e(即均衡价格)；

(2)求商品的价格随时间的变化规律.

解　(1)由 $S_t=Q_t$，即得均衡价格为

$$P_e=\frac{a+m}{b+n};$$

(2)由已知关系式，得到

$$\begin{aligned}P_t&=P_{t-1}-k(S_{t-1}-Q_{t-1})\\&=P_{t-1}-k[(-a+bP_{t-1})-(m-nP_{t-1})],\end{aligned}$$

即

$$P_t-(1-bk-nk)P_{t-1}=k(a+m).$$

上式是一个一阶常系数线性非齐次差分方程，其对应的齐次方程的通解为

$$P_t=C(1-bk-nk)^t.$$

设非齐次方程有特解 $P_t^*=A$，解得

$$\begin{aligned}P_t&=P_{t-1}-k(S_{t-1}-Q_{t-1})\\&=P_{t-1}-k[(-a+bP_{t-1})-(m-nP_{t-1})],\end{aligned}$$

即

$$P_t-(1-bk-nk)P_{t-1}=k(a+m).$$

$$A=\frac{k(a+m)}{1-(1-bk-nk)}=\frac{a+m}{b+n},$$

即非齐次方程的特解为

$$P_t^*=\frac{a+m}{b+n}=P_e,$$

故原方程的通解为

$$\begin{aligned}P_t&=C(1-bk-nk)^t+\frac{a+m}{b+n}\\&=C(1-bk-nk)^t+P_e.\end{aligned}$$

这就是商品的价格随时间的变化规律.

一般情况下,初始价格 P_0 为已知,则由

$$P_0=C+P_e,$$

可得

$$C=P_0-P_e.$$

从而得到初始价格为 P_0 时,商品的价格随时间的变化规律为

$$P_t=(P_0-P_e)(1-bk-nk)^t+P_e.$$

在某些实际问题中,往往是 t 时期的价格 P_t 决定下一时期的供给量,同时还决定本时期的需求量,如下例所示.

例 11　在产品的生产中,t 时期该产品的价格 P_t 决定着本期该产品的需求量 Q_t,P_t 还决定着生产者在下一时期愿意提供市场的产量 S_{t+1},因此有

$$Q_t=a-bP_t,S_t=-m+nP_{t-1},$$

其中 a,b,m,n 均为正常数.假定在每一个时期中价格总是确定在市场售清的水平上,求价格随时间变动的规律.

解　由于在每一个时期中价格总是确定在市场售清的水平上,即 $Q_t=S_t$,因此可得

$$a-bP_t=-m+nP_{t-1},\text{即 } bP_t+nP_{t-1}=a+m.$$

故

$$P_t+\frac{n}{b}P_{t-1}=\frac{a+m}{b}\quad(\text{常数 } a,b,m,n>0).$$

这是一个一阶常系数线性非齐次差分方程,属于右端为常数的情形.因为 $n>0,b>0$,所以 $-\frac{n}{b}<0$,显然 $-\frac{n}{b}\neq1$,从而方程的特解为 $P_t^*=\frac{a+m}{b+n}$,而相应齐次方程的通解为

$$P_t=C\left(-\frac{n}{b}\right)^t,$$

故问题的通解为

$$P_t=\frac{a+m}{b+n}+C\left(-\frac{n}{b}\right)^t.$$

当 $t=0$ 时,$P_t=P_0$(初始价格),代入得

$$C = P_0 - \frac{a+m}{b+n}.$$

即满足初始条件 $t=0$ 时 $P_t=P_0$ 的特解为

$$P_t = \frac{a+m}{b+n} + \left(P_0 - \frac{a+m}{b+n}\right)\left(-\frac{n}{b}\right)^t.$$

这就是价格随时间变动的规律,这一结论也说明了市场价格趋向的种种形态.现就$-\frac{n}{b}$的不同情况加以分析:

①若$\left|-\frac{n}{b}\right|<1$,则

$$\lim_{t\to+\infty} P_t = \frac{a+m}{b+n} = P_t^*,$$

这说明市场价格趋于平衡,且特解 $P_t^*=\frac{a+m}{b+n}$是一个平衡价格.

②若$\left|-\frac{n}{b}\right|>1$,则

$$\lim_{t\to+\infty} P_t = \infty,$$

这说明此种情况下,市场价格波动越来越大.

③若$\left|-\frac{n}{b}\right|=1$,即$-\frac{n}{b}=-1$,则

$$P_{2t} = P_0, P_{2t+1} = 2P_t^* - P_0,$$

这说明市场价格呈周期变化状态.

3)消费模型

例 12 设 C_t 为 t 时期的消费,y_t 为 t 时期的国民收入,I_t 为 t 时期的投资,根据消费理论,有关系式

$$\begin{cases} C_t = ay_t + m, \\ I_t = by_t + n, \\ y_t - y_{t-1} = k\ (y_{t-1} - C_{t-1} - I_{t-1}). \end{cases}$$

其中 a,b,m,n,k 均为常数,且 $0<a,b,k<1$,$0<a+b<1$,$m\geqslant 0$,$n\geqslant 0$.

若基期(即初始时期)的国民收入 y_0 为已知,试求 y_t 与 t 的函数关系式.

解 将已知关系式中的前两个等式代入第 3 个等式,整理得

$$y_t - [1 + k(1-a-b)]y_{t-1} = k(m+n).$$

这是一个方程右端为常数的一阶常系数线性非齐次差分方程.易求得其通解为

$$y_t = C[1 + k(1-a-b)]^t + \frac{m+n}{1-a-b}.$$

由初始条件 $t=0$ 时,$y_t=y_0$,代入上式通解,可确定 $C=y_0-\frac{m+n}{1-a-b}$,

故所求函数关系式为

$$y_t=\left(y_0-\frac{m+n}{1-a-b}\right)[1+k(1-a-b)]^t+\frac{m+n}{1-a-b}.$$

结果表明,在 t 时期的消费和投资已知的条件下,国民收入随时间变化的规律.

习题 9.7

1.求下列一阶常系数线性齐次差分方程的通解.

(1) $y_{t+1}-2y_t=0$;　　(2) $y_{t+1}+3y_t=0$;

(3) $3y_{t+1}-2y_t=0$.

2.求下列差分方程在给定初始条件下的特解.

(1) $y_{t+1}-3y_t=0$,且 $y_0=3$;

(2) $y_{t+1}+y_t=0$,且 $y_0=-2$.

3.求下列一阶常系数线性非齐次差分方程的通解.

(1) $y_{t+1}+2y_t=3$;　　(2) $y_{t+1}-y_t=-3$;

(3) $y_{t+1}-2y_t=3t^2$;　　(4) $y_{t+1}-y_t=t+1$;

(5) $y_{t+1}-\frac{1}{2}y_t=\left(\frac{5}{2}\right)^t$;　　(6) $y_{t+1}+2y_t=t^2+4^t$.

4.求下列差分方程在给定初始条件下的特解.

(1) $y_{t+1}-y_t=3+2t$,且 $y_0=5$;

(2) $2y_{t+1}+y_t=3+t$,且 $y_0=1$;

(3) $y_{t+1}-y_t=2^t-1$,且 $y_0=2$.

5.某人向银行申请 1 年期的贷款 25 000 万元,约定月利率为 1%,计划用 12 个月采用每月等额的方式还清债务,试问此人每月需偿还银行多少钱? 若记 y_t 为第 t 个月后还需偿还的债务,a 为每月的还款额,写出 y_t 所满足的差分方程以及每月还款额的计算公式.

6.设某产品在时期 t 的价格、供给量与需求量分别为 P_t,S_t 与 $Q_t(t=0,1,2,\cdots)$.并满足关系:(1) $S_t=2P_t+1$,(2) $Q_t=-4P_{t-1}+5$,(3) $Q_t=S_t$.

求证:由(1)(2)(3)可推出差分方程 $P_{t+1}+2P_t=2$.若已知 P_0,求上述差分方程的解.

7.设 C_t 为 t 时期的消费,y_t 为 t 时期的国民收入,$I=1$ 为投资(各期相同),设有关系式

$$C_t=ay_{t-1}+b,y_t=C_t+1,$$

其中 a,b 为正常数,且 $a<1$,若基期(即初始时期)的国民收入 y_0 为已知,试求 C_t,y_t 表示为 t 的函数关系式.

复习题 9

1.通解为 $y=Ce^{-x}+x$ 的微分方程是____________.

2.通解为 $y=C_1e^x+C_2e^{2x}$ 的微分方程是____________.

3.微分方程 $x\mathrm{d}y-(x^2e^{-x}+y)\mathrm{d}x=0$ 的通解是____________.

4.微分方程 $xy'+y=0$ 满足初始条件 $y(1)=1$ 的特解是____________.

5.设非齐次线性微分方程 $y'+P(x)y=Q(x)$ 有两个不同的解 $y_1(x)$ 与 $y_2(x)$,C 是任意常数,则该方程的通解是____________.

A. $C[y_1(x)+y_2(x)]$　　B. $C[y_1(x)-y_2(x)]$

C. $y_1(x)+C[y_1(x)-y_2(x)]$　　D. $y_1(x)+C[y_1(x)+y_2(x)]$

6.微分方程 $y''+4y=\sin 2x$ 的一个特解形式是____________.

A. $C\cos 2x+D(\sin 2x)$　　B. $D(\sin 2x)$

C. $x[C\cos 2x+D(\sin 2x)]$　　D. $x\cdot D(\sin 2x)$

7.解下列一阶微分方程.

(1) $(1+y^2)\mathrm{d}x=xy(x+1)\mathrm{d}y$;　　(2) $x(y'+1)+\sin(x+y)=0$;

(3) $\left(x+y\cos\dfrac{y}{x}\right)\mathrm{d}x=x\cos\dfrac{y}{x}\mathrm{d}y$;　　(4) $xy'+2y=\sin x$;

(5) $\tan y\mathrm{d}x=(\sin y-x)\mathrm{d}y$;　　(6) $(y-2xy^2)\mathrm{d}x=x\mathrm{d}y$.

8.解下列二阶微分方程.

(1) $(1+x)y''+y'=\ln(1+x)$;　　(2) $y''+3y'+2y=2x^2+x+1$;

(3) $y''+2y'-3y=2\mathrm{e}^x$;　　(4) $y''+y=x+\cos x$.

9.解下列差分方程.

(1) $y_{t+1}+4y_t=2t^2+t-1$;　　(2) $y_{t+1}-y_t=t\cdot 2^t+3$.

第 9 章参考答案

*第 10 章 无穷级数

无穷级数是微积分学的一个重要组成部分,本质上它是一种特殊数列的极限.它是用来表示函数、研究函数性质,以及进行数值计算的一种工具,对微积分的进一步发展及其在各种实际问题上的应用起着非常重要的作用.本章先讨论常数项级数,介绍级数的一些基本知识,然后讨论幂级数及其应用.

10.1 常数项级数的概念和性质

10.1.1 常数项级数的概念

定义 1 设数列$\{u_n\}$,称和式

$$\sum_{n=1}^{\infty} u_n = u_1 + u_2 + \cdots + u_n + \cdots \tag{10.1}$$

称为一个**无穷级数**,简称为**级数**.其中 u_n 称为该级数的**通项**或**一般项**.若级数(10.1)的每一项 u_n 都为常数,则称该级数为**常数项级数**(或**数项级数**);若级数(10.1)的每一项 $u_n = u_n(x)$,则称 $\sum\limits_{n=1}^{\infty} u_n(x)$ 为**函数项级数**.

定义 2 若级数 $\sum\limits_{n=1}^{\infty} u_n$ 的部分和数列$\{s_n\}$的极限存在,且等于 s,即

$$\lim_{n\to\infty} s_n = s,$$

则称**级数** $\sum\limits_{n=1}^{+\infty} u_n$ **收敛**,s 称为**级数的和**,并记为 $s = \sum\limits_{n=1}^{\infty} u_n$,这时也称该**级数收敛于** s.若部分和数列的极限不存在,就称**级数** $\sum\limits_{n=1}^{\infty} u_n$ **发散**.

例 1 试讨论等比级数(或几何级数)

$$\sum_{n=1}^{\infty} ar^n = a + ar + ar^2 + \cdots ar^n + \cdots \quad (a \neq 0)$$

的敛散性,其中 r 称为该级数的公比.

解 根据等比数列的求和公式可知,当 $r\neq1$ 时,所给级数的部分和

$$s_n=a\cdot\frac{1-r^n}{1-r}.$$

于是,当 $|r|<1$ 时,

$$\lim_{n\to\infty}s_n=\lim_{n\to\infty}a\cdot\frac{1-r^n}{1-r}=\frac{a}{1-r}.$$

由定义 2 知,该等比级数收敛,其和 $s=\frac{a}{1-r}$.即

$$\sum_{n=0}^{\infty}ar^n=\frac{a}{1-r},\quad |r|<1.$$

当 $|r|>1$ 时,

$$\lim_{n\to\infty}s_n=\lim_{n\leftarrow\infty}a\cdot\frac{1-r^n}{1-r}=\infty.$$

所以该等比级数发散.

当 $r=1$ 时,

$$s_n=na\to\infty\quad(\text{当 } n\to\infty \text{ 时}),$$

因此该等比级数发散.

当 $r=-1$ 时,

$$s_n=a-a+a-\cdots+(-1)^na=\begin{cases}a, & n\text{ 为偶数}\\0, & n\text{ 为奇数}.\end{cases}$$

部分和数列的极限不存在,故该等比级数发散.

综上所述,等比级数 $\sum\limits_{n=1}^{\infty}ar^n$,当公比 $|r|<1$ 时收敛;当公比 $|r|\geqslant1$ 时发散.

例 2 求级数 $\sum\limits_{n=1}^{\infty}\frac{1}{(n+2)(n+3)}$ 的和.

解 注意到

$$\frac{1}{(n+2)(n+3)}=\frac{1}{n+2}-\frac{1}{n+3},$$

因此

$$s_n=\sum_{k=1}^{n}\frac{1}{(k+2)(k+3)}=\sum_{k=1}^{n}\left(\frac{1}{k+2}-\frac{1}{k+3}\right)=\frac{1}{3}-\frac{1}{n+3}.$$

所以该级数的和为

$$s=\lim_{n\to\infty}s_n=\lim_{n\to\infty}\left(\frac{1}{3}-\frac{1}{n+3}\right)=\frac{1}{3},$$

即

$$\sum_{n=1}^{\infty}\frac{1}{(n+2)(n+3)}=\frac{1}{3}.$$

10.1.2 常数项级数的性质

根据常数项级数收敛性的概念和极限运算法则,可得出如下的基本性质.

性质 1　若级数 $\sum_{n=1}^{\infty} u_n$ 收敛，C 是任一常数，则级数 $\sum_{n=1}^{\infty} Cu_n$ 也收敛，且

$$\sum_{n=1}^{\infty} Cu_n = C\sum_{n=1}^{\infty} u_n.$$

证　设 $\sum_{n=1}^{\infty} u_n$ 的部分和为 s_n，且 $\lim_{n\to\infty} s_n = s$. 又设级数 $\sum_{n=1}^{\infty} Cu_n$ 的部分和为 $s'_n = C \cdot s_n$，显然有 $s'_n = C \cdot s_n$，于是

$$\lim_{n\to\infty} s'_n = \lim_{n\to\infty} Cs_n = C\lim_{n\to\infty} s_n = C \cdot s,$$

即

$$\sum_{n=1}^{\infty} Cu_n = Cs = C \cdot \sum_{n=1}^{\infty} u_n.$$

性质 2　若级数 $\sum_{n=1}^{\infty} u_n$ 与 $\sum_{n=1}^{\infty} v_n$ 都收敛，则 $\sum_{n=1}^{\infty} (u_n \pm v_n)$ 也收敛，且

$$\sum_{n=1}^{\infty} (u_n \pm v_n) = \sum_{n=1}^{\infty} u_n \pm \sum_{n=1}^{\infty} v_n.$$

证　设 $\sum_{n=1}^{\infty} u_n$ 与 $\sum_{n=1}^{\infty} v_n$ 的部分和分别为 A_n 和 B_n，且设 $\lim_{n\to\infty} A_n = s_1$，$\lim_{n\to\infty} B_n = s_2$，则 $\sum_{n=1}^{\infty} (u_n \pm v_n)$ 的部分和为

$$s_n = \sum_{k=1}^{n} (u_k \pm v_k) = A_n \pm B_n.$$

于是

$$\lim_{n\to\infty} s_n = \lim_{n\to\infty} (A_n \pm B_n) = s_1 \pm s_2,$$

即

$$\sum_{n=1}^{\infty} (u_n \pm v_n) = \sum_{n=1}^{\infty} u_n \pm \sum_{n=1}^{\infty} v_n.$$

性质 3　收敛级数加括号后所成的级数仍收敛，且其和不变.

该性质的证明从略.

10.1.3　级数收敛的必要条件

若数项级数 $\sum_{n=1}^{\infty} u_n$ 收敛于 S，那么由其部分和的概念，有

$$u_n = s_n - s_{n-1}.$$

于是

$$\lim_{n\to\infty} u_n = \lim_{n\to\infty} (s_n - s_{n-1}).$$

依据收敛级数的定义可知，$\lim_{n\to\infty} s_n = \lim_{n\to\infty} s_{n-1} = s$.

因此这时必有

$$\lim_{n\to\infty} u_n = 0.$$

这就是级数收敛的必要条件.

定理 若级数 $\sum_{n=1}^{\infty} u_n$ 收敛,则 $\lim_{n\to\infty} u_n = 0$.

需要特别指出的是,$\lim_{n\to\infty} u_n = 0$ 仅是级数收敛的必要条件,绝不能由 $u_n \to 0$(当 $n\to\infty$ 时)就得出级数 $\sum_{n=1}^{\infty} u_n$ 收敛的结论.

例如,调和级数 $\sum_{n=1}^{\infty} \frac{1}{n}$,$u_n = \frac{1}{n} \to 0$(当 $n\to\infty$ 时),但调和级数 $\sum_{n=1}^{\infty} \frac{1}{n}$ 是发散的.

事实上,当 $k \leqslant x \leqslant k+1$ 时,$\frac{1}{x} \leqslant \frac{1}{k}$,从而

$$\int_k^{k+1} \frac{1}{x} \mathrm{d}x \leqslant \int_k^{k+1} \frac{1}{k} \mathrm{d}x = \frac{1}{k},$$

于是

$$s_n = \sum_{k=1}^{n} \frac{1}{k} \geqslant \sum_{k=1}^{n} \int_k^{k+1} \frac{1}{x} \mathrm{d}x = \int_1^{n+1} \frac{1}{x} \mathrm{d}x = \ln(n+1) \to +\infty \quad (n \to \infty),$$

所以 $\lim_{n\to\infty} s_n = +\infty$,因此调和级数发散.

从级数收敛的必要条件可以得出如下判定级数发散的方法:

若 $\lim_{n\to\infty} u_n \neq 0$,则级数 $\sum_{n=1}^{\infty} u_n$ 发散.

推论 如果 $\sum_{n=1}^{\infty} u_n$ 收敛,必有 $\lim_{n\to\infty} u_n = 0$,这与假设 $\lim_{n\to\infty} u_n \neq 0$ 相矛盾.

例 3 试证明级数

$$\sum_{n=1}^{\infty} n\ln \frac{n}{n+1} = \ln \frac{1}{2} + 2\ln \frac{2}{3} + \cdots + n\ln \frac{n}{n+1} + \cdots$$

发散.

证 级数的通项 $u_n = n\ln \frac{n}{n+1}$,当 $n\to\infty$ 时,

$$\lim_{n\to\infty} n\ln \frac{n}{n+1} = \lim_{n\to\infty} \ln \frac{1}{\left(1+\frac{1}{n}\right)^n} = -1.$$

因为 $\lim_{n\to\infty} u_n \neq 0$,所以该级数发散.

例 4 试判别级数 $\sum_{n=1}^{\infty} \sin \frac{n\pi}{2}$ 的敛散性.

解 注意到级数

$$\sum_{n=1}^{\infty} \sin \frac{n\pi}{2} = 1 + 0 - 1 + 0 + 1 + 0 - 1 + 0 + \cdots,$$

通项 $u_n = \sin \frac{n\pi}{2}$,当 $n\to\infty$ 时,极限不存在,所以级数发散.

注:在判定级数是否收敛时,我们往往先观察,当 $n\to\infty$ 时,通项 u_n 的极限是否为零.仅当 $\lim_{n\to\infty} u_n = 0$ 时,再用其他方法来确定级数收敛或发散.

习题 10.1

1.判定下列级数的收敛性:

(1) $\sum_{n=1}^{\infty}(\sqrt{n+1}-\sqrt{n})$;　　(2) $\sum_{n=1}^{\infty}\frac{1}{n+3}$;

(3) $\sum_{n=1}^{\infty}\ln\frac{n}{n+1}$;　　(4) $\sum_{n=1}^{\infty}(-1)^n 2$;

(5) $\sum_{n=1}^{\infty}\frac{n+1}{n}$;　　(6) $\sum_{n=0}^{\infty}\frac{(-1)^n\cdot n}{2n+1}$.

2.判别下列级数的收敛性,若收敛则求其和.

(1) $\sum_{n=1}^{\infty}\left(\frac{1}{2^n}+\frac{1}{3^n}\right)$;　　(2) $\sum_{n=1}^{\infty}\frac{1}{n(n+1)(n+2)}$;

(3) $\sum_{n=1}^{\infty}n\cdot\sin\frac{\pi}{2n}$;　　(4) $\sum_{n=0}^{\infty}\cos\frac{n\pi}{2}$.

10.2　正项级数及其审敛法

正项级数是数项级数中比较简单但又很重要的一种类型.若级数 $\sum_{n=1}^{\infty}u_n$ 中各项均为非负,即 $u_n\geqslant 0(n=1,2,\cdots)$,则称该级数为**正项级数**.这时,由于

$$u_n=S_n-S_{n-1},$$

因此有

$$S_n=S_{n-1}+u_n\geqslant S_{n-1},$$

即正项级数的部分和数列$\{S_n\}$是一个单调增加数列.

我们知道,单调有界数列必有极限,根据这一准则,可以得到判定正项级数收敛性的一个充分必要条件.

定理 1(正项级数的基本收敛定理)　正项级数 $\sum_{n=1}^{\infty}u_n$ 收敛的充要条件是正项级数 $\sum_{n=1}^{\infty}u_n$ 的部分和数列$\{S_n\}$有界.

直接应用定理 1 来判定正项级数是否收敛,通常不太方便,但由定理 1 可以得到常用的正项级数的几个判别法.

定理 2(比较判别法)　设有两个正项级数 $\sum_{n=1}^{\infty}u_n$ 和 $\sum_{n=1}^{\infty}v_n$,总有 $u_n\leqslant v_n$ 成立,那么

(1) 若级数 $\sum_{n=1}^{\infty}v_n$ 收敛,则级数 $\sum_{n=1}^{\infty}u_n$ 也收敛;

(2) 若级数 $\sum_{n=1}^{\infty}u_n$ 发散,则级数 $\sum_{n=1}^{\infty}v_n$ 也发散.

证　不妨只对结论(1)的情形加以证明.

设 $\sum_{n=1}^{\infty}u_n$ 的前 n 项和为 A_n, $\sum_{n=1}^{\infty}v_n$ 的前 n 项和为 B_n,于是 $A_n\leqslant B_n$.

因为 $\sum\limits_{n=1}^{\infty} v_n$ 收敛,由定理 1 知,就有常数 M 存在,使得 $B_n \leqslant M\ (n=1,2,3,\cdots)$ 成立.于是 $A_n \leqslant M\ (n=1,2,3,\cdots)$,即级数 $\sum\limits_{n=1}^{\infty} u_n$ 的部分和数列有界,所以级数 $\sum\limits_{n=1}^{\infty} u_n$ 收敛.

证明结论(2)的方法与证明结论(1)相同,请读者自行完成.

推论 1 设有两个正项级数 $\sum\limits_{n=1}^{\infty} u_n$ 和 $\sum\limits_{n=1}^{\infty} v_n$,且存在正数 $k>0$,使得从某一项起(如从第 N 项起),总有 $u_n \leqslant kv_n$ 成立,那么

(1) 若级数 $\sum\limits_{n=1}^{\infty} v_n$ 收敛,则级数 $\sum\limits_{n=1}^{\infty} u_n$ 也收敛;

(2) 若级数 $\sum\limits_{n=1}^{\infty} u_n$ 发散,则级数 $\sum\limits_{n=1}^{\infty} v_n$ 也发散.

推论 2(比较判别法的极限形式) 若正项级数 $\sum\limits_{n=1}^{\infty} u_n$ 与 $\sum\limits_{n=1}^{\infty} v_n$ 满足 $\lim\limits_{n\to\infty}\dfrac{u_n}{v_n}=\rho$,则

(1) 当 $0<\rho<+\infty$ 时,$\sum\limits_{n=1}^{\infty} u_n$ 与 $\sum\limits_{n=1}^{\infty} v_n$ 具有相同的收敛性;

(2) 当 $\rho=0$ 时,若 $\sum\limits_{n=1}^{\infty} v_n$ 收敛,则 $\sum\limits_{n=1}^{\infty} u_n$ 亦收敛;

(3) 当 $\rho=+\infty$ 时,若 $\sum\limits_{n=1}^{\infty} v_n$ 发散,则 $\sum\limits_{n=1}^{\infty} u_n$ 亦发散.

证 (1)由于 $\lim\limits_{n\to\infty}\dfrac{u_n}{v_n}=\rho>0$,取 $\varepsilon=\dfrac{\rho}{2}>0$,则存在 $N>0$,当 $n>N$ 时,有

$$\left|\frac{u_n}{v_n}-\rho\right|<\left(\rho-\frac{\rho}{2}\right)v_n \text{ 即}\left(\rho-\frac{\rho}{2}\right)v_n<u_n<\left(\rho+\frac{\rho}{2}\right)v_n.$$

由比较判别法知结论成立.

结论(2)、结论(3)的证明类似,请读者自行完成.

例 1 判断级数 $\sum\limits_{n=1}^{\infty} 2^n\sin\dfrac{1}{3^n}$ 的收敛性.

解 由于 $0\leqslant 2^n\sin\dfrac{1}{3^n}<2^n\cdot\dfrac{1}{3^n}=\left(\dfrac{2}{3}\right)^n$,而级数 $\sum\limits_{n=1}^{\infty}\left(\dfrac{2}{3}\right)^n$ 收敛,由比较判别法知,$\sum\limits_{n=1}^{\infty} 2^n\sin\dfrac{1}{3^n}$ 收敛.

例 2 讨论 p-级数 $\sum\limits_{n=1}^{\infty}\dfrac{1}{n^p}$ 的敛散性.

解 当 $p\leqslant 1$ 时,$\dfrac{1}{n^p}\geqslant\dfrac{1}{n}>0$,由 $\sum\limits_{n=1}^{\infty}\dfrac{1}{n}$ 发散及比较判别法知,$\sum\limits_{n=1}^{\infty}\dfrac{1}{n^p}$ 发散.

当 $p>1$ 时,对于 $k-1\leqslant x\leqslant k$,有 $\dfrac{1}{x^p}\geqslant\dfrac{1}{k^p}$,因此

$$\frac{1}{k^p}=\int_{k-1}^{k}\frac{1}{k^p}\mathrm{d}x\leqslant\int_{k-1}^{k}\frac{1}{x^p}\mathrm{d}x\quad(k=2,3,\cdots)$$

于是，p-级数的部分和

$$s_n = \sum_{k=1}^{n} \frac{1}{k^p} = 1 + \sum_{k=2}^{n} \frac{1}{k^p} \leqslant 1 + \sum_{k=2}^{n} \int_{k-1}^{k} \frac{1}{x^p} \mathrm{d}x = 1 + \int_{1}^{n} \frac{1}{x^p} \mathrm{d}x$$

$$= 1 + \frac{1}{p-1}\left(1 - \frac{1}{n^{p-1}}\right) < 1 + \frac{1}{p-1},$$

说明 S_n 有界，因此级数 $\sum_{n=1}^{\infty} \frac{1}{n^p}$ 收敛.

综上所述，当 $p > 1$ 时，$\sum_{n=1}^{\infty} \frac{1}{n^p}$ 收敛；当 $p \leqslant 1$ 时，$\sum_{n=1}^{\infty} \frac{1}{n^p}$ 发散.

例 3　判断级数 $\sum_{n=1}^{\infty} \frac{1}{\sqrt{n(n^2+1)}}$ 的敛散性.

解　因为

$$\lim_{n\to\infty} \frac{\frac{1}{\sqrt{n(n^2+1)}}}{\frac{1}{n^{\frac{3}{2}}}} = \lim_{n\to\infty} \frac{n^{\frac{3}{2}}}{\sqrt{n^3+n}} = \lim_{n\to\infty} \frac{1}{\sqrt{1+\frac{1}{n^2}}} = 1,$$

而 p-级数 $\sum_{n=1}^{\infty} \frac{1}{n^{\frac{3}{2}}}$ 收敛$\left(p = \frac{3}{2} > 1\right)$，故由推论 2 知，$\sum_{n=1}^{\infty} \frac{1}{\sqrt{n(n^2+1)}}$ 收敛.

例 4　试证明正项级数 $\sum_{n=1}^{\infty} \frac{n+1}{n^2+5n+2}$ 发散.

证　注意到

$$\frac{n+1}{n^2+5n+2} > \frac{n}{8n^2} = \frac{1}{8} \cdot \frac{1}{n} \quad (n = 1,2,3,\cdots),$$

因调和级数 $\sum_{n=1}^{\infty} \frac{1}{n}$ 是发散的，由比较判别法知，$\sum_{n=1}^{\infty} \frac{n+1}{n^2+5n+2}$ 发散.

由例 3 和例 4 可知，如果正项级数的通项 u_n 是分式，而其分子分母都是 n 的多项式（常数是零次多项式），只要分母的最高次数高出分子的最高次数一次以上（不包括一次），该正项级数收敛，否则发散.

利用比较判别法，把要判定的级数与等比级数比较，就可建立两个有用的判别法.

定理 3［达朗贝尔（d'Alembert）比值判别法］　设有正项级数 $\sum_{n=1}^{\infty} u_n$，如果极限

$$\lim_{n\to\infty} \frac{u_{n+1}}{u_n} = \rho,$$

那么

（1）当 $\rho<1$ 时，级数收敛；

（2）当 $\rho>1$（包括 $\rho=+\infty$）时，级数发散；

（3）当 $\rho=1$ 时，级数可能收敛也可能发散（需另行判别）.

证明简略.

例 5 试证明正项级数 $\sum_{n=1}^{\infty} 2^n \tan \frac{\pi}{3^n}$ 收敛.

证 因为

$$\lim_{n\to\infty} \frac{u_{n+1}}{u_n} = \lim_{n\to\infty} \frac{\frac{1}{(n+1)^p}}{\frac{1}{n^p}} = 1,$$

所以由比值判别法知,级数收敛.

例 6 讨论级数 $\sum_{n=1}^{\infty} n!\left(\frac{x}{n}\right)^2$ $(x>0)$ 的敛散性.

解 因为

$$\lim_{n\to\infty} \frac{u_{n+1}}{u_n} = \lim_{n\to\infty} \frac{(n+1)!\left(\frac{x}{n+1}\right)^{n+1}}{n!\left(\frac{x}{n}\right)^n} = \lim_{n\to\infty} \frac{x}{\left(1+\frac{1}{n}\right)^n} = \frac{x}{\mathrm{e}},$$

所以,当 $x<\mathrm{e}$,即$\frac{x}{\mathrm{e}}<1$ 时,级数收敛;当 $x>\mathrm{e}$,即$\frac{x}{\mathrm{e}}<1$ 时,级数发散.

当 $x=\mathrm{e}$ 时,虽然不能由比值判别法直接得出级数收敛或发散的结论,但是,由于数列 $\left\{\left(1+\frac{1}{n}\right)^n\right\}$是一个单调增加而有上界的数列,即$\left(1+\frac{1}{n}\right)^n \leqslant \mathrm{e}$ $(n=1,2,3,\cdots)$,因此对于任意有限的 n,有

$$\frac{u_{n+1}}{u_n} = \frac{x}{\left(1+\frac{1}{n}\right)^n} = \frac{\mathrm{e}}{\left(1+\frac{1}{n}\right)^n} > 1.$$

于是可知,级数的后项总是大于前项,故$\lim\limits_{n\to\infty} u_n \neq 0$,所以级数发散.

定理 4[柯西(Cauchy)根值判别法] 设正项级数 $\sum_{n=1}^{\infty} u_n$ 满足

$$\lim_{n\to\infty} \sqrt[n]{u_n} = \rho,$$

那么

(1)当$\rho<1$ 时,$\sum_{n=1}^{\infty} u_n$ 收敛;

(2)当$\rho>1$(包括$\rho=+\infty$)时,$\sum_{n=1}^{\infty} u_n$ 发散;

(3)当$\rho=1$ 时,$\sum_{n=1}^{\infty} u_n$ 可能收敛,也可能发散.

证明省略.

例 7 判别级数 $\sum_{n=1}^{\infty} \left(\frac{x}{a}\right)^n$ 的敛散性,其中 x,a 为正常数.

解 因为

$$\lim_{n\to\infty}\sqrt[n]{\left(\frac{x}{a}\right)^n}=\lim_{n\to\infty}\frac{x}{a}=\frac{x}{a}.$$

故当 $x>a$ 时，$\frac{x}{a}>1$，级数发散；当 $0<x<a$ 时，$\frac{x}{a}>1$，级数收敛；当 $x=a$ 时，一般项 $u_n=1$ 不趋于零，级数发散.

习题 10.2

判定下列正项级数的敛散性.

(1) $\sum_{n=1}^{\infty}\frac{1}{(n+1)(n+2)}$；

(2) $\sum_{n=1}^{\infty}\frac{1}{\sqrt{n(n^2+5)}}$；

(3) $\sum_{n=1}^{\infty}\frac{1}{1+a^n}\quad(a>0)$；

(4) $\sum_{n=1}^{\infty}\frac{n+1}{2n^4-1}$；

(5) $\sum_{n=1}^{\infty}\frac{3^n}{n\cdot 2^n}$；

(6) $\sum_{n=1}^{\infty}\frac{n^n}{n!}$；

(7) $\sum_{n=1}^{\infty}\frac{3\cdot 5\cdot 7\cdot\cdots\cdot(2n+1)}{4\cdot 7\cdot 10\cdot\cdots\cdot(3n+1)}$；

(8) $\sum_{n=1}^{\infty}\frac{n}{3^n}$；

(9) $\sum_{n=1}^{\infty}\frac{(n!)^2}{2^{n^2}}$；

(10) $\sum_{n=1}^{\infty}\left(\frac{n}{2n+1}\right)^n$；

(11) $\sum_{n=1}^{\infty}2^n\sin\frac{\pi}{3^n}$；

(12) $\sum_{n=1}^{\infty}\frac{n\cos^2\frac{n\pi}{3}}{2^n}$.

10.3　任意项级数

任意项级数是较为复杂的数项级数，它是指在级数 $\sum_{n=1}^{\infty}u_n$ 中，总含有无穷多个正项和负项.例如，数项级数 $\sum_{n=1}^{\infty}(-1)^n\frac{n^2}{2^n}$ 是任意项级数.在任意项级数中，比较常见和重要的是交错级数.

10.3.1　交错级数及其审敛法

如果在任意项级数 $\sum_{n=1}^{\infty}u_n$ 中，正负号相间出现，这样的任意项级数就叫作**交错级数**.它的一般形式为

$$\sum_{n=1}^{\infty}(-1)^{n-1}u_n=u_1-u_2+u_3-\cdots+(-1)^{n-1}u_n+\cdots,$$

其中 $u_n>0\ (n=1,2,3,\cdots)$.

交错级数的审敛法由下列定理给出.

定理 1[莱布尼茨(Leibniz)判别法] 设交错级数 $\sum_{n=1}^{\infty}(-1)^{n-1}u_n$ 满足

(1) $u_n \geqslant u_{n+1}$ $(n=1,2,3,\cdots)$;

(2) $\lim\limits_{n\to\infty} u_n=0$,

则级数 $\sum_{n=1}^{\infty}(-1)^{n-1}u_n$ 收敛,且其和 $S\leqslant u_1$.

证 根据项数 n 是奇数或偶数分别考察 S_n.

设 n 为偶数,于是

$$S_n = S_{2m} = u_1 - u_2 + u_3 - \cdots + u_{2m-1} - u_{2m},$$

将其每两项括在一起

$$S_{2m} = (u_1 - u_2) + (u_3 - u_4) + \cdots + (u_{2m-1} - u_{2m}).$$

由条件(1)可知,每个括号内的值都是非负的.如果把每个括号看成一项,这就是一个正项级数的前 m 项部分和.显然,它是随 m 的增加而单调增加的.

另外,如果把部分和 S_{2m} 改写为

$$S_{2m} = u_1 - (u_2 - u_3) - \cdots - (u_{2m-2} - u_{2m-1}) - u_{2m},$$

由条件(1)可知,$S_{2m}\leqslant u_1$,即部分和数列有界.

于是

$$\lim_{m\to\infty} s_{2m} = s.$$

当 n 为奇数时,我们总可把部分和写为

$$S_n = S_{2m+1} = S_{2m} + u_{2m+1},$$

再由条件(2)可得

$$\lim_{n\to\infty} s_n = \lim_{m\to\infty} s_{2m+1} = \lim_{m\to\infty}(s_{2m} + u_{2m+1}) = s.$$

这就说明,无论 n 是奇数还是偶数,都有

$$\lim_{n\to\infty} s_n = s.$$

故交错级数 $\sum_{n=1}^{\infty}(-1)^{n-1}u_n$ 收敛.

由于 $s_{2m}\leqslant u_1$,而 $\lim\limits_{m\to\infty} s_{2m}=s$,因此根据极限的保号性可知,有 $S\leqslant u_1$.

例 1 判定级数 $\sum_{n=1}^{\infty}(-1)^{n-1}\dfrac{1}{n}$ 的敛散性.

解 这是一个交错级数,$u_n=\dfrac{1}{n}$,且 $u_n=\dfrac{1}{n}>u_{n+1}=\dfrac{1}{n+1}$,$\lim\limits_{n\to\infty} u_n=\lim\limits_{n\to\infty}\dfrac{1}{n}=0$.

由莱布尼茨判别法知,$\sum_{n=1}^{\infty}(-1)^{n-1}\dfrac{1}{n}$ 收敛.

例 2 试判定交错级数 $\sum_{n=1}^{\infty}(-1)^{n-1}\dfrac{n}{2^n}$ 的敛散性.

解 因为 $u_n=\dfrac{n}{2^n}$,$u_{n+1}=\dfrac{n+1}{2^{n+1}}$,而

$$u_n - u_{n+1} = \frac{n}{2^n} - \frac{n+1}{2^{n+1}} = \frac{n-1}{2^{n+1}} \geqslant 0 \quad (n=1,2,3,\cdots)$$

即

$$u_n \geqslant u_{n+1} \quad (n=1,2,3,\cdots).$$

又因

$$\lim_{n\to\infty} u_n = \lim_{n\to\infty} \frac{n}{2^n} = 0,$$

所以由交错级数审敛法知，$\sum_{n=1}^{\infty}(-1)^{n-1}\frac{n}{2^n}$ 收敛.

10.3.2　绝对收敛与条件收敛

现在讨论正负项可以任意出现的级数.首先引入绝对收敛的概念.

定义 1　对于级数 $\sum_{n=1}^{\infty}u_n$，若 $\sum_{n=1}^{\infty}|u_n|$ 收敛，则称级数 $\sum_{n=1}^{\infty}u_n$ 绝对收敛；如果 $\sum_{n=1}^{\infty}|u_n|$ 发散，但 $\sum_{n=1}^{\infty}u_n$ 本身收敛，则称级数 $\sum_{n=1}^{\infty}u_n$ **条件收敛**.

条件收敛的级数是存在的，例如，级数 $\sum_{n=1}^{\infty}(-1)^{n-1}\frac{1}{n}$ 就是条件收敛.

绝对收敛与收敛之间有着下列重要关系.

定理 2　若 $\sum_{n=1}^{\infty}|u_n|$ 收敛，则 $\sum_{n=1}^{\infty}u_n$ 收敛.

证　因为

$$u_n \leqslant |u_n|,$$

所以

$$0 \leqslant |u_n| + u_n \leqslant 2|u_n|.$$

已知 $\sum_{n=1}^{\infty}|u_n|$ 收敛，由正项级数的比较判别法知，$\sum_{n=1}^{\infty}(|u_n|+u_n)$ 收敛，从而 $\sum_{n=1}^{\infty}u_n = \sum_{n=1}^{\infty}((|u_n|+u_n)-|u_n|)$ 收敛.

由定义可知，判别一个级数 $\sum_{n=1}^{\infty}u_n$ 是否绝对收敛，实际上，就是判别一个正项级数 $\sum_{n=1}^{\infty}|u_n|$ 的收敛性.但要注意的是，当 $\sum_{n=1}^{\infty}|u_n|$ 发散时，只能判定 $\sum_{n=1}^{\infty}u_n$ 非绝对收敛，而不能判定 $\sum_{n=1}^{\infty}u_n$ 本身也是发散的.例如，$\sum_{n=1}^{\infty}\left|(-1)^{n-1}\frac{1}{n}\right| = \sum_{n=1}^{\infty}\frac{1}{n}$ 虽然发散，但 $\sum_{n=1}^{\infty}(-1)^{n-1}\frac{1}{n}$ 却是收敛的.

特别值得注意的是，当运用达朗贝尔比值判别法或柯西根值判别法，判断出正项级数 $\sum_{n=1}^{\infty}|u_n|$ 发散时，可以断言，$\sum_{n=1}^{\infty}u_n$ 也一定发散.这是因为此时有 $\lim_{n\to\infty}|u_n| \neq 0$，从而有 $\lim_{n\to\infty}u_n \neq 0$.

例 3　判别级数 $\sum_{n=1}^{\infty}(-1)^n\frac{x^n}{n}\quad(x>0)$ 的收敛性.

解 记 $u_n=(-1)^n\dfrac{x^n}{n}$,则

$$\lim_{n\to\infty}\left|\frac{u_{n+1}}{u_n}\right|=\lim_{n\to\infty}\frac{x\cdot n}{n+1}=x.$$

由达朗贝尔比值判别法知,当 $x<1$ 时,$\sum\limits_{n=1}^{\infty}(-1)^n\dfrac{x^n}{n}$ 绝对收敛;当 $x>1$ 时,$\sum\limits_{n=1}^{\infty}(-1)^n\dfrac{x^n}{n}$ 发散;而当 $x=1$ 时,$\sum\limits_{n=1}^{\infty}\left|(-1)^n\dfrac{x^n}{n}\right|=\sum\limits_{n=1}^{\infty}\left|(-1)^n\dfrac{1}{n}\right|$ 发散,$\sum\limits_{n=1}^{\infty}(-1)^n\dfrac{1}{n}$ 收敛,故 $\sum\limits_{n=1}^{\infty}(-1)^n\dfrac{x^n}{n}$ 条件收敛.

习题 10.3

1.判定下列级数是否收敛,如果是收敛级数,指出其是绝对收敛还是条件收敛.

(1) $\sum\limits_{n=1}^{\infty}(-1)^n\dfrac{1}{2n-1}$;

(2) $\sum\limits_{n=1}^{\infty}\dfrac{(-1)^n+2}{(-1)^{n-1}\cdot 2^n}$;

(3) $\sum\limits_{n=1}^{\infty}\dfrac{\sin nx}{n^2}$;

(4) $\sum\limits_{n=1}^{\infty}(-1)^{n+1}\dfrac{1}{\pi n}\sin\dfrac{\pi}{n}$;

(5) $\sum\limits_{n=1}^{\infty}\left(\dfrac{1}{2^n}-\dfrac{1}{10^{2n-1}}\right)$;

(6) $\sum\limits_{n=1}^{\infty}\dfrac{(-1)^n}{n+x}$;

(7) $\sum\limits_{n=1}^{\infty}\dfrac{\sin(2^n\cdot x)}{n!}$;

(8) $\sum\limits_{n=1}^{\infty}\dfrac{\sin nx}{n}\quad(0<x<\pi)$.

2.设级数 $\sum\limits_{n=1}^{\infty}a_n^2$ 及 $\sum\limits_{n=1}^{\infty}b_n^2$ 都收敛,证明级数 $\sum\limits_{n=1}^{\infty}a_nb_n$ 及 $\sum\limits_{n=1}^{\infty}ar^{n-1}$ 也都收敛.

10.4 幂级数

10.4.1 函数项级数

一般地,由定义在某一区间 I 内的函数序列构成的无穷级数

$$\sum_{n=1}^{\infty}u_n(x)=u_1(x)+u_2(x)+\cdots+u_n(x)+\cdots,\tag{10.2}$$

称为**函数项级数**.

在函数项级数(10.2)中,若令 x 取定义区间中某一确定值 x_0,则得到一个数项级数

$$\sum_{n=1}^{\infty}u_n(x_0)=u_1(x_0)+u_2(x_0)+\cdots+u_n(x_0)+\cdots.\tag{10.3}$$

若数项级数(10.3)收敛,则称点 x_0 为函数项级数(10.2)的一个**收敛点**;反之,若数项级数(10.3)发散,则称点 x_0 为函数项级数(10.2)的发散点.收敛点的全体构成的集合,称为函数项级数的**收敛域**.

若 x_0 是收敛域内的一个值,则必有一个和 $S(x_0)$ 与之对应,即

$$s(x_0)=\sum_{n=1}^{\infty}u_n(x_0)=u_1(x_0)+u_2(x_0)+\cdots+u_n(x_0)+\cdots.$$

当 x_0 在收敛域内变动时，由对应关系就能得到一个定义在收敛域上的函数 $s(x)$，使得

$$s(x)=\sum_{n=1}^{\infty}u_n(x)=u_1(x)+u_2(x)+\cdots+u_n(x)+\cdots.$$

这个函数 $s(x)$ 就称为函数项级数的**和函数**.

如果仿照数项级数的情形，将函数项级数(10.2)的前 n 项和记为 $s_n(x)$，且称为**部分和函数**，即

$$s_n(x)=\sum_{k=1}^{n}u_k(x)=u_1(x)+u_2(x)+\cdots+u_n(x),$$

那么，在函数项级数的收敛域内有

$$\lim_{n\to\infty}s_n(x)=s(x).$$

若以 $r_n(x)$ 记余项，

$$r_n(x)=s(x)-s_n(x),$$

则在收敛域内，有

$$\lim_{n\to\infty}r_n(x)=0.$$

例 1　试求函数项级数 $\sum\limits_{n=0}^{\infty}x^n$ 的收敛域.

解　因为

$$s_n(x)=1+x+x^2+\cdots+x^n=\frac{1-x^n}{1-x},$$

所以，当 $|x|<1$ 时，

$$\lim_{n\to\infty}s_n(x)=\lim_{n\to\infty}\frac{1-x^n}{1-x}=\frac{1}{1-x}.$$

级数在区间 $(-1,1)$ 内收敛. 易知，当 $|x|\geqslant 1$ 时，级数发散. 故级数的收敛域为 $(-1,1)$.

在函数项级数中，比较常见的是幂级数与三角级数. 这里只讨论幂级数.

10.4.2　幂级数及其敛散性

定义　具有下列形式的函数项级数

$$\sum_{n=0}^{\infty}a_n(x-x_0)^n=a_0+a_1(x-x_0)+a_2(x-x_0)^2+\cdots+a_n(x-x_0)^n+\cdots$$

称为在 $x=x_0$ **处的幂级数或** $(x-x_0)$ **的幂级数**，其中 $a_0,a_1,\cdots,a_n,\cdots$ 称为**幂级数的系数**.

特别地，若 $x_0=0$，则称

$$\sum_{n=0}^{\infty}a_nx^n=a_0+a_1x+\cdots+a_nx^n+\cdots$$

为 $x=0$ 处的幂级数或 x 的幂级数. 下面主要讨论这种形式的幂级数，因为令 $t=x-x_0$，则

$$\sum_{n=0}^{\infty}a_n(x-x_0)^n=\sum_{n=0}^{\infty}a_nt^n.$$

显然，幂级数是一种简单的函数项级数，且 $x=0$ 时，级数 $\sum\limits_{n=0}^{\infty}a_nx^n$ 收敛. 为了求幂级数的收

敛域,给出如下定理.

定理 1[阿贝尔(Abel)定理]

(1)若幂级数 $\sum_{n=0}^{\infty} a_n x^n$ 在点 $x=x_0 \quad (x_0 \neq 0)$ 处收敛,则对于满足 $|x|<|x_0|$ 的一切 x, $\sum_{n=0}^{\infty} a_n x^n$ 均绝对收敛.

(2)若幂级数 $\sum_{n=0}^{\infty} a_n x^n$ 在点 $x=x_0$ 处发散,则对于满足 $|x|>|x_0|$ 的一切 x, $\sum_{n=0}^{\infty} a_n x^n$ 均发散.

证 (1)设 $\sum_{n=0}^{\infty} a_n x_0^n$ 收敛,由级数收敛的必要条件知,$\lim\limits_{n\to\infty} a_n x_0^n=0$,故存在常数 $M>0$,使得

$$|a_n x_0{}^n| \leqslant M \quad (n=0,1,2,\cdots),$$

于是

$$|a_n x^n| = \left|a_n x_0^n \cdot \frac{x^n}{x_0^n}\right| = |a_n x_0{}^n| \cdot \left|\frac{x}{x_0}\right|^n \leqslant M\left|\frac{x}{x_0}\right|^n,$$

当 $|x|<|x_0|$ 时,$\left|\frac{x}{x_0}\right|<1$,故级数 $\sum_{n=0}^{\infty} M\left|\frac{x}{x_0}\right|^n$ 收敛.由正项级数的比较判别法知,幂级数 $\sum_{n=0}^{\infty} a_n x^n$ 绝对收敛.

(2)设 $\sum_{n=0}^{\infty} a_n x_0^n$ 发散,运用反证法可以证明,对所有满足 $|x|>|x_0|$ 的 x, $\sum_{n=0}^{\infty} a_n x^n$ 均发散.事实上,若存在 x_1,满足 $|x_1|>|x_0|$,但 $\sum_{n=0}^{\infty} a_n x'^n$ 收敛,则由(1)的证明可知,$\sum_{n=0}^{\infty} a_n x_0^n$ 绝对收敛,这与已知矛盾.于是定理得证.

阿贝尔定理告诉我们:若 x_0 是 $\sum_{n=0}^{\infty} a_n x^n$ 的收敛点,则该幂级数在 $(-|x_0|,|x_0|)$ 内绝对收敛;若 x_0 是 $\sum_{n=0}^{\infty} a_n x^n$ 的发散点,则该幂级数在 $(-\infty,-|x_0|)\cup(|x_0|,+\infty)$ 内发散.由此可知,对幂级数 $\sum_{n=0}^{\infty} a_n x^n$ 而言,存在关于原点对称的两个点 $x=\pm R, R>0$,它们将幂级数的收敛点与发散点分隔开来,在 $(-R,R)$ 内的点都是收敛点,而在 $[-R,R]$ 以外的点均为发散点,在分界点 $x=\pm R$ 处,幂级数可能收敛也可能发散,称正数 R 为幂级数 $\sum_{n=0}^{\infty} a_n x^n$ 的**收敛半径**,由幂级数在 $x=\pm R$ 处的收敛性就可以确定它在区间 $(-R,R)$, $[-R,R)$, $(-R,R]$, $[-R,R]$ 之一上收敛,该区间为幂级数 $\sum_{n=0}^{\infty} a_n x^n$ 的收敛域.

特别地,当幂级数 $\sum_{n=0}^{\infty} a_n x^n$ 仅在 $x=0$ 处收敛时,规定其收敛半径为 $R=0$;当 $\sum_{n=0}^{\infty} a_n x^n$ 在整个数轴上都收敛时,规定其收敛半径为 $R=+\infty$,此时的收敛域为 $(-\infty,+\infty)$.

定理 2 设 R 是幂级数 $\sum_{n=0}^{\infty} a_n x^n$ 的收敛半径,而 $\sum_{n=0}^{\infty} a_n x^n$ 的系数满足

$$\lim_{n\to\infty}\left|\frac{a_{n+1}}{a_n}\right|=\rho,$$

则

(1) 当 $0<\rho<+\infty$ 时，$R=\dfrac{1}{\rho}$；

(2) 当 $\rho=0$ 时，$R=+\infty$；

(3) 当 $\rho=+\infty$ 时，$R=0$.

证　因为对于正项级数

$$\sum_{n=0}^{\infty}|a_nx^n|=|a_0|+|a_1x|+\cdots+|a_nx^n|+\cdots,$$

有

$$\lim_{n\to\infty}\left|\frac{a_{n+1}x^{n+1}}{a_nx^n}\right|=\lim_{n\to\infty}\left|\frac{a_{n+1}}{a_n}\right|\cdot|x|=\rho|x|,$$

所以，(1) 若 $0<\rho<+\infty$，由达朗贝尔比值判别法知，当 $\rho|x|<1$，即 $|x|<\dfrac{1}{\rho}$ 时，$\sum\limits_{n=0}^{\infty}|a_nx^n|$ 收敛，即 $\sum\limits_{n=0}^{\infty}a_nx^n$ 绝对收敛，当 $|x|>\dfrac{1}{\rho}$ 时，$\sum\limits_{n=0}^{\infty}a_nx^n$ 发散，故幂级数 $\sum\limits_{n=0}^{\infty}a_nx^n$ 的收敛半径为 $R=\dfrac{1}{\rho}$.

(2) 若 $\rho=0$，则 $\rho|x|=0<1$，则对任意 $x\in(-\infty,+\infty)$，$\sum\limits_{n=0}^{\infty}|a_nx^n|$ 收敛，从而 $\sum\limits_{n=0}^{\infty}a_nx^n$ 绝对收敛，即幂级数 $\sum\limits_{n=0}^{\infty}a_nx^n$ 的收敛半径 $R=+\infty$.

(3) 若 $\rho=+\infty$，则对任意 $x\neq 0$，当 n 充分大时，必有 $\left|\dfrac{a_{n+1}x^{n+1}}{a_nx^n}\right|>1$，从而由达朗贝尔判别法知，$\sum\limits_{n=0}^{\infty}a_nx^n$ 发散，故幂级数仅在 $x=0$ 处收敛，其收敛半径为 $R=0$.

例 2　求 $\sum\limits_{n=1}^{\infty}\dfrac{(-x)^n}{3^{n-1}\sqrt{n}}$ 的收敛半径和收敛域.

解　因为

$$\rho=\lim_{n\to\infty}\left|\frac{a_{n+1}}{a_n}\right|=\lim_{n\to\infty}\frac{3^{n-1}\sqrt{n}}{3^n\sqrt{n+1}}=\frac{1}{3},$$

所以收敛半径为 $R=\dfrac{1}{\rho}=3$.

当 $x=-3$ 时，原级数为 $\sum\limits_{n=1}^{\infty}\dfrac{3}{\sqrt{n}}$，由 p-级数的收敛性知，此时原级数发散.

当 $x=3$ 时，原级数为 $\sum\limits_{n=1}^{\infty}\dfrac{(-1)^n\cdot 3}{\sqrt{n}}$，由莱布尼茨判别法可知原级数收敛.

综上所述，原级数的收敛半径为 $R=3$，收敛域为 $(-3,3]$.

例 3 求幂级数 $\sum_{n=0}^{\infty}\frac{1}{4^n}(x-1)^{2n}$ 的收敛半径及收敛域.

解 此级数为$(x-1)$的幂级数,且缺少$(x-1)$的奇次幂的项,不能直接运用定理 2 来求它的收敛半径,但可以运用达朗贝尔比值判别法来求它的收敛半径.

令 $u_n=\frac{1}{4^n}(x-1)^{2n}$,则

$$\lim_{n\to\infty}\left|\frac{u_{n+1}}{u_n}\right|=\lim_{n\to\infty}\left|\frac{4^n(x-1)^{2n+2}}{4^{n+1}(x-1)^{2n}}\right|=\frac{1}{4}(x-1)^2.$$

于是,当$\frac{1}{4}(x-1)^2<1$,即$|x-1|<2$时,原级数绝对收敛.

当$\frac{1}{4}(x-1)^2>1$,即$|x-1|>2$时,原级数发散.故原级数收敛半径为 $R=2$.

当$|x-1|=2$,即 $x=-1$ 或 $x=3$ 时,原级数为 $\sum_{n=0}^{\infty}1$,它是发散的.

综上所述,原级数的收敛半径为 $R=2$,收敛域为$(-1,3)$.

10.4.3 幂级数的运算

设幂级数 $\sum_{n=0}^{\infty}a_nx^n$ 与 $\sum_{n=0}^{\infty}b_nx^n$ 的收敛半径分别为 R_1 与 R_2,它们的和函数分别为 $S_1(x)$ 与 $S_2(x)$,在两个幂级数收敛的公共区间内可进行如下运算:

1)加法运算

$$\sum_{n=0}^{\infty}a_nx^n\pm\sum_{n=0}^{\infty}b_nx^n=\sum_{n=0}^{\infty}(a_n\pm b_n)x^n=s_1(x)\pm s_2(x),$$

$x\in(-R,R)$,其中 $R=\min\{R_1,R_2\}$.

2)乘法运算

$$\sum_{n=0}^{\infty}a_nx^n\cdot\sum_{n=0}^{\infty}b_nx^n=\sum_{n=0}^{\infty}c_nx^n=s_1(x)\cdot s_2(x),$$

$x\in(-R,R)$,其中 $R=\min\{R_1,R_2\}$,

$$c_n=\sum_{k=0}^{n}a_kb_{n-k}=a_0b_n+a_1b_{n-1}+\cdots+a_kb_{n-u}+\cdots+a_nb_0.$$

3)逐项求导数

若幂级数 $\sum_{n=0}^{\infty}a_nx^n$ 的收敛半径为 R,则在$(-R,R)$内和函数 $S(x)$ 可导,且有

$$s'(x)=\left(\sum_{n=0}^{\infty}a_nx^n\right)'=\sum_{n=0}^{\infty}(a_nx^n)'=\sum_{n=0}^{\infty}a_nnx^{n-1}.$$

所得幂级数的收敛半径仍为 R,但在收敛区间端点处的收敛性可能改变.

4)逐项积分

设幂级数 $\sum_{n=0}^{\infty}a_nx^n$ 的和函数为 $S(x)$,收敛半径为 R,则和函数在$(-R,R)$上可积,且有

$$\int_0^x s(x)\mathrm{d}x = \int_0^x \sum_{n=0}^{\infty} a_n x^n \mathrm{d}x = \sum_{n=0}^{\infty} \int_0^x a_n x^n \mathrm{d}x = \sum_{n=0}^{\infty} \frac{a_n}{n+1} x^{n+1}.$$

所得幂级数的收敛半径仍为 R,但在收敛区间端点处的收敛性可能改变.

以上结论证明从略.

例 4　求幂级数 $\sum_{n=0}^{\infty}(n+1)x^n$ 的和函数.

解　所给幂级数的收敛半径 $r=1$,收敛区间为$(-1,1)$.

注意到

$$(n+1)x^n = (x^{n+1})',$$

而

$$\sum_{n=0}^{\infty}(n+1)x^n = \sum_{n=1}^{\infty} n x^{n-1} = \sum_{n=1}^{\infty}(x^n)' = \left(\sum_{n=1}^{\infty} x^n\right)' = \left(\sum_{n=0}^{\infty} x^n\right)',$$

在收敛区间$(-1,1)$内, $\sum_{n=0}^{\infty} x^n = \frac{1}{1-x}$, 所以

$$\sum_{n=0}^{\infty}(n+1)x^n = \left(\sum_{n=0}^{\infty} x^n\right)' = \left(\frac{1}{1-x}\right)' = \frac{1}{(1-x)^2}.$$

例 5　求 $\sum_{n=1}^{\infty} n(n+2)x^n$ 在$(-1,1)$内的和函数.

解

$$\begin{aligned}\sum_{n=1}^{\infty} n(n+2)x^n &= \sum_{n=1}^{\infty} n(n+1)x^n + \sum_{n=1}^{\infty} n x^n = x\sum_{n=1}^{\infty} n(n+1)x^{n-1} + x\sum_{n=1}^{\infty} n x^{n-1}\\ &= x\left(\sum_{n=1}^{\infty} x^{n+1}\right)'' + x\left(\sum_{n=1}^{\infty} x^n\right)' = x\left(\frac{x^2}{1-x}\right)'' + x\left(\frac{x}{1-x}\right)'\\ &= \frac{2x}{(1-x)^3} + \frac{x}{(1-x)^2} = \frac{x(3-x)}{(1-x)^3} \quad (-1 < x < 1).\end{aligned}$$

习题 10.4

1.求下列幂级数的收敛域.

(1) $\sum_{n=1}^{\infty} n x^n$;

(2) $\sum_{n=1}^{\infty} \frac{n!}{n^n} x^n$;

(3) $\sum_{n=1}^{\infty} \frac{x^n}{2^n \cdot n^2}$;

(4) $\sum_{n=0}^{\infty} (-1)^n \frac{x^{2n+1}}{2n+1}$;

(5) $\sum_{n=1}^{\infty} \frac{(x+2)^n}{2^n \cdot n}$;

(6) $\sum_{n=1}^{\infty} \frac{2^n}{n}(x-1)^n$.

2.求下列幂级数的和函数.

(1) $\sum_{n=1}^{\infty} (-1)^n \frac{x^n}{n}$;

(2) $\sum_{n=0}^{\infty} (2n+1)x^n$.

3.求下列级数的和.

(1) $\sum_{n=1}^{\infty} \frac{1}{(2n-1)2^n}$;

(2) $\sum_{n=1}^{\infty} \frac{n(n+1)}{2^n}$.

10.5 函数展开为幂级数

在 10.4 节中,讨论了幂级数的收敛性,在其收敛域内,幂级数总是收敛于一个和函数.对于一些简单的幂级数,还可借助逐项求导或求积分的方法,求出这个和函数.但实际应用中常常提出相反的问题,对于给定的函数 $f(x)$,能否在某个区间内用幂级数表示?又如何表示?本节将讨论并解决这一问题.

10.5.1 泰勒级数

在第 4 章 4.2 节中可知,如果函数 $f(x)$ 在 $x=x_0$ 的某一邻域内,有直到 $n+1$ 阶的导数,则在这个邻域内有 $f(x)$ 的 n 阶泰勒(Taylor)公式

$$f(x)=f(x_0)+f'(x_0)(x-x_0)+\frac{f''(x_0)}{2!}(x-x_0)^2+\cdots+\frac{f^{(n)}(x_0)}{n!}(x-x_0)^n+r_n(x), \tag{10.4}$$

其中

$$r_n(x)=\frac{f^{(n+1)}(\xi)}{(n+1)!}(x-x_0)^{n+1}\quad(\xi \text{ 在 } x_0 \text{ 与 } x \text{ 之间}),$$

称 $R_n(x)$ 为拉格朗日型余项.

如果令 $x_0=0$,就得到 $f(x)$ 的 n 阶麦克劳林(Maclaurin)公式

$$f(x)=f(0)+f'(0)x+\frac{f''(0)}{2!}x^2+\cdots+\frac{f^{(n)}(0)}{n!}x^n+r_n(x), \tag{10.5}$$

此时,

$$r_n(x)=\frac{f^{(n+1)}(\xi)}{(n+1)!}x^{n+1}=\frac{f^{(n+1)}(\theta x)}{(n+1)!}x^{n+1}\quad(0<\theta<1).$$

如果函数 $f(x)$ 在 $x=x_0$ 的某一邻域内,有任意阶导数,则称幂级数

$$f(x_0)+f'(x_0)(x-x_0)+\frac{f''(x_0)}{2!}(x-x_0)^2+\cdots+\frac{f^{(n)}(x_0)}{n!}(x-x_0)^n+\cdots \tag{10.6}$$

为 $f(x)$ 的**泰勒级数**.

当 $x_0=0$ 时,幂级数

$$f(0)+f'(0)x+\frac{f''(0)}{2!}x^2+\cdots+\frac{f^{(n)}(0)}{n!}x^n+\cdots \tag{10.7}$$

又称为 $f(x)$ 的**麦克劳林级数**.那么,它是否以 $f(x)$ 为和函数呢?若令麦克劳林级数(10.7)的前 $n+1$ 项和为 $S_{n+1}(x)$,即

$$s_{n+1}(x)=f(0)+\frac{f'(0)}{1!}x+\frac{f''(0)}{2!}x^2+\cdots+\frac{f^{(n)}(0)}{n!}x^n,$$

那么,级数(10.7)收敛于函数 $f(x)$ 的条件为

$$\lim_{n\to\infty}s_{n+1}(x)=f(x).$$

注意到麦克劳林公式(10.5)与麦克劳林级数(10.7)的关系,可知

$$f(x) = S_{n+1}(x) + R_n(x).$$

于是，当$\lim\limits_{n\to\infty} r_n(x)=0$时，

有

$$\lim_{n\to\infty} s_{n+1}(x) = f(x).$$

反之亦然. 即若

$$\lim_{n\to\infty} s_{n+1}(x) = f(x),$$

则必有

$$\lim_{n\to\infty} r_n(x) = 0.$$

这表明，麦克劳林级数(10.7)以$f(x)$为和函数推出麦克劳林公式(10.5)中的余项

$$R_n(x) \to 0 \quad (n \to \infty).$$

这样，就得到了函数$f(x)$的幂级数展开式：

$$f(x) = \sum_{n=0}^{\infty} \frac{f^{(n)}(0)}{n!}x^n = f(0) + \frac{f'(0)}{1!}x + \frac{f''(0)}{2!}x^2 + \cdots + \frac{f^{(n)}(0)}{n!}x^n + \cdots. \tag{10.8}$$

它就是函数$f(x)$的幂级数表达式，也就是说，函数的幂级数展开式是唯一的. 事实上，假设函数$f(x)$可以表示为幂级数

$$f(x) = \sum_{n=0}^{\infty} a_n x^n = a_0 + a_1 x + \cdots + a_n x^n + \cdots, \tag{10.9}$$

那么，根据幂级数在收敛域内可逐项求导的性质，再令$x=0$(幂级数显然在$x=0$点收敛)，就容易得到

$$a_0 = f(0), \quad a_1 = f'(0), \quad a_2 = \frac{f''(0)}{2!}, \quad \cdots, \quad a_n = \frac{f^{(n)}(0)}{n!}, \cdots.$$

将它们代入式(10.10)，所得与$f(x)$的麦克劳林展开式(10.8)完全相同.

综上所述，如果函数$f(x)$在包含零的某区间内有任意阶导数，且在此区间内的麦克劳林公式中的余项以零为极限(当$n\to\infty$时)，那么，函数$f(x)$就可展开成形如式(10.8)的幂级数.

10.5.2　函数展开为幂级数

利用麦克劳林公式将函数$f(x)$展开成幂级数的方法，称为**直接展开法**.

例 1　试将函数$f(x)=e^x$展开成x的幂级数.

解　因为

$$f^{(n)}(x) = e^x \quad (n = 1,2,\cdots),$$

所以

$$f(0) = f'(0) = f''(0) = \cdots = f^{(n)}(0) = 1,$$

于是得到幂级数

$$1 + x + \frac{1}{2!}x^2 + \cdots + \frac{1}{n!}x^n + \cdots, \tag{10.10}$$

显然，该幂级数的收敛区间为$(-\infty,+\infty)$，至于它是否以$f(x)=e^x$为和函数，即它是否收敛于$f(x)=e^x$，还要考察余项$R_n(x)$. 因为

$$r_n(x) = \frac{e^{\theta x}}{(n+1)!}x^{n+1} \quad (0 < \theta < 1),\text{且 } \theta x \leqslant |\theta x| < |x|,$$

所以

$$|r_n(x)|=\frac{e^{\theta x}}{(n+1)!}|x|^{n+1}<\frac{e^{|x|}}{(n+1)!}|x|^{n+1}.$$

注意对任一确定的 x 值,$e^{|x|}$是一个确定的常数,而级数 $\sum\limits_{i=1}^{n}\frac{e^{|x|}}{(n+1)!}|x|^{n+1}$ 是绝对收敛的,因此其一般项当 $n\to\infty$ 时,$\frac{|x|^{n+1}}{(n+1)!}\to 0$,

由此可知,$\lim\limits_{n\to\infty}r_n(x)=0$.

这表明式(10.10)确实收敛于$f(x)=e^x$,因此有

$$e^x=1+x+\frac{1}{2!}x^2+\cdots+\frac{1}{n!}x^n+\cdots\quad(-\infty<x<+\infty).$$

例 2 试将函数$f(x)=\sin x$ 展开成 x 的幂级数.

解 因为

$$f^{(n)}(x)=\sin\left(x+\frac{n\pi}{2}\right)\quad(n=1,2,\cdots)$$

所以

$$f(0)=0,f'(0)=1,f''(0)=0,f'''(0)=-1,\cdots,f^{(2n)}(0)=0,f^{(2n+1)}(0)=(-1)^n.$$

于是,得到幂级数

$$x-\frac{1}{3!}x^3+\frac{1}{5!}x^5-\cdots+(-1)^n\frac{x^{2n+1}}{(2n+1)!}+\cdots,$$

且它的收敛区间为$(-\infty,+\infty)$.

又因

$$r_n(x)=\frac{\sin\left[\theta x+\frac{(n+1)\pi}{2}\right]}{(n+1)!}x^{n+1},$$

故可以推知

$$|r_n(x)|=\frac{\left|\sin\left[\theta x+\frac{(n+1)\pi}{2}\right]\right|}{(n+1)!}|x|^{n+1}\leqslant\frac{|x|^{n+1}}{(n+1)!}\to 0\quad(\text{当 }n\to\infty\text{ 时}),$$

因此有

$$\sin x=x-\frac{1}{3!}x^3+\frac{1}{5!}x^5-\cdots+(-1)^n\frac{x^{2n+1}}{(2n+1)!}+\cdots\quad(-\infty<x<+\infty).$$

这种运用麦克劳林公式将函数展开成幂级数的方法,虽然程序明确,但是运算往往过于烦琐,因此人们普遍采用幂级数展开法.

在此之前,已经得到了函数$\frac{1}{1-x}$,e^x 及 $\sin x$ 的幂级数展开式,利用已知的展开式,通过幂级数的运算,可以得到其他函数的幂级数展开式.这种求函数的幂级数展开式的方法称为**间接展开法**.

例 3 试求函数$f(x)=\cos x$ 在 $x=0$ 处的幂级数展开式.

解　因为

$$(\sin x)' = \cos x,$$

而

$$\sin x = x - \frac{1}{3!}x^3 + \frac{1}{5!}x^5 - \cdots + (-1)^n \frac{x^{2n+1}}{(2n+1)!} + \cdots \quad (-\infty < x < +\infty),$$

所以根据幂级数可逐项求导的法则,得

$$\cos x = 1 - \frac{1}{2!}x^2 + \frac{1}{4!}x^4 - \cdots + (-1)^n \frac{1}{(2n)!}x^{2n} + \cdots \quad (-\infty < x < +\infty).$$

例 4　将函数 $f(x)=\ln(1+x)$ 展开成 x 的幂级数.

解　注意到

$$\ln(1+x) = \int_0^x \frac{1}{1+x}\mathrm{d}x,$$

而

$$\frac{1}{1+x} = \frac{1}{1-(-x)} = 1 - x + x^2 - \cdots + (-1)^n x^n + \cdots \quad (|x| < 1),$$

将上式两边同时积分,得

$$\begin{aligned}\ln(1+x) &= x - \frac{1}{2}x^2 + \frac{1}{3}x^3 - \cdots + (-1)^n \frac{1}{n+1}x^{n+1} + \cdots \\ &= \sum_{n=0}^{\infty}(-1)^n \frac{1}{n+1}x^{n+1} = \sum_{n=1}^{\infty}(-1)^{n-1}\frac{1}{n}x^n.\end{aligned}$$

因为幂级数逐项积分后收敛半径 r 不变,所以上式右边级数的收敛半径仍为 $r=1$;而当 $x=-1$时,该级数发散;当 $x=1$ 时,该级数收敛.故收敛域为$(-1,1]$.

例 5　试求函数 $f(x)=\arctan x$ 在 $x=0$ 处的幂级数展开式.

解　因为

$$\arctan x = \int_0^x \frac{1}{1+x^2}\mathrm{d}x,$$

而

$$\frac{1}{1+x^2} = \frac{1}{1+(-x)^2} = 1 - x^2 + x^4 - \cdots + (-1)^n x^{2n} + \cdots \quad (|x| < 1).$$

将上式两边同时积分可得

$$\arctan x = x - \frac{1}{3}x^3 + \frac{1}{5}x^5 - \cdots + (-1)^n \frac{x^{2n+1}}{(2n+1)} + \cdots \quad (|x| \leqslant 1).$$

例 6　试将函数 $f(x)=\dfrac{1}{x^2-3x+2}$展开成 x 的幂级数.

解　因为

$$f(x) = \frac{1}{x^2-3x+2} = \frac{1}{(1-x)(2-x)} = \frac{1}{1-x} - \frac{1}{2-x},$$

而

$$\frac{1}{2-x} = \frac{1}{2}\cdot\frac{1}{1-\dfrac{x}{2}} = \frac{1}{2}\left[1 + \frac{x}{2} + \left(\frac{x}{2}\right)^2 + \cdots + \left(\frac{x}{2}\right)^n + \cdots\right] \quad (|x| < 2).$$

所以

$$f(x)=\frac{1}{1-x}-\frac{1}{2-x}=(1+x+x^2+\cdots+x^n+\cdots)-\frac{1}{2}\left[1+\frac{x}{2}+\left(\frac{x}{2}\right)^2+\cdots+\left(\frac{x}{2}\right)^n+\cdots\right]$$

$$=\sum_{n=0}^{\infty}x^n-\frac{1}{2}\sum_{n=0}^{\infty}\frac{1}{2^n}x^n=\sum_{n=0}^{\infty}\left(1-\frac{1}{2^{n+1}}\right)x^n=\sum_{n=0}^{\infty}\frac{2^{n+1}-1}{2^{n+1}}x^n.$$

根据幂级数和的运算法则,其收敛半径应取较小的一个,故 $R=1$,因此所得级数的收敛区间为$(-1,1)$.

最后,我们将几个常用的函数的幂级数展开式列在下面,以便于读者查用.

$$e^x=1+x+\frac{1}{2!}x^2+\cdots+\frac{1}{n!}x^n+\cdots\quad(-\infty<x<+\infty);$$

$$\ln(1+x)=x-\frac{1}{2}x^2+\frac{1}{3}x^3-\cdots+(-1)^n\frac{1}{n+1}x^{n+1}+\cdots\quad x\in(-1,1];$$

$$\sin x=x-\frac{1}{3!}x^3+\frac{1}{5!}x^5-\cdots+(-1)^n\frac{1}{(2n+1)!}x^{2n+1}+\cdots\quad(-\infty<x<+\infty);$$

$$\cos x=1-\frac{1}{2!}x^2+\frac{1}{4!}x^4-\cdots+(-1)^n\frac{1}{(2n)!}x^{2n}+\cdots\quad(-\infty<x<+\infty);$$

$$\arctan x=x-\frac{1}{3}x^3+\frac{1}{5}x^5-\cdots+(-1)^n\frac{1}{2n+1}x^{2n+1}+\cdots\quad(-1\leqslant x\leqslant 1);$$

$$(1+x)^\alpha=1+\alpha x+\frac{\alpha(\alpha-1)}{2!}x^2+\cdots+\frac{\alpha(\alpha-1)\cdots(\alpha-n+1)}{n!}x^n+\cdots\quad(-1<x<1).$$

习题 10.5

1.将下列函数展开成 x 的幂级数.

(1)$\cos^2\frac{x}{2}$;　　(2)$\sin\frac{x}{2}$;　　(3)xe^{-x^2};

(4)$\frac{1}{1-x^2}$;　　(5)$\frac{1}{2}(e^x-e^{-x})$;　　(6)$\arcsin x$.

2.将下列函数在指定点处展开成幂级数,并求其收敛区间.

(1)$\frac{1}{3-x}$,在 $x_0=1$;　　(2)$\cos x$,在 $x_0=\frac{\pi}{3}$;

(3)$\frac{1}{x^2+4x+3}$,在 $x_0=1$;　　(4)$\frac{1}{x^2}$, 在 $x_0=3$.

10.6 级数的应用

10.6.1 巧智的农夫分牛问题

著名的农夫分牛问题,在许多趣味数学书中有收录,但是很少给出具体解题的思路和背后隐藏的数学问题.

农夫分牛问题的意思是:农夫养牛 17 头,临死前要把这 17 头牛分给自己的 3 个儿子.遗嘱是这样的:老大得 1/2,老二得 1/3,老三得 1/10.既不能把牛杀死,也不能卖了分钱.农夫去世后,农夫的 3 个儿子怎么也想不出办法.兄弟 3 人只好向邻居请教,邻居想了想说:我借给你们一头牛,就好分了.这样,老大得到 18 的 1/2 为 9 头,老二得到 1/3 为 6 头,老三得到 1/10 为 2 头,合计刚好为 17 头,剩下 1 头牛还给邻居.

农夫的问题得到解决,邻居的聪明才智令人赞扬.

我们再细细思考一下,这样分牛合理吗? 也就是说,老大、老二和老三得到的牛数是否真的按农夫的遗嘱丝毫不差?

我们来仔细分析并计算这个问题.

假设就按 17 头牛进行分配,第一次分后,老大得到 $17\times1/2$ 头牛,老二得到 $17\times1/3$ 头牛,老三得到 $17\times1/10$ 头牛.

由于牛不能分割,分数的分法在这里不起作用.这就是农夫儿子想不出办法的原因.

为什么会出现分数而不是整数呢? 问题就出在这里.按照农夫的遗嘱,第一次分后牛不能够把 17 头牛完全分完,还剩下 17/18 头牛.

每个人必须按照遗嘱继续分掉剩下的牛.

第二次分后,牛也没有分完,还剩下 $17/18^2$ 头牛.每个人按照遗嘱继续分牛.

继续分下去,这就是一个收敛的无穷级数.

因此,老大得到的牛头数为

$$17\times1/2+17/18\times1/2+17/18^2\times1/2+17/18^3\times1/2+\cdots,$$

老二得到的牛头数为

$$17\times1/3+17/18\times1/3+17/18^2\times1/3+17/18^3\times1/3+\cdots,$$

老三得到的牛头数为

$$17\times1/10+17/18\times1/10+17/18^2\times1/10+17/18^3\times1/10+\cdots,$$

计算级数

$$1/18+1/18^2+1/18^3+\cdots=1/17,$$

于是,老大得到的牛头数为

$$17\times1/2+17\times1/2\times1/17=10.$$

老二得到的牛头数为

$$17\times1/3+17\times1/3\times1/17=6.$$

老三得到的牛头数为

$$17\times1/10+17\times1/10\times1/17=2.$$

可以看出,经过级数计算的结果与邻居分牛的结果完全一致.

10.6.2　近似计算

在第 3 章 3.4 节中,已经学过应用微分进行近似计算,在第 4 章 4.2 节中也学过应用麦克劳林公式进行近似计算,这里再应用级数进行近似计算.

在函数的幂级数展开式中,取前面有限项就可得到函数的近似公式,这对于计算复杂函数的函数值是非常方便的,可以把函数近似表示为多项式,而多项式的计算只需用到四则运算,非常简便.

例 1 计算$\sqrt[5]{245}$的近似值,要求误差不超过0.000 1.

解 由二项展开式$(1+x)^{\alpha}=1+\alpha x+\frac{\alpha(\alpha-1)}{2!}x^2+\cdots \quad (-1<x<1)$,

$\sqrt[5]{245}=\sqrt[5]{3^5+2}=3\left(1+\frac{2}{3^5}\right)^{\frac{1}{5}}$,取 $\alpha=\frac{1}{5}, x=\frac{2}{3^5}$,可得

$$\sqrt[5]{245}=3\left(1+\frac{2}{3^5}\right)^{\frac{1}{5}}=3\left[1+\frac{1}{5}\cdot\frac{2}{3^5}+\frac{1}{5}\left(\frac{1}{5}-1\right)\cdot\frac{1}{2!}\cdot\left(\frac{2}{3^5}\right)^2+\cdots\right]$$

$$=3\left(1+\frac{1}{5}\cdot\frac{2}{3^5}-\frac{1}{5}\cdot\frac{4}{5}\cdot\frac{1}{2!}\cdot\frac{4}{3^{10}}+\cdots\right).$$

这个级数从第二项开始为交错级数,收敛很快,根据莱布尼茨判别法,取前两项的和作为$\sqrt[5]{245}$的近似值,其误差为

$$|R_2|\leqslant\frac{1}{5}\cdot\frac{4}{5}\cdot\frac{1}{2!}\cdot\frac{4}{3^{10}}=\frac{8}{5^2\cdot 3^9}<0.000\,1,$$

故取近似式为$\sqrt[5]{245}\approx 3\left(1+\frac{1}{5}\cdot\frac{2}{3^5}\right)$.

为了使误差不超过 0.000 1,计算过程应取 5 位小数,然后再四舍五入.因此最后得到$\sqrt[5]{245}\approx 3.004\,9$.

例 2 计算 ln 2 的近似值(误差不超过10^{-4}).

解 由于函数 $\ln(1+x)$的幂级数展开式为

$$\ln(1+x)=x-\frac{x^2}{2}+\frac{x^3}{3}-\frac{x^4}{4}+\cdots+(-1)^n\frac{x^{n+1}}{n+1}+\cdots \quad (-1<x\leqslant 1)$$

上式中,令 $x=1$ 可得

$$\ln 2=1-\frac{1}{2}+\frac{1}{3}-\cdots+(-1)^{n-1}\frac{1}{n}+\cdots.$$

如果取这级数前 n 项和作为 ln 2 的近似值,由莱布尼茨判别法,可得其误差为

$$|r_n|\leqslant\frac{1}{n+1}.$$

为了保证误差不超过10^{-4},就需要取级数的前 10 000 项进行计算.这样做计算量太大了,故必须用收敛较快的级数来代替它.

把展开式

$$\ln(1+x)=x-\frac{x^2}{2}+\frac{x^3}{3}-\frac{x^4}{4}+\cdots+(-1)^n\frac{x^{n+1}}{n+1}+\cdots \quad (-1<x\leqslant 1)$$

中的 x 换成$-x$,得

$$\ln(1-x)=-x-\frac{x^2}{2}-\frac{x^3}{3}-\frac{x^4}{4}-\cdots \quad (1\leqslant x<1).$$

两式相减,得到不含有偶次幂的展开式:

$$\ln\frac{1+x}{1-x}=\ln(1+x)-\ln(1-x)=2\left(x+\frac{1}{3}x^3+\frac{1}{5}x^5+\cdots\right)\quad(-1<x<1).$$

令$\frac{1+x}{1-x}=2$，解出 $x=\frac{1}{3}$. 以 $x=\frac{1}{3}$代入最后一个展开式，得

$$\ln 2=2\left(\frac{1}{3}+\frac{1}{3}\cdot\frac{1}{3^3}+\frac{1}{5}\cdot\frac{1}{3^5}+\frac{1}{7}\cdot\frac{1}{3^7}+\cdots\right).$$

如果取前四项作为 ln 2 的近似值，则误差为

$$\begin{aligned}|r_4|&=2\left(\frac{1}{9}\cdot\frac{1}{3^9}+\frac{1}{11}\cdot\frac{1}{3^{11}}+\frac{1}{13}\cdot\frac{1}{3^{13}}+\cdots\right)\\&<\frac{2}{3^{11}}\left[1+\frac{1}{9}+\left(\frac{1}{9}\right)^2+\cdots\right]\\&=\frac{2}{3^{11}}\cdot\frac{1}{1-\frac{1}{9}}=\frac{1}{4\cdot 3^9}<\frac{1}{700\ 000}.\end{aligned}$$

于是取 $\ln 2\approx 2\left(\frac{1}{3}+\frac{1}{3}\cdot\frac{1}{3^3}+\frac{1}{5}\cdot\frac{1}{3^5}+\frac{1}{7}\cdot\frac{1}{3^7}\right)$

考虑舍入误差，计算时应取 5 位小数：

$\frac{1}{3}\approx 0.333\ 33$，　　$\frac{1}{3}\cdot\frac{1}{3^3}\approx 0.012\ 35$，

$\frac{1}{5}\cdot\frac{1}{3^5}\approx 0.000\ 82$　　$\frac{1}{7}\cdot\frac{1}{3^7}\approx 0.000\ 07$.

因此得 $\ln 2\approx 0.610\ 31$.

例 3　计算定积分 $\frac{2}{\sqrt{\pi}}\int_0^{1/2}e^{-x^2}dx$ 的近似值，要求误差不超过 0.000 1（取 $1/\sqrt{\pi}\approx 0.564\ 19$）.

解　由于 e^{-x^2}不存在初等原函数，因此无法直接用定积分的计算求值，利用指数函数 e^x 的幂级数展开式，将 x 替换成 x^2，可得

$$e^{-x^2}=\sum_{n=0}^{\infty}\frac{(-1)^n}{n!}x^{2n}\quad(-\infty<x<+\infty).$$

在收敛区间内逐项积分，得

$$\begin{aligned}\frac{2}{\sqrt{\pi}}\int_0^{1/2}e^{-x^2}dx&=\frac{2}{\sqrt{\pi}}\int_0^{1/2}\left[\sum_{n=0}^{\infty}\frac{(-1)^n}{n!}x^{2n}\right]dx=\frac{2}{\sqrt{\pi}}\sum_{n=0}^{\infty}\frac{(-1)^n}{n!}\int_0^{1/2}x^{2n}dx\\&=\frac{1}{\sqrt{\pi}}\left(1-\frac{1}{2^2\cdot 3}+\frac{1}{2^4\cdot 5\cdot 2!}-\frac{1}{2^6\cdot 7\cdot 3!}+\cdots\right).\end{aligned}$$

取前四项的和作为近似值，则其误差为

$$|r_4|\leqslant\frac{1}{\sqrt{\pi}}\frac{1}{2^8\cdot 9\cdot 4!}<\frac{1}{90\ 000},$$

故所求近似值为

$$\frac{2}{\sqrt{\pi}}\int_0^{1/2}e^{-x^2}dx\approx\frac{1}{\sqrt{\pi}}\left(1-\frac{1}{2^2\cdot 3}+\frac{1}{2^4\cdot 5\cdot 2!}-\frac{1}{2^6\cdot 7\cdot 3!}\right)\approx 0.520\ 5.$$

10.6.3 经济上的应用

例 4(奖励基金创立问题) 为了创立某奖励基金,需要筹集资金,现假定该基金从创立之日起,每年需要支付 4 百万元作为奖励,设基金的利率为每年 5%,分别以

(1)年复利计算利息;

(2)连续复利计算利息.

问需要筹集的资金为多少?

解 (1)以年复利计算利息,则

第一次奖励发生在创立之日,第一次所需要筹集的资金为 4 百万元;

第二次奖励发生一年后时,第二次所需要筹集的资金为$\frac{4}{1+0.05}=\frac{4}{1.05}$百万元;

第三次奖励发生二年后,第三次所需要筹集的资金为$\frac{4}{(1+0.05)^2}=\frac{4}{1.05^2}$百万元;

一直延续下去,则总所需要筹集的资金为$=4+\frac{4}{1.05}+\frac{4}{1.05^2}+\cdots+\frac{4}{1.05^n}+\cdots$

这是一个公比为$\frac{1}{1.05}$的等比级数,收敛于$\frac{4}{1-\frac{1}{1.05}}=84$.

因此,以年复利计算利息时,需要筹集资金 8 400 万元来创立该奖励基金.

(2)以连续复利计算利息时,由第 2 章 2.5 节可知,

第一次所需要筹集的资金为 4 百万元;

第二次所需要筹集的资金为 $4e^{-0.05}$百万元;

第三次所需要筹集的资金为 $4(e^{-0.05})^2$ 百万元;

一直延续下去,则总所需要筹集的资金$=4+4e^{-0.05}+4(e^{-0.05})^2+4(e^{-0.05})^3+\cdots$

这是一个公比为 $e^{-0.05}$ 的等比级数,收敛于$\frac{4}{1-e^{-0.05}}\approx 82.02$.

因此,以连续复利计算利息时,需要筹集 8 202 万元的资金来创立该奖励基金.

例 5(合同订立问题) 某演艺公司与某位演员签订一份合同,合同规定演艺公司在第 n 年末必须支付该演员或其后代 n 万元($n=1,2,\cdots$),假定银行存款按 4%的年复利计算利息,问演艺公司需要在签约当天存入银行的资金为多少?

解 设 $r=4\%$为年复利率,因第 n 年末必须支付 n 万元($n=1,2,\cdots$),故在银行存入的资金总额为

$$\frac{1}{1+r}+\frac{2}{(1+r)^2}+\cdots+\frac{n}{(1+r)^n}+\cdots=\sum_{i=1}^{\infty}\frac{n}{(1+r)^n}.$$

为了求出该级数的和,先考察幂级数

$$\sum_{i=1}^{\infty}nx^n=x+2x^2+3x^3+\cdots+nx^n+\cdots,$$

该幂级数的收敛域为$(-1,1)$,当 $r=4\%$时,$\frac{1}{1+r}\in(-1,1)$.

因此，只要求出幂级数 $\sum\limits_{i=1}^{\infty} nx^n$ 的和函数 $S(x)$，则 $S\left(\frac{1}{1+r}\right)$ 即为所求的资金总额 $\sum\limits_{i=1}^{\infty} \frac{n}{(1+r)^n}$.

由 $S(x)=\sum\limits_{i=1}^{\infty} nx^n = x\sum\limits_{i=1}^{\infty} nx^{n-1}$，令 $f(x)=\sum\limits_{i=1}^{\infty} nx^{n-1}$，即 $S(x)=xf(x)$，则

$$\int_0^x f(x)\,\mathrm{d}x = \int_0^x \left(\sum_{i=1}^{\infty} nx^{n-1}\right)\mathrm{d}x = \sum_{i=1}^{\infty}\int_0^x nx^{n-1}\mathrm{d}x$$
$$= \sum_{i=1}^{\infty} x^n = \frac{x}{1-x},$$

因此

$$f(x)=\left(\frac{x}{1-x}\right)'=\frac{1}{(1-x)^2},$$

于是

$$S(x)=xf(x)=\frac{x}{(1-x)^2},$$

从而

$$S\left(\frac{1}{1+r}\right)=\frac{\frac{1}{1+r}}{\left(1-\frac{1}{1+r}\right)^2}=\frac{1+r}{r^2}.$$

将 $r=4\%$ 代入上式，即可求得演艺公司需要在签约当天存入银行的资金为

$$S\left(\frac{1}{1+4\%}\right)=\frac{1+0.04}{0.04^2}\text{万元}=650\text{ 万元}.$$

习题 10.6

1. 利用幂级数的展开式求下列各数的近似值.

(1) $\sqrt[5]{240}$（误差不超过 0.000 1）；

(2) $\ln 3$（误差不超过 10^{-4}）；

(3) $\sin 9°$（误差不超过 10^{-5}）.

2. 计算 $\int_0^1 \frac{\sin x}{x}\mathrm{d}x$ 的近似值，精确到 10^{-4}.

3. 假定银行的年存款利率为 5%，若以年复利计算利息，某公司应在银行中一次存入多少资金？才能保证从存入之日起，以后每年能从银行提取 300 万元作为职工的福利直至永远.

复习题 10

1. 判别下列正项级数的敛散性.

(1) $\sum\limits_{n=1}^{\infty} \frac{1}{\ln^2 n}$；　　　　(2) $\sum\limits_{n=1}^{\infty} \frac{1}{n\sqrt[n]{n}}$；

(3) $\sum_{n=1}^{\infty}\left(1-\cos\frac{2}{n}\right)$;

(4) $\sum_{n=1}^{\infty}\frac{n^n}{(n!)^2}$.

2.设正项级数 $\sum_{n=1}^{\infty}u_n$, $\sum_{n=1}^{\infty}v_n$ 都收敛,试证明级数 $\sum_{n=1}^{\infty}(u_n+v_n)^2$ 也收敛.

3.判别下列级数:是绝对收敛? 条件收敛? 还是发散?

(1) $\sum_{n=1}^{\infty}\frac{(-1)^{n-1}}{\ln(2+n)}$;

(2) $\sum_{n=1}^{\infty}\frac{n^{10}}{(-3)^n}$;

(3) $\sum_{n=1}^{\infty}(-1)^n\frac{n}{n+1}$;

(4) $\sum_{n=1}^{\infty}(-1)^n\frac{(n+1)!}{n^{n+1}}$.

4.求下列幂级数的收敛域.

(1) $\sum_{n=0}^{\infty}(2n)!\,x^n$;

(2) $\sum_{n=1}^{\infty}\frac{x^{2n}}{(2n-1)!}$;

(3) $\sum_{n=1}^{\infty}\frac{3^n+5^n}{n}x^n$;

(4) $\sum_{n=1}^{\infty}\frac{(x+4)^n}{n}$;

(5) $\sum_{n=0}^{\infty}10^n(x-1)^n$;

(6) $\sum_{n=0}^{\infty}\frac{(-1)^n}{n^2}(x-3)^n$.

5.求下列幂级数的收敛域及和函数.

(1) $\sum_{n=1}^{\infty}n^2x^{n-1}$;

(2) $\sum_{n=0}^{\infty}(n+1)x^{n+1}$;

(3) $\sum_{n=0}^{\infty}\frac{1}{2^{n-1}}x^n$;

(4) $\sum_{n=1}^{\infty}\frac{1}{n(n+1)}x^{n+1}$.

6.将下列函数展开成 x 的幂级数.

(1) 3^x;

(2) $\frac{x^2}{1+x^2}$;

(3) $\ln(1+x-2x^2)$;

(4) $\frac{1}{(x-1)(x-2)}$;

(5) $\int_0^x\frac{\sin t}{t}\mathrm{d}t$;

(6) $\int_0^x \mathrm{e}^{t^2}\mathrm{d}t$.

7.求下列函数在指定点处的幂级数展开式.

(1) $f(x)=\mathrm{e}^x, x_0=1$;

(2) $f(x)=\frac{1}{x}, x_0=2$.

第 10 章参考答案

参考文献

[1] 林伟初,郭安学.高等数学(经管类 上)[M].上海:复旦大学出版社,2009.

[2] 赵树嫄.经济应用数学基础(一):微积分[M].3 版.北京:中国人民大学出版社,2012.

[3] 刘金林.高等数学(经济管理类)[M].北京:机械工业出版社,2013.

[4] 魏丽.高等数学及其应用(经管类 下)[M].长沙:湖南科学技术出版社,2017.